U0734141

"十一·五"国家科技支撑计划项目 (2006BAD03A0308, 2006BAD09B06)
水利部"948"项目 (200207) 和"吴起县生态建设综合效益评价"项目 共同资助

西北农牧交错带
常见植物图谱

刘广全　王鸿喆　编著

科　学　出　版　社

北　京

内 容 简 介

　　本书紧密围绕西北农牧交错带主要生态环境问题，概述了区域范围、地形地貌、气候特点、主要土壤类型、植被特征及植被恢复对策；围绕植物识别特征、分布范围、主要价值和恢复途径，重点描述了70科300余属430余种常见种子植物的科学名称、形态特征、生物习性、生态环境、地理分布和经济用途等；全面系统地研究了近40种乔、灌、草植被类型的地理分布、群落结构、系统演变和综合效能；全书配有彩图近500张，图文并茂；可为在该区开展科学研究、生态建设、环境保护、资源开发和经济建设等工作提供基础信息和科学依据。

　　本书是一部系统记载西北农牧交错带常见植物的工具书，也是一部开展区域环境保护、生态建设和资源利用等工作的必备书，更是一部在该区开展生态、水保、林业、农业、牧业及其相关领域科学研究、生产活动和教学实践的参考书。

图书在版编目（CIP）数据

　　西北农牧交错带常见植物图谱/刘广全，王鸿喆编著.—北京：科学出版社，2012
　　ISBN 978-7-03-033477-0

　　Ⅰ.①西…　Ⅱ.①刘…②王…　Ⅲ.①农牧交错带－植物－西北地区－图谱　Ⅳ.①Q948.524-64

　　中国版本图书馆CIP数据核字（2012）第017798号

責任編輯：马　俊／責任校对：刘小梅
責任印制：钱玉芬／封面设计：耕者设计工作室

科 学 出 版 社 出版
北京东黄城根北街16号
邮政编码：100717
http://www.sciencep.com

北京佳信达欣艺术印刷有限公司 印刷
科学出版社发行　各地新华书店经销

*

2012年3月第　一　版　开本：787×1092　1/16
2012年3月第一次印刷　印张：21 3/4
字数：515 000

定价：168.00 元
（如有印装质量问题，我社负责调换）

作者简介

刘广全

1964 年 1 月出生，陕西商南人。国际泥沙研究培训中心主任助理兼国际交流与信息处处长、中国水利水旦科学研究院教授级高级工程师、博士生导师、中国水土保持学会水土保持生态修复专业委员会副主任、西北农林科技大学兼职教授。

1987 年 7 月和 1990 年 9 月分别获原西北林学院（现已与其他单位合并组建为西北农林科技大学）林业专业农学学士学位和森林生态专业理学硕士学位，1999 年 11 月获德国哥廷根大学热带及亚热带林业经济管理硕士学位，2000 年 7 月获德国哥廷根大学及中国科学院生态学博士学位，2005 年 9 月完成北京林业大学水土保持与荒漠化防治专业博士后研究。

1990 年 10 月至 1996 年 8 月在原陕西省林业科学研究院（现已与其他单位合并组建为西北农林科技大学）先后担任助理研究员、副研究员；1996 年 9 月至 2000 年 3 月在德国哥廷根大学及中国科学院攻读博士学位；2000 年 4 月至 2002 年 9 月任中国水利水电科学研究院高级工程师兼西北农林科技大学副研究员；2002 年 10 月至 2005 年 3 月任延安市人民政府副市长（挂职），负责农村农业、扶贫救灾、山川秀美、民政宗教等工作；2005 年 7 月至 2008 年 6 月任中国水利水电科学研究院院长办公室主任兼国际泥沙研究培训中心国际交流与信息处处长。

主要从事 SPAC(soil-plant-atmosphere continum，土壤 - 植物 - 大气连续体) 中"植被 - 水"相互关系的生理学、生态学、管理学等生态、水保、林业和水资源交叉领域的理论研究和技术推广。近年，主持或承担国家"973"计划项目、国家科技支撑（攻关）、"948"项目、国际合作项目等 20 余项；在国内外期刊上发表学术论文 80 余篇，出版专著 5 部；获国家科技进步奖二等奖 1 项，省（部）级科技进步奖一等奖 2 项、二等奖 2 项、三等奖 1 项、其他奖 1 项；指导毕业研究生 15 名。

王鸿喆

1963年7月出生，陕西凤翔人。西北农林科技大学林科院（林学院）副研究员、森林保护学硕士生导师、陕西昆虫学会会员。

1987年7月获原西北林学院（现已与其他单位合并组建为西北农林科技大学）森林资源保护专业农学学士学位；自1987年8月起一直在原陕西省林业科学研究所（现已与其他单位合并组建为西北农林科技大学）工作。

多年来，一直从事森林有害生物无公害防治、黄土高原植被恢复理论及技术等研究工作，先后主持或参加国家、省（部）级"948"项目、科技攻关（支撑）课题等15项，发表学术论文和研究报告50余篇，参与《黄土高原植被构建效应》、《中国针叶树种实害虫》、《中国森林主要病虫害》（光盘版）和《枣树丰产栽培》等著作的编写；获省（部）级科技进步奖一等奖2项、二等奖4项、三等奖和推广奖5项。

前　言

　　西北农牧交错带是一个特殊的地理概念，位于我国内陆西北部，属于我国北方农牧交错带和黄土高原的重要组成部分，是一个呈东北向西南走向的狭长地区。地理坐标范围为东经 102°09′~111°14′、北纬 35°45′~40°11′、海拔 1 000~2 500 m，涉及陕西、甘肃、宁夏、内蒙古、青海五省区 36 个县区，面积超过 11 万 km²，绝大部分是水蚀、风蚀复合区，是黄河泥沙主要输入源，是我国乃至世界上水土流失最严重、生态环境最脆弱的地区之一。

　　西北农牧交错带也是一个地形、气候、植被和土壤过渡带。地形是黄土高原向青藏高原过渡，有高山、平原、丘陵、盆地、峡谷等；气候属于干旱、半干旱过渡带，年降水量250~450 mm，蒸发量 1 100~2 600 mm，年均气温 5~8.5 ℃，≥10 ℃积温 2 200~3 444.1 ℃，太阳辐射 127.6~150 kcal/cm²，干燥度 1.5~2.5；植被为灌木疏林草原向典型草原过渡，局部为森林或荒漠草原；地带性土壤为黑垆土和灰钙土，也有黄绵土、风沙土和栗钙土等。独特的地理位置、多变的地形地貌、特殊的气候条件和丰富的土壤类型造就了该交错带生物物种丰富、植物区系复杂、植被类型多样的特点，常见植物达 70 科 300 属 500 余种，植被区系以北温带成分为主，兼有华北、西北和青藏高原及蒙古成分，植被类型有森林、稀树草原、典型草原、荒漠草原和荒漠。

　　西北农牧交错带是我国农业文明向牧业文明的过渡地带，是我国重要的畜牧业基地和能源化工基地，也是我国生态安全的绿色屏障。由于历代战乱、自然资源的不合理利用，加之人口过载以及全球气候变化，使得原本脆弱的生态环境雪上加霜，甚至急剧恶化，人们的生活生产条件被严重破坏，部分演变到不适宜人类居住，"风吹草低见牛羊"的景象也只能停留在脑海中或文字上。为了区域文化保护、生态安全、粮食安全、生物多样性保护，以及经济社会可持续发展，近十多年来，我们以小流域为单元，对辖区主要植物种类、植被类型、植被演替、植物功能等开展了全面系统地调查研究和定位、半定位观测，为植被保护、生态恢复和资源利用探索技术途径。但我们在实践中发现对植物识别、鉴定和利用比较困难，尽管《中国植物志》、《黄土高原植物志》、《陕西树木志》、《甘肃植物志》、《宁夏植物志》、《青海植物志》、《内蒙古植物志》等著作对该区植物种绝大部分都进行了描述，但由于处于交叉地带，复杂多样的立地条件使该区的植物特征发生一定变化，鉴于此，我们编著了《西北农牧交错带常见植物图谱》（以下简称《图谱》），该书是一部填补区域植物种类记述空白的工具书。

　　《图谱》得到了"十一·五"国家科技支撑计划项目 (2006BAD03A0308、2006BAD09B06)、水利部"948"项目 (200207) 和"吴起县生态建设综合效益评价"等项目的共同资助。研究中采集植物标本千余份，拍摄大量图片，《图谱》中裸子植物主要参考"中国植物志"分类系统,被子植物主要参考"恩格勒"系统,重点描述了70科300属430余种常见植物的科学名称、形态特征、生态环境、地理分布、经济用途和物候期等,同时对区域内近40种乔灌草植被类型的地理分布、群落结构、系统演变和综合效益进行了研究,为区域生态建设、环境保护、资源开发和经济建设提供了基础信息和科学依据,对全面、深入地开展区域生态系统研究将起到积极的促进作用。

本书主要由王鸿喆、刘广全执笔,王鸿喆拍摄和提供图片,赵鹏祥、土小宁、焦醒参加了部分工作,刘广全负责最终统稿;成书过程中,得到了西北农科技大学杨茂生教授、北京林业大学朱清科教授的精心指导;调查研究中,得到了延安市人民政府梁宏贤市长、薛占海副市长、杨霄副市长、吴起县冯振东书记、王彦龙县长、王湛鸿副县长、志丹县白小平书记、杨东平县长、徐步亮副县长、宝塔区林业站李廷瑞站长、吴起县林业局吴宗凯局长、刘广亮副局长、吴起县水利局杨学文局长、吴起县退耕还林管理办公室雷明军主任、志丹县水利局刘长涛局长、志丹县退耕还林管理办公室刘建国主任、神木县毛乌素沙漠综合治理中心张应龙总经理、横山县林业局曹楗翊局长、靖边县退耕还林管理办公室刘玉军主任、庆阳市种苗站席忠诚站长、环县林业站沈吉祥站长、会宁县林业站张雪文站长、固原市林业局王宏局长、固原市林业科技中心安永平主任、固原市职业技术学院邓志力高级讲师和王小娅高级讲师、海原县林业局苗希望总工和海原县林业站田小虎站长等的大力支持和帮助;西北农林科技大学常庆瑞教授、甘肃省土肥站高亲民高级工程师、甘肃省林业科学研究院刘鸿源研究员、甘肃农业大学张如力教授、甘肃兰州园艺学校梁鸿高级讲师和赵燕驹高级讲师、黄河中游管理局西峰水土保持试验站张绒君高级工程师、兴隆山国家级自然保护区林业研究所潘世成所长等提供了珍贵的地质地貌、气候、土壤和植被等资料;植物标本鉴定和审核得到了杨茂生教授、吴振海副研究员、杨平厚高级工程师、杜诚先生的帮助;王强、徐怀同、李红生、许国策、邓雷、庞建国等研究生参加了部分外业调查。刘广全作为项目负责人,对项目组全体成员密切合作、相互支持和辛勤劳作并圆满完成各项研究任务,表示诚挚的感谢!

受时间、空间、经费和技术所限,部分植物花、果实或种子缺乏,或植株不全,使部分植物图片效果不佳,也是编者深感遗憾之处。本书部分图片和文献来源于 www.plant.ac.cn 等网站,部分加以标注,部分未加标注,有些图片还做了编辑,挂一漏万!特表歉意和谢意!

基于作者水平有限,本书错误和不足难免,恳请批评指正!

作者

2012 年 2 月 10 日

目　　录

iii

下篇 西北农牧交错带常见植物

上篇 西北农牧交错带概述

　　农牧交错带（transition zone 或 ecotone between cropping area and nomadic area）是我国一个具有特殊含义的地理概念，是指农业耕作区与牧业放牧区之间存在的一个农牧过渡地带，在这个过渡带内种植业和草畜业在空间上交错分布，时间上相互重叠。从植被学看，是由森林草原植被逐渐向典型草原植被过渡；从景观学看，是农业景观逐渐向草原牧业景观过渡；从气候学看，是由自然降水养活森林不足到养活草原有余的干旱半干旱地带过渡；从生产方式看，是农业生产方式逐渐被典型牧业生产方式替代；从区域文化看，是由农耕文明逐渐演替为典型的游牧文明。我国的农牧交错带分布较为广泛，根据区域和特点主要划分为北方农牧交错带、西南山地半干旱过渡带、西北干旱区绿洲荒漠过渡带和青藏高原温带农牧交错带（赵哈林等，2002）（图1.1）。

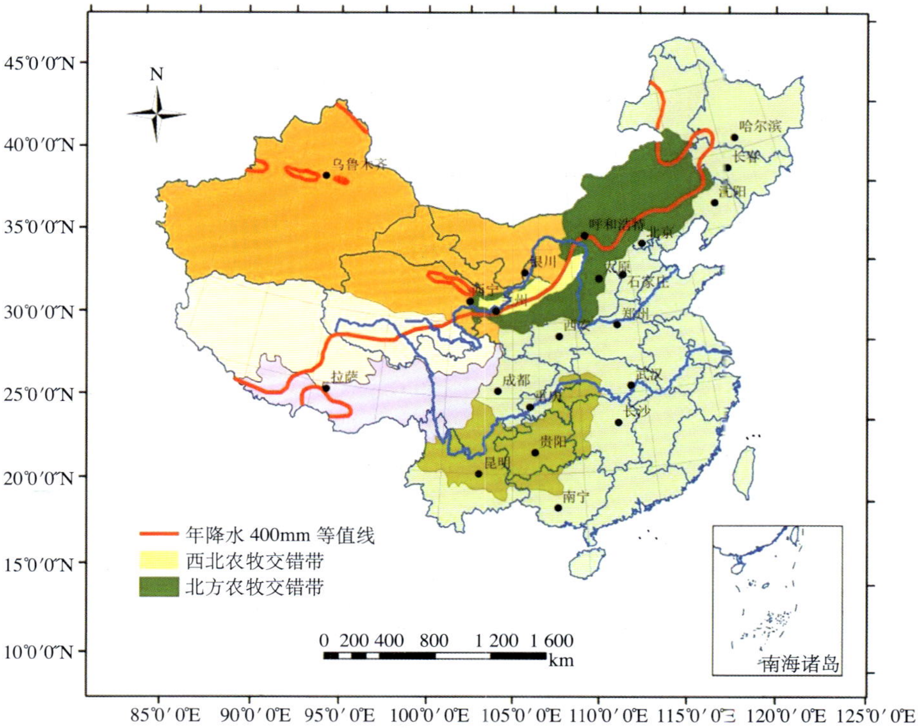

图 1.1　西北农牧交错带地理位置

北方农牧交错带（绿色），西南川、滇、鄂、黔、湘山地农牧交错带（黄绿色），西北绿洲农牧交错带（黄褐棕色）和青藏高原温带农牧交错带（淡黄色）

农牧交错带可以划分为两种类型，一种是由于海拔升高，气温降低，≥0℃和≥10℃的积温减少，导致植被逐渐过渡到典型草原植被，如青海海东地区的循化和化隆黄河流域的农牧交错；另一种则是由于气候干旱，年均降水量少导致的森林植被演替为典型草原植被，甚至是荒漠草原，如西北地区东部的农牧交错带。

通常所说的农牧交错带主要指我国北方农牧交错带，是我国面积最大和空间尺度最长的农牧交错带，也是世界四大农牧交错带之一。由于历史上不合理的农、牧业作业方式和人口增长压力，区域过度开发利用水资源、土地资源和植被资源，导致该区域植被退化，水土流失严重，沙漠化急剧扩展，生态环境明显恶化，已给当地人民生产生活带来了极大危害，并对我国区域生态安全和经济社会可持续发展带来了巨大的影响，成为我国生态问题最为严重的地区。北方农牧交错带主要分布于年均降水量250～450mm，干燥度1.5～2.5的内蒙古高原南缘和长城沿线，其东界和南界为黑龙江龙江、安达，吉林乾安、长岭，辽宁康平、阜新，河北丰宁、淮安，山西浑源、五寨，陕西府谷、神木、榆阳至甘肃环县，宁夏同心；其西界和北界为内蒙古陈巴尔虎旗、乌兰浩特、林西、多伦、托克托、鄂托克，以及宁夏盐池，行政区划涉及9省区106个县（市、旗）（赵哈林等，2002），总面积约654 564km^2。

西北农牧交错带属于我国北方农牧交错带的一部分，也是黄土高原的重要组成部分，行政区划包括陕北长城沿线的府谷、神木、榆阳、佳县（北部）、米脂（北部）、横山、子洲（西北部）、靖边、定边、志丹（北部）、吴起（北部），内蒙古准格尔旗的黄甫川和清水川以及孤山川的源头区、伊金霍洛旗的窟野河源头区、乌审旗无定河以南部分、甘肃环县（中北部）、会宁（北部）、靖远、平川、榆中（中北部）、皋兰、永登中南部及兰州的西固、安宁、红古，宁夏盐池、灵武（东部）、同心、海原、原州（北部）、西吉（北部）以及中宁、中卫黄河冲积平原南部的天井山、米钵山、香山山区，青海海东湟水河流域的民和、乐都、平安、互助（南部湟水河流域），面积约103 789.88km^2（不含兰州东部四区），加内蒙古准格尔旗、伊金霍洛旗和乌审旗分水岭以南部分、无定河在内蒙鄂托克前旗的部分和兰州东部各区，面积超过11万km^2（图1.2）。

西北农牧交错带是一个呈东北向西南走向的狭长地区，地理坐标范围为东经102°09′～111°14′、北纬35°45′～40°11′、平均海拔1 000～2 500m；地理范围是内蒙古鄂尔多斯高原南部的准格尔旗南部黄埔川、清水川源头的分水岭向西经伊金霍洛旗窟野河源头分水岭、乌审旗无定河源头分水岭、达靖边的白城子，沿无定河西岸向西南达陕蒙交界处，向西经定边北部伸达宁夏境内盐池、灵武、台地西缘，沿盐池、灵武、台地西缘南伸经青铜峡东岸山地、南伸至同心的牛首山西麓，折向西南经中宁的芦草崖山、营盘梁、长头山、天景（井）山的北麓，达中宁和同心交界处米钵山北麓，经中卫河套平原南部的香山、麦堆山北麓，跨过黄河进入甘肃靖远境内，经靖远北部的哈思山、景泰县南部的二龙山，向西南进入永登县附近的仁寿山、笔架山南坡一线进入青海境内，沿青海民和县北缘的阿拉古山（即祁连山东段一级支脉达坂山的分支），向西北延伸经乐都北部的松亡顶、三岔顶、娘娘顶，伸至互助县的俄座岭和龙王山（湟水河流域和大通河流域分水岭北缘），抵达坂山主峰（尔俄博山）。其东界是陕晋黄河，包括黄河以西府谷的黄甫川流域、清水川和孤山川流域（三川流域源头在内蒙准格尔旗境内），石马川流域，神木的窟叶河流域

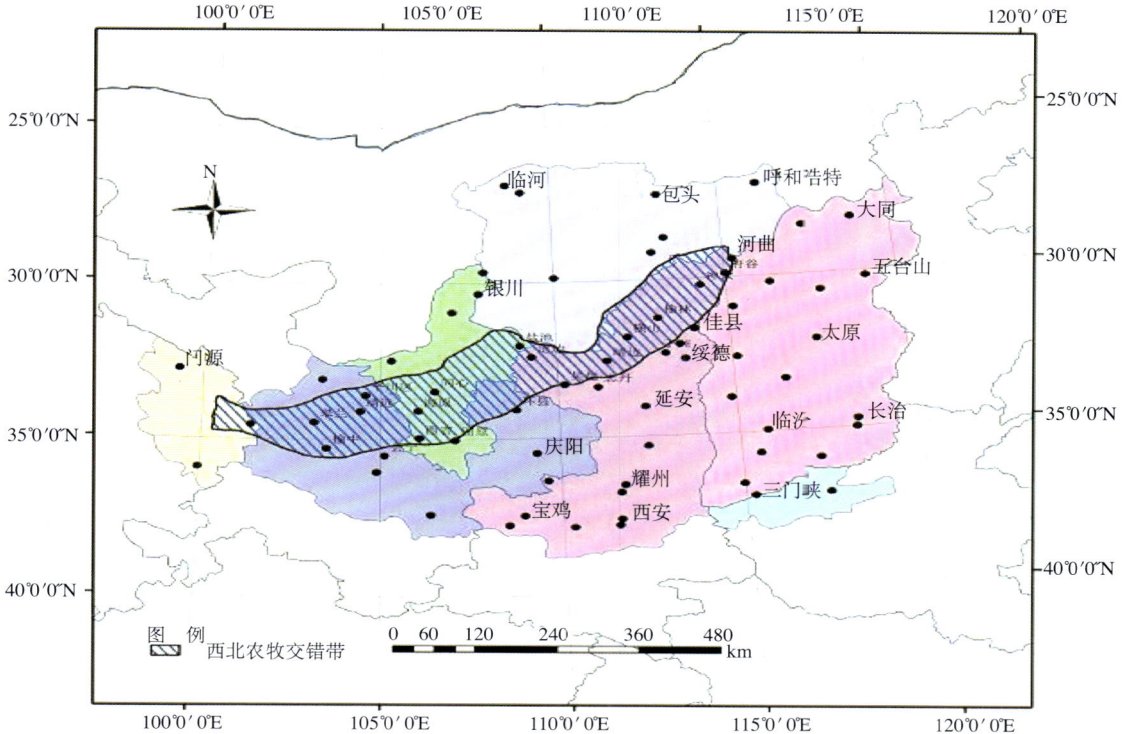

图 1.2   西北农牧交错带分布范围

（源头在内蒙伊金霍洛旗境内）、秃尾河，佳县佳芦河流域；其南界从佳县中部的横岭（佳芦河入黄河口南）向西南乌镇梁延至米脂东部的舍窠峁山，向西沿横山东段支脉天王塔、艾家塭、堡圪塔山，经横山主峰（西阳圽山，位于大理河之南岸）进入靖边，跨越芦关岭（无定河与延河分水岭），抵达墩梁山（白于山主峰），向西南经吴起北部阳桃山、头道川与二道川之间分水岭达陕甘之界西伸至铁角城（环县、华池与定边交界处），顺着环县与华池之界南伸四合塬向南界，沿樊家川河与县城东沟河的分水岭达县城，伸向西南虎洞的老虎岭、车道的樱桃掌山，经毛井的墩墩梁，进入宁夏原州的云雾山，达六盘山北麓，向西经西吉与海原交界的月亮山，甘肃宁夏交界崛吴山南端、西沿至会宁铁木山达榆中兴隆山北麓，向西经兰州市的南山延伸青海海东的湟水河流域南缘，即沿祁连山一级支脉拉脊山的分支，横贯民和县中部的毛洞山—塘古岭—大庄山山梁达湟水河与黄河的分水岭，向西经石磊垭豁山、谷尔尕山，入乐都境内，依次经尕长峡山、花抱山和松安垭豁（马阴山之二山峰），达平安县南界尼旦山、顶帽山、照壁山、阿米吉利山（八宝山）；其西界为互助县西北部的尔俄博山向南沿互助、大通之界南伸，经鹞子沟山、蚂蚁山，达平安与湟中县交界的白草湾山、鹰鸽嘴山，抵达阿米吉利山（八宝山）。

此外，青海的大通（北部）、湟中、湟源在水系上属于湟水河流域，但海拔较高，年均降水量超过 450mm，$\geqslant 10^\circ$C 积温较少，植被为湿润典型草原，属于因海拔升高而形成的植被演替，与海东拉脊山南侧黄河流域植被为同一类型。故西北农牧交错带植被的西线仅限于海东地区的湟水河流域。

1. 西北农牧交错带地形地貌

西北农牧交错带地貌可以划分为陕北长城沙滩、陕北低梁丘陵、陕北陇东梁峁丘陵沟壑、陇中西部长梁黄土丘陵沟壑、盐灵台地缓坡丘陵、宁南土石丘陵、宁南山间洼地和湟水河梁状丘陵沟壑等八大类，其主要特点如下。

1.1 陕北长城沙滩地貌

该地貌主要位于长城以北至陕蒙交界处，位于毛乌素沙漠东南边缘地带。东界至神木县窟野河西的中鸡乡的独石犁式、麻家塔吃开沟梁（海拔 1 304m）一线至解家堡，折向西至榆阳的麻黄梁、阳高山，抵达鱼河镇，沿无定河向西伸至波罗镇，向西南延至横山镇，顺长城到靖边杨桥畔，沿燕墩山麓向西达靖边县西部柠条梁镇，到定边的郝滩和安边（贾家圈梁）、红柳沟镇（马鞍山北麓）一线达陕宁边界；北界为从神木窟野河源头的分水岭沿陕蒙边界向西南伸达榆阳西部无定河北岸分水岭，向西南伸达定边鄂托克前旗边境，西达陕、宁、蒙交界。该地貌属于风成地貌，一般为风成的各种固定、半固定、流动的新月型沙丘、沙丘链、长条型沙垄及沙滩组成。沙丘、沙垄一般长数十米至百余米，高 10 ~ 30m，低 3 ~ 5m，受西或西北风影响，每年向东南移动 3 ~ 8m。沙地中有零星的海子分布，亦有零星出现黄土梁或黄土峁，呈现梁低、短，坡度较缓的特点。海拔高度一般为 1 000 ~ 1 500m，沙丘高差一般 10 ~ 30m，区域年均降水量为 340 ~ 380mm。

由于光照充足，空气干燥，地被植物为稀疏的沙柳、踏郎、花棒、蒙古扁桃、沙地柏、沙枣、紫穗槐等，沙滩低洼处偶见青杨、旱柳，在溪流边、公路边则有成行杨、柳。地被植物为黑沙蒿、白沙蒿、华北白前、沙芦草、沙蓬、蓼子朴、沙芥等耐旱植物。在沙海子周围有禾本科草甸。

1.2 陕北低梁丘陵地貌

该区包括府谷全境、神木中南部、榆阳南部、佳县北部、米脂无定河以东，佳县横岭、柏树墕、米脂印斗乡舍窠峁山一线以北的黄土丘陵沟壑区。大地构造属于鄂尔多斯斜向陕北台凹东翼。地质构造简单，地壳无大型褶皱和断裂。从府谷西北砚石山经乌兰沟山、老殿山到神木窟野河源头分水岭。神木到榆阳麻黄梁（无定河、佳芦河和秃尾河分水岭），在榆阳境内向西南倾斜。从麻黄梁向东北至砚石山向东南黄河峡谷倾斜；从麻黄梁向东南至米脂舍窠峁山向东倾向黄河、向西倾向无定河谷；从麻黄梁向西南伸达阳高山，直达鱼河镇则为沙滩地貌东界。该区域高差府谷为 646m、神木 700m、佳县 664m、榆阳 543m、米脂 408m。在皇甫川河、清水川河、孤山川河、石马川河、窟野河、秃尾河、佳芦河临近黄河沿河地区，土壤侵蚀严重，基岩切割漏出，形成土石山区，地面倾斜度较大。该区域山大沟深，石多土薄，山顶覆盖红花黏土，其上黄土层为农耕层。正是临近黄河，雨量较西部、北部充沛，侵蚀亦重。该区其他部分为丘陵沟壑区，两面较宽，呈鱼脊形，以10°～20°角向两侧沟谷倾斜，稀侵蚀切割至基岩；土层较厚，在府谷北部、神木和榆阳中南部、佳县和米脂北部，部分黄土梁或黄土峁则覆盖片沙，呈现一定沙化趋势。

该区为大陆性季风气候，年均降水量由南部 400mm 向北递减为 360mm，气候干燥，冬春季长，夏秋季短，多风干冷。以榆阳中部为例，乔木为青杨、大官杨、新疆杨、杜松、樟子松、旱柳、白榆等，灌木沙柳、柠条、紫穗槐等常见，地被植物种类明显较北部沙滩地丰富。

1.3　陕北陇东梁峁丘陵沟壑地貌

该区的东界为米脂无定河；北界为山滩地貌南界，沿无定河达波罗镇，沿长城伸达靖边杨桥畔、五台山、燕墩山、柠条梁镇，到定边蒿滩、贾家圈梁、红柳沟镇（马鞍山北麓）一线达陕（西）宁（夏）边界；南界在米脂县城跨过无定河，沿杜石家沟河南分水岭西伸子洲北部的祭坟塬山、瓜园则湾、西庄、三川门三乡交界处的娘娘庙山，伸达马家沟岔、水地湾两乡交界处的分水梁山，入横山至西阳圪山（横山主峰），向西南抵达靖边天赐湾的芦关岭（无定河与延河分水岭）、水路畔乡大墩山（白于山主峰），经吴起阳桃山、二道川与三道川之间分水岭抵达陕甘交界处，沿分水岭西伸环县与定边交接的铁角城向西南顺樊家川河与城东沟河的分水岭达县城东塬，跨过环江河，经城西塬向西达虎洞的老虎岭、车道的樱桃掌山，经毛井的苦水掌达蒲河与环江分水岭西延置环江与宁夏清水河的分水岭，向北经墩墩梁、钱阳山、牛山堡梁北抵宁夏铜心县的青龙山，向东跨越苦水河，经盐池惠安堡的杜汇沟、狼步掌，斜向东北经大水坑乡的牛皮沟、沟口、谷山塘、莎草湾，红井子乡的李伏渠、涝坝沟、后台起抵达宁（夏）陕（西）边界，过境达陕西定边的红柳沟。本区属黄土高原丘陵沟壑区，有梁峁、沟壑、残塬、长梁、涧地、河川等地貌。海拔一般在1 200～1 800m。

本区根据水系可以划分为无定河源头丘陵沟壑地貌、北洛河源头沟壑地貌和环江流域源头沟壑地貌三个亚类。

1.3.1　无定河源头丘陵沟壑地貌

本区面积较大，除白于山东麓（延河流域）、南麓（北洛河流域）外，白于山和横山黄土丘陵沟壑区均属于该区。由于第四纪以来沉积的深厚老黄土，质粒细小，结构松散，黏性差，水土流失严重，长期侵蚀，黄土塬切入很深，导致沟壑纵横，基本看不到黄土残塬。本区天然植被破坏殆尽，仅有次生灌木林，如柠条锦鸡儿、沙棘、沙柳、山桃等。该区干旱少雨，冬春季风大，风蚀亦重，是植被恢复和环境保护的重点区域之一。

1.3.2　北洛河流域源头沟壑地貌

本区包括定边南部的洛河流域、靖边白于山南麓的洛河流域、（水路畔乡、大路沟乡）吴起和志丹北洛河源头区。即从定边南部的铁角城向北至白马崾岘、张崾岘、王盘山一线（北洛河与环江分水岭），折向东延伸至范崾岘、花凤子梁、杨井，转向东南至旗杆山、雷涧口、徐学梁、周窑子、坐米沟、后罗沟泉、曹山、榆树峁一线，（北洛河与无定河分水岭）向东至大墩山（白于山主峰）、五里湾，向南沿洛河与延河分水岭至麻台、杏河镇，向西到纸坊乡、郭大梁、郭见子，西达吴起张坪（宁赛川）、刘渠子（城南），沿吴起二道川与三道川的分水岭达陕甘省界，折向西至定边的铁角城。本区年均降水量在 400mm 以上，主要植被为小叶杨、河北杨、山杏、沙棘、山桃和柠条等。

1.3.3　环江流域源头沟壑地貌

本区从环县城东沟与樊家川河的分水岭延伸至铁角城，顺环江与北洛河分水岭达陕西定边的王盘山、魏梁，折向西北至白湾子、马鞍山，折向西达陕甘省界，在盐池红井子乡的后台起，向西过涝坝沟、李伏渠，斜向西南经，再向西到惠安堡乡的狼步掌，折向南至甜水堡、张铁堡，向西南大刘家滩、沿环县环江与宁夏清水河的分水岭（南漱、毛井）向南抵达苦水掌，向东经车道的樱桃掌山、虎洞的老虎岭达环线城北，跨环江沿环县城东沟河与樊家川河的分水岭向东北稻秆山交界的铁角城。该区属泾河水系，是泾河源头区，北部以麻黄山（盐池）海拔最高，西部以毛井马家大山海拔（2 089m）最高，地势呈西、北部高，东和南部较低，以环江河谷最低。地貌北部为梁峁丘陵沟壑区；西部为掌地丘陵沟壑区；东部为丘陵沟壑区；南部为残塬沟壑区。西部和北部年均降水量约360mm，南部的环县城约407mm。由于干旱少雨，植被在海拔 1 500m 以上以草场为主，灌木较少，谷底分布少量的乔木、小乔木，常见山杏林、山桃林、河北杨林及柠条、沙棘等灌木植被。本区是陇东陕北黄土高原地区最干旱、植被恢复最困难地区，植被恢复以封山禁牧，自然修复为主，人工促进为辅。

本区就整体地势而言，西部甘（肃）宁（夏）境内地势高于东部陕西横山山区。年均降水量 380 ～ 450mm。土壤水蚀和风蚀严重，是退耕还林还草的重点区域，也是植被恢复的困难地区。主要植被是山杏、河北杨、小叶杨、新疆杨、旱柳等疏林，也有小面积的人工油松、侧柏林；灌木主要为山桃、沙棘、柠条、蕤核（马茹）、紫穗槐、互叶醉鱼草等。

1.4　陇中西部长梁黄土丘陵沟壑地貌

该区南界由宁夏月亮山至甘肃崛吴山南麓西伸至会宁的铁木山，经榆中中部的黄土丘陵区西延至兰州的南山过红古区南缘西达甘肃、青海省境内；北界由宁夏香山北麓向西达靖远北部的哈思山，穿过黄河，经白银南界入皋兰，即由经皋兰北部石质山地以南石洞乡的魏家庄、水阜乡的砂岗、忠和乡的土石山地一线进入永登，沿永登中部黄土丘陵的北界，即沿连城镇、通远乡临坪、中堡镇一线向西南延伸，跨越庄浪河、大通河，达甘肃、青海省界（与青海民和北缘的阿拉古山相连）；本区东界是宁夏与甘肃省界；而西界则是甘肃与青海的省界。本区以黄河为界，可分为陇中长梁沟壑地貌和陇西丘陵沟壑地貌两部分。

1.4.1　陇中长梁沟壑地貌

本区以黄土长梁、残塬、川道地貌为主，也有石质山区，如崛吴山、哈思山、铁木山等，以及零星小盆地或涧地。地势是东南高，西北低。东部的崛吴山、东南部的华家岭、南部的兴隆山均系分水岭，山岭、长梁、残塬基本向黄河盆地（峡谷）倾斜，长梁在会宁较靖远多。残塬陇中高原较陇西高原多，陇中高原海拔一般1 600～2 000m。川道主要为祖厉河，由东南向西北流经会宁、靖远入黄河；榆中的苑川河在甘草店以上为南北向分布，以下则转为由东南向西北入黄河。

本区年均降水量330～450mm，集中于7～9月；年蒸发量1 300～1 800mm，局部达2 000mm。地带性土壤黑垆土和灰钙土，普通黑垆土和淡黑垆土在该区分布广泛；灰钙土分布于北部。高海拔的石质山地土壤垂直分布明显，由下往上依次为灰钙土、山地灰褐土、亚高山草甸土。植被为多年生干旱草本植被为主。哈思山等石质山地残存小片的青海云杉、油松等天然林；崛吴山海拔较低，主要残存山杨、白桦次生林；铁木山残存有小片次生灌木林。

1.4.2　陇西丘陵沟壑地貌

本区主要为黄土丘陵沟壑区，地貌主要为梁峁沟壑、川道。地势西北高，东南低，向黄河渐倾。陇西的黄土长梁大多是由西北祁连山支脉向东南延伸而来，在第四纪沉积黄土后又经过长期侵蚀而成，向东南渐斜，在入黄河口附近形成"V"形侵蚀沟谷。本区残塬较陇中部少，陇西高原主要海拔多在1 800～2 400m。陇西部的主要河流大通河、庄浪河、黑石川河均是由西北向东南泻入黄河。主要河流川道如大通河、庄浪河、黑石川河等都形成了Ⅰ、Ⅱ、Ⅲ阶地，各阶地的高差因地理位置不同而异。

本区年均降水量260～400mm，集中于7～9月；年蒸发量1 700～2 000mm，局部达2500mm。地带性土壤棕钙土和灰钙土，高海拔的石质山地则为山地灰褐土。植被为多年生干旱草本植被为主，有短花针茅、红砂、珍珠猪毛菜、盐爪爪、短舌菊、合头草（*Sympegma regelii* Bge.）等。西北农牧交错带在陇中西部主要分布于黄河盆地两边。由于本区位于内陆，东南季风很难将朝湿气流带入，年均降水量少，本区北缘植被逐渐过渡为典型草原，伴随荒漠植物种类出现。

1.5 盐灵台地缓坡丘陵地貌

该区从盐池红井子乡的后台起，向西经过涝坝沟、李伏渠，斜向西南，再向西到惠安堡镇的狼步掌、杜记沟一线，向西跨过苦水河达同心青龙山北麓，再跨过甜水河到达罗山东麓，沿罗山东麓，伸至罗山北麓；向北沿苦水河与清水河的分水岭抵达牛首山；向东北沿银川平原南缘，即在吴忠境内由南向北沿古木岭、杨刺坡岭、许家窑、鸽堂沟、高闸一线进入灵武境内。在灵武境内从南而北沿银川平原的东缘（即马鞍山、旗眼山、猪头岭、牛布郎山、面子山、杨家窑山、红砂梁一线）直抵内蒙古边界，折而向东沿长城达宁夏、陕西边界，再折向南伸至盐池红井子乡的后台。由于受南北向构造控制，形成了低山丘陵和缓坡丘陵相间分布的地貌格局，其间散布着流动和半流动沙地以及积水洼地形成的盐池及海子。

1.5.1 低山丘陵地貌

丘陵表土多为第四纪沉积物，在强物理风化和风蚀作用下，山体上部常有残积砾石分布，形成三级剥蚀台面。风化产物受重力或水流作用，在山体下部形成规模不等的洪积锥、洪积扇或坡积裙等堆积体。风化物以就近堆积为主，地形表现出坡度平缓（8°～15°）、相对高度不大（100～250m）的特点；暂时性流水形成的片状冲刷和冲沟的发育，造成地面沟壑纵横，水土流失较严重。

1.5.2 缓坡丘陵地貌

本区海拔 1 200～1 400m，属鄂尔多斯台缘剥蚀丘陵的一部分。地面呈波状起伏，平岗连绵，构成第二级剥蚀台面。相对高度50m左右，坡度在10°以下，地表为第四纪洪积冲积物，部分地区有风成黄土覆盖。地形起伏不大，但地面切割严重，一般沟深2～3m，有的下段接近坳谷阶段，沟坡较平缓，沟底有冲积物充填。境内河流多自东南流向西北，最后汇入黄河。

1.5.3 流动和半流动沙丘地貌

该区多是在6～7月南偏东20°～30°的东南风和冬春西北风反向交替吹扬下形成的高2～7m的新月形沙丘链；迎西北风一面，坡度10°～15°，背西北风一面，一般为27°～30°，顶部往往还形成重叠沙丘。沙带断续分布，间以湖盆草滩。本区西部沙丘高大密集，连绵起伏，天然毛柳、沙柳零星点缀其间，故称柳毛子沙窝。由于受多向风的影响，沙丘链多交织成格状或蜂窝状。

本区海拔较陕北沙滩区高出约200m。年均降水量比陕北沙滩区少，一般在 300mm 以下，气候干燥，植被稀少，土壤风蚀和水蚀严重。在广大丘陵区，由于土壤母质含盐量高，植被以旱生盐柴类小半灌木为主，代表植物种有珍珠、红砂、短花针茅、无芒隐子草等，覆盖度一般在 30% 左右；在第四纪覆盖物较厚、土壤含盐较低的地区，植被以耐旱的猫头刺、石葱、马兰、沙蒿等为主，覆盖度一般在 20% 左右；在草场退化、土壤沙化严重的地区，植被以华北骆驼蓬、骆驼蓬、华北白前（牛心朴）、苦豆子为主，覆盖度一般较低。

1.6　宁南土石丘陵地貌

该区沿牛首山南麓南伸达罗山北麓、沿山麓向东南到罗山东麓，跨过甜水河达青龙山北麓，向东跨越苦水河，沿苦水河与环江河的分水岭，南伸达蒲河与原州清水河的风水岭直到六盘山北麓，向西北经月亮山，到达崛吴山，沿宁夏、甘肃省境线向北伸至黄河，沿黄河南岸中卫平原的南缘向东经香山北麓、米钵山区北缘、经同心北部的台地边缘东伸北折至牛首山南端。本区地貌基本可以划分为宁南石质山地地貌、宁南黄土丘陵地貌、宁南河流川道地貌和宁南山间洼地地貌四种类型。

1.6.1　宁南石质山地地貌

该带石质山地主要集中于本区，主要有同心的罗山、小罗山、青龙山、米钵山，海原的南华山、西华山，中卫的香山等。在罗山、南华山、西华山、香山的南坡均由于蒸发量较大，发育为典型草原植被，北坡则有森林植被，而山上部则是草原植被。以南华山、罗山的森林植被发育较好（山上年均降水量达 500mm 以上）；西华山北坡上部为云杉林（也有少量红桦），中部为华北落叶松林，下部为油松林；罗山由山麓向山顶依次为荒漠草原植被、低位山灌木植被、油松山杨林、云杉暗针叶林；油井山、香山、青龙山、米钵山则是以稀疏灌木林为主，覆盖度较低，应继续加强封山禁牧。

1.6.2　宁南黄土丘陵地貌

该区是六盘山以北除石质山区、河流川道、山间洼地之外的地区。地貌为黄土沟壑区，集中分布于该区的中南部。在长期风化剥蚀及流水侵蚀作用下，黄土塬被演化成梁、峁、残塬和塘地。黄土梁、峁地形主要分布在同心南部，海原中南部，原州北部、东部，是以峁地为主的梁峁状地形，绝对高程 1 600～1 900m，相对高差 50～180m。沟系呈树枝状分布，崩塌和小滑坡体较多，冲沟横断面多呈 "V" 或 "U" 形。黄土残塬地形主要分布于海原西部洼地以西地区和原州东北部，属深切割的窄顶、陡坡梁状残塬，绝对高程 1 700～2 000m，冲沟切割深度 50～120m；残塬面地形平坦，呈梁状，崩塌与小滑坡体常见。残塬地形分布于海原西安州洼地以东到财沟以北地区和原州北部清水河两岸，属浅切割的宽顶、缓坡梁状残塬，如谢家塬、武家塬等，绝对高程 1 700～1 900m；塬面较开阔平坦，微有波状起伏；边缘冲沟较发达，呈树枝状；沟头有碟形地、落水洞等。本地较大的两个塘地是海原贾塘的前塘和后塘，为第三纪古坳谷，后被第四系物质充填淤平，呈北东东—南西西向排列，地势平缓，四周向中间倾斜，绝对高程 1700 ~ 1760m，坡度 10° ~ 15°。由于坡度较缓，目前主要作为农耕地，从事农业生产。

1.6.3 宁南河流川道地貌

主要指清水河川地，此外还有甜水河和苦水河（上游部分）沟谷川地以及沟谷川台地等。本区最大的河流川地是清水河川地，清水河发源于六盘山，在中宁入黄河。清水河川地从六盘山北麓的固原起向北经同心达中宁到黄河平原为止，河流两岸地势较平坦。青龙山左侧的甜水河川地和右侧的苦水河川地河道发育较短，面积较小。不论河道川地还是沟谷川台地，均有一、二、三级阶地。一级阶地分布零星且面积极小，高出河床 2 ~ 3m；二、三级阶地发达，宽 100 ~ 600m，二级阶地高出河床 6 ~ 10m；三级阶地高出河床 10 ~ 20m，后被现代冲沟侵蚀切割成不连续的条、块状，宽度不等，地形较平坦，绝对高程 1 550 ~ 1 600m。川道台地平坦，是主要的农耕地。

1.7 宁南山间洼地地貌

本区包括海原的兴仁，盐池的西安州、曹洼、老虎嵊岘、小南川等洼地，地势均较平坦。其中盐池与兴仁为封闭式洼地；兴仁洼地的面积较大，约有百余平方公里之多；西安州洼地次之；同心和原州洼地较少。

1.8 湟水河梁状丘陵沟壑地貌

本区东界为陇西长梁黄土丘陵沟壑区西界；南界为海东地区中部拉脊山脉（湟水河南部），即沿祁连山一级支脉拉脊山的分支，横贯民和中部的毛洞山—塘古岭—大庄山山梁达湟水河与黄河的分水岭，向西经石磊垭豁山、谷尔尕山，入乐都境内，依次经尕长峡山、花抱山和松安垭豁（马阴山之二山峰），达平安南界的尼旦山、顶帽山、照壁山、阿米吉利山（八宝山）；其西界为互助西北部的大俄博山，向南沿互助、大通之界南伸，经鹞子沟山、蚂蚁山，达平安与湟中交界的白草湾山、鹰鸽嘴山，抵达阿米吉利山（八宝山）；北界则为互助北部的大俄博山（达坂山主峰，湟水河北部），向东南经龙王山、尔俄博山，互助与乐都交界的娘娘山、三岔顶、松亡顶，沿皮袋沟梁抵达民和北部的阿拉古山（达坂山的分支），与陇西长梁黄土丘陵沟壑区北界相连接。本区地貌大体可分为高山、中低山、湟水河谷川道三种地貌。

1.8.1 湟水流域高山地貌

本区湟水河流域南、北的高位山（当地称"脑山"）是祁连山脉的一级支脉拉脊山、达坂山，海拔高过 2 800m，最高北部的达阪山达 4 313m，南部为拉脊山支脉阿伊山 4 166m。植被演替为典型草原植被，严格讲高山区不属于西北农牧交错带范畴，为了便于区划，本区按南、北分水岭划分将达阪山和拉脊山的高位山部分划入了本区。年均气温一般低于 3.3℃，民和高位山海拔较低，年均气温略高，也不超过 5℃，年均降水量 450 ~ 600mm。植被以高山草甸为主，有小面积的云杉、桦木、山杨林及高山柳、绣线菊、金露梅等高山、亚高山灌木林。

1.8.2 湟水流域中低山地貌

本区各县的中低山（当地称"浅山"）则是祁连山支脉拉脊山、达坂山的继续沿伸与分支，一般海拔 2 000 ~ 2 800m，地貌既有长梁、残塬，也有耕地、林地、草地，还有丘陵沟壑。阿拉古山就是一个较大的残塬，海拔 2 500m，塬面 1 600 多公顷。长梁、残塬以民和、乐都东部为多，而丘陵沟壑地貌多集中分布于乐都中、西部和平安、互助南部，沟谷深切，高差达 500 ~ 600m，坡度达 30° ~ 60°，冲沟横断面多呈"V"形，土壤侵蚀严重。沟间形成长梁，梁顶坡度平缓。年均气温 3 ~ 5℃，天然植被少见，多为人工植被，有青海云杉、祁连云杉、桦、柏、山杨、松类等，灌木高山柳、绣线菊、金露梅、忍冬、枸子、柠条、白花刺等也有分布。

1.8.3 湟水河谷川道地貌

湟水河谷川地是本区海拔最低的区域，海拔 1 650 ~ 2 400m，最低处位于民和湟水河出境处，最高处在平安境内湟水河川谷地。湟水河在本区自西向东由湟中经西宁流入平安，经乐都、民和进入甘肃兰州，再汇入黄河。在海东湟水河流域支流向南北展布，年均气温 5 ~ 7℃，年均降水量 300 ~ 500mm，是本区自然环境最优越的区域。长期的洪水冲刷，河谷不断下切，形成明显的滩地、阶地。阶地基本分为一、二、三级，约占本区面积7% ~ 10%。阶地地势平坦，土壤肥沃，灌溉便利，主要可开展农业耕作生产，植被为农作物、蔬菜、水果（苹果、梨、杏、花红、花椒）等，路旁、河畔等有新疆杨、青杨、北京杨、旱柳等人工植被。

2. 西北农牧交错带气候

西北农牧交错带位于我国东部季风区的中纬度地带，其地理位置属于高空盛行西风带的中南部，近地面高低系统活动频繁，环流形势季节变化明显。冬季受蒙古高压控制，当极地气团南下时，该区首当其冲，盛行偏北风，风力强盛，气温降低，冷锋从10月至翌年5月皆可出现，但以冬季各月最盛，平均气温较同纬度其他地方低；夏季在大陆低气压范围内盛行偏东风，亚热带太平洋气团可以直达本区，空气湿润，当受北方冷气流的扰动时，形成降水；春、秋两季是蒙古高压和太平洋高压过渡时期，为时甚短，且大气环流的这些变化随着地理位置和局部地势而发生变化。总之，该区处在我国中纬地带东部平原向青藏高原和蒙新高原过渡地带，是典型的温带干旱半干旱区域，降水总量少，年均降水量仅250 ~ 450mm，时空分布不均，多集中为暴雨，气候干燥，年蒸发量1 100 ~ 2 600mm，年均气温5 ~ 8.5℃，≥10℃积温2 200 ~ 3 444.1℃，太阳辐射127.6 ~ 150kcal/cm²，干燥度1.5 ~ 2.5，环流季节性变化十分明显。

2.1 大气环流

西北农牧交错带的大气环流形势有两个显著特点：一是处于西风带内，地面高低气压系统活动频繁；二是东亚季风环流变化十分明显。

冬季，本区被强大的蒙古高压控制，近地面被极地气团笼罩，该气团性质寒冷而干燥，频频南下，形成强劲的北风或西北风。显然，这与西风带北支——新疆高压脊的存在有关，其前缘出现强度不同的寒潮或冷锋，造成气温骤降，气压增高；若西风带南支向北移动到本区，可将孟加拉湾水汽带来，若与冷锋配合好，可降大雪；然而，主宰整个冬季天气过程是前者，所以冷锋过后，常出现低压槽，有偏南风，天气回暖，晴朗干寒，这样又孕育着下一个高压南下，天气出现周期性变化。

春季，蒙古高压逐渐衰退，北太平洋副热带高压逐渐扩张，但热带海洋气团力量较小，因此冷空气频频活动，空气干燥，大气降水稀少；而此时地面增温迅速，蒸发旺盛，常常导致春旱发生。每次冷空气南下，都会形成寒潮，出现霜冻。春末夏初，太平洋副热带高压增强，与西风带南支配合伸入本区东部，可以形成一定的降水。

夏季，本区受太阳辐射增温快，处于大陆热低压范围内，此时太平洋副热带高压北移，势力增强，形成东南季风，北太平洋热带海洋气团到达本区，促使气流向大陆腹地复合上升，产生夏季丰沛的降水天气。同时，极锋于7月底~8月初退到本区，由于锋面气旋活动频繁，常常出现暴雨天气，造成该地区降水集中发生，即雨热同期，也容易发生土壤侵蚀，泥石流、滑坡等山洪灾害。但是，当源于青藏高原和新疆南部的副热带大陆气团东移进入本区时，容易产生晴热干旱天气。

秋季，本区北太平洋副热带高压减弱南退，海洋气团势力减弱，蒙古高压发展南移，逐渐控制本区。初秋，冷空气南下前缘冷锋因受秦岭山脉的阻挡，或因北太平洋副热带高压较强，移动缓慢，形成稳定的环流形势，将出现大范围的持续秋雨，不过西北部持续时间较短，而东南部时间较长。大致在10月初，太平洋高压自北而南撤离本区，第一次寒潮袭来，出现秋高气爽的天气。嗣后，随蒙古大陆高压的增强和发展，北风逐渐加大，本区进入冬季。

2.2　降水特征

本区年均降水量约在 250 ~ 450mm 之间，时空分布差异十分显著，时间上，60% 左右的降水量集中于 7 ~ 9 月份；空间上，从东南向西北逐渐减少；加之特殊地段地貌、海拔高度的变化，部分区段年均降水量可能更少或更多。从陕北黄河边的府谷沿毛乌素沙漠南缘到盐灵台地、银南山地、陇中长梁残塬山区、陇西黄土丘陵沟壑区、青海海东黄土丘陵沟壑区，年均降水量由 450mm 逐渐降低为 310mm；中部的盐灵台地、同心、靖远、皋兰等县区年均降水量都低于 300mm，最少的仅有 250mm 左右，如盐池、灵武东部山区；在中部泾河源头区，从环县县城年均降水量 420mm 向西北到盐池北部减少为 320mm；南部年均降水量较北部约多 50 ~ 120mm（表 1.1 和表 1.3）。

表 1.1　西北农牧交错带 1951 ~ 2010 年年均降水量及时间分布

地点	年均降水量 /mm	其中 7、8、9 月		极端年均降水量 /mm	
		降水量 /mm	占年水量 /%	最大（年份）	最小（年份）
榆阳	400.0	250.6	62.7	692.6（1964）	159.1（1965）
盐池	288.1	169.5	58.8	586.2（1964）	145.3（1980）
同心	271.0	157.2	58.0	490.8（1964）	119.4（2005）
靖远	234.2	132.9	56.7	416.8（1985）	135.4（1980）
民和	347.5	197.8	56.9	573.2（1967）	198.6（1965）

以榆阳、盐池、同心、靖远和民和 5 县为例，该区内降水各季分配极不均匀，一般春季（3 ~ 5 月）年均降水量占全年总量的 15% ~ 20%，夏季（6 ~ 8 月）占 53% ~ 59%，秋季（9 ~ 11 月）占 22% ~ 25%，冬季降水稀少，占总量的 5% 以下。西北农牧交错带的 7、8、9 月是热带海洋气团深入本区活动频繁时期，造成大量降水，年均降水量要占全年总量的 50% ~ 70%（图 1.3）。

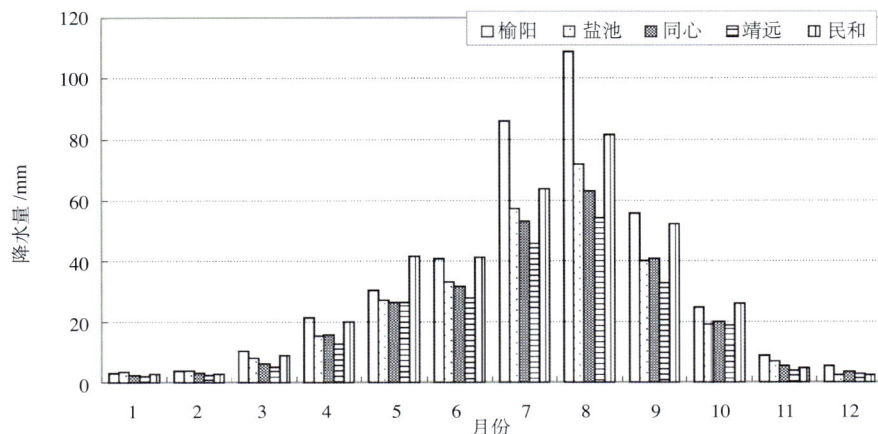

图 1.3　西北农牧交错带 1951 ~ 2010 年年均降水量季节分布

本区气候具有明显的大陆性气候特点，表现为降水变率很大，降水量年际间变化极不稳定。以极端大气年均降水量而言，降水最高年份在700mm左右，最低降水年份为120mm左右，相差4～5.8倍；从相对变率来看，本区降水变率普遍在30%以上，有的甚至超过100%。该区各季节大气降水相对变率，榆阳为40%～96%，而且以冬季相对变率最大，夏季相对变率较小。干燥度在1～2之间，属于气候区划中的半湿润和半干旱气候，在植被上属于森林草原过渡地带，整个西北农牧交错带干燥度变化也是如此。还要说明，暴雨是本区降水重要特征之一，它一方面能够入渗土壤缓解旱情；另一方面产生大量地表径流，造成严重的水土流失。实际上几次暴雨的水土流失量往往占全年水土流失量的80%以上。

本区5县1951～2010年年均降水量为119.4mm（2005年同心）～692.6mm（1964年榆阳）。在地域上，一般大小排序为榆阳、民和、盐池、同心和靖远；在年际上，20世纪60年代中期出现了一个小高峰，20世纪80年代初期和本世纪初年均降水量明显较低，出现较为严重的干旱现象。总的趋势，近60年大气年均降水量是在逐渐降低，降低15～20mm，具体为20世纪60年代增加，70年代降低，80年代略有增加，90年代再降低，近10多年有所增加（图1.4）。

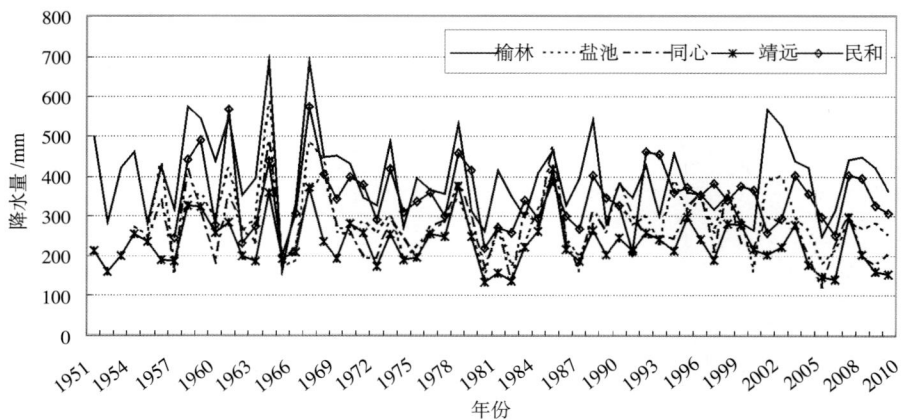

图1.4　西北农牧交错带1951～2010年降水量年际变化

在这里温度不是植被生长发育的限制因子，大气年均降水量决定了区域植被类型、种类和结构。本区自东南向西北由森林草原景观逐渐演替为草原景观、甚至荒漠景观，只有沟谷底部、洼地可见到少量乔木、小乔木树种构成的小片疏林。但是，在银南至甘肃靖远一带，有几座石质山地，如同心的罗山，海原的南华山、西华山，甘肃的崛吴山、哈思山等，随海拔升高年均降水量逐渐递增，达到了500mm，甚至更多，满足了森林形成的水分条件，因而在这些石质山区形成了小面积的森林群落。

2.3　热量特征

西北农牧交错带光照充沛，太阳年辐射量较高，一般在117～158kcal/cm^2，东西变化不大。从本区的南缘向北缘，太阳辐射逐渐增大，热量较为充足（表 1.3）。由于地面覆盖物少，地面蒸发量由南向北也增大。同时，本区又多大风（≥ 17.2m/s）天气，加剧了地表蒸发，造成了本区平均蒸发量一般都大于年均降水量 3 ~ 4 倍，导致气候干燥、土壤干旱，造就了植物一般具有耐旱特性和抗逆性。

由于西北农牧交错带干旱少雨，天气晴朗，使得区内年均日照时数均在 2 200h 以上，榆阳、盐池、同心、靖远和民和年均日照时数分别为 2 791.096、2 863.821、2 987.871、2 710.516 和 2 469.432h，日照百分率也都超过 50%。本区日照丰富，从南到北逐渐增大，东西差异明显。

太阳辐射的年内变化，春季一般不超过总辐射的 30%，夏季辐射增加快，普遍占年总辐射的 1/3 以上，秋、冬二季辐射又逐渐下降，总和占总量的 35% ~ 45%。一般西部海拔高，秋冬辐射量大，在纬度方向上变化不明显。

2.4　温度特征

西北农牧交错带年均气温 5.9 ~ 10℃。在东部的陕西长城沿线地区年均温度 7.8 ~ 8.5℃，仅府谷段家寨经皇甫川、清水川，再经高石崖至孤山川入黄河口，靠近黄河流域年均温度达 10℃，其他地区年均温一般在 9℃；西部地区青海湟水河流域年均气温 5 ~ 7.8℃；民和相对海拔较低，年均气温 8℃左右，平安为 5 ~ 6.8℃，而互助为 4 ~ 6.5℃；中部的银南、隆中和陇西年均气温介于两者中间。西部较东部年均气温低主要是海拔升高所致（表 1.3）。

1 月是冬季最冷的月份，本区平均气温由南向北、从东到西递减，南部民和多年平均 -5.8℃，逐渐向北榆阳降至 -8.9℃，再向西北降至 -15℃下。兰州、西吉、固原均在北纬 36° 左右，而多年 1 月平均气温分别为 -6.5℃、-13.9℃ 和 -8.3℃，这一差异显示了区内气候的大陆性特点。7 月一般作为夏季最热月份的代表，该区气温在地域上差异不大，平均多在 20 ~ 25℃ 之间；南部河谷气温较高，湟水河谷以及中高山地气温偏低，平均多在 20℃ 以下（图 1.5）。

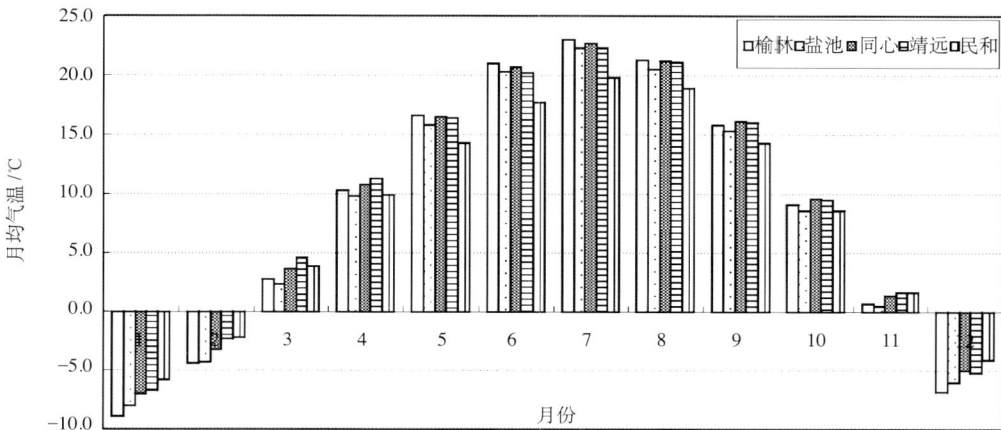

图 1.5　西北农牧交错带 1951 ~ 2010 年气温季节变化

春、秋两季本区气温变化大。春季天气晴空少雨增温快，平均每月增温 6 ~ 12℃，到4 月一般回升到 4 ~ 12℃；秋季受冷空气侵袭，降温较快，变化与春季相似，9 月平均气温在 4 ~ 12℃，秋季温度明显低于春季温度。由于冷空气活动的强弱、迟早各异，常出现春、秋季节低温与霜冻。

本区气温变化较大，高于同纬度东部平原而低于蒙新高原，气温年较差普遍高于25℃，且从南到北、由东向西有递增的趋势。绝对最高和最低气温的变化也有类似规律，气温极端年较差大体在 60 ~ 70℃ 之间。1951 ~ 2010 年榆阳、盐池、同心、靖远和民和年均气温分别为 8.38℃、8.14℃、8.98℃、9.1℃ 和 8.11℃，极端最高气温分别为 39℃、38.1℃、39℃、39.5℃ 和 37.8℃，而极端最低气温分别为 −27.5℃、−29.6℃、−28.3℃、−24.3℃ 和 −22.2℃。本区近 60 年气温逐渐升高，平均升高 1 ~ 1.5℃，1950 ~ 1984 年比较稳定，1985 ~ 1987 年略有降低，之后逐渐增加，近 10 年增加明显（图 1.6）。

不论 ≥ 0℃，还是 ≥ 10℃，年积温同样是由东向西逐渐降低，东部的榆阳、神木与西部的平安 ≥ 0℃ 年积温相差分别为 1 509.1℃、1 481.7℃，≥ 10℃ 年积温相差分别为1 291.9℃、1 117.6℃。由于地形地貌的作用，不同地理位置的年积温有所变化，但总体变化趋势并没有大的改变。

综上所述，西北农牧交错带气温的年较差和日较差较大；最冷月为 1 月，最热月为 7 月；一天中，一般最冷时为日出前，夏天在凌晨 3:00 至 5:00，冬天在凌晨 4:00 至 6:00，最热时为 14:00 左右；春季温度高于秋季温度；年均降水量较少，季节和年际分布不均，说明了该区是典型的大陆性气候。

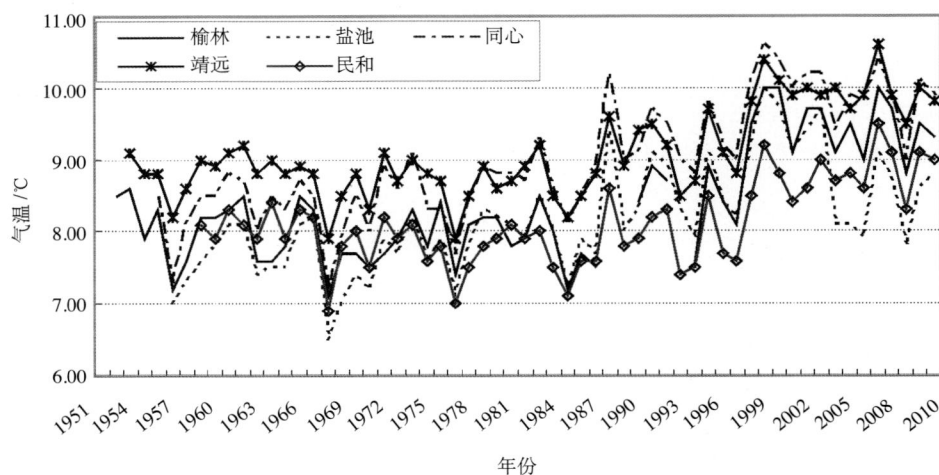

图 1.6　西北农牧交错带 1951 ~ 2010 年气温年际变化

2.5　风速特征

在陕北长城沿线有"一年一场风，从春刮到冬"之说，它可以用来表述西北农牧交错带风速特征。该区风速区域、年际和季节均有变化，季节变化较大，年际变化较小；西北风较大，东南风较小；风向不同季节也有变化，总体以春季、西北风为主。该区多年平均风速为 1 ~ 3.5m/s，最大风速为 17.2 ~ 34m/s；1951 ~ 2010 年平均风速为 1 ~ 3m/s，最大风速为 18 ~ 22m/s，极大风速为 23.3 ~ 31.7m/s，风向以西北为主（表 1.2）。

表 1.2　西北农牧交错带 1951 ~ 2010 年主要风速指标

地点	年均风速 /（m/s）	最大风速			极大风速		
		风值 /（m/s）	风向	出现时间	风值 /（m/s）	风向	出现时间
榆阳	2.20±0.34	20.7	正北	1972-02-16	31.7	北西北	2008-05-15
盐池	2.64±0.33	22.0	正西	1972-04-18	25.2	北西	2004-02-12
同心	2.94±0.28	20.7	正北	1983-04-27	26.8	北西	2005-06-12
靖远	1.19±0.23	19.3	北西北	1977-05-19	23.3	北西北	2008-03-15
民和	1.62±0.40	18.0	东南	1973-02-21	24.0	东东北	2010-02-08

注：极大风速是 1992 年 ~ 2010 年的统计值。

本区处于温带干旱、半干旱地区的西北边缘，多为季风，而且风雨不同期而至。在特定地理环境中，风速和风向随着季节变化也略有改变，如陕西定边多南风，其次为西南风；夏季多东南风，大风多与暴雨或冰雹相伴，对农作物危害严重；冬末至春季多西北风，春季年大风次数多、风速大，往往造成扬沙或沙尘暴天气，土壤水分严重失衡；冬季风较小，如果有降雪，可以对土壤水分进行补偿，对来年风沙危害抑制以及植物生长都十分有利（图1.7）。

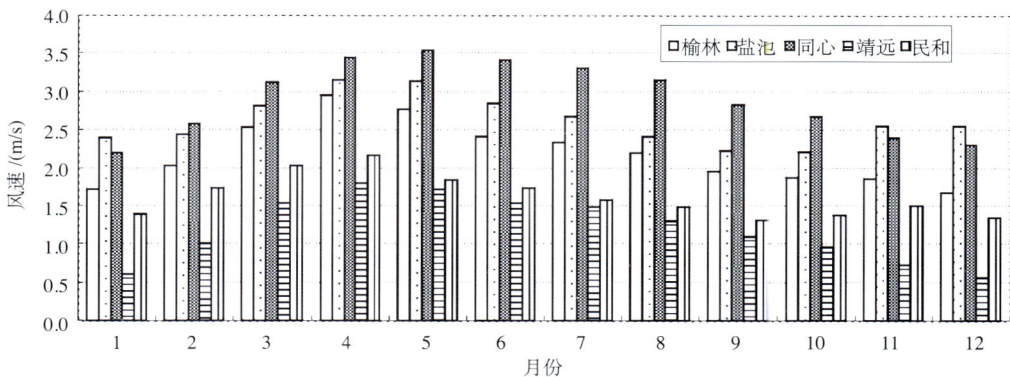

图 1.7　西北农牧交错带 1951 ~ 2010 年风速季节变化

本区另一个气候特点是大风次数多，持续时间长，因而土壤风蚀严重，尤其是在冬春季。在本区西部的湟水河流域由于其北部的祁连山一级支脉达阪山阻挡，大风天数较少，平均为 7 ~ 12 天 / 年；东部的陕北北部平均为 9 ~ 21 天 / 年；中部的宁夏盐灵台地持续时间最长，为 20 ~ 32 天 / 年，灵武东部丘陵缓坡区最多达 63 天 / 年（西部黄河平原区仅 12天 / 年）。大风不仅导致地面蒸发量增加，同时引发沙尘暴天气，严重时造成幼苗脱水死亡。

大风次数多，持续时间越长，土壤的风蚀越严重，在本区可以看到明显的风蚀地貌。长时间的大风严重影响该区植被的正常恢复。

本区 5 县 1951 ~ 2010 年年均风速为 0.3m/s（靖远 1993 年）~ 4.8m/s（同心 2003 年），在地域上，一般大小排序为同心、盐池、榆阳、民和和靖远；在年际上，20 世纪 60 年代和 20 世纪 90 年代及本世纪初风速出现两个小高峰，20 世纪 80 年代的风速比较低（图1.8）。

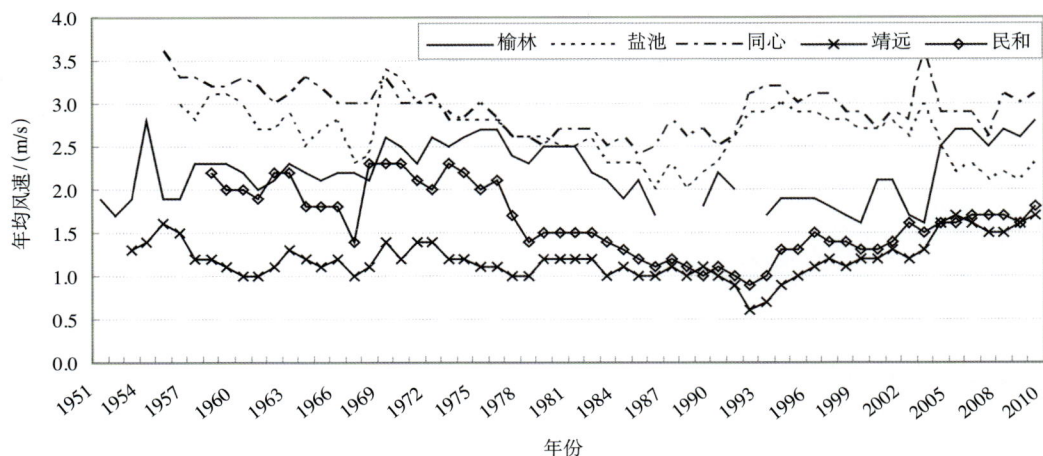

图 1.8　西北农牧交错带 1951 ~ 2010 年风速年际变化

可见，本区属大陆性季风气候。由于深居内陆，夏季湿润，季风影响有限。同时本区域海拔较高，因而在一年四季中，冬季寒冷较长、夏季温凉短暂、春季干燥多风、秋季降温迅速。年均气温为 5.9 ~ 10℃，东西部≥10℃年积温相差 1 200℃左右，年均降水量 250 ~ 450mm，而地表年均蒸发量为年均降水量的 3 ~ 4 倍（表 1.3），空气湿度小，气候干燥，又多大风，自然环境较恶劣，乔木植被恢复困难。在植被恢复过程中一定要考虑到当地气候、土壤和稳定群落结构，选择耐旱性植物材料，仿拟自然植被群落，封山禁牧，最大限度减少人为干扰，才能尽快实现控制水土流失，再造秀美山川之目标。

表 1.3　西北农牧交错带主要县区气候特征

县区名称	年均降水量 /mm	年均气温 /℃	一月平均气温 /℃	七月平均气温 /℃	≥0℃积温 /℃	≥10℃积温 /℃	年辐射总量 /(kcal/cm²)	年均蒸发量 /mm	年均风速 /(m/s)	最大风速 /(m/s)	八级风持续天数 /(天/年)
府谷	453.5	9.1	−8.4	23.9	3 976.3	3 444.1	144.94	1 092.2	2.6	30.8	16.0
神木	440.8	8.5	−9.9	23.9	3 859.1	3 391.9	141.86	1 336.6	2.6	17.0	14.0
榆阳	414.0	8.1	−9.9	23.4	3 731.7	3 217.6	145.20	1 907.2	2.3	20.7	13.0
佳县	395.0	10.0	−7.7	25.2	4 246.0	3 812.6	148.70	2 378.9	2.4	17.8	17.0
横山	397.8	8.6	−8.8	23.4	3 808.6	3 259.7	139.20	2 088.0	2.0	25.0	28.8
靖边	395.0	7.8	−8.5	22.2	3 524.9	2 904.9	137.20	2 361.6	3.2	20.8	15.2
定边	316.9	7.9	−8.5	22.3	3 565.5	2 989.6	137.40	2 490.9	3.3	20.8	21.3

续表

县区名称	年均降水量/mm	年均气温/℃	一月平均气温/℃	七月平均气温/℃	≥0℃积温/℃	≥10℃积温/℃	年辐射总量/(kcal/cm²)	年均蒸发量/mm	年均风速/(m/s)	最大风速/(m/s)	八级风持续天数/(天/年)
吴起	410.0	7.8	−7.8	21.6	3 446.4	2 817.8	117.24	1 173.0	1.5	17.2	9.4
盐池	325.5	7.2	−8.9	22.3	3 923.5	2 945.0	150.00	2 124.9	5.0	24.0	24.8
灵武	230.7	8.8	−8.1	23.6	3 779.7	2 887.5	143.90	2 600.0	3.1	17.0	63.0
环县	407.0	8.6	−6.9	22.2	3 193.5	2 735.3	145.60	2 200.0	3.1	34.0	32.4
原州	450.0	6.3	−9.0	24.7	2 943.0	2 350.0	127.60	2 174.0	2.7	28.0	21.9
同心	272.8	8.6	−8.1	22.8	3 915.3	3 100.0	139.62	2 480.0	3.0	24.0	28.0
海原	322.5	7.6	−9.0	20.1	3 231.7	2 398.0	135.44	2 057.8	3.3	24.0	30.0
会宁	340.0	6.4	−6.8	18.1	3 049.5	2 402.2	135.55	1 800.0	2.8	24.0	19.0
靖远**	244.0	8.8	−7.7	22.6	3 208.0	2 622.0	145.24	1 657.0	3.0	21.0	25.0
平川	250.0	8.2	−8.6	21.3	3 606.5	2 877.5	147.30	1 700.0	3.2	19.0	28.0
榆中	350.0	6.6	−8.1	19.0	3 267.0	2 750.0	130.57	1 406.8	1.5	17.2	8.0
皋兰	280.0	7.0	−9.1	20.7	3 631.2	2 802.0	129.35	1 785.6	2.0	17.2	10.3
民和*	292.0	7.8	−6.6	21.6	2 985.8	2 467.2	131.00	1 681.6	1.9	18.0	6.9
乐都*	335.4	6.4	−7.2	18.6	2 974.2	2 547.4	158.56	1 752 6	2.2	28.0	9.6
平安*	312.3	5.9	−5.6	17.2	2 350.0	2 100.0	146.15	1 836 3	2.7	22.0	12.0
平均	347.1	7.8	−8.1	21.9	3 464.4	2 855.6	139.89	1 913 0	2.7	22.2	20.6

注：* 青海海东地区的年均降水量不包括达阪山和拉脊山的高位区，仅为湟水河川和低位山区。温度（年均温度和积温）同样为湟水河川和低位山区。

　　** 甘肃省靖远县的数据来源于《甘肃森林》和互联网，其他县区气候数据来源于各县区志。

3. 西北农牧交错带土壤

　　西北农牧交错带气候和植被的分带性，决定了土壤的地带性。自东南向西北，即气候由半湿润 - 半干旱 - 干旱，植被由森林草原 - 干旱草原 - 荒漠草原 - 荒漠，水平地带性土壤类型主要有黑垆土、栗钙土、灰钙土、棕钙土、灰漠土等；在干旱半干旱气候区，山脉由低海拔向高海拔逐渐过度，垂直地带性土壤类型基带可能是黑垆土、栗钙土或灰钙土，达到一定的高度土壤就会发育为灰褐土、草甸土等；同时，由于地形和局部环境因素的影响，以农业历史悠久而出现非地带性土壤，主要类型有黄绵土、新积土、潮土、灌淤土、沼泽土、盐碱土、风沙土、石质土、粗骨土、红土、紫色土等，该区不同土壤分布和面积差别也较大（表 1.4）。可见，特殊的地理位置、气候条件、植被类型和人为干扰，造就了丰富多彩的土壤类型。

3.1　黑　垆　土

黑垆土是温带半干旱半湿润森林草原向草原生物气候条件下发育形成的地带性土壤,本区分布于府谷、神木、榆阳、佳县(北部)、米脂(北部)、横山、子洲、靖边、定边、志丹(西北部)、吴起(北部)、环县、会宁(北部)、榆中(北部)、靖远、平川、皋兰(南部)、永登(南部)、红古、盐池、灵武、同心、海原、原州(北部)、民和、乐都、平安及互助(南部)等的丘陵沟壑区以及塬地、高阶地、洪积扇、川地、涧地等,其母质主要为第四纪黄土和次生黄土。本区雨热同期,一方面有利于原生矿物的分解和次生黏土矿物的形成,并使黑垆土因残积黏化而具有隐黏化特征;另一方面土壤中水溶性盐类的溶解度提高并随下渗水流迁移,又使明显下移的钙、镁等盐类在剖面下部形成淀积层。该土有机质一般1%～3%,质地多为轻壤—中壤,总孔隙50%～60%,田间持水量20%～25%。目前黑垆土区的天然植被仅存于田边、崖畔、峁顶等。

黑垆土分为普通黑垆土、紫黑垆土(黏化黑垆土)、焦黑垆土、麻黑垆土、潮黑垆土五个亚类,本区主要有普通黑垆土、焦黑垆土和麻黑垆土三个亚类。

3.1.1　普通黑垆土

普通黑垆土亦称典型黑垆土、黑垆土,分布于本区南部,常与黄绵土、焦黑垆土交错,府谷、神木、榆阳、米脂、横山、子洲、靖边、定边、吴起、环县、会宁、榆中、靖远、平川、皋兰、永登、盐池、同心、海原、原州等地均有分布,集中分布于陇东北、白于山、横山一线。植被为小乔木、灌木草原,沟谷、坡下部见小乔木种类。约30～60cm黄土覆盖层,腐殖质层一般60～100cm,土壤侵蚀较轻,黏粒含量20%～30%,多为轻壤。剖面呈强石灰反应,石灰含量3.5%～15%;腐殖质层$CaCO_3$有淋溶现象;pH8.2～8.6;有机质含量0.8%～1%,$N_全$(全氮含量)0.05%～0.1%,$P_全$(全磷含量)0.15%～0.18%。普通黑垆土可分为黑垆土、覆盖黑垆土、侵蚀黑垆土(绵黄土)三个亚类。

3.1.2　焦黑垆土

焦黑垆土亦称轻黑垆土、沙黑垆土,分布于府谷、神木、佳县、横山、子洲、定边、环县、盐池、同心、海原、原州等地。位于典型黑垆土之北,和栗钙土、灰钙土相连接,发育于沙黄土,故有沙垆土之称。腐殖质层厚1～1.5cm,质粗色灰黑,似烧焦状;黏化作用和碳酸盐淋溶作用不明显。全剖面呈强石灰反应,含量因母质而异。物理黏粒≤20%,质地沙壤——沙土;$CaCO_3$含量0.2%～15%,石灰淀积层明显;pH7.9～8.9;有机质含量1.1%左右,$N_全$0.05%、$P_全$0.11%、C/N为7.9;阳离子交换量低。与黑垆土相比,土壤中硅的含量较高,铁、铝含量较低;质轻粒粗,疏松干燥,透水性强,保水保肥能力稍差,

表 1.4　西北农牧交错带主要土壤类型面积

单位：×10³hm²

地名	黑垆土	栗钙土	灰钙土	灰褐土	草甸土	黄绵土	新积土	潮土	灌淤土	沼泽土	盐碱土	风沙土	石质土	粗骨土	红土	紫色土	合计
府谷	0.74	0.00	0.00	0.00	0.00	199.66	18.19	0.00	0.00	0.00	0.00	9.40	21.47	64.26	1.33	0.00	315.06
神木	17.07	0.00	0.00	0.00	0.00	262.19	22.28	39.87	0.00	15.19	1.53	292.91	21.37	45.35	4.07	3.03	724.87
榆阳	8.91	0.00	0.00	0.00	0.00	114.94	8.71	81.55	0.65	4.43	14.39	451.89	0.00	2.54	0.00	0.00	688.00
佳县	0.00	0.00	0.00	0.00	0.00	147.03	6.62	0.00	0.00	0.00	0.00	6.48	14.72	26.59	1.33	0.00	202.77
米脂	0.00	0.00	0.00	0.00	0.00	107.68	2.08	0.00	0.00	0.00	0.00	0.10	0.00	3.49	0.00	0.00	113.35
横山	0.00	0.00	0.00	0.00	0.00	267.35	8.49	13.25	1.31	0.25	0.00	112.06	0.00	0.00	1.79	0.00	404.49
子洲	0.00	0.00	0.00	0.00	0.00	189.15	1.25	0.00	0.00	0.00	0.00	0.00	0.00	0.00	4.89	0.00	195.30
靖边	16.82	0.57	0.00	0.00	0.00	279.86	35.07	11.74	0.00	0.59	2.43	153.09	0.00	0.00	1.05	0.00	501.23
定边	59.63	14.81	32.95	0.00	0.00	347.73	38.61	30.99	0.00	9.55	18.85	127.16	0.00	0.00	0.95	0.00	681.25
志丹	0.00	0.00	0.00	0.00	0.00	324.88	17.47	0.82	0.00	0.00	0.00	0.00	0.00	0.00	25.87	0.00	369.03
吴起	0.49	0.00	0.00	0.00	0.00	366.85	4.54	0.00	0.00	0.00	0.00	0.13	0.00	0.00	1.16	0.00	373.03
环县	29.48	0.00	0.20	0.00	0.00	863.77	13.96	0.00	0.00	0.00	0.00	0.00	0.00	0.00	5.14	0.00	912.68
会宁	107.35	0.00	20.15	6.43	0.00	412.05	16.77	0.00	0.00	0.00	2.59	0.13	0.00	28.57	0.00	0.00	556.33
靖远	2.38	15.32	434.01	36.37	0.00	23.50	1.19	0.00	23.19	0.00	0.68	0.00	19.12	21.22	0.00	0.00	556.31
榆中	23.79	0.00	95.52	0.00	5.17	137.06	0.20	0.00	4.22	0.00	2.19	0.00	0.00	32.77	7.17	0.00	323.56
皋兰	0.00	0.00	191.38	7.29	0.00	0.05	4.12	0.00	5.80	0.00	0.09	0.00	12.17	37.19	17.34	0.00	254.13
永登	0.00	124.93	318.17	9.80	5.71	8.45	3.34	0.00	20.85	0.00	15.68	0.00	0.00	10.13	7.49	0.00	545.47
兰州	1.79	1.75	48.42	0.00	1.08	69.19	3.62	0.00	2.47	0.00	6.24	0.00	0.69	0.26	0.00	0.00	156.53
盐池	44.15	0.00	186.72	0.00	0.51	88.07	57.75	3.97	0.00	1.03	4.97	275.67	0.00	11.05	0.87	0.00	673.81
灵武	0.00	0.00	143.04	1.27	0.00	0.00	2.03	1.18	33.16	0.00	1.55	167.08	0.00	24.99	0.38	0.00	364.65
同心	68.10	0.00	233.94	25.85	0.39	242.79	87.90	1.01	0.00	0.00	0.00	28.02	0.63	24.97	10.81	0.00	694.39
海原	63.61	0.00	85.13	45.71	0.00	316.13	17.31	1.70	0.00	0.00	0.00	0.00	0.00	18.68	1.61	0.00	547.07
原州	85.25	0.00	0.00	22.27	1.86	208.55	21.14	0.00	0.00	0.00	0.00	0.00	0.00	7.75	0.00	0.00	382.80
西吉	40.98	0.00	0.00	0.00	0.18	226.08	9.51	0.00	0.00	0.00	0.00	0.00	0.00	24.08	0.00	0.00	306.77
中宁	0.00	0.00	117.55	1.89	0.00	3.35	7.97	0.00	28.55	0.00	10.63	2.93	2.87	89.53	0.61	0.00	197.93
中卫	0.00	0.00	167.88	7.26	17.27	0.00	22.19	5.79	26.71	0.00	5.39	101.25	13.99	1.03	0.43	0.00	434.63
民和	0.00	93.00	48.19	7.26	63.91	2.65	0.58	0.00	2.46	0.43	0.00	0.00	0.00	15.85	0.80	0.00	173.05
乐都	0.00	81.16	45.85	0.00	20.17	2.13	0.00	0.00	4.63	0.00	0.00	0.00	0.00	2.63	2.96	0.00	221.65
平安	0.00	27.02	13.88	58.30	96.74	0.00	0.00	0.00	0.47	0.00	0.00	0.00	0.00	8.26	22.15	0.00	64.98
互助	0.00	73.84	17.35	0.00	1.39	5.47	1.81	0.79	4.89	1.25	0.00	0.00	0.65	159.91	0.00	0.00	271.67
准格尔旗	23.44	17.29	0.00	0.00	41.29	210.31	46.57	11.06	6.70	0.00	0.81	235.61	0.00	22.74	0.00	0.00	735.91
伊金霍洛旗	5.74	11.66	0.00	0.00	52.85	19.70	10.28	51.53	0.00	7.13	16.77	393.43	0.00	0.00	0.00	0.00	580.27
乌审旗	0.00	11.40	0.00	0.00	63.97	13.40	3.22	74.52	0.00	3.67	40.08	946.02	0.00	0.00	0.00	0.00	1 145.16
鄂托克前旗	0.00	0.00	215.95	0.00	0.00	0.00	0.00	37.84	0.58	3.17	30.56	835.01	0.00	3.13	0.00	0.00	1 190.21
合计	599.72	472.77	2 416.29	229.71	372.50	5 460.02	494.78	367.62	166.65	46.69	175.42	4 138.25	107.69	686.97	120.21	3.03	15 858.31

注：数据来源：中国科学院黄土高原综合科学考察队．黄土高原资源环境社会经济数据．北京：中国经济出版社，73～81。表中土壤面积为各县区全部，我们研究涉及的为其中一部分。

易于侵蚀；土干性热，发苗快，后劲差。焦黑垆土可分为焦黑垆土、覆盖焦黑垆土、侵蚀焦黑垆土和沙化焦黑垆土四个亚类。

3.1.3　麻黑垆土

　　麻黑垆土也称黑麻土，主要分布于会宁、榆中、靖远、平川、盐池、同心、海原、原州、西吉等地海拔 1 900 ～ 2 100m 的高丘平缓处。土壤水分较好，有机质分解缓慢，积累多，因而土壤颜色较深。基于大气降水量限制，石灰淋溶较弱，碳酸岩以假菌丝状和霜粉状沉积在腐殖质层中下部，黑色腐殖质层中夹附大量石灰石，常有一些黄土等杂色坡积物混入，形成黑白黄相杂的麻色土层而被群众称之为黑麻土。腐殖质层一般厚在 100cm 以上，有机质含量达 1.59% 以上。全剖面呈强石灰反应，石灰石含量 5% ～ 17%。≤0.001mm 的黏粒占 10% ～ 20%，≤0.01mm 的黏粒达 30% ～ 50%。麻黑垆土分布特点是缓坡、台塬较多，陡坡较少；阴坡较多，阳坡较少；土壤侵蚀较重。麻黑垆土可分为麻黑垆土、耕种麻黑垆土、黄麻黑垆土三个亚类。

3.2　栗　钙　土

　　栗钙土是地带性典型草原土壤，分布于府谷、神木、榆阳、靖边、定边、靖远、会宁、平川、西固、永登、民和、乐都、互助等县区。该土发育于温带半干旱草原植被下，剖面特征是上部呈栗色，下部有菌丝状或斑块状或网纹状的钙积层。与灰钙土一样，栗土壤成土过程亦具有较明显的腐殖质累积和石灰的淋溶—淀积过程，并多存在弱度的石膏化和盐化过程。在垂直分布上，栗钙土上接黑钙土，下接灰钙土；水平分布上，南与灰钙土为邻，北与棕钙土、黑钙土接壤。

　　栗钙土的成土母质较多，陕北主要为砂岩、砂页岩、砂砾岩残积——坡积物，还有黄土、红土母质；湟水河流域主要为黄土、次生黄土、红土以及砂页岩残积——坡积物；腐殖质层厚度为 25 ～ 45cm，有机质含量 1.5% ～ 4%；腐殖质层以下为含有多量灰白色斑状或粉状石灰的钙积层，石灰含量达 10% ～ 30%。陕北栗钙土具腐殖质层薄，色深暗，少腐殖质、少盐化、少碱化和无石膏或深位石膏及弱黏化特点；湟水河流域栗钙土腐殖质层色浅，下渗缓慢，腐殖质多、$CaCO_3$ 以假菌丝状沉淀于腐殖质层下的浅色土中，且二者分布不明显。

　　栗钙土区植被地下生物量远高于地上部分，一般为地上的 10 ～ 15 倍，主要分布在 30cm 表层中。栗钙土区凋落物多一年便可分解，地下部分每年死亡分解约 35% ～ 40%，较强的微生物活动使有机质积累量弱于黑钙土。草原植被吸收的矿质元素中除硅外，钙和钾占优势，这对腐殖质的性质及钙在土壤中的富集有重要作用。根据成土过程，本区栗钙土可分为暗栗钙土、普通栗钙土、淡栗钙土和栗钙土性土；据伴随附加过程在剖面构型上的表现及特征，可分为草甸栗钙土、盐化栗钙土和碱化栗钙土。

3.2.1　普通栗钙土

普通栗钙土是栗钙土代表性亚类，分布于府谷、神木、榆阳、靖边、定边、靖远、平川、会宁、西固、永登、民和、乐都、互助等地；成土母质多样；栗钙土的土壤水分和腐殖质累积弱于暗栗钙土，大多被垦殖农用。陕北和内蒙鄂尔多斯的栗钙土剖面腐殖质层下都有紧实的灰白色钙积层。腐殖质层呈鲜栗色，厚度 18～60cm，有机质含量 1%～2%，由亚表层向下逐渐降低，可能与风蚀有关，但耕种后一般都≤1%；钙积层一般 20～40cm，$CaCO_3$ 含量 12%～30%，比腐殖质层高 3～5 倍以上。湟水河流域栗钙土剖面层次分化不明显，缺乏明显钙积层；腐殖质层一般 50～90cm，呈棕灰色，有机质含量 1%～3%，表层最高，向下逐层递减，耕种后一般为 1% 左右；$CaCO_3$ 含量多为 10%～13%，高达14%～19%；土壤 $N_全$、$P_全$、$K_全$（土壤全钾含量）分别为 0.11%～0.23%、0.1%～0.17%、1.5%～2.5%，耕种栗钙土则更低；土壤 pH8～9.5。

依据成土母质，可将普通栗钙土分为砂页岩栗钙土、红土质栗钙土、黄土质栗钙土、耕种砂页岩栗钙土、次生黄土质栗钙土和沙化栗钙土等。栗钙土既可以做农作使用也可以放牧使用。鄂尔多斯台地栗钙土由于不合理的农耕和过度放牧，加之干旱，土壤沙化、退化严重，牧场严重退化，农作物产量低而不稳。建议采取禁牧封育，恢复草原植被，提高植被覆盖度，尽快控制土壤沙化，保护牧场环境安全。草原植被恢复后应以牧业为主，适当从事农作生产。

3.2.2　暗栗钙土

暗栗钙土主要分布于青海东部的半山过渡地带，常与黑钙土、栗钙土亚类交错分布，黑钙土带中出现在阳坡，而栗钙土带中则出现在阴坡。母质大多为黄土，少量为基岩残积（坡积物）。由于山高坡陡，一般只适宜于牧业生产。海东暗栗钙土剖面腐殖质层和钙积层的层次发育分化不清晰，缺乏腐殖质层，无紧实而明显的灰白色钙积层。内蒙古暗栗钙土腐殖质层为较鲜艳的暗栗色，有机质含量 3%～5.5%；而海东地区暗栗钙土呈灰棕色，有机质含量达 4%～7.5%。钙积层厚 20～60cm，虽有从上向下移动沉淀趋势，但大多数未形成紧实的灰白色钙积层，以假菌丝或粉末状淀积于淡栗色或棕黄色钙积层中，且有机质含量为 1.3%～2.5%，而内蒙古的暗栗钙土钙积层有机质通常为 0.5%～0.9%。海东暗栗钙土 pH8～8.8，土壤 CEC（阳离子交换量）10～30mg 当量 /100g 土；0～80cm 土壤 $N_全$、$P_全$、$K_全$ 分别为 0.33%～0.08%、0.21%～0.12%、2.77%～2.11%；土壤剖面上部的黏粒也与 $CaCO_3$ 发生同步下移淀积，且淀积层的黏粒比上部土层高 0.1～0.9 倍。暗栗钙土质地因成土母质不同差异较大。

3.2.3 淡栗钙土

淡栗钙土分布于府谷、神木、榆阳、横山、靖边、定边、靖远、平川、会宁、西固、永登、民和、乐都、互助等地；水平分布上，东连接栗钙土，西与棕钙土为邻；垂直分布上，上接栗钙土、下与干旱河谷荒漠草原的灰钙土相接；成土母质复杂。该土中偏干旱、有机质积累少，适于半耕半牧。植被组成中干旱、荒漠成分多于栗钙土。

陕北及鄂尔多斯淡栗钙土剖面发育层次清晰，腐殖质层厚 25 ～ 50cm，淡栗色，有机质含量 0.6% ～ 1.5%，以亚表层含量最高。腐殖质层下有明显紧实的灰白色钙积层，厚 30 ～ 60cm，$CaCO_3$ 含量 11% ～ 30%，比腐殖质层高 5 ～ 10 倍以上；部分剖面有第二钙积层。海东淡栗钙土层次比栗钙土模糊，腐殖质层淡褐色，厚 40 ～ 60cm，有机质含量 0.6% ～ 2%，以表层含量最高，向下逐渐降低，$CaCO_3$ 含量 12% ～ 16%；下部层淡灰棕或灰黄色，有机质含量 0.2% ～ 0.4%，$CaCO_3$ 含量 6% ～ 15%，无法辨别钙积层。淡栗钙土碱性比栗钙土更强，剖面均呈碱性反应，pH8.4 ～ 9.5。土壤 CEC 仅在 4 ～ 8mg 当量 /100g 土，不到栗钙土一半；N、P、K 含量低，$N_全$、$P_全$ 和 $K_全$ 含量分别为 0.04% ～ 0.12%、0.09% ～ 0.16% 和 2.35% ～ 2.65%。海东 N、P、K 含量比陕北略高，淡栗钙土质地陕北偏沙，以沙土、沙壤土为主，海东地区淡栗钙土以轻壤、中壤为主。淡栗钙土利用以牧业为主，农业耕作虽有但比重小。牧业利用须严格控制，防止过牧和滥牧导致草场退化。目前则应封禁，培育牧场。

3.2.4 潮栗钙土

潮栗钙土亦称草甸栗钙土，是栗钙土与草甸土之间的过渡类型。本区没有成片分布，在平川、永登、乐都等地少量分布于丘间平地、河谷阶地、低洼平地等处。成土母质一般为洪积物、冲积物。植被除了栗钙土上干草原种类外，还有芨芨草、醉马草、薹草等草甸成分。潮栗钙土成土过程除腐殖质积累和钙化过程外，因地下毛管水的侵润发生氧化—还原反应在底土层出现锈纹斑点。因此，典型潮栗钙土剖面上部有腐殖质层和灰白色钙积层，下部具有氧化—还原特征的黄棕色潮化层。潮栗钙全土剖面呈碱性反应，pH8.7 ～ 8.8，碱性弱于栗钙土、淡栗钙土；腐殖质层 60 ～ 120cm，有机质含量 0.5% ～ 1.5%，以亚表层含量最高；土壤 $P_全$ 含量比栗钙土、淡栗钙土略高，为 0.04% ～ 0.1%；土壤质地不均，沙壤质、轻壤、沙壤互异；$CaCO_3$ 含量明显比栗钙土、淡栗钙土少。

3.3 灰 钙 土

灰钙土是本区区域性土壤，主要分布于本区的北部和西部，山地亦有少量分布。灰钙土主要分为典型灰钙土、淡灰钙土、潮灰钙土、灌淤灰钙土和盐化灰钙土五个亚类。其中典型灰钙土、淡灰钙土、灌淤灰钙土分布较广；主要分布于鄂尔多斯台地，即陕西靖边、定边、盐池、灵武、同心、海原、原州、中宁、会宁、靖远、皋兰、永登、安宁、西固、红古、民和、乐都、平安、互助等地的丘陵、低山、山前洪积扇和河谷高阶地。母质主要为黄土状物质和第四纪洪积（冲积物），少部分为黄土、洪积、坡积及残积母质。地下水位较深，一般超过5m。灰钙土向北连灰漠土或半荒漠棕钙土，南连黑钙土或沙黄绵土或麻黑垆土、焦黑垆土。灰钙土地处温带半干旱、偏干旱的大陆性气候，夏季短而热，冬季长而冷；植物群落组成以短生命周期植物为主。灰钙土形成过程具有腐殖质的逐渐累积过程和季节性碳酸盐的淋溶淀积过程，这两个过程均比栗钙土和黑垆土明显减弱。灰钙土区干旱多风沙，地表常覆盖薄厚不等的风积沙或沙包；在非风沙区，地表常有微弱的裂缝及薄的假结皮。

3.3.1   典型灰钙土

典型灰钙土又称普通灰钙土，分布于会宁、靖远、皋兰、永登、西固、安宁、红古、盐池、灵武、同心、中宁、海原、民和、乐都、平安、互助等地。典型灰钙土分布区气候相对较凉干，植被多以针茅为主，半灌木、蒿类等较少，植被覆盖度40%～50%。土壤有机质含量1%左右，最高达2%，有机质层厚度20～40cm。土壤钙积层一般在40～50cm处，钙积累多呈斑块状形态，没有坚实的钙积层；$CaCO_3$含量多为10%～20%；石膏和可溶性盐淋溶也较强，石膏含量一般小于6‰；土壤$N_全$含量变化较大，一般为0.027%～0.132%，多在0.05%左右；$P_全$0.052%～0.123%，$K_全$1.82%左右。灰钙土雨量稍多于淡灰钙土，土壤墒情好，适宜于发展林牧业，但载畜量应严格控制，防止植被退化和土壤沙化。在具备灌溉条件区域可以开垦从事农业生产，否则易发生土壤退化。

3.3.2   淡灰钙土

淡灰钙土分布于灰钙土的西北部，分布区气候更为干旱。主要分布于靖边、定边、榆中、靖远、平川、皋兰、永登、安宁、西固、盐池、灵武、同心、中宁、民和、乐都等地。淡灰钙土分布区气候干旱，植被以耐干旱的中小灌木为主；土壤有机质含量一般5‰，稀达9‰；有机质层厚度20～30cm；钙积层位于土层20～40cm处，可见灰白色、较紧实的钙积层；$CaCO_3$含量15%～25%；pH8～8.9；土壤全盐含量0.5%～1.23%。土壤剖面下部石膏或和盐类略高于灰钙土。土壤多为沙质或沙壤质，有时深层（30～60cm）为重壤或黏壤，质地较灰钙土粗。部分淡灰钙土上有薄层浮沙覆盖。土壤保水性差，0～40cm土层的$P_全$、$N_全$、$K_全$含量分别为0.024%～0.043%、0.029%～0.069%、1.59%；$N_{速效}$12～35.1ppm[①]，$P_{速效}$19～23ppm，$K_{速效}$42.5～133.8ppm，养分贫瘠。淡灰钙土开发利用限制因素是水分，即缺乏灌溉条件，农、林业均难以实施，适宜于牧业，但需要严格控制载畜量，否则会导致植被退化和土壤沙化。对退化严重的则需要禁牧。

---

① ppm，浓度计量单位，1ppm=1mg/kg=1mg/L。

3.3.3　灌淤灰钙土

灌淤灰钙土也称耕种灰钙土，是由灰钙土经过长期的灌溉淤积、耕作而形成的一种土壤类型。该土壤分布的自然条件较优越，一般分布于河流两岸的阶地，灌溉条件好，多系自流灌溉。耕作过程中需要科学灌溉，以防止土壤盐化。由于长期的灌溉、耕作、施肥等作用，土壤熟化程度高。表土层形成约30cm厚灌溉淤积层；随着耕作的持续进行，不断获得新的淤积物。熟土层厚，肥力较灰钙土、淡灰钙土高。土壤有机质0.6%～1.07%，pH8～9，N、P、K含量高于其他灰钙土。土壤质地中壤，深层为重壤。民和土壤有机质含量1.07%～0.59%，$N_{全}$、$P_{全}$、$K_{全}$分别为0.034%～0.055%、0.128%～0.168%、0.59%～2.28%，$N_{速效}$、$P_{速效}$、$K_{速效}$分别为28～55ppm、3～30ppm、175～304ppm，$CaCO_3$含量13.4%～14.5%。

3.3.4　潮灰钙土

潮灰钙土亦称草甸灰钙土。主要分布于靖远、平川、皋兰、安宁、红古、西固、永登、中宁、沙坡头、同心、灵武、海原、民和、乐都、平安、互助等县区的洪积扇末端、局部洼地及河流低阶地，属于零星分布，面积较小。潮灰钙土分布区的气候条件与灰钙土的基本相似。潮灰钙土的水分条件比较好；土层深厚，地势较平坦，具有农耕价值。土壤有机质0.9%～1.5%，N、P、K含量也与普通灰钙土相似。因地下水位较高，普遍存在盐渍化，利用或灌溉不当，易导致次生盐渍化，因此，这种土壤适宜于造林。

3.3.5　盐化灰钙土

盐化灰钙土零星分布于靖远、皋兰、榆中、安宁、西固、红古、平川、盐池、灵武、同心等县区的低洼地、河流低阶地。盐化灰钙土分为盐化灰钙土和耕种盐化灰钙土2个土属，有旱川地中盐渍化土、旱川地弱盐渍化土、水川地弱盐渍化土等土种。盐化灰钙土成土过程因为地下高盐分的水参与发生盐渍化，土壤具有明显盐分聚积层。盐化灰钙土地下水矿化度高，一般为1.5～8.5g/L；加之气候干燥，蒸发量大，土壤水经蒸发使可溶性盐分沿毛细管上升到地表，形成盐霜、盐斑。年长日久，致使地表盐化程度加重，影响农作物出苗和正常生长发育。

3.4　灰　褐　土

灰褐土亦称灰褐色森林土，是干旱半干旱地区山区垂直带中的森林土壤。灰褐土分布于海拔1 800m以上的石质山地，甘肃平川崛吴山、会宁铁木山、榆中及靖远哈思山、永登仁寿山，宁夏同心罗山、海原南华山和西华山、中宁米钵山、沙坡头香山，青海达阪山和拉脊山等山地。在垂直分布中，灰褐土上与山地草甸土接壤，下与栗钙土、灰钙土、黑垆土或棕钙土为邻；在栗钙土、灰钙土、黑垆土或棕钙土分布区，由于气候干燥，森林稀疏，灰褐土一般分布于海拔1 500m以上的阴坡或半阴坡，常常与山地黑钙土镶嵌分布。山地气候植被为针阔混交林，且乔灌草层次以及林下植物发育完整。

灰褐土成土母质主要为黄土、花岗片麻岩、石灰岩、砂岩、页岩等的残积物和坡积物，其成土过程与褐色森林土相似，同样具有腐殖质累积和钙的淋溶、黏化过程，但较弱。土壤剖面主要由枯枝落叶层（A_0）、腐殖质层（A_1）、发育较弱的黏化层组成，有时在黏化层下会出现钙积层。枯枝落叶层一般厚2～4cm，腐殖质层厚30～40cm，有机质含量达5%～15%，最高26.6%，暗灰色，团粒结构，轻壤—中壤质；黏化层暗灰棕色，中壤—重壤质，较黏，＜0.001mm的黏粒含量达12%～20%，最高达40%。碳酸盐淋溶不彻底，一般剖面都会有游离石灰，剖面一般会出现钙积层，石灰含量达13%～21%；剖面呈中性—弱碱性反应，由上而下渐强。CEC一般15～30mg当量/100g土。本区灰褐土有三个亚类，即典型灰褐土、淋溶灰褐土和石灰性灰褐土。

3.4.1 典型灰褐土

典型灰褐土亦称灰褐土，是本区分布最广泛、最具代表性的亚类，主要分布于宁夏海原南华山、同心罗山、榆中和会宁，青海拉脊山、达坂山等地的海拔1 500～2 000m处，下为黑垆土、或栗钙土、或棕钙土、或灰钙土，上连淋溶灰褐土或山地草甸土；土壤剖面分化明显，由枯枝落叶层、腐殖质层、雏型的黏化层、钙积层和母质层组成，全剖面呈石灰反应，钙积层80～100cm，石灰含量21%，pH7.9～8.5，心土层黏粒含量≤20%，有机质含量4%～5%。

3.4.2 淋溶灰褐土

淋溶灰褐土分布于甘肃平川、靖远的崛吴山、黄家洼山、榆中和会宁、永登的仁寿山，青海的达坂山、拉脊山中山区等。多位于海拔1 800～2 700m处，阴坡分布海拔低于阳坡。由于分布海拔高，气候阴湿，腐殖质的积累与淋溶作用强，土表层有机质含量≥10%。100cm土层内无石灰淀积，土壤剖面无或弱石灰反应，呈中性（微碱性反应），$CaCO_3$含量≤0.6%。黏化层粘化作用较显著，≤0.01mm黏粒含量达47%，比上下层高一倍还多，CEC为30mg当量/100g土。根据成土母质淋溶灰褐土分为黄土质、砂页岩质、花岗片麻岩质和石灰岩质四个土属。

3.4.3　石灰性灰褐土

石灰性灰褐土分布于甘肃靖远的哈思山、会宁的铁木山、榆中、永登,宁夏沙坡头的香山、中宁的米钵山、海原西华山中山区,青海的达坂山、拉脊山等山地,多与典型灰褐土镶嵌分布。石灰性灰褐土分布区相对气候较干燥,植被稀疏,枯落物层薄,腐殖质层色浅淡。淋溶作用弱,土壤剖面呈强石灰反应,微碱性。$CaCO_3$ 含量 4%～16%,钙积层多位于 30～80cm 处。黏化作用弱,黏粒含量低,黏化层不明显。石灰性灰褐土较干旱,植被天然更新不良,需要强化封山禁牧,防止土壤侵蚀退化。

3.5　草　甸　土

草甸土主要分布于毛乌素沙滩地,常与沼泽土镶嵌分布,包括府谷、神木、榆阳、佳县、米脂、横山、靖边、定边、吴起、靖远、榆中、会宁、平川、皋兰、永登等地,另外原州、同心、海原、灵武、中宁,青海海东等地也有少量分布。草甸土发育于地势低平、受地下水直接浸润并生长草甸植物的土壤,有机质含量较高,腐殖质层较厚,土壤团粒结构较好。草甸土成土母质多为近代沉积物,地下水位较浅,植被由中生的草甸植物和部分沼泽化草甸植物构成。草甸过程是其特有的成土过程,即较强烈的腐殖质自然累积过程和土壤中下部的潴育化过程。

本区草甸土剖面由腐殖质层和潴育层组成。腐殖质层有机质含量一般≥2%,色泽呈暗色——灰色至棕色,并随腐殖质含量增加而变化。富布植物根系,土壤疏松多孔,结构优良,土壤系粒状结构,本层厚度约30cm。该区发育草甸土过程同时常伴有附加的盐渍化过程,形成盐化草甸土。毛乌素沙滩草甸土剖面颜色较淡,质地轻,多为沙壤;有机质含量1%～2%;潴育层常呈棕色或黄棕色,呈弱石灰反应;具较紧实的板块结构,具明显锈纹、锈斑及铁锰结核。

本区草甸土可分为浅色草甸土、草甸土和盐化草甸土三个亚类。

3.5.1　浅色草甸土

浅色草甸土主要分布于栗钙土、灰钙土和棕钙土的丘间平滩地、丘洼地、河谷阶地,毛乌素沙滩地最普遍。分布属于干旱半干旱气候,年均气温6～7℃,年均降水量200～300mm,土壤有机质分解快,含量1%～2%,略比相邻的栗钙土、灰钙土和棕钙土高,腐殖质层厚20～30cm。土壤草根多,无草皮层,大多呈灰色或棕灰色。剖面全呈石灰反应,底土层常见有石灰淀积,pH8.5。浅色草甸土是优良天然牧场,但是要控制载蓄量和科学管理,否则易发生盐渍化。

3.5.2 典型草甸土

典型草甸土主要分布于本区的东南部边缘,分布区年均气温 5～8℃,年均降水量 300～450mm。色泽较浅色草甸土深,表土层灰棕色,有机质含量≥2%,土壤质地多粉沙—沙壤土;母质富含 $CaCO_3$,虽有较强的淋溶作用,土壤剖面仍有石灰反应,土壤呈微碱性—中性;阳离子交换以钙、镁离子为主;0～60cm 土层 $N_全$0.141%～0.222%、$P_全$0.4%～0.48%、$CaCO_3$ 含量 1.6%～13.8%。被开垦的草甸土大多数已变为潮土。

3.5.3 盐化草甸土

盐化草甸土主要分布于丘间滩地、封闭洼地、湖泊周边、海子周围、河流漫滩阶地。盐化草甸土成土特点是草甸成土过程附加盐化过程,其地下水位高,大多在 1m 左右,土表层含盐 0.2%～1%,地表常可以看到盐霜,稀有结皮。有机质含量≤1.5%,一般为 1%,土壤养分贫乏;$CaCO_3$ 淋溶淀积微弱,剖面呈强石灰反应,pH8.3～8.9。轻度盐化草甸土对作物影响较小,可改良为饲料基地;重度盐化草甸土对植物危害大,不利于农牧业发展。

草甸土属于较肥沃土壤,所处地形平坦,地下水位较高,土壤水分充足,土体较厚,适宜多种作物和牧草生长,易获得较高产量,是我国北方重要的农牧业土壤资源。盐化草甸土盐分含量高低不一,是限制生物产量的主要因素。在干旱区,结合旱灌淋盐;在半湿润区,改造为梯田或台田,配合其他技术措施,或作放牧用地。碱化草甸土多数碱化层均含有苏打,碱性强,土壤物理性质差,改良难度大,宜于牧用。

3.6 黄 绵 土

黄绵土相对插花分布于黑垆土及灰钙土之中,属于土壤侵蚀过程中由黄土母质直接形成的初育土壤。本区分布于府谷、神木、榆阳、佳县、米脂、横山、子洲、靖边、定边、志丹、吴起、环县、会宁、榆中、靖远、平川、永登、盐池、海原等地的丘陵沟壑区、台塬地、峁顶到河谷高阶地等,其中沙绵土在川地、涧地等亦有分布,集中分布在陕西北部黄土丘陵区,且与黑垆土呈交错分布。黄绵土是由黄土母质发育而成,除了部分山地高出黄土堆积面覆盖晚期黄土外,其余黄土连续覆盖在第三纪及其他古老基岩之上,集中暴雨导致黄土严重侵蚀,形成塬、梁、峁、穿、沟、壑等地貌。沟壑纵横、支离破碎的黄土地貌,疏松多孔的土壤结构和严重的水土流失相结合,促进了黑垆土的退化和黄绵土生成、演替。黄绵土区气候干燥、年均降水量少和生长期短,植被生长不良,多为疏林——小乔木灌木草原植被。

黄绵土形成过程中主要向两个方向发展,一是以土壤耕种熟化为主的堆积型黄绵土;另一个则是以土壤侵蚀退化为主的侵蚀型黄绵土。黄绵土成土作用微弱,其剖面上下均一,呈强石灰反应,层次分化不明显,仅有表土(耕作层)和底土两个层次,剖面构型为 Ap-C

型或 A-C 型。一般耕作层 10 ~ 20cm，有机质含量偏低，呈浅黄色或灰黄色；土体松软，具有团粒或团块状结构，其稳定性较差；犁底层薄或不明显，下为较紧实的过渡层或直接为黄土母质，黄绵土颗粒组成以细沙和粉粒为主，占土壤总量的 60% 以上，并且颗粒直径由西北向东南逐渐变小；土壤容重 1.1 ~ 1.3g/cm^3，总孔隙度 50% ~ 60%，毛细管孔隙 30% ~ 50%，通透性好；有机质降解快，有效养分供给好；凋萎湿度 3% ~ 10%，储水性高，田间持水量 20% ~ 26%，两米土层可储有效水 400 ~ 500mm。根据成土条件和属性差异，黄绵土划分为墙黄绵土、黄绵土、沙黄绵土和灰黄绵土四亚类，本区分布有黄绵土、沙黄绵土、灰黄绵土三亚类。

3.6.1　典型黄绵土

典型黄绵土分布于本区南部，常与典型黑垆土镶嵌分布，主要分布在府谷、神木、榆阳、佳县、米脂、横山、子洲、靖边、定边、志丹、吴起、环县、会宁、榆中、靖远、平川、永登、红古、盐池、海原等黄土丘陵沟坡、峁顶、川台阶地、涧地等；多由轻壤质黄土母质发育而成，质地为轻壤—中壤。< 0.01mm 的黏粒含量 20% ~ 30%，耕层容重 1.19 ~ 1.27g/cm^3；CEC 为 5 ~ 7mg 当量 /100g 土；CaCO$_3$ 含量 10% ~ 13.4%，高于沙黄绵土，有机质含量 0.5% ~ 0.8%；土粒分散悬浮，抗冲抗蚀性差，保肥性差，是水土流失最严重的土壤类型。土壤疏松，土性热，因而适耕性优良，适耕期长，适合农作。据侵蚀和熟化程度该土可分为黄绵土、侵蚀黄绵土、耕种黄绵土和熟化黄绵土属。

3.6.2　沙黄绵土

沙黄绵土分布于府谷、神木、榆阳、佳县、米脂、横山、靖边、定边、吴起、环县、靖远、平川、盐池、灵武、海原等地。沙黄绵土在陕北呈片状间断分布，主要与焦黑垆土及部分典型黑垆土镶嵌分布。分布区气候干燥，风大，地面常有浮尘和风蚀残墩存在，土壤风蚀、沙化严重。多由沙黄土母质发育形成，质地为沙壤—轻壤。黏粒含量 10% ~ 20%，CEC 为 4 ~ 5mg 当量 /100g 土；田间最大持水量 15% ~ 16%；有机质贫乏，含量 0.5% 左右，矿质养分缺乏。土壤质地疏松，透视性强，保肥、保墒能力较黄绵土差。由于土壤干旱瘠薄，多适宜种植耐旱的杂粮类作物。沙黄绵土据侵蚀程度分为沙黄绵土、侵蚀沙黄绵土、耕侵沙黄绵土、熟化沙黄绵土和沙化沙黄绵土五土属。

3.6.3　灰黄绵土

灰黄绵土零星分布于陕北定边和陇东环县等地的丘陵、山地次生林地，由森林植被下的黄土母质发育形成。剖面除枯枝落叶层外，仅有灰暗腐殖质层和母质层。有机基质含量较高，土色暗灰色，群众称之为黑壮土。林地有机质含量达 3% ~ 5%，耕种地也高于 1%；

CEC 为 10 ~ 20mg 当量 /100g 土，蓄水保肥能力强。质地轻壤—中壤，疏松，结构好，是该区较肥沃的土壤。在本区主要有耕种灰黄绵土和侵蚀灰黄绵土两个土属。

3.7　新　积　土

新积土是自然力（洪积、冲积、风积等）及人为作用（平田整地，搬动填积等）将松散物质堆叠而成，大多分布在地势相对低平地段，如河床、河漫滩、冲积平原、洪积扇、谷地或盆地，以及沟坝地等。新积土在中国分布极广，由东海之滨向西至 4 600m 的青藏高原，从南国礁岛到内蒙古高原均有分布，海拔高度相差很大，成土物质来源复杂，属性变化多端，土壤发育程度极低。根据发育母质来源将新积土分为典型新积土、冲积土、珊湖沙土三亚类。

本区新积土仅涉及新积土和冲积土两亚类，主要分布于同心、海原、原州、中宁、沙坡头、民和、乐都、互助等县区。由冲积母质形成的新积土，其成土特征主要受水文条件和沉积规律的影响。一般来说，主流带流速快，沉积物质较粗；缓流带，沉积物质较细，其间过渡地段可出现壤质土或砂、黏间层土壤；人工建坝、引洪放淤所形成的新积土，淤积物质多以壤质土为主。本区新积土成土时间较短，未形成稳定的植被类型。在水分条件较好的河滩地及低阶地，可见少量中生植物，如芦苇、赖草及柳树等。按照利用状况，又可以分为两类：一类质地较细，土层较厚的新积土，已被开垦利用，人工改良培肥、耕作和灌溉，处于人为熟化过程，土壤结构较疏松，通透性较好；另一类砂砾较多，往往是洪积的产物，目前仍受洪水威胁，处在自然生草或防护林的新积土，尚处于腐殖贡累积过程。

3.7.1　典型新积土

典型新积土发育于洪积、坡积、塌积及人工堆积物，通常质地较粗，富含砾石，地下水位也较深。在本区黄河及其支流两岸呈零星分布，在青海湟水河流域则为人工垫积形成，成土历史较短，正处在弱腐殖质累积过程。土壤有机质含量低，土壤沙粒含量高，养分缺乏，漏肥漏水严重，生产性能不佳，目前一般都已弃耕。

3.7.2　冲　积　土

冲积土主要分布于海原、原州、同心、中宁、灵武等地，也是当地主要农业土壤，发育于河流新冲积物，质地多为沙质壤土，剖面常有多个质地层次，含砾或不含砾，地下水位较高。一般以轻壤土和沙壤土为主，有机质和养分含量偏低，有机质平均含量为 0.67%，有效及速效养分变化较大，但部分沟坎地中养分较高，表层有机质达 1.7% ~ 2.1%。一般情况下，耕种 10 年以上的新积土，有机质和养分都有所提高，土壤 $N_{速效}$（速效氮含量）43.83ppm、$P_{速效}$（速效磷含量）4.72ppm、$K_{速效}$（速效钾含量）115ppm，$N_全$0.08%、$P_全$0.036%，全盐含量 0.049%，pH8.44。

3.7.3　垫积新积土

垫积新积土主要分布于府谷、榆阳、子洲、海原、中宁、同心、原州、沙坡头、民和、乐都和平安等谷地。该土在本区主要为人工堆垫（人工堆垫河床）或引水（拉沙淤土）淤积形成，经过灌水、耕种、施肥等措施，土壤逐渐熟化。土壤有机质含量低，N、P、K含量初期与母质基本相同，经耕作后略有提高，整体而言，垫积新积土仍然养分贫瘠。

3.7.4　盐化新积土

盐化新积土主要分布于本区中北部的边缘，土壤本身可溶性盐含量高，同时地下水、地表水含盐量也较多，矿化度也较高。

3.8　潮　　土

潮土亦称浅色草甸土、冲积土，是在河流冲积物、洪积物上经潮土化过程，并且经人类耕种熟化形成的一类土壤，也是该区重要的农作土壤。潮土主要分布于府谷、神木、榆阳、佳县、米脂、横山、靖边、定边、吴起、子洲、志丹、环县、平川、靖远、红古、灵武、民和、乐都、平安、互助等地河流的一级阶地、老滩地及丘陵涧地。成土母质为河流沉积物。潮土成土发育有潜育化和腐殖质积累两个重要过程，剖面由耕作层、犁底层、过渡层、潜育层和沉积母质层组成。耕作层的厚度、色泽与和结构形状主要与施肥多寡、耕作程度相关，厚度一般 15～25cm，浅灰棕色，结构呈块状、团块状，疏松，有大量植物根系与炭渣侵入。全剖面呈强石灰反应；质地多为轻壤—中壤，少数沙壤—重壤；犁底层约 7～11cm，较紧实，片状结构，也有炭渣侵入；犁底层下为锈纹锈斑层。从剖面看分为匀质型土体构型、异质底型土体构型和异质夹层型土体构型三类。本区潮土有典型潮土、湿潮土、盐化潮土、灌淤潮土、沼泽潮土五个亚类。

3.8.1　典型潮土

典型潮土亦称黄潮土，是潮土土类中面积最大的亚类。本区大部分河流一级阶地都有分布，广布于黄淮海平原及汾、渭河河谷平原，是非常重要的农业土壤。母质起源于黄土，富含 $CaCO_3$ 黄土性沉积物，故称黄潮土或石灰性潮土。母质为黏质土则偏高，沙质土偏低，中性至微碱性反应。土层深厚，地下水埋深，旱季多在 1.5～2m 或更深，雨季在 1.5m 以上，矿化度 1g/L 左右。耕作层有机质含量 1.2%，$N_全$ 0.7%、$N_{速效}$ 42ppm、$P_{速效}$ 10.9ppm、$K_{速效}$ 145ppm，CEC 为 10～12mg 当量 /100g 土；以壤质潮土肥力性能最好。根据沉积物的成因及属性特点，将典型黄潮土划分为沙质潮土、壤质潮土和粘质潮土三个土属。

3.8.2　湿　潮　土

湿潮土亦称潜育潮土，同潮土相比地下水位较高，多在 0.5 ～ 1m，附加了潜育化过程和形成潜育层。湿潮土零星分布于神木、榆阳、定边、环县、灵武等地的一级阶地相对较低的低洼地及老灌区地的洼处，排水不良，生产力也低于潮土。湿潮土是潮土土类与沼泽土之间的过渡性亚类。雨季时地下水位接近地表，有暂时性地表积水现象，地下水矿化度不高，多≤1g/L。湿潮土母质为河湖相静水黏质沉积物，一般无盐化或碱化威胁。质地黏重，细粉沙含量高，一般无粗沙；土壤湿胀干缩，土温低，通气透水差，水气矛盾突出；心土层常见锈色斑纹，其下有潜育现象；有机质含量较黄潮土、盐化潮土及碱化潮土高，耕作层多为 1% 左右，犁底层 0.36%，潴育层 0.42%。土壤耕作层、犁底层、潴育层的 $N_全$ 分别为 0.71%、0.45% 和 0.03%，$P_全$ 分别为 0.13%、0.12% 和 0.08%，$N_{速效}$ 分别为 34ppm、16ppm 和 24ppm，$P_{速效}$ 分别为 14ppm、7ppm 和 6ppm，$K_{速效}$ 分别为 50ppm、41ppm 和 4ppm，K 仍属于低水平。

3.8.3　盐　化　潮　土

盐化潮土是潮土和盐土之间的过渡亚类型，本区仅在府谷、神木、榆阳、佳县、横山、定边、靖边、吴起、平川、西固、灵武、乐都、平安等地有小片分布，主要分布在洼地边缘，微地貌中的高处也常有分布，与盐土呈复区。地下水埋深 1 ～ 2m，矿化度高，一般在 1 ～ 5g/L，排水条件较差。盐化潮土表土层有盐积现象，0 ～ 20cm 含盐量上升，与盐分组成有关，分别为 < 0.6% 或 0.8%。盐分剖面分布呈"T"形，表土层以下盐分含量急剧降低。每年春、秋旱季土壤表层积盐，雨季脱盐；根据盐分含量，盐化潮土盐化程度分为轻度、中度、重度 3 级，其含盐量分别为 1 ～ 2g/kg、2 ～ 4g/kg 和 4 ～ 6（8）g/kg；据盐分组成分为硫酸盐、氯化物—硫酸盐、硫酸盐—氯化物、氯化物及苏打盐化潮土。由于盐类的溶解度与温度的关系，一般春季积盐以氯化物为主，秋季以硫酸盐为主。盐化潮土利用时需要建好排水渠道，及时排除积水，防止土壤盐渍化。

3.8.4　灌　淤　潮　土

灌淤潮土为潮土与灌淤土之间的过渡亚类，主要分布于干旱半干旱地区，由人为引水淤灌而成。本区仅灵武、中宁、沙坡头的黄河支流两岸有少量分布，灌淤潮土是长期利用富含泥沙的灌溉水灌溉淤积，表层形成一个 20 ～ 30cm 的灌淤土层，经过持续耕作、施肥，使灌淤层不断增厚，熟化度持续提高而形成的耕作土壤。主要特征是表层灌淤层厚 20 ～ 30cm，灌淤层之下仍保持原潮土剖面形态特征，其理化性质、肥力状况与黏质潮土相近。

3.8.5　沼泽潮土

沼泽潮土在本区仅灵武有分布,面积约2 400hm²,是沼泽土与潮土之间的一个过渡类型。

3.9　灌　淤　土

灌淤土是利用富含泥沙的灌溉水灌溉,在长期持续淤积、耕作、施肥交替作用下形成的一种特殊土壤。灌淤土在本区主要分布于府谷、神木、榆阳、佳县、米脂、横山、靖边、定边、靖远、平川、皋兰、永登、安宁、西固、红古、灵武、中宁、民和、乐都、平安、互助等地的低平阶地上。灌淤土的形成经过了灌溉淤积、灌溉淋溶、耕种和施肥熟化三个成土过程。灌淤土剖面由灌淤熟化层和底土层或埋藏土层组成。人为耕作在灌淤土形成中起了重要的作用,耕作消除了淤积层次,并把灌水淤积物、土粪、残留的化肥、作物残荐和根系、人工施入的秸秆和绿肥等,均匀地搅拌混合。年复一年,使这种均匀的灌淤土层不断加厚,在原来的母土之上,形成了新的土壤类型——灌淤土。依据土壤剖面特征,划分为典型灌淤土、潮灌淤土、表锈灌淤土和盐化灌淤土。

3.9.1　典型灌淤土

典型灌淤土也称普通典型灌淤土,主要分布在黄河流域支流两岸地形较高的二阶阶地上和排水畅通的一级阶地,也分布于冲积洪积扇的中上部。具典型灌淤土特征,土层深厚,熟化程度高。地下水位一般 $2 \sim 3m$,耕作层不受地下水位的影响。土壤剖面没有锈纹锈斑,石灰有微弱的淋溶沉淀,无盐分累积,含盐量一般 $\leqslant 1‰$,耕作层($0 \sim 60cm$)有机质 $\geqslant 1.2\%$, $N_全$ 、 $P_全$ 、 $K_全$ 分别为 $0.047\% \sim 0.073\%$ 、 $0.058\% \sim 0.07\%$ 、 $1.69\% \sim 1.76\%$, $N_{速效}$ $44.72 \sim 55.4ppm$, $P_{速效}5.2 \sim 9ppm$, $K_{速效}210 \sim 270ppm$, $pH8.5$,质地中壤,土壤肥力较高。据灌淤熟化层的厚度分为薄层($30 \sim 60cm$)和厚层($\geqslant 60cm$)灌淤土。

3.9.2　潮灌淤土

潮灌淤土是灌淤土和潮土之间的过渡类,是在地下水位较高,长期旱作灌溉条件下形成的一类土壤,成土过程受灌淤熟化和地下水的共同作用。本区分布于黄河及其支流两岸一级阶地和二级阶地的低洼地。地下水位埋藏深小于3m,灌溉时期 $1 \sim 2m$;灌淤心土层及下伏母土层有锈纹锈斑。土壤的亚铁总量及还原性物质总量,自灌淤耕层向下递增;灌淤心土层及下伏母土层的还原性物质总量比普通灌淤土的相对应层次高出一至数倍。灌淤心土层下部的黏土矿物,虽仍以水云母为主,但蒙脱石相对增多。潮灌淤土水分条件较好,表层有机质含量 $\geqslant 1\%$,表层以下逐层减低,降低趋势缓慢; $0 \sim 70cm$ 土层由上而下,有机质由 1.07% 降至 0.63%，N$_全$由 0.07% 降至 0.3%，P$_全$由 0.174% 降至 0.142%，全盐由含量 0.11% 降至 0.7%，pH 则由 8.3 升至 8.6。潮灌淤土是农业优质高产土壤，是农民的基本口粮田，耕作过程则需要注意合理灌溉，否则易导致沼泽化和盐渍化发生。

3.9.3　表锈灌淤土

表锈灌淤土主要分布于本区黄河一级阶地、部分二级阶地以及局部的滩头崖头或湖洼地。地下水位一般为 2m，洼地为 1～1.8m。长期的稻旱轮作，土壤剖面受周期性的水淹、落干的影响，水淹铁锰等金属元素还原移动，而落旱或回旱后活生的铁锰又被氧化为高价的沉积土壤中形成锈纹锈斑。少数分布于湖滩涂洼地的表锈灌淤土剖面下层，还会出现潜育现象。表锈灌淤土耕作历史悠久，熟化程度高，蓄水保墒能力高。表层土有机质含量≥1.3%，N$_{速效}$≥80ppm，P$_{速效}$≥15ppm；CaCO$_3$含量 11.8%～15.2%，pH8.1～8.4。质地多为中壤和轻壤，疏松多孔，通透性好；灌淤耕层中有较多的锈纹锈斑。灌淤耕层的亚铁总量及还原性物质总量，比普通灌淤土和潮灌淤土的相同层次高出一倍以上；土壤有机质含量比潮灌淤土或普通灌淤土高出 12%。根据灌淤熟化层的厚度，表锈灌淤土分为薄层和厚层表锈灌淤土两个土属。

3.9.4　盐化灌淤土

盐化灌淤土是灌淤土和盐土之间的过渡类型，成土过程除灌淤熟化过程外，同时附加积盐过程。地下水位 0.5～1.5m，土壤排水条件差，或河流侧渗和不合理灌溉，或周边盐分侧聚，土壤发生盐分积聚。宁夏及内蒙 0～20cm 土层、新疆 0～60cm 土层的含盐量≥0.15%；地面可见盐结晶形成的盐霜或少量盐结皮（盐斑）。盐斑面积达 1/3 以上，危害作物生长发育。因地下水位高，土壤剖面中也有锈纹锈斑。盐化灌淤土同样划分为薄层和厚层盐化灌淤土两个土属。盐化灌淤土利用须注意合理灌溉与排水洗盐，使地下水位降至 1.8m 以下。

3.10　沼　泽　土

沼泽土是发育于长期积水并生长喜湿植物的低洼地土壤。其表层积聚大量分解程度低的有机质或泥炭，土壤呈微酸性至酸性反应；底层有低价铁、锰存在。本区主要分布于府谷、神木、榆阳、横山、靖边、定边等县区的无定河流域河滩地、毛乌素沙漠南缘的风沙滩地、山前积水洼地等，青海民和亦有少量分布。沼泽土是季节性或长年的停滞性积水和地下水（水位在 1m 以上）双重作用的结果；土壤积水过多，为各种喜湿植物生长提供了条件，喜湿、沼生植物的茂盛生长和草毡层的形成又促进土壤过湿，即促进了有机质的嫌气分解，从而导致了土壤潜育化的生物化学过程。因此，沼泽土成土过程包括了表层的泥炭化和下层矿物质的潜育化过程，潜育化过程伴随有 H_2S 以及还原性气体 H_2、CH_4、CO_2 等释放出。本区沼泽土按照腐殖质积累状况和潜育化程度分为草甸沼泽土、腐泥沼泽土、盐化沼泽土、泥炭沼泽土等四个亚类。

3.10.1　草甸沼泽土

草甸沼泽土常与草甸土衔接，位于河流一级阶地、洼地的边缘。土壤平时无积水，仅在雨季或洪水季节有暂时性积水，一般处于半湿润状态，表层是生草层和粗腐殖质层，具粒状和毡状结构；下层为青灰色的潜育层，深约 0.5m。土壤养分除 $P_{速效}$ 外，其他养分含量较高，有机质含量达 10%～20%。多作为牧业用地，是良好的牧场。

3.10.2　泥炭沼泽土

泥炭沼泽土由于地表长期积水，表层有机质以泥炭状累积，常分布于洼地中心或长期积水较深的河滩地。土壤剖面常由泥炭层和潜育层组成，有机质含量为 30%～40%，有时可达 50%～60%。目前已利用作为肥料或燃料。

3.10.3　盐化沼泽土

盐化沼泽土是本区沼泽土类中面积最大的一类沼泽土，国内集中分布于内蒙古河套平原、宁夏银川平原的蝶形洼地。由于周边地势较高，地表径流携带盐分在低洼处汇集而发生盐渍化。盐化沼泽土由于盐分汇集作用，生草过程非常微弱，其有机质累积弱，含量一般为 1%～5%，$N_全$ 0.258%、$N_{速效}$ 152.6ppm、$P_{速效}$ 4.5ppm，全盐含量为 0.69%，pH8.2。

3.10.4　腐泥沼泽土

腐泥沼泽土壤较草甸沼泽土水淹时间长，只有在干旱条件下才可露出水面，土壤剖面一般由暗色的腐殖质层和青灰色的潜育层组成。稀地表层仅有薄层泥炭积累，一般厚度≤20cm。草根极丰富，盘结成毡层，有机质含量高达 20%～40%。

3.11　盐　碱　土

盐土和碱土统称盐碱土，是干旱半干旱地区特殊水文环境下形成的一种土壤。盐土一般指土壤表层含有过量盐分（盐分≥1%，NaCl≥0.6%），不适宜作物生长而伴生有盐生植被的土壤。碱土则是土壤盐分含量并不高，但 Na_2CO_3 或重碱酸钠含量高，土壤呈强碱反应（pH＞9）的土壤。

3.11.1 盐 土

盐土主要分布于陕北无定河上游和榆溪河一级阶地、风沙滩地、低洼地、封闭的丘涧平地、湖泊周边、河滩地等，甘肃祖厉河（靖远、榆中）和庄浪河，宁夏清水河（原州、同心、盐池、中宁、海原、沙坡头），青海大通河流域等。盐土一般分布在地势低洼，常在交接洼地、封闭型洼地、河流两岸、湖泊和水库周边，水源充足，灌溉方便，但因土壤内外排水不良，历史上重灌轻排，导致地下水位上升，一般 1 ~ 2m，有些地方甚至升至地表成为积水湖泊。长城沿线风沙区土壤本身盐分含量高，低洼地水分汇集将盐分带至地表；地下水的矿化度较高。强烈的蒸发使高矿化度的地下水将大量盐分带至地表层积聚，长久形成盐土。在盐土形成的漫长过程中，也缓慢产生了适宜于盐土环境的盐生植物。

盐土明显特征是具有积盐层，全盐含量≥1%，平均10%，最高达50%~60%。表土层有明显的盐霜或盐结皮，盐结皮含盐量高于心土10~20倍。剖面可看到暗灰色的层状特征，石灰反应微弱，酚酞反应不明显。长城沿线风沙区盐土有 $Cl^- - Na^+$ 质盐盐土和 $SO_4^{2-} - Na^+$ 质盐盐土两种类型。盐土 pH 均在 9 以上，有机质含量一般在 0.5% 左右，不改良难以利用。按照盐土的形成过程及性状差异可分为盐土、干（残积）盐土、沼泽（潜育）盐土和碱化盐土四个亚类。

盐土，亦称典型盐土，主要分布于风沙滩地、低平洼地、河谷阶地、湖盆洼地。地下水位一般 1 ~ 2m，矿化度一般 1 ~ 5g/L，部分 > 5g/L；土壤表层盐分大量积聚形成积盐层和盐结皮，表层以下盐分随深度增加渐少，表土全盐含量一般 1.5% ~ 10%，最高达60%，而底土含量多低于 0.3%，盐分阳离子以 Na^+ 为主，阴离子以 Cl^- 和 SO_4^{2-} 为主。由于成土过程存在草甸化过程，土壤剖面常具有锈纹锈斑；多生长耐盐植物。根据盐分的组成可分为氯化物典型盐土、硫酸盐典型盐土和混合（氯化物和硫酸盐）典型盐土三个土属。

沼泽盐土，亦称潜育盐土，主要分布于湖泊边缘、海子周边，亦有灌溉不当形成的。成土过程除积盐外还有潜育化过程，土壤剖面有一个青灰色的潜育层。盐积层（表层）盐分含量较高，一般为 1% ~ 5%，最高达39%。下层有非蓬松盐结层，盐分含量为 0.15% ~ 1.2%，土色发灰，氧分含量亦较高，有机质含量 > 1%；该土上主要生长芦草、碱蓬、盐爪爪等。沼泽盐土根据盐分的组成可分为氯化物潜育盐土、硫酸盐潜育盐土和混合盐潜育盐土三个土属。

碱化盐土是易溶性盐中含有相当数量的 Na_2CO_3 或 $MgCO_3$ 的盐土。本区仅有 Na_2CO_3 盐土，常与典型盐土相间斑块分布。全盐含量 > 1%，地表可见薄层盐结皮。CEC 含量 >（0.5% mg 当量 /100g 土），阳离子以 Na^+ 为主；pH9 ~ 10，具明显的酚酞反应。0 ~ 70cm 土层有机质含量 0.24% ~ 0.52%，以表层最高；全盐含量 0.23% ~ 3.1%，耕作层最高。由于腐殖质侵染和强碱性，盐结皮常呈黄棕色。盐结皮下为薄层土结壳，成片状或鳞片状，背面具大量蜂窝状气孔；其下为心土层，结核状或块状。土壤通透性差，仅生长稀疏的耐盐碱植物，如盐蒿、盐蓬、碱草、盐爪爪、柽柳等。

干盐土，仅分布于盐池；地下水位深，一般低于3m。土壤形成基本不受地下水影响，无积盐过程。土层中盐分是残积的，受降雨的淋洗下移，聚盐层多在沿表土层或心土、底土层。盐分主要为硫酸盐。由于水分条件差，干盐土仅生长耐盐或喜盐的红沙、珍珠、芨芨草等小灌木和草木植物。

3.11.2 碱   土

碱土分为龟裂碱土、烟花碱土（草甸碱土）和草原碱土三个亚类。龟裂碱土主要通过地面间歇水的淋溶，使盐土产生脱盐碱化而形成。一般不生长高等植物，呈灰白色光板地。龟裂碱土碱化程度不高，常与盐土、风沙土组成复域，生长一些耐盐植物。典型龟裂碱土地表呈灰白色多边形龟裂，裂缝深约1cm，局部洼地可见棕红色的黏粒汇集斑。可溶性盐含量一般在0.2%～0.5%，盐分组成阳离子以Na^+为主，占交换量的25%～60%；阴离子以SO_4^{2-}、Cl^-根居多。碳酸根和重碳酸根占一定比例，pH9～10；石膏含量≤0.1%，有机质含量通常≤1.0%，土壤养分普遍偏低。龟裂碱性土碱化层中铁铝氧化物高于结壳层，二氧化硅含量则正好相反，结壳层高于碱化层。质地黏重，＜0.001mm的黏粒含量达30%左右，多为重壤—黏土。土壤胶体高度分散，土层坚实，物理性状差。孔隙率仅37.6%，容重为1.42～1.74g/cm^3。透水和持水性能均差，作物难以生长发育。

3.12   风 沙 土

风沙土是在风沙区沙性母质上发育形成的土壤，主要分布于府谷、神木、榆阳、横山、靖边、定边、佳县、米脂、吴起、平川、靖远、盐池、灵武、同心、海原、中宁等地，面积约1 773 769.41hm^2。该区气温变化剧烈，昼夜温差大，春季大风频繁，风蚀作用强烈，沙尘暴多。风沙土的母质自然为各种风成沙，是风和沙相互长期作用的结果。风沙土分布区常见的植物多为耐旱的灌木和半灌木。依据风沙土发育阶段和形成特点共分为4个亚类5个土属及土种。

3.12.1 流动风沙土

流动风沙土主要分布于毛乌素沙漠南部和西南部边缘，腾格里沙漠东南边缘亦有零星分布，面积约683 651.94hm^2。一般表现为星月形沙丘、片状流动沙丘、波状平缓沙地，高约2～10m。成土年龄短，作用弱，土壤剖面可明显观察到干沙层、湿沙层，其他层次不明显。干沙层约5～10cm，浅黄棕色；湿沙层黄棕色。细沙含量90%以上，有机质含量≤0.1%；植被稀疏，多系沙生植物，覆盖度小，微生物活动微弱，母质为松散的风积沙。由于气候干燥，风蚀作用强烈，植物定居困难，土壤发育不明显，处于成土的初级阶段。主要特点：松散、无结构，流动性大，冷热变化剧烈，干沙层较厚，一遇风则向前移动、侵蚀蔓延，危害农田。应抓紧种草种树，以草灌为先行，使其逐步固定，减少对周围农田的危害。

3.12.2　半固定风沙土

半固定风沙土主要由流动风沙土在植物蔓延滋生、植被覆盖增大的情况下形成的，一般呈波状起伏或堆状沙丘；其水平分布一般介于流动风沙土和固定风沙土之间。沙丘表面呈半固定状态，沙面变紧，沙丘坡面变缓，失去原有的星月形外貌。植被覆盖度15%～30%，流动性明显减弱。地面表层开始形成薄层结皮或覆盖浅沙，土壤黏粒比下层有所增加，剖面开始分化，出现 A 层和 C 层，成土特性较为明显，有机质层明显，有机质相对流动风沙土明显增加，有机质含量≥0.1%。物理性黏粒含量为3%～6%，但保水保肥性差，特别是植被覆盖较差，有潜在流动的危险，不宜农耕，严禁滥牧，有计划地加速草灌植被覆盖，使其向固定沙地方向发展。半固定风沙土可以分为平铺半固定风沙土、丘状半固定风沙土两种类型。平铺半固定风沙土沙坡面坡度小，平缓，植被盖度高于丘状半固定风沙土，典型剖面上52cm 以上有机质含量达0.14%～0.37%，pH8.9～9.1；丘状半固定风沙土多位于丘间洼地，表土具很薄松脆的结皮，大风刮时，仍有沙粒移动。

3.12.3　固定风沙土

固定风沙土分布地域与半固定风沙土相同，是在半固定风沙土基础上进一步演化的结果，植被覆盖度一般在40%以上，沙丘外貌较半固定风沙土更为平缓，呈波状起伏，地表结皮增厚，表层已形成薄层腐殖质层。其剖面分化明显，沙变层更加紧密，呈微弱团粒结构，有机质明显增厚，养分含量明显增加，有机质含量≥0.4%，物理性黏粒含量8%～10%。但沙土质地较粗，漏水漏肥，农业利用限制因素多，且植被易遭破坏，故应保护植被，有计划地适当实行轮牧，乔灌林混交，逐步建成林牧业基地。

3.12.4　耕种风沙土

耕种风沙土本区面积为28 681.13hm^2，分布于府谷、榆阳、靖边、定边等毛乌素沙区和风蚀沙化严重的川沟台地，是在风积沙母质上，经人为耕作或平整而形成的一种农业土壤。根据有无灌溉条件，分为黄沙土和耕灌沙土两个土属以及耕种黄细沙土和耕灌沙土两个土种。黄沙土和耕种黄细沙土，目前多栽花生、种植豆类；该土质地沙粒，土壤疏松，宜耕期长，有机质及养分缺乏，适种范围较小，是一种类低产性土壤。耕灌沙土，面积约460hm^2，土结构紧密，含粗粒多，漏水漏肥，但土壤有机质及养分含量较高，灌溉方便，适种范围广，是较好的农业土壤。

3.13 石 质 土

石质土是由半风化物上发育非常弱的幼年土壤，主要分布于土石山地、丘陵区等。石质土在本区主要分布于府谷、榆阳、佳县、米脂、横山、子洲、靖边、定边、平川、海原等地。石质土与灰褐土、灰钙土、栗钙土、棕钙土等土壤呈复区，大多是由石灰岩、玄武岩等岩石风化物残积物发育而成。石质土是深受母岩岩性影响的初育土，各种母岩的矿物组成不同，风化物的性状各异，直接影响土壤性质也各异。在花岗岩上风化形成的石质土，抗风化程度强，质地粗；而石灰岩上形成的石质土，质地较细，阳离子交换量也较高。同样花岗岩风化残积物上发育的石质土，土层薄；而石灰岩风化残积物上发育的石质土，土层较厚，有机质和养分也较高，土壤保水保肥能力也明显高于花岗岩石质土。石质土可以在各种生物气候带出现，本区石质土多位于山地，坡度多为 35°～50°，地势陡峭，自然植被以一些耐旱、耐瘠的稀疏草本为主，也生长着少量杂草和灌丛，覆盖率 5%～20%，难以利用。在植被裸露的情况下，由于水流和风力等作用，常引起强烈侵蚀，导致土壤不断砂砾化或石质化。

石质土剖面由腐殖质层和基岩层组成，土壤剖面属于 A-C 型，A 层浅薄，一般均小于10cm，A 层之下为坚硬的母岩，土石界线分明，在局部植被较好的地段，可见 1～2cm 的 O 层，土壤质地多为含砾质的砂质壤土或壤沙土；A 层中常有多少不等的根系。土层中富含岩石风化碎屑，残留岩性特征尤为明显。石质土无明显的元素迁移特征，一般生物富集作用弱，有机质含量多在 1% 左右，$N_全$含量 ≤ 1%，P、K 含量变异很大。砾石含量高是石质土的共同特点，大于 2mm 的砾石含量达 30%～50%；土壤呈中性及石灰性不等，酸碱度变幅大，pH7.5～8.5；土壤通透性强，黏结力弱，容易发生水蚀和重力崩塌，蓄水保墒保肥力差，一般无农业利用价值。应以封山为主，严禁樵采，过度放牧，盲目采石等，以恢复和保护自然植被，休养生息，减少径流，涵蓄水源，固土保水，控制砂化、石质化，改善生态环境，促进土壤发育。

3.14 粗 骨 土

粗骨土也是一种由半风化岩石残积物发育而来的初级土壤。粗骨土在本区主要分布于同心、原州、海原、中宁、沙坡头等县区的石质山区的阴坡，面积约 31 192.46hm²，其中山地粗骨土约 950.36hm²。粗骨土多与灰褐土、灰钙土、栗钙土等土壤呈复区，是由紫色砂页岩、花岗岩等风化物残积物发育形成，多位于坡度较陡、植被稀少和水土流失严重的石质山坡。由于山丘地区地形起伏，地面坡度大，切割较深，土体浅薄，风蚀和水蚀大多较重，细粒物质易被淋失，土体中残留粗骨碎屑物增多，具显著的粗骨性特征。部分母岩，在干湿条件下，物理风化尤为强烈，在漫长的成土年代形成了较深厚的半风化土体，细粒物质少，沙粒含量尤高。这些粗骨土，大多分布于边缘山丘地区，植被多为稀疏灌丛草类，覆盖率较高，地面有较多的凋落物积累，土壤持水量较大，可见明显的生物积累特征。其剖面属于 A-C 型，分布坡度相对于石质土较低缓。土层厚度一般大于 50cm，也有不足 20cm；砾石含量较少，为中砾石质。水土流失也较石质土轻，水分条件较石质土略好，植被覆盖度为 10%～30%。

粗骨土的理化性状与母岩风化物的性质密切相关，如土壤细粒部分的质地从沙土到黏土均有。本区粗骨土壤反应呈中性及石灰性，pH7～8.5。土壤有机质含量 2%～2.5%，最低 0.1%，最高达 4% 以上，与植被生长覆盖度有关，一般林地比草地高，自然土比耕作土高。P$_全$含量平均 0.05%，K$_全$含量 ≤ 2%，速效养分含量也不高。粗骨土是一类生产性能不良的土壤，一般不宜农用。有些地方仍盲目垦荒，顺坡种植，全垦造林，挖树根、刨草皮等不合理的利用已造成水土流失加剧，又不得不撂荒弃耕，所以当前仍以疏林灌丛草地或裸地为多。由于粗骨土区属于干旱半荒漠气候，干旱少雨，因此应采取行政和法律手段，严禁放牧、乱垦种，控制水土流失，防止粗骨土的面积不断扩大。加强封山禁牧育草育灌，做到适地适草，迅速增加地面覆盖，治坡护坡，保持水土，改善生态环境。

3.15　红　　土

红土亦称红色土、红胶土、红黏土，是指黄土层被侵蚀后，红色古土壤条带或其下新生代第三纪红土层露出发育而成的土壤，或经洪水搬运在沉淀的次生红土母质上发育起来的土壤。红土分布于府谷、神木、榆阳、佳县、横山、米脂、靖边、吴起、志丹、子洲、平川、靖远、会宁、榆中、皋兰、永登、安宁、西固、红古、灵武、盐池、海原、原州、中宁等地。

红土一般在本区的南部断续分布于深切的河谷下部、坡度较陡的梁峁以及塬边，与黄绵土镶嵌分布。红土成土过程经过了红土母质的侵蚀裸露过程和微弱的成土过程。与黄绵土成土过程不同的是黏红土分布区黄土分布较薄，近代侵蚀更为强烈。

红土系是母质型的幼年土，因水土流失严重，成土作用微弱，剖面分化不明显。全剖面红棕色或褐棕色，质地致密，孔隙度 43%～46%，耕性差，干硬湿泞，易板结，透性极差。粗粉粒含量 37%～44%、细粉粒含量 26%～39%，比墙黄绵土高出 1.6～2.4 倍。土体内部一般无石灰反应，CaCO$_3$ 含量 5%～10%，pH8～8.5。腐殖质层薄，耕作层也薄。有机质受自然植被和人为影响较大，一般 ≤ 1%。因此，红土质地黏重，性硬口紧，耕性不良，播种费籽；透性差，水土流失严重，不保墒、不耐旱，肥力低，属于低产型土壤。红土根据母质不同分红土和黏红土两个亚类。

3.15.1　红土亚类

红土是离石黄土和午城黄土层中所夹的红色古土壤条带经侵蚀裸露而形成的。该土主要分布于本区南部黄土丘陵区沟谷两侧和梁峁陡坡，大多数与黄绵土呈复区。红土分布部位较黏土高，颜色较浅，大多为浅红色或黄红色。土壤黏粒含量低于黏红土，一般在

$35\% \sim 60\%$。质地较黏红土稍轻，为重壤。大多有石灰反应。耕作层有机质 $0.5\% \sim 1\%$，$N_{全} \leqslant 0.05\%$，$N_{速效} 30 \sim 50ppm$，$P_{速效} 3 \sim 10ppm$，$K_{速效} \geqslant 100ppm$。因此，红土亚类水土流失严重，养分贫乏，熟化层薄，耕性差。红土亚类根据黄土掺杂程度分为红土、夹黄红土、耕种红土三个土属。

3.15.2　黏红土亚类

黏红土由第三纪红土层露出发育而形成，多分布于丘陵沟谷的沟底和陡坡下部。黏红土剖面沿袭母质特性，土体深厚，夹有大而多的石灰结核。土质黏重，黏粒含量 $40\% \sim 70\%$。色泽较暗，棕红色至暗棕红色。土体紧实，表面具较多铁锰胶膜。结构黏重。表土层呈屑粒状或片状，底土层呈棱块状或大块状结构，耕性差，湿泞干硬；一般无石灰反应，pH8 $\sim$ 8.5，通透性差。土壤有机质含量 0.05% 左右，$N_{速效} < 50ppm$，$P_{速效} < 5ppm$，有效态微量元素贫乏。保肥性能好，但质地黏重，物理性状不良，水土流失严重，仍属低产土壤。黏红土分为黏红土和耕种黏红土两个土属。

4. 西北农牧交错带主要植被

西农牧交错带植被主要是疏林草原，属于灌木疏林草原向典型草原过渡型，局部发展为荒漠草原。按照地貌可划分为毛乌素沙地沙漠植被、黄土丘陵沟壑植被、石质山地植被三大类型。按照组成植被的植物类群可以分为乔木植被、灌木植被、草原与草甸植被。乔木植被又可以分为针叶林和阔叶林，其中针叶林分为油松林、樟子松林、青海云杉林、华北落叶松林、杜松林、侧柏林等，阔叶林又可分为杨树林、柳树林、刺槐林、榆树林、杜梨林、沙枣林、山杏林等；灌木林按树种可分为沙地柏林、沙柳林、踏郎林、柠条林、沙棘林、蒙古扁桃林、紫穗槐林、怪柳林、白刺林、枸子林、蔷薇林、绣线菊林、忍冬林等；典型草原由干草原如最常见的长芒草草原、甘草草原、百里香草原等，草甸植被有草原草甸、中生草甸等。从景观上分为森林、森林草原、典型草原和荒漠四类。

4.1　毛乌素沙地沙漠植被

毛乌素沙地沙漠位于干旱半干旱区，包括陕北长城以北及盐灵台地，地貌为沙梁、洼地、沙滩，还有湖泊（海子）。植被以沙生植物为主，主要有沙柳、沙地柏、踏郎、花棒、沙蒿、柠条、沙枣、沙竹、沙蓬及引进的紫穗槐、樟子松、蒙古扁桃等；地势较低的沙滩生长有草甸植物；湖泊周围生长沼泽植物；河流两岸生有青杨、新疆杨、旱柳等；盐碱地生长有盐生植物，如梭梭、盐爪爪等；沙地之中黄土梁峁上亦生长柠条等。

4.1.1　乔　木　林

（1）樟子松林

樟子松（*Pinus sylvestris* var. *mongolica*）是本区引种的乔木树种，在陕北毛乌素沙漠南缘沙滩地生长良好，目前主要分布于神木、榆阳、横山、靖边、定边、吴起等地；国内原产于内蒙古东北部的呼伦贝尔盟鄂温克族自治旗境内的红花尔基和海拉尔的西山，兴安盟大兴安岭山地也有分布。樟子松是我国唯一生长于沙地或沙区的松树，既耐干旱、瘠薄，又抗严寒。

天然樟子松有两个群系：一个是沙地群落，主要分布于呼伦贝尔和海拉尔；另一个则是山地群落，主要分布于兴安盟的大兴安岭山地。山地樟子松林植物种绝大部分属于达乌里亚区系，即由西伯利亚区系向我国东北区系过渡区系，以樟子松、兴安落叶松、白桦、杜鹃、偃松（*Pinus pumila*）、杜香（*Ledum palustre* var. *dilatatum*）、越橘（*Vaccinium* spp.）等为代表。林下灌木以迎红杜鹃（*Rhododendron macronulatum*）和偃松最具优势，偃松只分布于海拔 1000m 以上，在林下呈匍匐葡生长，频度很低；此外，最常见的优势灌木还有杜香和越橘，因为这些植株矮小，常生长在草本层中；较常见的散生灌木还有绢毛绣线菊（*Spiraea sericea*）、大黄柳（*Salix raddeana*）、长果蔷薇（*Rosa acicularis*）、石生悬钩子（*Robus saxatilis*）等。草本植物习见的有薹草；其他散生常见的耐荫植物有红花鹿蹄草（*Pyrola incarnata*）、齿缘舞鹤草（*Maianthemum dilatatum*）、斑花杓兰（*Cypripedicum guttatum*）等。典型山地草甸植物有地榆（*Saoguisorba officinalis*）、山野豌豆（*Vicia amoena*）、蹄叶橐吾（*Ligularia fischeri*）、大叶章（*Deyeuxia largsdorffii*）等。当樟子松林达到较高郁闭时，会与一些耐荫森林植物构成寒温带针叶林的典型结构，但不会出现滞水湿生植物。

沙地樟子松林植物种类多为蒙古区系成分，由周围山地植物经过长期旱生化演变而成，代表性植物有贝加尔针茅（*Stipa baicalensis*）、线叶菊（*Filifolium sibiricum*）、小白蒿（*Artemisia frigalia*）、百里香（*Thymus mongolicus*）、糙隐子草（*Cleistogenes squarrosa*）、紫菀（*Aster tataricus*）等，多属半旱生草甸草原植物。沙地樟子松林分布于森林草原带内，植物种类受森林和草原的双重影响，虽然东北沙地樟子松林局部地块常伴有白桦、山杨、榆树，呈块状混交，但混交树种的长势均远弱于樟子松。林下基本无灌木，偶见一些草原型旱生、半旱生小灌木或半灌木，如冷蒿、百里香、达乌里胡枝子等；在一些流动沙地林下，稀见散生的小叶锦鸡儿、差不嘎蒿（*Artemisia halodendron*）、黄柳、小红柳等。林下草本构成与呼伦贝尔的基本相似。因此，沙地樟子松林在最为发育完善的阶段或地段上，也只有乔木层 - 灌木层或乔木层 - 草本层二层。

早在 1964 年，樟子松引种到陕北毛乌素沙地，榆林红石峡流沙人工固沙区。15 年生树高 4 ～ 5m，胸径 7 ～ 8cm；高密度（2 475 ～ 2 625 株 /hm²）樟子松林在榆林生长发育较原产地不良，林下草本层几乎成裸地；中密度（2 625 株 /hm²），不论高生长还是径生长较原产地好，在榆林树木园株行距 4m×5m 或 4m×6m，树高近 10m，林下草本层沙蒿、沙蓬等植物较丰富，覆盖度达40%～60%。樟子松在干燥瘠薄的沙层中，可形成强大的根群，在固定沙地上生长的9年生樟子松水平根，集中分布在20～160cm沙层中，强大的骨干根有12条，主要分布在10～50cm沙层，水平根向外扩展6m左右，根幅可达12m×12m，并在水平根上生有许多下扎的垂直根，最深达4.7m。

近几年，榆靖高速公路两旁沙地营造樟子松与紫穗槐、杨柴、沙柳等混交林，幼龄期生长良好。由于水分制约，樟子松林应以疏林为主，伴生沙柳、紫穗槐、杨柴、沙棘、沙蒿、柠条等沙生抗旱灌木，形成立体群落结构，提高地表覆盖度，控制沙丘移动，保持水土，促进沙生植物群落正向演替。

(2) 沙枣林

沙枣（*Elaeagnus angustifolia*）别名桂香柳、香柳、银柳，为本区引进的乔木树种，分布于榆林毛乌素沙区的南缘沙滩地，以靖边、定边分布较多，有成片沙枣林，会宁、皋兰、靖远、盐池、灵武、中宁、同心、海原、沙坡头等也有小面积引种栽培；我国天然集中分布于新疆塔里木河、玛纳斯河，甘肃疏勒河，内蒙古的额济纳河两岸，黄河大三角洲也有分布。内陆河岸的沙枣林，多呈疏林状，面积较大，如额济纳河西河林区达4 600多hm²；人工沙枣林集中分布于新疆南部、甘肃河西走廊、宁夏中卫、内蒙古巴彦淖尔盟和阿拉善盟、陕西榆林等地，多为大面积防风固沙林和农田防护林；山西、河北、辽宁、黑龙江、山东、河南等省也在沙荒地和盐碱地引种栽培。国外分布于地中海沿岸、亚洲西部及中部和印度等。

沙枣在干燥度≥2以上的干旱半干旱、半荒漠带的沙壤质冲积平原和沙荒滩地最适于生长，轻度盐碱地亦可生长，地下水位不宜过深或具备灌溉条件生长优良，结实旺盛。适宜生境≥10℃的年积温在3 000℃以上，花期的空气湿度≤50%，否则结实不良。陕北靖边和定边沙区，沙枣开花期大多数年份空气湿度高于50%，不适宜沙枣授粉，故沙枣生长旺盛，开花繁茂，却结实甚少，仅在花期干旱年份结实较好。沙枣垂直分布在海拔1 500m以下的冲积、淤积平原，海拔2 000m以上的山地少见自然分布，但海原（海拔1 800m）和会宁（海拔2 000m）的黄土梁沙枣林生长良好。

天然沙枣林多是疏林，大多数情况下是胡杨林的伴生种，林下灌木常见有多枝柽柳、刚毛柽柳、唐古特白刺、小果白刺等盐生耐旱植物；草本植物主要有芦草、拂子茅、芨芨草、马蔺、甘草、苦豆子、骆驼刺、猪毛菜、红砂等。引进的沙枣林多系单层同龄林，成林后郁闭度为0.5，也有柽柳、毛柳、沙柳、柠条、花棒等沙生灌木呈丛状、块状、带状混交，生长良好；沙枣人工林大多是沙枣与林下草类、半灌木组成的林分，常见种类为禾草、芦草、马蔺等，毛乌素沙区还有华北白前、苦豆子等。

沙枣林下土壤主要有草甸土、盐化草甸土、荒漠化草甸土和风沙土，以沙质壤土、壤土最适宜，土壤过黏重，根系穿透受阻；过于粗疏的中、细沙土营养不良，根系不发达。在冲积淤积的河漫滩草甸地，多具中粗砂层间隔的漏沙或夹沙地，导致沙枣生长衰退，甚至死亡。沙枣生活力很强，有抗旱，抗风沙，耐盐碱，耐贫瘠等特点。耐盐碱能力也较强，但随盐分种类不同而异，对硫酸盐土适应性较强，对氯化物则抗性较弱。在硫酸盐土全盐量1.5%以下时可以生长，而在氯化盐土上全盐量超过0.4%时则不适宜生长。沙枣侧根发达，根幅很宽，在疏松的土壤中，能生出很多根瘤，其中的固氮根瘤菌还能提高土壤肥力，改良土壤。侧枝萌发力强，顶芽长势弱。枝条茂密，常形成稠密枝丛。枝条被沙埋后，易生长不定根，有防风固沙作用。

沙枣叶果是羊的优质饲料；沙枣还是很好的造林、绿化、薪炭、防风固沙树种；沙枣花香，是很好的蜜源植物，含芳香油，可提取香精、香料；沙枣树液可提制沙枣胶，为阿拉伯胶代用品；沙枣花、果、枝、叶可入药，治烧伤、支气管炎、消化不良、神经衰弱等。沙枣的多种经济用途受到广泛重视，目前已成为西北地区主要造林对种之一。

4.1.2　灌　木　林

（1）沙地柏林

沙地柏（*Sabina vulgaris*）又名叉子圆柏、爬柏、臭柏、新疆圆柏，匍匐灌木。本区天然分布于神木突尾河源头的尔林兔、大保当、瑶镇，榆阳的大河塔、榆溪河源头的刀兔和中营盘及无定河北岸的红石桥，横山白界的固定、半固定沙地。由于固沙效果好，现已扩大到无定河流域的靖边、定边、横山沙滩地。国内主要分布于新疆天山、甘肃及青海祁连山、内蒙古等干旱贫瘠环境中。

沙地柏灌丛是沙地一种结构较复杂、生物量较高、群落稳定性较高、对环境利用充分，改变环境的作用强大的植物群落。每平方米植物约30种，成熟林覆盖度70%～90%，林下往往有些喜湿的草本植物，如黄精（*Polygonatum sibiricum*）、北柴胡（*Bupleurum chinense*）、细叶百合（*Lilium pumilum*）、沙蓬、茜草。群落层次结构分明，分为灌木和草本两个层次，伴生植物主要有白草、柴胡、硬质早熟禾（*Poa sphondyioces*）、冷蒿、麻黄（*Ephedra sinica*）、隐子草（*Kengia serotina*）、华北白前（*Cynanchum hancockianum*）、东方唐松草（*Thalictrum thunbergii*）、地锦（*Euphorbia humifusa*）等。

沙地柏根系发达，细根极多，10～60cm土层内形成纵横交错的根系网，萌芽力和萌蘖力强，一般分布在固定和半固定沙丘阴坡，逐渐扩展到覆盖整个沙丘（梁）。在沙盖黄土丘陵地及水肥条件较好的土壤上生长良好。喜光，喜凉爽干燥的气候，耐寒、耐旱、耐瘠薄，对土壤要求不严，不耐涝；适应性强，生长较快，扦插易活，栽培管理简单；能忍受风蚀沙埋，长期适应干旱的沙漠环境，是干旱、半干旱地区防风固沙和水土保持的优良树种。沙地柏生长势旺，修剪后能产生多发性侧枝，形成斜生丛状树形，在短期内形成整齐无缺，也是极好的绿篱树种。

（2）沙柳林

沙柳（*Salix psammophilla*）亦称北沙柳，与筐柳（乌柳或毛柳 *S. cheilophila*）、小穗柳（小红柳 *S. microstachya*）共同组成沙柳灌丛，本区集中分布于陕北毛乌素沙地、宁夏黄河以东的盐池、灵武沙地的移动沙丘、半固定沙丘、沙滩、湖泊和盆地周围，因而有"柳湾林"之称；国内分布于内蒙古西部及库布齐沙漠、东北、新疆等地。沙柳灌丛在低山、梁地、平地、滩地、河边、沙丘和碱滩均可生长。

典型沙柳灌丛层次明显，由灌木层、草本层和苔藓层组成，灌木层由沙柳、乌柳和油蒿（沙蒿）组成，高度 1.5～2m，覆盖度 40%～90%，多次平茬后为乌柳和沙油蒿组成灌丛，一般 100m² 内沙柳 30～40 丛、乌柳 33～39 丛；草本层覆盖度 20%～98%，杂草高 10～40cm，拂子茅、芦苇高 100cm 左右。沙柳灌丛林下发育沼泽草甸或草甸土，地下水浅，约 0.5～2m，淡水。沙柳最适宜于地下水位较高的沙地生长，但质地黏重的土壤生长不良。沙柳既耐旱又耐盐碱，沙地土壤含水率≥4%，造林成活率达 75% 以上，土壤含盐量 0.022%～0.118% 能正常发育，pH7～8.7 的沙地也能正常生长。沙柳可以适度沙压（15～20cm），成活率达 90%；平茬后生长旺盛，但不耐风蚀；繁殖容易，萌蘖力强。毛乌素沙地的沙柳林在不同沙地上发育阶段逐渐形成以下三种类型。

流动沙丘低地沙柳林 由沙柳和小穗柳组成，小穗柳相对数量少，沙棘（*Hippophae rhamnoides*）出现更少。这类灌丛经常出现于沙柳天然林下新生的幼苗中，数量最多达 70 株/m²。林下植物主要有寸草（*Carex duriucula*）、海乳草（*Glaux maritima*）、醉马草（*Oxytropis glabra*）、黄戴戴（*Halerpestes ruthenicn*）、鹅绒委陵菜（*Potenlla anserina*）、沙芦草、赖草等，拂子茅、芦苇（*Phragmites communis*）为次要成分构成的植被层；林缘常伴生白沙蒿。由于流沙不断向前推进埋压沙柳，中龄沙柳能借助不定根随沙丘不断上长，达沙丘顶部以后，因过强风蚀和缺水趋于死亡。因而目前毛乌素沙地以沙柳为主的灌丛内幼林居多，而幼林与中林（3～9 年）同时并存的较少。

半固定沙丘低地沙柳林 由于流动沙丘逐渐被植物所覆盖，使流沙渐趋于半稳定状态。低地土壤变粘变紧，疏松性变小而水分增多，甚至还有积水，适应这种环境的小穗柳的数量渐增，成为沙柳的共同建群种。在生境继续变化或沙柳遭受破坏时，小穗柳还会占据优势地位。同时，在这种半稳定环境中，还可促使喜光和萌蘖力强的沙棘在林缘形成茂密的林墙，甚至还出现于林中小空地。这种沙柳灌丛分布广、面积大，林相整齐，生长旺盛，密度、覆盖度和生物产量均较大；林下植物成分复杂，但是草甸植物减少。芦苇、天蓝苜蓿（*Medicago lupulina*）的数量增多，生长茂密，使草本层出现两个以上亚层，更新较困难，仅在少数区域可见幼林或幼苗，一般多见中龄林或中 - 老龄（10～15 年）林。利用这种林型应该防止群丛向不稳定的方向演化。

固定沙丘低地沙柳林 在固定沙丘低地上由小穗柳、沙棘和沙柳共同构成，一般分布在地下水位低于 1m，地表干燥的草甸栗钙土上。该灌丛沙柳明显减少，沙棘也不多，小穗柳数量较多。林相杂乱，大多为老熟林（≥15 年）；林下植物大多数为茵陈蒿（*Artemisia scoparia*）、披针黄花（*Thermopsis lanceolata*）、阿尔泰狗娃花（*Heteropappus altaicus*）、苦马豆（*Spllaerophysa salsula*）和沙葱（*Allium mogolicum*）、狗尾草（*Setaria viridis*）、糙隐子草（*Kengia squarrosa*）等，有时可见茜草（*Rubia cordifolia*）、牛皮消（*Cynanchum auriculatum*）等缠绕性植物，灌丛内沙柳更新不良。地下水位一般 0.5m 左右，地表具潮湿的厚腐殖质层，生于潜育土上的沙柳灌丛，沙柳、小穗柳多于沙棘，间或伴生柠条，林间空地大，林相不整齐；草本茂密，覆盖度达 90%，主要成分为芦苇、萹蓄（*Polygonum aviculare*）、假苇佛子茅（*Calamagrostis pseudophragmites*）、茴茴蒜（*Ranunculus chinensis*）、蓬子草（*Calium verum*）、百蕊草（*Thesium chinense*）和黑沙蒿（*A. ordosica*），利于改良立地条件，固定流沙。

沙柳枝叶茂密，灌丛大，根系发达，耐沙压，并能忍受一定程度的风蚀，但遭严重风蚀后，生长明显减退；沙压断的枝条可产生大量不定根，增加植株吸收水分养分的能力。如一株生长在沙丘背风坡的沙柳，沙压1.4m深，产生不定根247条，株高2.8m，冠幅18.7m^2，使沙丘逐渐固定。沙柳具改良沙地、加快成土能力。生长有沙柳的地面，枯落物积累可达1.56kg/m^2，从而减轻风蚀和蒸发，提高蓄水能力，增加沙地腐殖质，沙柳林地的有机质含量比裸沙地高3倍（10～60cm土层）到4倍（0～10cm地表层），从而使沙地性质改善，肥力提高，有利于植物所需水分、养分的供应。

（3）蒙古岩黄耆林

蒙古岩黄耆（*Hedysarum fruticosum* var. *mongolicum*）又称踏郎、羊柴、山花子、山竹子，为沙生旱生半灌木。该物种在本区主要分布于神木、榆阳、横山、靖边、定边、盐池、灵武等地，以及内蒙古鄂尔多斯东南部的准格尔旗和伊金霍洛旗。国内分布于内蒙古鄂尔多斯、锡林郭勒盟和乌兰察布盟的清水河、巴彦淖尔盟狼山西北部的博克台等沙地，宁夏、甘肃、河北等省（自治区）的北部。

蒙古岩黄耆自然生长于流动沙地、半固定沙地和固定沙地，生长在沙丘上的蒙古岩黄耆与油蒿形成稳定的群落；在地下水位较深的干燥丘间低地（雨季地下水位超过1m）也能落种更新；在湿润丘间低地（雨季地下水位浅于0.5m）不能生长。但在丘间湿润低地的柳弯林，有时因林密积沙，蒙古岩黄耆种子落到积沙部位，不仅能萌发长成幼苗，而且还能繁殖；在丘间低地柳弯林边沿的丘坡基部也能更新生长。

蒙古岩黄耆灌丛在不同沙地群落结构不尽相同。在毛乌素沙地（乌审旗）有天然蒙古岩黄耆灌丛200hm^2，是鄂尔多斯现存面积最大、生长最茂密的蒙古岩黄耆灌丛。地貌为平缓起伏的固定沙地，沙丘高3m，蒙古岩黄耆和油蒿相间分布，群落稳定性高，层次分化明显，上层为蒙古岩黄耆、油蒿，高80～110cm；中层为蒙莸（*Caryopteris mongholica*）、唐松草（*Thalictrum aquilegifolium* var. *sibiricum*）、硬质早熟禾（*Poa sphondylodes*）等，高10～30cm。在低洼植被固定较好的地段，还形成小面积蒙古岩黄耆、油蒿和乌柳（筐柳）群落，蒙古岩黄耆占20%～30%、油蒿20%、乌（筐）柳20%～30%，丛高3m，丛幅约3m×3m。在盐池灵武沙区，蒙古岩黄耆天然灌丛多生长于固定沙地和半固定沙地，以蒙古岩黄耆为优势种，伴生油蒿、沙米（*Agriophyllum squarrosum*）、猫头刺（*Oxytropis aciphylla*）、沙竹（*Psammochloa villosa*）、东方唐松草等，覆盖度达50%～80%。蒙古岩黄耆纯林多为人工林。

蒙古岩黄耆无性繁殖首先需要形成积沙，积沙厚度15～40cm，为蒙古岩黄耆萌蘖繁殖最为有利的条件，但积沙中含水必须超过2%，否则，幼芽干枯不能出土。自然覆沙是在流沙播种蒙古岩黄耆种子发芽的必备条件，一般覆沙需3～5天，种子覆沙后，当沙层温度超过10℃，遇6～10mm的降雨，连阴2～3天即可发芽，但要使种子大量萌发并出土，必须连续降雨20mm；在室内试验蒙古岩黄耆种子发芽，则需7～9天。

蒙古岩黄耆生长迅速，在榆林流沙地，蒙古岩黄耆种子发芽后3～5天萌发出第一片叶，1年生苗高7.5～22.5cm，主根长达34.5～71cm，有侧根17～35条，分布在10～65cm沙层内。苗期枝叶匍匐状生长，有利于积沙防风蚀；2年生株高平均52cm，最高150cm；3年生主根深达135cm，上层侧根的根幅为337cm^2，能充分吸收土壤表层和深层水分。蒙古岩黄耆较耐旱，陕西榆林的凋萎系数为 0.46%，内蒙古展旦召的为 0.62%。萌蘖能力十分强，具有"独木成林"的特点，是固定流沙的先锋树种。

（4）细枝岩黄耆林

细枝岩黄芪（*Hedysarum scoparium*）亦称花棒、花子柴、花帽和牛尾梢等，为沙生落叶大灌木，属于亚洲中部荒漠和半荒漠地带的植物种，本区为引种栽培，有近 50 年的历史，主要分布在毛乌素沙漠南缘长城沿线的流动和半固定沙丘、沙滩（榆林北部沙地、盐池和灵武等）；在我国自然分布于内蒙古、宁夏、甘肃、新疆等省区的乌兰布和、腾格里、巴丹吉林、吉尔班通古特等沙漠。细枝岩黄耆分布区的年均气温 7～8℃，年均降水量 150～250mm，蒸发量超过 2 400mm，干燥度 3～12。

细枝岩黄耆多生于流动沙丘和半固定沙丘上，自然分布区多散生或呈不连续的小块状分布；覆沙戈壁亦见分布，但未见大片天然灌丛；人工固定沙地有成片分布，但密度大时生长不良。在条件较好的丘间低地，细枝岩黄耆常与菊科的蒿属、蓼科的沙拐枣属和木蓼属、豆科的锦鸡儿属等植物混生，形成灌丛。在腾格里沙漠新月形沙丘和格状的丘间低地及背风坡下部，细枝岩黄耆与紫蒿、沙竹、沙拐枣混生。细枝岩黄耆呈散生状态，每丛 10～25 株，高 1.5～2m。在巴丹吉林沙漠，细枝岩黄耆与沙拐枣、紫蒿、霸王、勃氏麻黄、木蓼及 1 年生的沙米、锦蓬等混生。

在毛乌素沙地东部，引种栽培的细枝岩黄耆，多为纯林。在幼龄阶段生长快，年高生长 70cm，最高超过 1m，造林 3 年后高生长达 2m。株行距 3m×2m，3 年郁闭；5～6 年生的灌丛冠幅达 3m×4m，根幅 4m×6m，以后高生长缓慢。林下植物为沙蒿、籽蒿（白沙蒿，*A. sphaerocephala*）、沙米（称沙蓬，*Agriophyllum squarrosum*）、沙竹等。在毛乌素沙地西部盐灵，细枝岩黄耆同样以纯林为主，也有与黄柳（*S. flarida*）、毛条（*Caragana korshinskii*）等混交；林下层植物为籽蒿、沙米、沙竹、沙蓼等。在良好的立地，树龄达 70 年以上；在水分条件差的沙地，14～20 年即衰败死亡。细枝岩黄耆造林 3～4 年后开始结实，5～6 年后结实量增多，降水多的年份结实量大，一般每隔 3～4 年有一个丰年。种子千粒重 25～40g，发芽率 94%，种子保存至第五年，发芽率还达 80% 以上，说明细枝岩黄耆种子抗逆性强，能在干旱立地萌发生长。

细枝岩黄耆为耐旱、喜光的沙生植物。在毛乌素沙地南缘的榆林红石峡沙区，60 年代在流沙飞播的细枝岩黄耆，15 年后细枝岩黄耆林地的总覆盖度近 15%（半固定沙地），植株生长正常，没有更替现象；在人工固沙造林试验区，大部已由流动沙丘变为固定沙地；在油蒿、细枝岩黄耆、柠条等灌丛覆盖度达 70%～80% 的地段，细枝岩黄耆生长衰退，甚至枯死；在较稀疏地块，则不见细枝岩黄耆衰退；个别灌丛幅高达 4～5m，亦未见有枯枝出现。

细枝岩黄耆在沙丘迎风坡的抗风蚀性不如蒙古岩黄耆，易被风蚀而衰退死亡。若与油蒿混生，可明显增加保存数量。细枝岩黄耆被沙埋深度不超过株高的 1/2 时，生长正常；沙埋深度超过 2/3 时，生长衰弱或死亡。细枝岩黄耆在沙质土壤和黏壤质的丘间低地或沙荒滩地上造林，成活率高，生长良好；在沙砾质以及湿沙、夹沙地上，浇水造林也可成活。细枝岩黄耆耐轻盐碱，分布区的土壤均偏碱性，pH7.8～8.2。细枝岩黄耆在黏质丘间低地，地下水位超过 1.5m，也生长良好。但当地下水位在 1 m 以内，则生长不良，甚至导致根腐而死亡。在流动沙丘迎风坡造林，必须设黏土等沙障防风蚀。细枝岩黄耆育苗最忌黏土和排水不良的下湿沙地。

细枝岩黄耆种子落到沙面，先覆沙，后遇雨，是种子发芽和成苗的主要条件。细枝岩黄耆是流沙的先锋固沙植物，在自然条件下，细枝岩黄耆虽植丛稀疏散生，沙石仍处于流动和半固定状态，也能自我更新繁衍，而不为其他植物种所替代。

细枝岩黄耆嫩枝稠密，花序长而繁茂，牲畜适口性好，饲用价值大，是喜食的饲用灌木，牛、羊、马喜食幼嫩枝叶和花，骆驼一年四季喜食。可以放牧，也可以采收嫩枝鲜叶花序青饲或调制干草后储饲。

（5）蒙古扁桃林

蒙古扁桃（*Amygdalus mongolica*）是我国荒漠、半荒漠地带山地旱生落叶灌木，本区是从内蒙古引种而来，主要分布于神木、榆阳的毛乌素沙地流动、半固定沙区；国内主要分布于内蒙古阴山山地的乌拉山以西，即在阿拉善盟的马宗山、合黎山、龙首山、贺兰山、巴彦淖尔盟的狼山、色尔腾山和乌拉山海拔 1 000 ～ 1 500m 的范围，甚至还能出现在石砾戈壁。蒙古扁桃对热量的要求高，≥10℃年积温 3 000 ～ 3 700℃，对水分的要求较低，甚至年均降水量 50mm 的地区也有分布，可忍受严酷的大陆性气候。

蒙古扁桃呈丛状生长，一般灌丛冠幅 2 ～ 5m，高 15 ～ 2.5m，密度 300 ～ 700 丛/hm²。丛距 1.5 ～ 3.0m，覆盖度 30% 左右，每丛 10 ～ 50 株，单株根径 2 ～ 5cm。伴生种有油蒿（*A. ordosica*）、四合木（*Tetraena mongolica*）、绵刺（*Potanina mongolica*）、沙冬青（*Ammopiptanthus mongolicus*）、戈壁短舌菊（*Brachanthemum gobicum*）、松叶猪毛菜（*Salsola laricifolia*）、霸王（*Zygophyllum xcanthoacyllum*）、合头草（*Sympegma regelii*）等，前四种是内蒙阿拉善荒漠区的特有种，也是亚洲中部荒漠区代表性的特有种类。作为伴生植物，蒙古扁桃一般不形成以它为主的荒漠群落。

蒙古扁桃喜光耐干旱，自然分布区可忍耐 55℃ 的地温，42℃ 的气温未见日灼；在遮荫条件下生长不良，结实甚少。抗干旱能力极强，演化缩小的叶面减少了水分蒸腾，成年植株在深 6m 以内、沙层含水量为 1% ～ 2% 时，仍能正常生长；在年均降水量 200mm 以下，年蒸发量高达 3 000mm 以上的覆沙棕钙土上，仍能正常生长。具有较强的抗寒耐寒能力，在年均气温 3℃，最低气温 −33℃，7 ～ 8 级风大年吹袭日数达 80 ～ 100 天、平均风速 5m/s 条件下，仍能旺盛顽强地生长；具有较强的耐瘠薄性，以发达的根系吸收地下水分和养分，并在瘠薄的黄土丘陵山坡，覆沙黄土地，砾岩、花岗岩、石灰岩的山地阳坡顶部、石质低山、山麓谷地、干河床沙地上以及固定、半固定沙地中生存和繁殖。虽然对土壤肥力要求不严，但在高温、高湿条件下，其生长发育将受到抑制，并易感染病害。蒙古扁桃具一定的耐盐碱性能，在盐分含量为 0.12% 的土壤上能正常生长，在 pH8.5 以上的土壤上，仍可正常生长、开花、结实。

在陕北神木和榆阳沙丘上，蒙古扁桃主要分布在沙梁、沙坡，以阳坡、半阳坡居多，阴坡多为沙地柏占居。沙丘间洼地为油蒿、蓼子朴、华北白前、沙蓬、沙芦苇等禾本科沙生植物。蒙古扁桃灌丛一般高 2 ～ 2.5m，冠幅 3m×5m，成年 30 ～ 50 株/丛。生长旺盛，结实量大，自然更新良好。

由于蒙古扁桃的抗旱性强，在山地干草原及水土流失区的阳坡，种子更新良好，形成比较稳定的群落。在长期放牧的山坡多以根蘗繁衍，且老根生长到30年左右，地上部分才出现枯死枝条，或成丛死亡；在干旱年代多受舞毒蛾及天幕毛虫危害。蒙古扁桃成片死亡后，根茎部位再次发出新条，新条长到15～25年产生新根，而老根在35年以后逐渐死去。灌丛下常见灰榆和黄榆更新，形成散生混杂灌丛，这些灌丛最易被根蘗性强的山杨和种子更新能力强的辽东栎所代替，由于山杨和辽东栎寿命长，且高大，灌丛逐渐演变为乔木林。

蒙古扁桃是优良的保持水土灌木，可作固沙先锋树种。种子入药，可代替"郁李仁"，丰年可收种子 $1\,000～1\,500kg/hm^2$，平均 $400～600kg$，每 $50kg$ 种子产的"郁李仁"能润燥滑肠、利尿，可治大便秘及水肿、脚气；种仁含油率约40%，可供食用。

(6) 紫穗槐林

紫穗槐（*Amorpha fruticosa*）是从北美洲引进的落叶灌木，具有喜光、耐寒、耐旱、耐湿、耐盐碱、抗风沙、抗逆性特性，在荒山坡、道路旁、河岸、盐碱地均可生长。可用种子繁殖，也可进行根萌芽无性繁殖，萌芽性强，根系发达，每丛可达20～50根萌条，平茬后一年生萌条高达12m，2年开花结果，种子发芽率70%～80%。

紫穗槐枝叶繁密，枝条细长柔韧，通直无节，粗细均匀。生长快，植株自地表平茬后，新枝当年可高达1.5m，强壮的株丛可萌生15～30个萌条，可割条10～20年，可编织各种生产和生活用具；花期很长，是北方初夏的蜜源植物；果实含芳香油，种子含油10%；叶含紫穗槐甙（黄酮甙）；根与茎含紫穗槐甙、糖类，开发前景广阔；适应性强，有一定的耐涝能力，具根瘤菌，能改良土壤；侧根发达，萌芽力强，是固土护坡的优良水土保持树种，也可以作为林下灌木，营造混交林；枝叶对烟尘有较强的抗性，可用作工矿区绿化。近年来市场行情看好，被广泛用于公路护坡、编织行业、蜜源植物等。

(7) 毛条林

毛条（*Caragana korshinskii*）亦称牛筋条，高大灌木，茎直立，丛生，金黄色或灰白色，株高1.5～3.5m，冠幅2～6m；适应性强，耐干旱、瘠薄，易于繁殖。在本区主要分布于陕北长城沿线的毛乌素沙漠、会宁、盐池、灵武、原州、西吉、沙坡头等县区的固定、半固定和流沙地上，以及黄土丘陵的低山区的阴坡、阳坡及河滩砾沙地。灵武沙区是本区最集中分布区，天然毛条林面积 $17\,000～20\,000hm^2$；国内集中分布于甘肃、宁夏、内蒙古的腾格里和巴丹吉林沙漠的东南部、内蒙古鄂尔多斯的半荒漠和干草原地区；垂直分布于海拔 $1\,000～2\,600m$ 处。

灵武沙区天然毛条林是以毛条为建群种，灌木层为毛条，株高1.5～3m；生长旺盛，多与木蓼（*Atraphaxis bracteata*）、沙冬青（*Ammopiptanthus mongolicus*）、沙蒿、沙竹、牛心朴等混生。由于过度放牧、樵采和病虫为害等影响，毛条逐渐演化为多代萌生灌丛；下层植物演替为草原化荒漠植被，主要由红砂、猫耳刺、猫头刺等组成；在流沙、半固定沙地上，伴生植物有木蓼、沙冬青、沙蒿、沙竹、沙米、甘草、牛心朴等；在湿润型丘间地有盐蒿、剪刀股（*Polygonum sibiricum*）、寸草（*Carex duriuscula*）、白茨、芨芨草、芦苇等；在覆沙梁地和残丘硬土梁上常伴生红砂、猫儿刺、猫头刺、沙蒿等；在流动、半流动和平坦沙地上多成片状或块状分布，毛条灌丛在固定沙地和半固定沙地上，分布均匀，密度大，而流动沙地则密度小。毛条灌丛生长的优劣，产种量的高低，病虫害的轻重，与其生境密切相关，当毛条密度为 300 丛 /hm² 以上，并混生油蒿、牛心朴（*Cynachum hancockianum*）、甘草、白茨（*Nitraria tangulorum*）等植物，覆盖度达 50% 以上时，则沙地固定、土壤含水量下降，毛条生长不良，单丛结实量减少，病虫危害较重。毛条密度 150 丛 /hm² 以下，伴生有籽蒿、沙竹、沙米等植物，覆盖度 10% 左右，沙地仍流动，水分状况较好时，毛条生长良好，病虫危害亦较轻。沙地类型对毛条灌丛生长发育和毛条种子虫害影响较大。

毛条适宜在各种沙地类型生长。一丛 5 年生的毛条，根系分布于 0 ~ 190cm 沙层内，平均含水率 0.3% 时，仍可正常生长。毛条萌蘖力强，沙埋后易生不定根，平茬可促进生长。如 3 月份平茬一丛 10 年生毛条，9 月份调查，萌发新株 6 条，平均高 140cm，根茎粗 0.9cm。毛条抗风蚀沙埋，其根系发达，侧根成层分布，保土性强。一株 5 年生植株，株高 1.45m，根系分布层深 1.4m，呈 3 层分布，上层侧根幅达 2.9m×3.5m，有的根部被风吹裸露 1m 多，地上部分已倒伏，仍开花结实。沙埋株高 1m 以上，可正常生长，达株高 2/3 时，生长减弱，更甚者死亡。毛条耐高温，枝干被膜质蜡皮，叶两面密生绒毛，可减少水分蒸发，免受高温危害。夏季沙面温度高达 70℃ 以上，幼小的植株仍正常生长。一年生毛条主要发育根系，地上部分生长缓慢，2 年后生长加快，实生苗 4 ~ 6 年开花结实，萌生枝条 2 ~ 3 年开花结实，随年龄的增大而增加，但 10 ~ 12 年后结实量随枝龄增大而下降。要定期平茬复壮更新。生长发育衰退的年龄因立地条件和经营管理的不同而异。

毛条灌丛高大，根系发达，抗风蚀，保持水土，是黄土区、干旱草原、半荒漠、荒漠区的防风固沙和保持水土的优良树种；因其根瘤菌共生，枝叶稠密，富含 N、P、K，又是改良土壤和绿肥灌木；同时，毛条又是干旱沙区，山区的好燃料。其枝干含油脂，易燃、火力强、湿干均能燃；幼嫩枝叶又是良好饲料，有利于舍饲养羊发展；灌丛大，产量高，一丛 4 年生的萌生枝条有 60 根，平均高 260cm，枝条鲜重 40 多 kg，嫩枝叶也可作饲料。因此应定期进行平茬，既达到更新复壮，又能解决群众舍饲养羊的饲料或群众燃料。

4.1.3 草本植被

沙生草本植被主要分布在本区风沙区的流动、半固定和固定沙丘上尚未形成灌木的区域，也在沙盖黄土峁（梁）顶及其背风阳坡有分布。由于与沙漠连接，自然环境受到沙漠的多方面影响，草原类型的植被逐渐退缩，而沙地植物则随沙进袭，如在流动沙丘上生长的籽蒿（*Artemisia sphaerocephala*）、油蒿、沙竹、沙蓬、沙芥、沙芦草、华北白前、苦豆子等沙生植物；流动沙丘上最常见是沙蒿群落；沙丘稳定后，形成沙地典型植被群系。在这些典型植被群系基础之上，原生长在黄土上的植物，如柠条、酸枣、沙棘、白草、长芒草等，又可重新生长，形成沙化草原，本区常见典型沙地植被有沙竹灌丛、籽蒿半灌丛和油蒿半灌丛。

(1) 沙竹灌丛

沙竹（*Psammochlou villosa*）是大型的根茎禾草，多分布在流动沙丘上，所以土壤是典型的流动风沙土。沙竹灌丛种类简单，常形成纯灌丛，伴生植物有籽蒿、沙米、华北白前、沙芦草、蓼子朴等，植被总覆盖度 5%～10%。沙竹是大家畜优良牧草。

(2) 籽蒿半灌丛

籽蒿（*Artemisia sphaerocephala*）又叫白沙蒿，主要分布在半固定沙丘的迎风坡、落沙坡和沙丘间洼地，土壤为覆沙黄土、覆沙轻黑垆土和栗钙土型沙土。籽蒿半灌丛除籽蒿外，还有柠条、沙米、沙竹、沙芥、蓼子朴等，总覆盖度 20% 左右，群落分化结构不明显。籽蒿是固沙植物，种子可食。

(3) 油蒿半灌丛

油蒿（*Artemisia ordosica*）又叫黑沙蒿，一般分布在固定沙地和覆沙较厚的半固定沙地，土壤为原始栗钙土和栗钙土型沙土。油蒿是一种典型的沙生植物，耐干旱、耐瘠薄、抗沙埋，能适应地表温度的极端变化，在沙地生长繁茂。油蒿半灌丛种类较丰富，以油蒿为主，伴生有沙竹、沙米、胡枝子、踏郎、泡泡草、长芒草、针茅、芦苇、蚓果芥等，总覆盖度 30% 左右。油蒿灌丛是沙区春季良好牧草。

4.2　黄土丘陵沟壑区植被

黄土丘陵沟壑区植被组成相对较复杂，沟谷地、宽阔的河谷一般为稀疏乔林，以小叶杨、青杨、白榆、旱柳为主，山坡多为山杏、山桃、河北杨、青杨、刺槐、杜梨、柠条、沙棘、柽柳、紫穗槐、仁用杏和零星分布的国槐、白蜡、臭椿等，其中坡度≥20°的阳坡、半阳坡是典型草原或疏林草原。

4.2.1　乔　木　林

(1) 新疆杨林

新疆杨（*Populus alba* var. *pyramidalis*）生长迅速，适应性强，较耐盐碱和干旱，抗病虫能力较强，是白杨派中易于繁殖的种类。本区遍布于府谷、神木、榆阳、佳县、米脂、横山、子洲、志丹、吴起、靖边、定边、盐池、灵武、同心、中宁、沙坡头、原州、海原、平川、靖远、皋兰、永登、兰州及青海海东地区；国内分布于新疆、青海、甘肃、宁夏、陕西、山西、河北、内蒙古、辽宁、北京、天津等省区。

新疆杨在各种立地条件下，生长均优于箭杆杨。在盐碱地上（全盐量0.175%～0.35%），新疆杨不仅成活率高于箭杆杨和小叶杨，而且生长比箭杆杨、小叶杨都快。新疆杨不仅在毛乌素沙地，而且在黄土高原丘陵沟壑区都生长优良。在干旱瘠薄的淡灰钙土上，17年生新疆杨平均高18.45m，胸径19.88cm，单株材积0.2401m³，在相同条件下箭杆杨平均高9.2m，胸径12.19cm，单株材积0.0463m³。主要用来营造防护林，初植密度为1.5m×2m，或1m×2m，生长一定时期后抚育为3m×2m或1m×4m。

新疆杨树冠呈塔形，树皮灰绿，叶掌状深裂，叶面深绿色，有光泽，树姿美观，树冠高大，本区达20余米，成为本区主要速生造林和农田防护林树种；又因木材轻软，材性良好，结构较细，是优良的建筑、造纸和家具用材。

（2）青杨林

青杨（*Populus cathayana*）喜光，喜温凉气候，耐严寒。本区各县区均有栽培，大多营造为"四旁"林和农田防护林，在毛乌素沙地沙丘低洼地生长良好；分布于我国的东北、华北、西北和西南各地，海拔800～3 200m的沟谷、山麓、溪边；适生于土层深厚、肥沃、湿润、排水良好的沙壤土、河滩沙土，忌低洼积水；根系发达，耐干旱，不耐盐碱，生长快，萌蘖能力强，适应性较强，是北方"四旁"绿化和农田防护林营造的主要树种。

根据我们在吴起的调查，青杨适应性弱于小叶杨，在地下水位较高，排水流畅涧地、沙壤、河滩地发育良好，生长量接近小叶杨。青杨造林，初植密度为3m×2m，后抚育确定密度为3m×4m。造林立地位平缓坡下位、山麓、涧地均可，陡坡、急坡无论哪个坡向均难以成林。

（3）河北杨林

河北杨（*Populus hopeiensis*）是黄土高原丘陵沟壑区的乡土树种，其小片天然林随处可见。河北杨在我国分布于北纬34°～41°、东经101°～116°之间，集中分布于黄河中游区，其南界与毛白杨（*P. tomentosa*）相连，北达毛乌素沙漠南缘；本区分布于府谷、神木、榆阳、佳县、米脂、子洲、横山、靖边、定边、吴起、志丹、环县、会宁、盐池、同心、灵武等县区；垂直分布于海拔200～2 000m处，以海拔1 000～1 500m处分布广泛，且以阴坡、半阴坡的坡积黄土，阳坡的中、下部低湿滩地生长良好。

河北杨耐旱耐寒，抗逆性强。在年均气温3.4～10.5℃，极端低温−27.8℃，极端高温40℃，夏季日较差达20℃以上，年均降水量300～500mm，年均相对湿度40%～60%，干燥度1.5～2，地下水位50cm以下的条件下，生长良好。河北杨对土壤要求不高，在黄绵土、黑垆土、淤积土（冲积土）、潮土、覆沙黄土，甚至在轻度盐碱土上也可生长；土壤pH7.3～8.3，土壤贫瘠，肥力较低，$N_{速效}$在0.0003%～0.0055%、$P_{速效}$在0.0001%～0.0055%、$K_{速效}$在0.0068%～0.0691%的情况下，也可正常生长。

河北杨具有独木成林特性，常常通过根蘖萌生能力逐渐形成异龄复层纯林，呈团块状或片状分布；亦有河北杨与小叶杨、旱柳形成单混交林；河北杨与紫穗槐、沙棘、柠条等混交形成复层乔灌木混交林。河北杨在本区形成以下三种林型。

沟坡地河北杨林 主要栽植在黄土沟坡上，坡度10°～40°，土壤主要为黄绵土、绵沙土、黄墕土、白墕土、硬黄土等，多为萌生林。林分的生产力受土壤侵蚀程度、地形条件及人为经营影响，林分生长变幅较大，树高年平均生长量0.35～1.48m，胸径年均生长量 0.47 ～ 1.4cm。

川滩阶地河北杨林 多营造在北洛河、无定河、葫芦河等河流沿岸及其阶地上，土壤以黄土性冲积土、砾石冲积土、潮土和淤土为主。地下水位较高，河北杨生长较好，12 年生树高 12.75m、胸径 16cm。

沙丘地河北杨林 一般生长在长城沿线固定沙丘的落沙坡或丘间低洼地上，土壤为沙壤土、沙土等，河北杨具抗沙埋特性，生长旺盛。

在"四旁"栽植的河北杨，管理精细，水肥条件好，生长迅速。吴起铁边城高台的河北杨，21 年生树高 20.2m，胸径 37.6cm。在本区造林的瓶颈问题是种苗繁殖、栽植密度和发育管理。

(4) 大关杨林

大关杨（*Populus simonii × Populus pyramidalis*）在本区分布于陕北长城沿线风沙区，及其南部的黄土丘陵沟壑区，环县、会宁、盐池、同心等县区也有分布。大关杨对气候的适应性强，耐寒冷、耐干旱、抗风沙。极端温度－30℃仍不受冻害，生长良好；对土壤要求不高，较耐干旱和瘠薄，在地下水位很深的旱原，在沙区的平坦沙滩地、丘间低地和沙丘背风坡，在黄土丘陵中、下部均能正常发育；但是对土壤水分条件十分敏感，在沟谷、阶地、河滩、平原等湿润的立地上，生长十分迅速；可耐一定盐碱。

目前本区保留的大关杨林多是 20 世纪 70 年代营造的农田防护林，30 多年生林分高度 12 ～ 18m，胸径 25 ～ 32cm，生长旺盛。尽管大关杨干形不是很理想，在同一立地环境条件下生长量略超过新疆杨，作为造纸材料，也是一种理想树种。"四旁"种植和农田防护林营造，密度 2m×3m 较为合适。

(5) 小叶杨林

小叶杨（*Populus simonii*）是我国北方优良用材和水土保持树种，小叶杨林在我国分布广泛，北自黑龙江、南至云南、东起山东、西到新疆，18 个省区均有分布，甘肃、陕西、河南、山西、河北、辽宁、山东等省为最适分布区；本区分布于吴起、志丹、定边、靖边、子洲、横山、榆阳、米脂、佳县、环县、沙坡头、中宁、灵武、同心、盐池等县区，垂直分布于海拔 1 000 ～ 1 600m 处，1 500m 以下生长较好。

小叶杨系强阳性树种，喜光不耐庇荫，对气温适应能力较强，能忍受 40℃的高温和－36℃的低温，在年均降水量 350 ～ 700mm，年均气温 10 ～ 15℃，相对湿度 50%～ 70%的条件下生长良好。对土壤适应能力较强，在黄土、红土、冲积土及沙土上均能生长；对土壤酸碱度适应幅度也较大，pH7 ～ 8 的土壤上亦可正常生长；且可在轻度至中度盐渍化土壤上生长，但耐低湿盐碱的能力弱于旱柳。小叶杨喜生于湿润肥沃的土壤上，对水分条件较敏感，在黄土丘陵地区，一般多生于沟谷、阶地；在梁峁斜坡上及顶部亦可生长，但生长较慢；在沙区多生于丘间涧地及地下水位较低的滩地，落沙坡地生长也较好；在干燥瘠薄的土壤和沙土上大面积造林，常形成小老树。

小叶杨造林初植密度 2m×3m 或 2m×2m，生长一段时间后抚育为 4m×6m 或 6m×8m，否则形成小老树；营林立地以坡下位、涧地、沟谷底部或平缓的山峁顶部为主，坡度≥16°的坡地无论哪个坡向，小叶杨林发育均不良。

（6）旱柳林

旱柳（*Salix matsudana*）是本区主要造林树种，喜光阳性树种，较耐寒，耐干旱。本区分布于府谷、神木、榆阳、佳县、米脂、横山、靖边、定边、吴起、志丹、环县、会宁、靖远、盐池、灵武、同心、中宁、沙坡头、海原、原州、西吉以及海东湟水河流域，海拔1 600m以下生长良好；我国主要分布于辽宁、吉林、内蒙、河北、河南、山东、山西、陕西、甘肃、宁夏、四川、安徽等省区。本区旱柳林多为人工林，集中分布于盐池、定边、靖边、横山、榆阳等县区。

旱柳在毛乌素沙区多用来营造固沙林、农田防护林及"四旁"绿化。在流动沙丘上，旱柳多栽植于沙丘间洼地、沙丘迎风坡1/3以下及背风坡下部。多为纯林，也有旱柳与沙柳混交林，农田防护林一般为旱柳纯林，也有少数地区在主林带两边各栽植一行沙柳，或者旱柳与沙柳进行行间混交。旱柳的适应性较强，在沙土、沙壤土、壤土、黏土以及轻度以至中度盐渍化土壤上都能生长，稍耐盐碱。但以湿润的沙质壤土上生长最好，过于黏重的土壤生长不良，在贫瘠的沙质土上或轻度、中度盐碱土上生长缓慢，枝梢发黄干枯，形成小老树。

群众经营旱柳多采用高杆头木作业法。扦插后经过5～6年，在主干距地表2.5～3m处截断，待顶端萌发条生枝2～3年后，选择合适的条子定橛，5～7年落第一茬橛。顶端萌出大量枝条后，当年秋季砍去下垂枝条，使上部枝条成丛生长，促进新橛生长通直，第二年定橛，每个橛茬留2～4根，中间的橛茬留少些，使其分布均匀，每隔一年修枝一次，并砍去下部枝条；每隔5～8年落橛一次，循环培育；通常在对液停止流动期间砍橛。树盘养成后，每次可落橛30～50根，生长旺盛的大树，一次可落100余条橛，对解决农村建筑用材作用显著。生长旺盛的大旱柳一株树每年的柳叶可以基本满足一只山羊冬季饲料要求，发展旱柳对解决冬季山羊饲料有很大帮助。

（7）山杏林

山杏（*Armeniaca sibirica*）耐旱、耐寒、耐瘠薄，是本区的优良荒山绿化树种和经济树种，分布于神木、府谷、佳县、米脂、榆阳、横山、靖边、定边、吴起、志丹、环县、会宁、靖远、盐池、灵武、同心、中宁、沙坡头、海原、原州、西吉等县区的丘陵沟壑区的阳坡、半阳坡，有相当面积的天然林，鄂尔多斯台地境内，陕北白于山区是集中分布区；在我国主要分布于河北、北京、辽宁、陕西、山西、河南、甘肃、宁夏、新疆等省区。生长阳坡多、阴坡少，林缘多、林内少，散生木多、成片林少。

分布在荒山或撂荒地上的山杏纯林，约占山杏人工林的80%，结构简单，属单层纯林，较稀疏，郁闭度0.4～0.6，平均高2.5～3.5m；林下草本和小灌木约30余种，主要有长芒草、艾蒿、中华委陵菜、阿尔泰狗娃花、紫菀、茵陈蒿、铁杆蒿、达乌里胡枝子、牛枝子、冷蒿、蒙古地椒、河朔荛花、杠柳、狼牙刺等，覆盖度40%～50%。

陕北白于山区山杏常与山桃、柠条组成稀疏复层林，生长于山峁顶部或山坡的上部，山杏与山桃、柠条各占 1/3。上层为山杏，山桃和柠条位居第二层，草本和小灌木居第三层，主要有长芒草、大针茅、冷蒿、大委陵菜、阿尔泰狗娃花、紫菀、茵陈蒿、蒙古蒿、达乌里胡枝子、牛枝子、细叶石头花、蒙古地椒、河朔荛花、地构叶、细叶韭、北方獐芽菜、黄耆等，覆盖度 30%~50%。对林分如果山杏比例提高，达到 50% 以上，将导致柠条、山桃逐渐退出群落，演替为山杏纯林。

对山杏林整体而言，立地条件恶劣，多为干旱瘠薄撂荒地，坡度 15°~30°，山杏林具有重要的水土保持作用。密度 1 650~2 700 株/hm² 的杏园第 4 年产鲜杏 3 000~4 500kg/hm²；如果缺乏必要的抚育和疏伐，约 1/4~1/3 将会形成植株，成为小老树，30 年后逐渐衰退，50 年逐步衰老枯死。

栽培的山杏林一般 4~5 年开始结实，立地条件差的需 6~7 年。由于雌蕊退化和生理落果，山杏的坐果率低，但因其花量很大，正常情况下结实量仍然很可观。不同林分的结实差异颇大，林粮间作山杏林结实量最高，长芒草山杏林次之，狼牙刺山杏林最少。山杏花期早，易受晚霜为害，造成减产。一般花期或幼果期，气温降至 4℃ 以下时，受冻严重，即使是采取熏烟措施，防霜效果亦不理想。山杏结实大小年明显，一般有大年、平年、小年之分。

(8) 杜梨林

杜梨（*Pyrus betulaefolia*）适应性强，喜光、耐寒、耐旱、耐涝、耐瘠薄，是北方干旱半干旱地区的重要造林树种，国内广泛分布于华北、西北、长江中下游流域及东北南部地区；本区仅见于吴起、志丹，主要生长于黄土丘陵沟壑区的梁顶部、山峁顶部。

杜梨在中性土、盐碱土中性土、盐碱土中均能正常生长，在含盐量 0.4%，pH8.5 的土壤上也可正常生长。杜梨不仅可用作防护林、用材林、水土保持林，还可用于街道庭院及公园的绿化，是干旱半干旱地区值得推广的好树种。

杜梨林多为荒山荒坡人工林。在吴起中部的造林密度为 150~300 株/hm²，30 年生株高 5~6m，胸径 15~20cm，生长旺盛；在铁边城林场，同样是人工林，密度为 900~1 350 株/hm²，30 年林分平均树高 3~4m，胸径 5~8cm。林下草本植物主要有长芒草、茵陈蒿、益母草、艾蒿、茭蒿、委陵菜、阿尔泰狗娃花、紫菀、茵陈蒿、达乌里胡枝子、牛枝子、冷蒿、蒙古地椒、杠柳、细叶韭等，覆盖度 30%~40%。

4.2.2 灌 木 林

(1) 山桃林

山桃（*Amygdalus davidiana*，*Prunus davidiana*）耐寒、耐旱、耐瘠薄，是干旱半干旱地区主要荒山荒坡优良造林树种。分布于我国的辽宁、内蒙古、北京、天津、河北、黄河流域及新疆等地；本区分布于神木、府谷、佳县、米脂、榆阳、横山、靖边、定边、吴起、志丹、环县、盐池、灵武、同心、海原、原州、西吉等县区；垂直分布于海拔 1 800m 以下；

陕北白于山区是山桃的集中分布区。

山桃适应性强，主要分布于暖温带落叶阔叶林带，天然植被覆盖较高。年平均气温 7～10℃，≥10℃积温2 800℃～3 500℃，年均降水量400～700mm，主要集中在7、8、9三个月，无霜期150～220d，在极端最低气温−25℃以上的黄土丘陵沟壑区均可正常生长。地貌为黄土高原和丘陵沟壑，地带性土壤为普通褐土、粗骨性褐土、淋溶褐土、棕色森林土、黑垆土、黄绵土等，土层较深厚。

山桃是旱生灌丛中相对稳定类型，随着灌丛向草原化演替或向阔叶混交林发展，其数量都相应减少。由于山桃是阳性树种，郁闭度增加以后，山桃逐渐从林内退居林缘，郁闭度达0.6以上的阔叶林，山桃已罕见。灌丛受人为破坏后，山桃衰退为散生灌木或矮灌木，并由山坡腹地退居崖边、沟畔。因有很强的萌芽能力，树叶不怕牛羊啃食，所以演替过程比较稳定，消失速度比较缓慢，在许多低位山区农耕地的崖边、沟畔，山桃仍能顽强的生存。

山桃林有纯林，有与山杏、锦鸡儿混交林。山桃萌芽能力很强，所见皆为丛生。天然生长的平均有萌芽条10～20根，成年山桃平茬后当年萌芽条可长到1.5m左右。山桃的生长量以林缘为最大，疏林地次之。年平均树高生长量为0.23～0.75m，而胸径生长量为0.16～0.41cm；人工林平茬后5年，平均高2.6m，根径3.16cm。

山桃用作大面积荒山造林时，多采用秋季播种造林，每公顷3 000～4 500穴，每穴点种3～5粒，出苗后每年松土锄草1～2次；成林后保存1 500～2 250株/hm²密度，每2～3年抚育一次，每8～10年平茬一次，以促进更新复壮。

（2）沙棘林

沙棘（*Hippophae rhamnoides*）又名酸刺、黄酸刺、圪针、醋柳等，沙棘林为单优势群落，是河谷阶地、丘陵沟壑区常见的落叶阔叶灌木林。分布于我国东北、内蒙古、黄河流域的山西、陕西、甘肃、宁夏、青海，以及四川、云南、西藏等省区，垂直分布于海拔1 000～4 000m处；本区分布于横山、靖边、定边、志丹、吴起、环县、会宁、榆中、盐池、同心、原州、海原等县区。吴起金佛坪有一株胸径12cm，高10m的大沙棘，堪称黄土高原沙棘之最。

沙棘喜光，对气候和土壤要求不严，既耐干旱、水湿、盐碱和高温，又抗风沙，无论阳坡、阴坡、沙土、壤土、盐碱地、沙丘间洼地和冲刷沟底均能生长。本区沙棘林大多为纯林，在区内南部黄土沟壑区常与紫穗槐、柠条混交，在北部毛乌素沙地常与蒙古岩黄耆、沙柳组成人工混交林。沙棘林高一般1.5～3m，沙棘占绝对优势地位，伴生灌木有柠条、紫穗槐、蕤核等；南部草本半灌木层高10～50cm，主要有白羊草、铁杆蒿、茭蒿、蒙古蒿、紫菀、牛枝子、达乌里胡枝子、冷蒿、翠雀、赖草、黄耆、草木樨、白草、大委陵菜、二裂委陵菜、茵陈蒿、青蒿、阿尔泰紫菀、风毛菊、大针茅、长芒草等，覆盖度30%～50%；北部草本半灌木层高10～30cm，主要有白羊草、牛枝子、达乌里胡枝子、冷蒿、华北白前、蓼子朴、赖草、白草、沙蒿、二裂委陵菜、蒙古虫实、薄翅猪毛菜、知母、沙蓬、沙竹、沙芦草等，覆盖度20%～40%。

（3）柠条林

柠条林为旱生落叶阔叶灌木林，广泛分布于我国东北、华北及西北地区，是半荒漠、荒漠草原、干旱草原的重要灌木林之一，在森林草原的干旱陡坡上也常居优势地位。本区主要分布于府谷、神木、榆阳、佳县、米脂、横山、靖边、志丹、吴起、定边、环县、靖远、会宁、盐池、灵武、同心、原州、中宁、沙坡头、海原等县区，以及青海海东湟水河流域，现存的多为人工植被，青海海东的锦鸡儿引种于陕北地区。在分布区内，主要分布于固定沙地、覆沙丘陵、黄土丘陵地区。

柠条（*Caragana korshinskii*）系锦鸡儿属的一种小灌木，但是在陕北则常泛指当地生长的几种锦鸡儿植物，主要包括小叶锦鸡儿、柠条、矮锦鸡儿丛、甘蒙锦鸡儿、延安锦鸡儿、中间锦鸡儿等六种。

柠条锦鸡儿林　柠条锦鸡儿（*Caragana korshinskii*）为沙地旱生灌木，在陕北沙地上分布较为普遍，长城以南的森林草原区多为人工种植，在自然条件下群落稀疏，覆盖度较低，一般高 4～5m，是锦鸡儿属较高的一种。主要组成有中宁枸杞（*Lycium barbarum*）、茵陈蒿、茭蒿、蒙古蒿、林地早熟禾（*Poa nemoralis*）、长芒草、达乌里胡枝子、丛生隐子草、茜草、沙芦草（*Agropyron mongolicum*）、大叶委陵菜（*Potentilla nudicaulis*）、多裂委陵菜（*Potentilla multifida*）、细叶鸢尾；人工种植的柠条锦鸡儿林中常有芦苇、草地早熟禾（*Poa prateasis*）、细叶早熟禾（*Poa angustifolia*）、鹅冠草（*Agropyron swemicostum*）、披针黄花（*Thermopsis lanceolata*）等中生植物。

延安锦鸡儿林　延安锦鸡儿（*Caragana purdomii*）为喜温的中旱生灌木，主要分布于延安的吴起、志丹、安塞北部的黄土丘陵地带，灌木层高 1.5～2.5m。组成群落的主要植物种有延安锦鸡儿、柠条锦鸡儿、沙棘、柳叶鼠李（*Rhamnus erythroxylon*）、宁夏枸杞（*Lycium turcomanicum*）、小檗等；草本半灌木为旱中生的蒙古蒿、茭蒿、铁杆蒿、冷蒿、紫菀、华北丁香、火绒草、长芒草等。

甘蒙锦鸡儿林　甘蒙锦鸡儿（*Caragana opulens*）为喜温的中旱生灌木，主要分布于黄河狭谷地带。组成群落的植物种主要有三裂绣线菊（*Spiraea trilobata*）、河朔荛花（*Wikstroemia chamaedaphne*）、小檗等；草本半灌木为旱中生灌木、茭蒿、铁杆蒿、糙隐子草、火绒草、洽草、篷子菜等。

小叶锦鸡儿林　小叶锦鸡儿（*Caragana microphylla*）是典型的草原旱生小灌木，在陕北草原及森林草原地带分布普遍，阴坡、阳坡及受到严重侵蚀的干旱陡坡，以及基岩出露的风蚀梁坡上均有生长，固定及半固定沙区也有分布。与小叶锦鸡儿混生的灌木有蕤核、沙棘、麻黄及其他柠条种类；组成灌丛的其他草本及半灌木有长芒草、冷蒿、铁杆蒿、白羊草、茵陈蒿、艾蒿、紫菀、百里香（*Thymus mongolicus*）、达乌里胡枝子、地枸菊等；北部沙地灌丛主要有黑沙蒿、牛心朴、杠柳、沙蓬（*Agriophyllum* spp.）、猪毛菜（*Salsola eollina*）等。

矮锦鸡儿林　矮锦鸡儿（*Caragana pygmaea*）为荒漠草原旱生灌木，主要分布于白于山北部的吴起、定边梁（峁）顶部，以及神木、府谷一带，但多呈零星小片状分布，面积不大。株高一般 30～40cm，多匍匐地面，根系极发达。组成种类主要有百里香、大针矛（*Stipa grandis*）、冷蒿、长芒草、茭蒿、蒙古蒿、紫菀、知母（*Anemarrhena asphodeloides*）、扁穗鹅冠草（*Agropyron* sp.）、糙隐子草、丛生隐子草（*Cleistogenes caespitosa*）、细叶远志（*Polygala tenuifolia*）、骆驼蓬（*Peganum harmala*）等。

中间锦鸡儿林　中间锦鸡儿 (*Caragana intermedia*) 属于小灌木，一般高 70 ~ 200cm，分枝多，为草原带和荒漠草原带沙生旱生灌丛，本区主要分布于陕北长城沿线各县区和银南地区，海拔 1 000 ~ 1 500m，年均降水量 200 ~ 400mm，年均气温 7 ~ 8℃。中间锦鸡儿适生于沙地、梁峁地、覆沙黄土地、黄土丘陵地，为深根性树种，4 年生主根深达 4.1m，侧根很发达，抗旱耐寒耐瘠薄。在水分过多或地下水位高的地方，生长发育不良。中间锦鸡儿在宁夏平均高 70 ~ 80cm，最高达 150cm，覆盖度 30% ~ 40%；常见伴生植物有蒙古冰草 (*Agropyron mongolicum*)、白草、二色补血草 (*Limonium bicolor*) 等，在放牧强度较大的地段，灌丛间常出现狗尾草 (*Setaira viridis*)、黄蒿 (*Artemisia scoparia*)、鹤虱 (*Lappula echinata*) 等牧场杂草；在沙地半流动的沙丘则出现油蒿 (*Artemisia ordosica*)、沙竹 (*Psammochloa mongolica*)、沙米 (*Agrlophyilum squarrosum*) 等典型沙生植物成分；在陕西的白于山区，平均高 100 ~ 150cm，最高达 200cm，覆盖度 40% ~ 50%；常见伴生植物有百里香、大针矛、冷蒿、长芒草、蒙古蒿、紫菀、知母、扁穗鹅冠草 (*Agropyron* sp.)、丛生隐子草 (*Cleistogenes caespitosa*)、远志、地枸叶、赖草、白草、蚓果芥，在山梁顶部可见矮锦鸡儿出现在林缘。中间锦鸡儿生长比较缓慢，人工栽培条件下，成活率达 80% 以上，生长优良。在天然条件下比较稳定，过牧和樵采使得中间锦鸡儿灌丛趋于衰退，逐步向以油蒿为主的群落演替。

这六种锦鸡儿林具有共同的特点，均要求充分的光照、热量和一定的通风条件，在其他树种遮荫下生长不良，且极耐干旱和瘠薄土壤，在极端干旱的固定沙丘上，土壤含水下降到 0.36% ~ 1.06%，仍可正常生长。无论是在黄土丘陵侵蚀严重的沟坡上，还是在岩石裸露的陡坡及红土坡上，均可生长，但土壤过于黏重时生长不良。

柠条灌丛比较稀疏，丛高 0.5 ~ 2m，有的达 4m 以上，覆盖度一般在 30% ~ 50%，立地条件较好、人工种植的柠条林，覆盖度可达 70% 以上。其在固定流沙和控制水土流失方面均起着重要作用，据绥德水保站测定，1964 年 7 月一次降雨 118.5mm，柠条灌木林的冲刷量较荒坡减少 63.1%，较农耕地减少 80.8%。

柠条经济价值较高，是很好的绿肥、饲料和燃料。柠条的茎、叶含 N、P 和 K 分别为 2.9%、0.55% 和 1.43%，500kg 干茎叶相当于硫酸铵 73kg、过磷酸钙 13.7kg、硫酸钾 14.3kg，可以直接压青；作为底肥，旱田则需堆沤腐熟才能使用；柠条的枝、叶、花、果，羊都爱吃，是冬春、雨季羊的重要饲料；种子是大家畜的精饲料；柠条种子出油率 13%，可作入润滑及照明用油；柠条皮内含油脂，是上等燃料，每公顷可获得干柴 6 000 ~ 9 750kg，每户有柠条 1 ~ 1.5hm²，烧柴可自给有余。

应该加强对现有柠条灌丛的科学保护和合理利用，大力营造柠条人工林，雨季抢墒直播。柠条造林后，第 3 年高度达 30cm 以上时，可进行第一次平茬；以后，黄土区每隔 3 ~ 4 年、沙区每隔 5 ~ 6 年平茬一次。长期不平茬，枝条发黑，生长不旺盛。平茬时间以冬季地冻时为宜。作为采种用的柠条林，应每隔 8 ~ 9 年平茬一次，严禁放牧。

(4) 文冠果林

文冠果 (*Xanthoceras sorbifolia*) 亦称崖木瓜，落叶小乔木，是我国北方特有的木本油料树种，是重要的生物能源树种。我国文冠果天然分布于北纬 32°~ 46°、东经

100°～127°之间，南自安徽萧县黄芷峪及河南南部，北到辽宁西部和吉林西南部，东至山东，西至甘肃、宁夏；集中分布于陕西延安、山西蒲县、河北琢鹿、内蒙古昭乌达盟等地，垂直分布于海拔 400～1 400m 的山地和丘陵地带。本区的吴起、志丹、会宁、海原、原州等县区都有小面积的人工林；在府谷、神木、榆阳、靖边、定边等地也有天然零星分布。文冠果为深根性树种，根系发达，根幅大，主根明显，垂直向下，深入土壤下层。在梁峁顶部、山坡、谷地均可生长，对土壤要求不高。

本区文冠果林有以下两种类型。

梁峁荒地文冠果林　这些林分是 20 世纪 60 年代营造的文冠果人工林，立地条件相对较优越，一般都进行抚育管理，生长结实比较好。在吴起，文冠果与山桃、山杏、沙棘、互叶醉鱼草、蕤核、中麻黄等伴生；草本植物有茵陈蒿、蒙古蒿、茭蒿、风毛菊、白头翁、长芒草、大针茅、紫苑、角茴香、地梢瓜、山苦荬、包茎苦荬菜等。该县文冠果人工林株行距为 3m×4m，一般行沿等高线定植，成林株高 2.5～3.5m。

地坎崖畔文冠果林　此类文冠果林主要生长在梯田、地坎、崖畔和沟整地带，由于采樵和耕作的破坏，面积很小，在吴起新寨、吴仓堡、吴起镇、庙沟皆见到这种林，多是天然林。

文冠果在吴起 4 月下旬萌芽，5 月上中旬顶端花芽开放，6 月份新梢生长高峰期，6 月上旬至下旬封顶停止生长，新梢长 15～30cm，最长 60cm，少数顶芽在立地条件好时，从 7 月中下旬开始抽生 5～20cm 的秋梢，8 月中旬停止生长，新梢加粗生长持续到 10 月上旬，10 中旬开始落叶，10 月下旬落叶结束，生长期近 180 天。

文冠果一般栽植后 3～5 年开始挂果，以后随年龄增加，种子产量也逐年增加。孤立木能提早进入盛果期，盛果期单株产量可达 5～10kg。从本区现有文冠果林看，缓坡、坡下位、沟谷底部平坦地、梯田边缘的文冠果结实较好；阳坡半阳坡的文冠果结实较差，斜坡、陡坡、急坡的结实最差。人工管理的文冠果产量远远高于放任生长的文冠果林。文冠果虽适应性强，但要按木本油料树种栽培，必须选择立地条件较好的地方，按经济林木进行集约化经营管理。

文冠果种子含油率为 30%～36%，种仁含油率为 55%～67%，文冠果油在常温下为淡黄色、透明，蛋白质含量为 26.7%，气味芳香，芥酸含量低（2.7%～7.9%），是很好的食用油；油含碘值 125.8、双烯值 0.45，属半干性油，可用作油漆原料；热榨油皂化收率 89%，混合脂肪酸依铅盐乙醇法定量组成油酸为 57.16%、亚油酸为 36.9%、饱和酸为 5.94%，可见文冠果油是制取油酸和亚油酸的较好原料，亚油酸是治高血压的主要成分之一；此外，果皮含糖醛 12.2%，具有提取价值。

（5）狼牙刺林

狼牙刺（*Sophora davidii*）又称白刺花、苦刺、草藤叶槐，耐旱，耐瘠薄，是干旱半干旱地区干旱阳坡优良灌木树种，广布于我国的内蒙古、河北、河南、山西、甘肃、湖北、四川、云南等省区。黄土高原海拔 800～1 500m 山地均有分布生长；陕北黄土高原海拔 800～1 400m 的阳坡、半阳坡、半阴坡以及多砂和砂砾的河滩地上都可正常生长发育；狼牙刺灌丛是陕北黄土高原次生林中常见的天然落叶阔叶灌木林。本区仅见于志丹、吴起、环县等，常与荆条（*Vitex negundo* var. *heterophylla*）为建群种形成灌木群落。

狼牙刺为阳性树种，耐干旱瘠薄，对土壤要求不高。它不仅能生长在森林破坏后干旱瘠薄阳坡，甚至在土壤条件极差的黄土峭壁上，也能找到它的踪迹。狼牙刺叶细小而稀疏，在天气过度干旱时，会自动落掉一部分小叶，以减少水分蒸腾。

狼牙刺灌丛，一般高 100 ～ 150cm，群落外貌不整齐，夏季呈一片灰绿色，覆盖度30% ～ 50%，优越生境可达 50%以上。其他混生灌木有荆条、细叶鼠李、山桃、黄蔷薇、灌木铁线莲（*Clematisu fruticosa*）、柔毛绣线菊、扁核木（*Prinsepia uniflora*）、文冠果、酸枣等；草本半灌木层优势种有白羊草、茭蒿、铁杆蒿、蒙古蒿、白头翁、地肤等，还有达乌里胡枝子、牛枝子、薹草、委陵菜、多裂委陵菜、赖草、莎草、祁州漏芦、荩草（*Arthraxon hispidus*）、阿尔泰紫菀、长芒草等，一般高度 10 ～ 40cm，覆盖度 30% ～ 50%；以外，灌丛中有时混生少量沙地柏、杜梨、黄榆等乔木。

狼牙刺植株冠幅大，主根分布深，侧根发达，截流固土效能好，是优良的水土保持灌木；花白色美丽，不仅可作园林绿篱，而且花蜜和花粉丰富，是 5 ～ 6月份很好的蜜源植物；狼牙刺萌芽力强，平茬后生长旺盛，萌生新枝多，枝条耐火力强，适宜营造薪炭林；具有根瘤菌，可改良土壤；嫩枝叶可作绿肥和饲料。

4.2.3　草原与草甸

（1）干草原

干草原又叫典型草原或正草原，广泛分布于黄土丘陵沟壑地区的梁峁顶、沟坡及少量覆沙的沙区黄土梁上。建群植物主要为长芒草、百里香和甘草等。干草原有以下三种类型。

长芒草（*Stipa bungeana*）草原　是本区代表性的干草原群系。由于广泛开垦，仅小面积分布在黄土梁顶部、沟坡边缘等较高的向阳环境上，以及沙区未覆沙的黄土梁上。主要土壤为黑垆土、沙黄土、淡栗钙土。长芒草草原种类组成比较简单，有种子植物十来种，其中旱生植物居多。长芒草为稳定建群成分，并常与兴安胡枝子、茵陈蒿、百里香等分别构成共建种，总覆盖度 30%左右。长芒草为一种较好的牧草。

百里香（*Thymus mongolicus*）草原　主要分布在梁峁顶部。这里气候较凉，表土风蚀较强，土壤为黄绵土或黄沙土。以百里香加冷蒿群落为其主要类型，共建种为百里香、冷蒿。群落中起优势作用的还有长芒草、胡枝子等，总覆盖度 30%左右。百里香为芳香油植物，据说羊吃了之后，肉有香味。

甘草（*Glycyrrhiza uralensis*）草原　大多分布在低缓的黄土梁地上。土壤为沙黄土或黑垆土，富含钙质。常见植物约 10 种，伴生长芒草、胡枝子、白草、柠条等，以多年生杂类草为主，总覆盖度 40% ～ 60%。甘草是药用植物，也是很好的牧草。

（2）草甸草原

草甸草原主要分布于南华山、西华山、月亮山、大小罗山、沙坡头的香山、崛吴山等灰褐土区，植被呈不同程度的垂直分布，由干草原向草甸草原、中生草甸、中生灌丛森林植被类型过渡。草层高 30 ~ 40cm，覆盖度 70% ~ 90%，代表植物有异穗苔、铁杆蒿、甘青针茅、本氏针茅、东方草莓、火绒草、狼毒、鹅冠草、百里香、珠芽蓼、驴耳风毛菊、毛茛、紫花地丁及蕨类等。多是退耕还林后或移民搬迁后封山育草所形成的干草原，海原南华山南坡的干草原就是范例，一般都分布于干旱阳坡、半阳坡。形成稳定的草原植被还需要很长的演替过程，需继续强化封育措施，促进草原良性发展。

（3）人工草原

紫花苜蓿（*Medicago sativa*）是本区广泛推广应用的优良牧草，尤其是陕北广大地区。有两种方式种植，一种模式是在退耕地上种植紫花苜蓿，一般保护到位，5 年生物量可达到峰值。除紫花苜蓿外，还有紫菀、山苦荬、抱茎苦荬菜、蚓果芥、风毛菊、赖草、白草、丛生隐子草、蒙古蒿、长芒草等植物。覆盖度达 70% ~ 80% 以上，平坡可达 90%。这种模式主要在陕西北部被广泛应用。另一种模式是间作，在银南、陇中高原缓坡地沿等高线水平沟整地，水平沟深、宽各为 100cm，沟内沿沟壁定植两行乔、灌木；甘肃会宁一行定植柠条，另一行定植山桃或山杏，两水平沟宽度约 6m，种植紫花苜蓿；海原、原州水平沟内一行定植柠条，另一行为青海云杉或山桃，另一行为青海云杉与柠条相互间隔定植，两条水平沟之间宽带种植紫花苜蓿。这种模式兼顾农牧，而且水土保持效果非常好。

沙打旺（*Astragalus adsurgens*）又称直立黄耆、麻豆秧等，在毛乌素沙地和长城以南的黄土丘陵沟壑区广泛栽培，飞播造林和人工造林并存。沙打旺产量高，效益显著，主要有两种用途，一是做牧草，养殖家畜或山羊；二是作为绿肥压青肥地，改良土壤。由于沙打旺寿命较短，种植面积较小，在毛乌素沙滩地常作为绿肥，种植面积较南部的黄土丘陵沟壑区为多。

4.3　石质山地植被

本区的石质山地主要指同心的大罗山和小罗山，海原的南华山、西华山、月亮山，中宁的天景山和米钵山，中卫的香山，甘肃靖远、平川境内的崛吴山、黄家洼山，靖远哈思山，会宁的铁木山，永登的仁寿山等，以及青海湟水河流域的低位山区。石质山地植被分为两种类型，其一为森林草原植被，如大小罗山、南华山、崛吴山、哈思山等，阳坡为典型草原，阴坡为森林植被；其二为灌木草原植被，如西华山、米钵山、香山、黄家洼山、铁木山等，阳坡为典型草原或半荒漠草原，阴坡多为灌木草原。本区主要植被有 7 种乔、灌木类型。

4.3.1　乔　木　林

（1）华北落叶松林

华北落叶松（*Larix principis-rupprechtii*）林在本区为引种树种，分布于宁夏同心的罗山、南华山和甘肃大通河下游连城等；天然分布于山西管涔山、关帝山、五台山、恒山、太岳山、河北围场、雾灵山、北京百花山等地，海拔 1 600 ～ 2 600m 范围内。近些年，河北、北京、内蒙古、辽宁、陕西、甘肃、宁夏、新疆等省区（市）也有引种栽植。

华北落叶松为喜光树种，抗逆性强。一般分布在阴坡，但阳坡也有分布，干形通直，材质坚硬，出材率高，抗压、耐水湿，生长较快，造林成活率高。华北落叶松天然林分布于海拔 1 600 ～ 2 600m 处，常见的为纯林，有时与云杉、桦木、山杨等组成混交林，它往往是原生林型；天然林中稀有与油松、栎类等混交。

华北落叶松林密度较大，形成单一的同龄人工纯林，几乎没有混生其他树种。海原南华山灵光寺的华北落叶松林林分高 8 ～ 10m，胸径 10 ～ 14cm，结实良好；郁闭度 0.6 ～ 0.9。灌木层植物稀少，主要有葱皮忍冬、黄蔷薇、高山绣线菊，林缘还有白榆、山桃、沙棘、扁刺蔷薇等；草本层以薹草为主，还有贝加尔唐松草、落叶委陵菜、冬鹤草等；林下枯枝落叶积累丰富，分解缓慢。林分自然更新较差或无法自然更新。

华北落叶松寿命长、抗性强、生长快，树干通直，材质好、耐腐朽，是建筑、桥梁、车船、电杆、矿柱等的优良用材；树皮含单宁，树干含松脂，均可提炼；树势高大挺拔，冠形整齐美观，根系发达，抗烟能力强，是良好的防护林和风景林树种。

（2）青海云杉林

青海云杉（*Picea crassifolia*）林本区主要分布于甘肃的哈思山、冷龙岭等祁连山地东端低位山区，宁夏的大小罗山、鹿寿山，青海湟水河流域的拉脊山、达阪山低位山区的阴坡、半阴坡，一般分布海拔在 2 300 ～ 3 100m 处；无论是宁夏，还是甘肃、青海的云杉林，天然更新良好。

宁夏的青海云杉林以纯林为主，多为复层异龄林，乔木优势种仅青海云杉一种，林龄为 IV 级，郁闭度 0.6 ～ 0.8，生产力较低，地位级 IV ～ V。当青海云杉林遭到破坏后，林中空地常有山杨入侵，形成块状混交；灌木层中优势种有蓝果忍冬、鬼箭锦鸡儿、高山柳、细梗栒子、沙地柏等，其次有金露梅、小叶忍冬、宽翅峨眉蔷薇（*Rosa omeiensis* f. *pteracantha*）、绣线菊、狭叶锦鸡儿等，覆盖度 50% ～ 70%；草本植物层优势种为大披针薹草（*Carex lanceolata*）、紫菀（*Aster altaicus*）、蒿类、唐松草（*Thalictrum petaloideum*）、淫羊霍等，覆盖度 60% 左右。

青海云杉林多为同龄单层纯林，乔木层建群种青海云杉具有明显优势，伴生有祁连圆柏、山杨、白桦、红桦、青杆等，互为优势种，海拔不超过 3 000m。由于气候较干燥，林分稀疏，灌木发育良好，优势种有甘青锦鸡儿（*Caragana tangutica*）、毛叶栒子（*Cotoneaster submultiflorus*）、灰栒子（*Cotoneaster acutifilius*）、银露梅、红脉忍冬、陇塞忍冬、刚毛悬钩子（*Rubus idaeus* var. *strigosus*）等，沟谷地带也有着沙棘和毛叶小檗（*Berberis brachypoda*）灌丛发育，林缘处栒子属、蔷薇属、花揪属和鼠李属的种类与数量也都增多；草本植物优势种有珠芽蓼、金翼黄耆、高山黄华（*Thermopsis alpina*）、藓生马先蒿（*Pedicularis muscicola*）、薹草等，其他常见伴生种有锐果鸢尾（*Iris goniocarpa*）、紫花碎米荠、唐松草、小缬草（*Valeriana tangutica*）、欧氏马先蒿（*P. oederi* var. *sinensis*）等。

青海云杉林下的土壤主要为山地中性灰褐土，林下表层常有 1 ～ 2cm 厚的苔藓层，其下为 30cm 的有机质层，呈浅黑色，具良好的粒状结构，有机质含量中等；有机质层下为棕色或棕褐色的土层，棱状块结构，$CaCO_3$ 含量≤1%，全剖面呈中性反应，pH7，为盐基饱和土。中性灰褐土的质地与母岩有关，母岩主要有页岩、千枚岩、绿色硬砂岩、结晶岩、红紫色砂岩、夹煤岩等；发育于石灰性页岩风化物的中性灰褐土，质地较黏重，多为重壤土；发育在砂岩风化物的中性灰褐土，多为轻壤或中壤土。

本区青海云杉林可划分为草类青海云杉林、鬼箭锦鸡儿青海云杉林、沙地柏青海云杉林三种林型。

草类青海云杉林　分布于祁连山北坡海拔 2 700m 以下的阴坡、半阴坡、河滩地及半阳坡，坡度 20°～35°。一般地形较破碎，草地和森林交错带状分布，面积较小，不太稳定。壤土，结持力紧密，腐败质含量低，土壤水分不足，生产力较低，疏密度 0.4～0.5，地位级Ⅳ～Ⅴ。林下灌木团状分布，高度 0.8～1m，种类为鬼箭锦鸡儿、金露梅、忍冬和茶藨子等，覆盖度 30%左右，草本层薹草占优势，其次是马先蒿、蓼、棘豆和紫菀，覆盖度达 60%；藓类覆盖度约 30%，以山羽藓和欧灰藓为主。

鬼箭锦鸡儿青海云杉林　分布于罗山中上部的阴坡及半阴坡，海拔 2 400～3 000m 的范围，集中分布于 2 600～2 900m 处，林分郁闭度 0.7，更新较差。林下灌木稀疏，覆盖度 10%～15%，主要种类为鬼箭锦鸡儿，其次有蓝果忍冬、金露梅、银露梅等；草本植物主要有薹草类、紫菀、蒿类、唐松草、淫羊藿，以及苔藓植物等，覆盖度 40%～60%。

沙地柏青海云杉林　分布于罗山之中上部的海拔 2 400～2 800m 处，乔木层以青海云杉占绝对优势，混生少量的油松、山杨，郁闭度 0.6～0.7，地位级Ⅲ～Ⅳ，林分高 7～10m，平均胸径 15.4cm，密度 1 025 株/hm²，林下更新较好，但幼苗较少。林下灌木沙地柏占优势，还分布有银露梅、小叶忍冬、灰栒子等，覆盖度约 40%；草本植物有薹草类、淫羊藿、野薄荷（*Mentka* sp.）、蒿属等，覆盖度约 50%。

（3）油松林

油松（*Pinus tabuliformis*）是我国特有树种，为华北地区的代表性针叶树种。油松林是暖温带针叶阔叶林区域的地带性植被，不仅分布于暖温带落叶阔叶林带，而且分布于温带草原、北亚热带常绿落叶阔叶混交林、青藏高原东部山地寒温性针叶林 3 个植被带的山地垂直带中；本区属于温带草原，是我国油松分布的西北边缘；油松林天然分布于府谷（海拔 1 000～1 600m）、哈思山（2 200～2 700m）、罗山（2 080～2 300m）、南华山（2 000～2 400m）、青海湟水流域东部的下北山（2 000～2 600m），其他地区均系人工林。

该区油松林植被区系以北温带成分为主，兼有华北、西北和青藏高原成分。油松林多系单层同龄林，多为中幼龄纯林，主要混交树种有白桦、山杨、杜松等。林分郁闭度常因立地而异，如分布于阴坡、坡麓及沟谷而受人为干扰，林分郁闭度 0.6～0.7；而生长于悬岩峭壁及岩石裸露的土层浅薄的地段，郁闭度仅 0.2～0.3，平均高 4～5m，平均胸径 10cm 左右，地位级Ⅳ～Ⅴ。灌木层由虎榛子、水栒子、小檗、灰栒子、甘青锦鸡儿、小叶锦鸡儿、蒙古荚蒾、黑果栒子（*Cotoneaster melanocarpus*）、毛药忍冬（*Lonicera serreana*）、小叶忍冬（*Lonicera microphylla*）、冰川茶藨子（*Ribes glaciale*）、柔毛绣线菊等组成，高度 1～2m，覆盖度 40%～60%；草本层主要有薹草（*C.* spp.）、野菊、大火草、紫菀、玉竹、光叶黄花、细裂叶莲蒿（*A. gmelinii*）、乳白香青、北柴胡及狼针茅（*S. baicalensis*）等植物，高度 30 ~ 60cm，覆盖度 30% ~ 60%。由于生境条件较差，油松林各层次组成种类较少，结构简单，长势较弱，总体上宁夏油松林群落较青海的简单。林下土壤，宁夏主要为普通灰褐土和碳酸盐灰褐土，甘肃哈思山为山地灰褐土，而青海则为淋溶山地褐色土，土层厚度 90cm 左右，成土母岩为石英岩、砂岩、石灰岩、页岩、黄土、次生黄土等，土壤母质或岩石常裸露于地表；土层薄而干燥，土壤呈碱性，pH8 ~ 9。本区油松林主要有以下五种类型。

山杨油松林　主要分布于宁夏罗山和青海湟水河流域东部下北山，伴生有白桦、山杨等，郁闭度 0.6 ~ 0.7，地位级Ⅲ~Ⅳ或Ⅳ~Ⅴ，林分油松平均高 4.6m、胸径 10.1cm，山杨林平均高 4.5m、胸径 8.6cm。林下灌木宁夏罗山仅有少量小叶忍冬、蒙古荚蒾、银露梅、黑果栒子等，覆盖度 20% ~ 40%；青海下北山为虎榛子、水栒子、小檗、陇塞忍冬、甘青锦鸡儿、美丽蔷薇等；草本植物宁夏主要有薹草、淫羊藿（*Epimedium grandiflorum*）、菊科植物蒿属居多，覆盖度 30% ~ 50%；青海主要有薹草（*Carex* spp.）、野菊、大火草、紫菀、光叶黄花、细裂叶莲蒿、乳白香青、秋唐松草、小红菊及禾本科杂草，覆盖度 40% ~ 60%。山杨油松林分布于阳坡及半阳坡，土壤有山地灰褐土、粗骨土和山地褐色针叶林土。林地一般干燥，枯落物分解不良，给天然更新带来一定困难。在阳坡沟谷底部、坡麓地带水分条件较好的地方，山杨生长较好，林下油松更新也良好。

虎榛子油松林　主要分布于甘肃哈思山（海拔 2 200 ~ 2 400m），是油松山杨林的分布下限和耐旱乔灌木层上限的交接带，多分布于半阴坡、山麓，油松多呈纯林，分布上限常伴生少量的山杨、白桦和青海云杉等，郁闭度 0.4 ~ 0.7。林下灌木层虎榛子（*Ostryopsis davidiana*）占优势，还散生着多花栒子（*Cotoneaster multiflorus*）、灰栒子、三裂绣线菊（*Spiraea trilobata*）、花楸（*Sorbus pohuashanensis*）、尾萼蔷薇（*Rosa caudata*）、小叶鼠李（*Rhamnus parvifolia*）、长刺茶藨子（*Ribes alpestre*）、红药忍冬、陇塞忍冬、华北紫丁香、小檗、川青锦鸡儿（*Caragana tibetica*）等，高 1 ~ 1.5m，覆盖度 40% ~ 60%；草本主要由薹草、珠芽蓼、升麻、冰草、少量的大灰藓（*Hypnum plumaeforme*）等组成，覆盖度≤20%。

苔藓油松林　仅分布于甘肃哈思山和太子山海拔 2 300 ~ 2 700m 的阴坡、半阴坡，林下具有发育良好的苔藓层，林分伴生少量的云杉、青杆、山杨、白桦，林龄 40 ~ 150 年，郁闭度 0.4 ~ 0.9，Ⅱ龄级林分密度 3 200 ~ 3 800 株 /hm^2，Ⅳ龄级 1 100 ~ 1 600 株 /hm^2。灌木层主要有多花栒子、灰栒子、虎榛子、甘肃荚蒾（*Viburmum kansuense*）、四蕊槭（*Acer tetramerum*）、峨嵋蔷薇、萼尾蔷薇、小叶鼠李、甘肃山楂（*Crataegus kansuensis*）、华北紫丁香、鲜黄小檗、矮卫矛（*Euonymus nanus*）等，高度 0.3 ~ 1.5m，覆盖度 20% ~ 40%；草本主要有披针薹草、早熟禾（*Poa annua*）、三褶脉紫菀（*Aster ageratoides*）、山麦冬（*Liriope spicata*）等，覆盖度 30% ~ 40%；苔藓层发育良好，大灰藓（*Hypnum plumaeforme*）为优势种，伴有羽藓、地衣生长，覆盖度 60% ~ 80%。

甘青锦鸡儿油松林　仅分布于永登大通河下游以及皋兰的仁寿山、昌岭山海拔 2 000 ~ 2 600m 的阴坡、半阴坡中下部，多为单层同龄林，伴生少量的山杨，林分郁闭度 0.8 ~ 1。灌木层主要有甘青锦鸡儿、银露梅、灰栒子、卫矛、小叶忍冬、冰川茶藨、虎榛子、矮卫矛（*Euonymus nanus*）等，覆盖度 40%；草本主要有披针薹草、高山黄花（*Thermopsis* alpine）、三褶脉紫菀、直梗唐松草（*Thalictrum alpinus* var. *elatum*）、菊科蒿类等，覆盖度约40%；苔藓层不发达，覆盖度在10%左右，团状分布。

油松人工林　在本区的石质山的阴坡或阳坡上部自然环境条件较好，已经有营造的油松人工林，如海原南华山北麓和南坡的灵光寺、罗山、哈思山、崛吴山，会宁铁木山等，均有小片纯林，生长较好，树高4～8m，胸径8～12cm，郁闭度0.4～0.7，但立地条件较差，林分密度较高者呈"小老头"树。

（4）山杨林

山杨（*Populus davidiana*）是温带和暖温带地区的适生树种，山杨林在本区分布于甘肃哈思山和崛吴山（海拔2 000～2 600m）、祁连山东段的大通河下游山地和昌岭山区的阴坡和半阴坡（海拔2 100～2 600m）、宁夏罗山（海拔2 000～2 400m）、青海湟水流域的半阴坡、半阳坡（民和、乐都、互助等）。在我国分布于东北、内蒙古、华北、西北和西南青藏高原东缘高山地区。

山杨林大多为纯林，也有与辽东栎、白桦、红桦、油松、青海云杉或祁连圆柏混交或互相伴生，但面积均不大。山杨林植被层组成较复杂，常见有柳、樱、沙棘、小檗、忍冬、卫矛、胡枝子、山楂、金露梅、鹅耳枥、千金榆、茶藨子、黄蔷薇、野蔷薇、毛榛子、珍珠梅、栒子、绣线菊、青兰、点地梅、短花针茅、针茅、蒿类、拂子茅、短柄草、龙牙草、升麻、茜草、唐松草、铁线莲、鼠李、悬钩子、银莲花、紫菀、毛莲菜、鹅冠草、风毛菊、珍珠蓼、红纹马先蒿等。林下土壤主要为山地灰褐土和碳酸盐灰褐土。山杨林在本区有虎榛子山杨林、草类山杨林、藓类山杨林和薹草山杨林四种类型。

虎榛子山杨林　主要分布于崛吴山和哈思山，大多为混交林，崛吴山亦有小片纯林，山杨占0.6～0.9，混交树种有白桦、辽东栎、青海云杉、油松等；林分较密，郁闭度0.6～0.8，生长较矮，林分高3～5m，地位级Ⅳ～Ⅴ。林下灌木中度发育，虎榛子为优势种，还有卫矛、甘肃荚蒾、甘肃山楂、水栒子、灰栒子、黄蔷薇、柳叶鼠李、三裂绣线菊、冻绿等，覆盖度30%～50%；草本层主要有东陵薹草、细叶薹草、羊胡子草、赖草、细裂莲叶蒿、杜蒿、败酱、紫菀、玉竹、狼尾花、早熟禾、针茅等，覆盖度30%～60%。林下土壤为碳酸盐褐土。

草类山杨林　主要分布于宁夏中南部黄土丘陵区（海拔1 700～2 100m）梁峁的中下部，坡度5°～20°，细黄土，地位级Ⅱ～Ⅲ。山杨生长不良，郁闭度0.3～0.4，灌木稀少，草本植物较丰富，以禾本科和菊科植物为主，也可见委陵菜、蒙古地椒、紫苑、狼毒、猫头刺等，覆盖度40%～60%；在青海湟水河流域山的中上部，坡度一般25°～35°，地位级Ⅱ～Ⅲ，常为纯林，有时伴生少量白桦或红桦，郁闭度0.4～0.7，林龄25～50年，树高10～15m，胸径10～16cm；林下灌木种类稀少，有银露梅、陇塞忍冬、直穗小檗（*Berberis dasystachya*）、水栒子、美丽蔷薇、红毛五加（*Acanthopanax giraldii*）等，高度1.5m，覆盖度15%～20%；常见草本有小颖短柄草、光叶黄花、小花风毛菊、椭圆叶花猫、乳白香青、升麻、钝裂银莲花、三褶脉紫苑等，覆盖度40%～60%。

藓类山杨林　分布于祁连山东段的连城永登、皋兰境内石质山地阴坡、半阴坡及谷底，坡度一般30°～40°，土壤为碳酸盐褐土。纯林与混交林并存，混交树种有白桦、青海云杉、红桦，林龄20～50年，郁闭度0.7～1，林高7～12m，胸径6～12cm，地位级Ⅲ～Ⅳ；

林下灌木发育较好，主要种类有银露梅、灰栒子、陕甘花楸、西北蔷薇、甘肃山楂、狭果茶藨子、甘青锦鸡儿、鲜黄小檗等，高度1.5m，覆盖度60%左右；地被植物主要为披针薹草、唐松草、猪殃殃、玉竹、卷叶黄精（*Ploygonatum cirrhifolium*）、川赤芍（*Paeonia veitchii*）等。

薹草山杨林 薹草山杨林在本区主要分布于崛吴山和哈思山，多为混交林，也有同龄林，林相较整齐，伴生树种为白桦、辽东栎、青海云杉、红桦等，林龄20～40年，郁闭度0.4～0.9，平均胸径12～16cm，地位级Ⅳ～Ⅴ。林下灌木不甚发达，有毛榛子、胡枝子、沙棘、甘肃山楂、水栒子、西北栒子、黄蔷薇、柳叶鼠李、绣线菊等，多呈团块状分布，亦有丛状分布，高度0.5～1.5m；草本层主要为薹草、细叶薹草、披针薹草、冰草、细裂莲叶蒿、淫羊藿、紫菀、唐松草、风铃草等，覆盖度40%～80%。

（5） 白桦林

白桦（*Betula platyphylla*）是一个喜光树种，耐寒性强，适应强，生长快，分布广，可生长于不同坡向的山地。白桦林是广泛分布的次生森林群落，天然更新良好，不论在采伐迹地还是火烧迹地常发育形成纯林，或与其他针阔叶树种组成混交林，是我国北方主要森林类型之一。白桦林在本区主要分布于同心的罗山、海原的南华山、西吉的月亮山，平川的崛吴山，祁连山东段海拔2 600～2 800m局部山地，主要生长在山地的阴坡、半阴坡、半阳坡山麓及河谷。国内分布于我国东北的兴安岭、长白山和华北山地、黄土高原、秦岭中和西部、青藏高原东北缘、川西北及云南的西北部，为我国东北、华北、西北等地区广泛分布的森林群落。白桦自然分布的北端较红桦偏北，垂直分布高度低于红桦，常为各类针叶林或落叶阔叶林采伐或破坏后形成的次生类型。

本区白桦林多为纯林或以白桦为主的混交林，成层结构明显。由乔木层、灌木层、草本层三层构成，在阴湿地段也有发育良好的苔藓层。乔木层混交树种主要有山杨、辽东栎、青榨槭（*Acer davidii*）、茶条槭（*Acer ginnala*）、红桦、鹅耳枥、杜梨、榆、柳、青海云杉、青杆、祁连圆柏等。白桦林依分布地域和生境条件的差异，混交树种常有一些变化，如宁夏罗山的白桦林，混交树种为山杨、油松、青海云杉等，海东则为山杨、油松、青杆、青海云杉、祁连圆柏等；由于上层林冠稀疏，林下灌木层、草本层发育较好，灌木层以榛、小檗属、忍冬属、柳属、锦鸡儿属、金露梅属、绣线菊属物种较多，但不同林型灌木种类都会有些变化。

白桦林有草类白桦林、薹草白桦林和河滩草类白桦林三个类型。

草类白桦林 主要分布于崛吴山、大通河下游的连城，海拔2 400～2 800m处。由于地处森林草原向草原的过渡地带，生境条件较恶劣，林分生产力较低。草类白桦林主要为纯林或混交林，白桦占林分组成的0.4～0.8，主要混交树种为山杨、辽东栎、榆、鹅耳枥、杜梨、桧柏等，白桦与桧柏混交林仅分布在崛吴山，干旱地带则形成白桦纯林。林分大多是封育后萌生而成或实生的中龄林，郁闭度0.4～0.8，干形较直，地位级Ⅳ～Ⅴ。灌木层发育一般，高度0.5～1.2m，优势种为虎榛子、土庄绣线菊（*Spiraea pubescens*），此外还有胡枝子、胡颓子、水栒子、葱皮忍冬、小叶忍冬、甘肃小檗、黄蔷薇、华西蔷薇、卫矛、珍珠梅、甘肃山楂、红毛五加等，覆盖度25%～40%；草本层主要有披针薹草、细叶薹草或东陵薹草、大油芒、大火草、草莓、地榆、异叶败酱、细裂叶莲蒿、山野豌豆、风毛菊、糙苏、玉竹、防风及毛茛等，高度 30 ～ 60cm，覆盖度 40% ～ 60%。

薹草白桦林 薹草白桦林在本区主要分布于青海东部祁连山东段山地中下部的半阴坡上，海拔 2 200 ～ 3 000m，坡度 25°～ 35°处，土壤为灰褐色森林土。薹草白桦林为纯林，或与青海云杉等针叶树构成混交林，分乔木层、灌木层、草本层三层，郁闭度 0.4 ～ 0.7，最高达 0.9，平均高 6 ～ 15m，平均胸径 8 ～ 18cm，林龄 35 ～ 60 年，地位级Ⅳ～Ⅴ，蓄积量 40 ～ 120m³/hm²，林冠下针叶树更新较好，常形成类似复层混交林结构。林下灌木发育一般，密度中等，常见有陇塞忍冬、银露梅、灰栒子、峨嵋蔷薇、美丽蔷薇、直穗小檗、短叶锦鸡儿、蒙古绣线菊、天山花楸（*Sorbus tianshanica*）、陕甘花楸、托叶樱、蓝果忍冬等，山坡的下部林内还可见狭果茶藨子、山梅花等，团状分布，平均高 1 ～ 2m，覆盖度 30% ～ 40%；草本层以披针薹草或团序薹草（*C. agglomerata*）为主，还有紫花碎米荠（*Cardamine tangutorum*）、双花堇菜（*Viola biflora*）、珠芽蓼（*Polygonum viviparnm*）、草莓、光叶黄华、升麻、高乌头、贝加尔唐松草、柳兰、羽裂蟹甲草（*Sinacalia tangutica*）、蛛毛蟹甲草（*Parasenecio roborowskii*）、乳白香青、猪殃殃、膜叶冷蕨（*Cystopteris pellucida*）、掌叶铁线蕨、玉竹、椭叶花锚（*Halenia elliptica*），高山金挖耳（*Carpesium lipskyi*）和长柱沙参等也有零星分布，总覆盖度 70% ～ 90%，分布均匀；苔藓层发育不良，以山羽藓为主，覆盖度在 0.2 左右，多呈团丛状与草本混生。

河滩草类白桦林 河滩草类白桦林面积不大，主要分布在青海海东地区海拔 2 400 ～ 3 100m 的大沟河滩，常为农田所包围，或在坡面与山杨、青杆等林分镶嵌分布。林地土壤含石量达 60% ～ 70%，由于土壤贫瘠，又地处农田周围，人为扰动较大，林分一般发育不良，结构不健全，甚至缺乏灌木层。也常为白桦纯林，有时混生少量（占林分组成 0.1）青杆或青海云杉，郁闭度 0.4 左右，林龄 20 ～ 40 年，林分高 5 ～ 10m，平均胸径 7 ～ 14cm。林下灌木主要有直穗小檗、甘青锦鸡儿、冰川茶藨子、金露梅、银露梅等，覆盖度 30% ～ 40%；草本层主要有东方草莓、珠芽蓼、线叶蒿草、光叶黄花、高乌头、双花堇菜、秋唐松草、贝加尔唐松草等，覆盖度 10% ～ 40%。

4.3.2 灌 木 林

石质山区的灌木林主要是蔷薇、忍冬、栒子灌木林，分布于会宁铁木山海拔 2 000 ～ 2 300m 的阴坡、半阴坡，高度一般在 0.7 ～ 1m，高达 1.5 ～ 3m，半阳坡 1.5m 左右，主要组成树种有葱皮忍冬、四川忍冬、小叶忍冬、水栒子、西北栒子、准格尔栒子、华北紫丁香、黄蔷薇、乌拉绣线菊、小叶锦鸡儿，伴生种类有扁次刺蔷薇（*Rosa sweginzowii*）、黄刺玫、白毛锦鸡儿、短柄小檗、黄瑞香（*Daphne giraldii*）、荒漠锦鸡儿、光叶珍珠梅、太平花、宁夏枸杞、白榆、树锦鸡儿等，由于灌木层盖度高，在阴坡林下草本层几乎没有；半阴坡、林缘有少量植物种，如北莎草、风毛菊、紫菀、冰草、洽草、祁州漏芦（*Rhaponticum uniflorum*）、岩败酱、长柱沙参、阿尔泰紫菀、蒙古蒿、灰苞蒿（*Artemisia roxburghiana*）、茵陈蒿、蒲公英、唐松草、风铃草、火绒草、刺藜、披针薹草、长芒草、大针茅、短花针茅等，覆盖度约 40%。

5. 西北农牧交错带植被恢复对策

西北农牧交错带地处干旱半干旱地带，年均降水量仅为 250 ~ 450mm，且时空分布不均，年蒸发量 1 100 ~ 2 600mm，干燥度 1.5 ~ 2.5，水资源供需明显不平衡；该区太阳辐射 127.6 ~ 150kcal/cm^2，热量充沛，雨热同期；同时，又是一个多风地区，特别是春季，大风频繁，风蚀严重，加剧了土壤水分蒸发，促使生态环境恶化。水蚀风蚀叠加加剧了土壤侵蚀和水土浪费，导致土壤贫瘠，造成了区域植被保护、恢复、管理和利用更加困难。改善生存、生产、生活条件是前提，控制水土流失是基础，恢复和保护植被是关键，维系社会经济可持续发展是核心，提高气候资源、水土资源和生物资源利用效率是目的，实现区域生态安全、粮食安全和能源安全，鉴于此确定了该区植被恢复对策。

5.1 植被恢复原则

植被恢复和保护的基本原则是必须遵从自然规律、经济规律和科学规律，因害设防、除害兴利，最终实现人与自然和谐。该地区植被恢复或重建还必须遵从适地适树、水量平衡、乡土植物、经济生态、密度调控和自然恢复等六项原则。

5.1.1 适地适树原则

适地适树的原则是指在植被建设中树种生态学特性与造林地的立地条件相适应，即根据不同的立地条件，选择适合生长且生长量大、经济价值高、生态系统稳的植物种，以充分发挥区域气候、土壤和生物生产力，达到该立地在当前技术经济条件下的高效水平。植被建设植物材料选择上，坚持适地适树（草），"乔、灌、草"相结合，即以乡土树种为主的原则，宜乔则乔、宜灌则灌、宜草则草、宜禁则禁。

西北农牧交错带绝大部分地区位于干旱半干旱的生态环境脆弱区，影响植被恢复、生态系统稳定和效益持续发挥的主要因子是水资源，尤其是土壤水分。从建国以来植被恢复的实践和经验来看，许多地区植被恢复成效欠佳主要是没有认真贯彻"适地适树"的原则。在本区，小叶杨适宜在沟谷底部、平坦坡、涧地等生境生长，发育良好，但大面积在缓坡、斜坡上采用 2m × 1m 的株行距造林，造成相当大面积的小老头林，40 龄小叶杨林林分高只有 2.5 ~ 3.5m、胸径 4 ~ 7cm，生长发育严重不良。由于密度大，水分不足，林下草本植物稀少，覆盖度≤10%，达不到保持水土的目标，春季大风刮吹，沙尘飞扬，土壤侵蚀依然严重。

大量调查结果表明，退耕还林（草）植被类型，在干旱半干旱地带坡度≥20° 的阳坡和半阳坡恢复灌木植被十分困难，20° ~ 25° 的阴坡和半阴坡，灌木树种选择不当，重建恢复植被的效果也不理想，再次补植造林，成本明显增大。因此，在植被重建过程要实现又好又快，必须严格贯彻"适地适树"原则，认真做好作业规划设计，提高植被恢复的科技含量和质量，加快生态环境建设的速度。

5.1.2 水量平衡原则

水热资源条件是西北农牧交错带经济发展最重要的限制因素之一，也是植被建设最重要的约束条件之一。复杂地貌类型的变化造成局域水热组合的巨大变化，导致同一区域植被变化的多样性和小尺度地域植被的单一性，地带性植被与隐域性植被交错分布。所以水热资源条件、地貌条件及植被组合方能客观地反映出植被建设的科学性和合理性。

近20年，对植被生态系统的大气水、地表水、土壤水、地下水、植物水在植物个体和群落循环利用研究成果表明，科学合理地选择植被恢复的生物材料，进一步筛选高效水土保持生态经济型植被优化配置模式，使当地的大气水分、土壤水分、地表水分和植物水分保持相对平衡，舍弃高耗水的生物材料，防止土壤水分的过度消耗而导致土壤干化加剧和土壤沙化、退化，造成生态环境恶性循环。

刺槐在北方地区被广泛应用于森林植被恢复之中，近50年的造林实践表明，在年均降水量500mm以下地区，大面积刺槐纯林是不成功的。尽管造林成活率很高，但随着刺槐生长和水分供应不足，生长逐渐衰退，最后甚至陆续死亡。刺槐发育耗水量大，土壤中水分过度消耗，会导致两个结果：地表层土壤水分偏低，林下灌木层难以存活，草本层植物生长困难，难以形成高盖度地被群落，生物多样性降低，基本没有水土保持功能；刺槐林下土壤深层形成干化层，大气降水较少，而土壤水分含量降低，难以满足刺槐林发育需要而逐渐死亡。因此，在本区植被恢复重建中一定要遵循水量平衡的原则来选择植被恢复生物材料和植被类型，既要达到恢复植被保持生态系统稳定、高效、持久和可循环，又要保持水土、防治防止土壤退化和沙化。

5.1.3 乡土植物原则

西北农牧交错带是一个生态环境十分脆弱的地区，植物体也普遍遵从"适者生存、优胜劣汰"的原则，在此生态系统存活的乡土植物具有抗旱性、耐寒性、耐盐碱、适应性强的特点，这些植物形成群落是经受长期自然环境因素考验的，具有较高的多样性，大多是顶级或亚顶级群落，结构稳定。因此，在本区植被恢复重建中首先应该优先考虑当地原有植被类型，应用乡土植物进行植被的恢复重建。在多种乡土植物群落中，则应优先选择经济价值高的群落类型，进行植被重建。

在特定区域，选择天然分布的乡土植物恢复植被比较有把握。乡土植物在长期的物种形成过程中，已经充分适应了本地的自然条件，生长较稳定，群落结构较合理，系统稳定性较好，特别要重视乡土灌木树种、草本植物在植被建设中的地位和作用。调查研究发现该区种子植物70科300属500余种，90%以上都是乡土植物。

在大力发展利用乡土植物同时，亦应积极应用已引种成功的外来植物，以丰富本地的种质资源。该区不乏引种成功的事例，如火炬树和紫穗槐，虽属外来树种，但引种时间长，表现出很强的适应性，已成为本地区广为种植的植物；又如新疆杨、樟子松、华北落叶松等，在引种适生区生长良好。但大量应用外来树种造林前，必须经过长时期的栽培驯化试验和充分论证；引种外来树种时，既要防止它恶化环境，又要防止有害生物的入侵。

5.1.4　经济生态原则

西北农牧交错带是一个生态环境十分脆弱的地区，也是我国经济不发达的地区，农民收入低，生活较贫困，植被恢复重建必须同时考虑当地农民的经济收入。建设一定规模的经济生态型植被，兼顾社会、经济和生态效益；植被建设必须考虑"三口"（人口 - 吃饭、灶口 - 烧柴、牲口 - 养畜）问题。否则，一方面农民没有积极性，重建速度缓慢；另一方面，没有一定经济收入，农民不会保护建设成果。因此，在植被恢复过程中必须根据当地的气候、自然环境、地质地貌特点，规划设计一定规模的饲料植物、药用植物、蔬菜、果树（如仁用杏、山桃、沙枣）、油料植物（文冠果）和薪炭林，满足当地群众生活之需要；一定规模的水土保持林、防风固沙林，抗盐碱、抗风蚀的植物群落，将生态、经济、社会效益有机结合起来，以促进和谐社会的形成和发展。

由于经济尚不发达，植被恢复必须注意生态和经济协调持续发展。生态与经济持续发展的目的一方面在于调整与改善多灾而脆弱的区域生态系统结构与功能，建立或恢复持续而稳定的高生产力水平、高生态效益的农林复合系统；另一方面在于通过植被建设这一生态工程，调整农林牧产业结构和林种树种结构，合理利用土地，不断提高经济效益，增强生态建设自身的活力，促进区域经济的发展，增加群众收入，加快农村脱贫致富全面建设小康的进程，把生态工程办成惠民工程。

经济生态原则另一含义是在植被恢复中一些特困难的立地类型，恢复成本远远高于其生态、经济效益，应该选择低成本的恢复措施，如自然修复或人工促进自然修复，而不是一味追求高投入的人工措施。

5.1.5　密度调控原则

植物栽植密度是指栽植时单位面积上的栽植植物株数或播种点（穴）数，有时为了与植物生长各时期的密度相区别，又称之为初植（或初始）密度，是形成结构林分的数量基础。植物栽植密度的大小，不但影响到植被形成的速度和状态，而且影响植被的生长、发育和稳定性，从而影响到植被的产量、质量和效益。

西北农牧交错带是一个土壤侵蚀十分严重、生态环境十分脆弱的地区。这里年均降水量都在500mm以下，地带性植被是稀疏森林草原、典型草原、荒漠草原和荒漠，局部或隐域植被有森林分布。实际上，在该区及其周边，年均降水量500mm和300mm是植被类型的两个分界岭，从东南到西北，依次分布着森林、森林草原、草原和荒漠。植被恢复或重建过程一定要仿拟自然，按照水资源承载能力控制密度，否则即使立地类型 - 植物材料选择正确，密度不当也会出现小老头林，难以达到控制水土、防止二壤沙化的目标，区域植被建设经济、生态和社会效益不能够充分发挥。

在毛乌素南缘榆林是引种沙地树种——樟子松，在沙地树木园，樟子松林密度较小，生长成高大乔木，林下植物繁茂，乔木层、灌木层和草本层发育完善；但是，在沙地营造的樟子松林，由于密度过大，成片表现为小老头林，林下植物稀少，几乎成为裸地，更新困难，生态和经济效益不能正常发挥；横山的侧柏林、吴起的仁用杏林也出现类似的情况。本区如果进行人工植被恢复，其密度可以根据立地类型划分，参考当地生长良好的同类型群落密度确定，自然是最好的老师，不要片面追求短期效益而增加密度，提高建设成本。

5.1.6　自然修复原则

西北农牧交错带是一个生态环境十分脆弱的地区，也是不稳定、易受扰动的生态系统。在植被恢复过程中，必须根据地质地貌特点和小生境类型，进行类别划分。对目前技术达不到的立地类型，采用封禁措施，让其自然恢复。根据投入 - 产出平衡和生态 - 经济 - 社会效益兼顾的原则，目前虽然通过人工措施区域植被可以恢复，但投入成本太高，也应该放弃，采用封禁措施，让其自然修复。

自然恢复原则的另一层含义是，西北农牧交错带位于黄土高原西北部边缘，这里山高坡陡，地形条件和土壤类型复杂，人烟稀少，尽管地带性植被是疏林草原，但往往位于沟谷底部的是乔木林，位于山坡上的是灌木林，位于山梁峁顶的是草原植物群落，位于阳坡和半阳坡的是干旱草原群落，充分考虑成本、效益、微地形，自然群落应该由当地气候和土壤条件在自然演替中确定。

5.2　植被恢复步骤

西北农牧交错带是生态环境十分脆弱的地区。开展植被恢复或重建的基本步骤首先是以小流域为单元开展立地类型分类；再根据立地类型划分结果，选择每种立地类型相应植被恢复的技术措施；其三，根据具体技术措施的难易程度，按照先易后难的次序逐步开展恢复；最后，对目前技术难以恢复的立地则选择封山禁牧，让其自然恢复，或者人工经营管理。

5.2.1　立地类型划分

立地是指所有影响植被生长的各种因子的综合，立地类型则是指具有大体相同立地因子地块的组合。在西北农牧交错带，具有相同地貌、气候和土壤条件时，影响立地条件的主要因子是地形因素，如坡向、坡位和坡度等。划分立地条件类型是为了更好地落实适地适树、景观配置的原则。立地分类应具有科学性和实用性。科学性，是要求立地分类所依据的因素能正确反映立地的本质和特征，符合立地变化的实际情况，并能做出正确的立地质量评价和生产力预估；实用性，就是要便于生态工作者掌握和应用，生产实践中便于推广，分类系统及划分类型繁简得当，能落实到小班、山头和地块，适合当前的经营水平，能更好地服务于生态建设。

立地是由多种环境因素构成的自然综合体，立地分类取决于自然综合特征的差别。所以针对该区土壤水分是植被成活、成林、成效的限制因子，立地类型划分必须遵照综合因素与主导因子的原则，地形地貌分异性的原则，以及无林地和有林地统一的原则。立地条件划分生态因子选择中必须注重地形因子（主要包括微地形、坡向、坡度、坡位和海拔）、土壤因子（主要包括土壤质地、土层厚度、土壤 pH、土壤盐分含量、地下水位）等。

本区立地一级为毛乌素沙地沙漠、黄土丘陵沟壑、石质山地三大板块，二级为森林、草原、荒漠。具体操作的立地单元是"坡位＋坡向＋土壤类型"，如山梁坡中上部黄土型、半固定沙丘沙壤型、沙地海子沼泽土型、川滩黄绵土型、亚高山阴坡褐土型等，不同立地类型配置不同的植物材料。

5.2.2　植物材料选择

为了更好地落实适地适树，给各种立地类型配置适生的植物材料，在充分认识立地特性的基础上，需要深刻了解涉及植物的生物学特性和生态学特性，以及开发利用价值，也就是首先要了解植物的形态、色泽、长速、寿命、根系深浅、繁殖方式、根蘖能力、开花结实等生物学特性；同时，也要了解植物同环境条件相互作用中所表现出的不同要求和适应能力等生态学特性，如抗寒性、抗旱性、抗风性、耐盐性、耐荫性、耐烟性、耐淹性以及对土壤的要求等，还要了解植物种之间的互利共生、损人利己、相互克生、损己利人等关系。

在植物材料选择时，必须重视植物的抗逆性和生态功能，做到好中选良、良中选优。该区自然条件恶劣，极端天气和自然灾害频繁，如特大干旱、低温、霜冻、大风、滑坡、滑塌、风沙与沙尘暴等灾害。植被恢复需"栽得上、能长旺、抗风浪、达希望"，即植物栽植能够成活、成材，抵御自然灾害，获得理想收获。如在立地较差的山脊梁峁，能正常而稳定生存，尽管生长慢、产量低，但根系发达，固土力强，防止水土流失；风沙频发的荒漠立地，植物能够耐旱、耐寒、耐沙埋、耐风蚀，防止沙尘暴等灾害；在坡度平缓和低洼之处以及沟坡下部、川滩润地，由于水肥条件较好，适宜发展经济林和用材林，要求是生长迅速、品质优良、经济高效，把区域生态建设与经济发展有机地结合起来，使资源的潜力得到最大化发挥。

5.2.3　植物景观配置

在黄土高原沟壑区综合治理中，有这样一句话"山顶戴帽子，山坡铺被子，山下穿靴子"，即峁梁坡上中部开发整理成保水、保土、保肥的宽幅梯田，峁梁坡中部造林种草恢复生态，发展草畜业，山坡以下打坝淤地，保持水土，实现生态的自然修复。不仅实现了"保塬、护坡、固沟"一体化，形成了"泥不下山、水不出沟"的完整防治体系，合理地安排了农、林、牧、副业各业用地，达到了区域水土资源的保护、改良、管理与利用的目的，而且兼顾了社会经济可持续发展的生态、经济和社会效益，这就是区域综合治理景观配置的最好写照。

通过立地条件类型的划分和对不同景观立地因子特性的剖析，以及对现有植被的广泛调查研究，我们掌握了植物种分布范围、生长状况、生态幅度、群落结构、生态功能、开发价值等，判断各植物种的适生性，确定其在植被恢复中的恰当位置。同时，比较同一立地条件类型中，不同乔、灌、草的生长和功能差别，确定每个主要乔、灌、草种的适生立地类型，从而选出各立地条件类型上适宜的树种、林种和草种。对每一立地类型有几个适生树种的，依次列入某一立地类型，以体现树种的多样化，为保持生物多样性做好基础工作。同一树种适应几个立地类型的将其分别列入不同立地类型中，以林种作为归属。根据研究结果提出不同景观类型区各立地条件类型及其相应的景观配置和适生林种、树种和草种，力求乔、灌、草的科学搭配，结构、功能、效益的完美结合。

5.2.4　植被管理利用

植被恢复"三分栽植、七分管理"，说明植被管护在植被建设中的重要性，植被管理包括幼林抚育、病虫害防治等环节。幼林抚育的根本任务，在于创造优越的环境条件，满足幼树对水、肥、气、光、热的要求，达到较高的成活率和保存率并适时郁闭，为速生、丰产、优质奠定良好的基础。因此，幼林抚育管理的主要内容包括松土、除草、除蘖、平茬、间伐和修枝等，使之迅速地成林，将来成材。

吴起吴仓堡的李志耀 1989 年栽植仁用杏 5 亩[①]，不仅抚育管理（松土、除草、整形、施肥）精细，而且对病虫害（介壳虫）进行了及时防治，树势旺盛，1999 年喜获丰收，产量达到 35 ～ 40kg/ 株，当年收入 12 000 多元，而相邻的一户同年栽植的仁用杏，面积相当，但管理粗放，又未能抓紧防治病虫害，生长衰弱，产量低，收入只有 600 元左右。所以植被恢复需通过适地适树营造混交林，加强抚育管理，提高林分的质量，增强抗病虫害的能力，同时应积极采用生物措施防治病虫害。

紫穗槐、沙柳等灌木林平茬可促进灌木丛生，使幼林提前郁闭，防止杂草蔓延，既有利于保持水土、防风固沙，又可获得一定数量的编织条子或薪材；平茬还可使老林复壮，旱柳"高杆头木作业法"就是典型。

5.3　植被恢复途径

对于生态环境脆弱的西北农牧交错带而言，根据技术、资金、立地和目标，所有的植被恢复或重建对策归纳起来不外乎三大类，即：人工恢复，如人工植树种草、飞播造林；自然恢复，如封山禁牧；人工措施与自然恢复相结合的对策。

---

①亩，面积计量单位，1 亩≈ 666.7m²。

5.3.1　人工恢复

人工恢复植被目前主要是依靠工程技术措施来进行植被的恢复,通常是立地条件较好,人口比较密集,生态安全地位重要,经济发展潜力相对较大的区域。我国"三北"防护林工程、太行山绿化工程、沿海防护林工程、长江防护林工程等林业生态工程就是典型的人工恢复植被。人工恢复植被的主要流程是通过对工程实施地进行调查规划设计,选择植物材料,按立地类型造林种草(各种人工造林或种草、飞播造林种草),种植后管护、抚育等,最后培育成人工植被景观群落。该对策要求有大量的资金投入,必需的技术储备和一定的人员投入,目前仍被广泛应用。其特点是投入大,成本高,经济、生态和社会效益显著。

5.3.2　自然恢复

自然恢复实际上是在一定政策和资金的支持下,对大范围区域,大或中流域开展划区域保护,控制人为活动干扰,如封山禁牧,禁止各种农牧业生产活动,让境内的植物自行发育和恢复的一种植被恢复方式。同样要经过前期调查论证和规划设计,然后标定恢复范围,制定必要的保护措施,投入必要的专门人员,落实保护措施,确保将自然恢复区内人为干扰降到最低程度,最大限度减少人为影响,让恢复区内的植物自行恢复、发育、更新。这种恢复方式不足之处是恢复周期较长,经济效益和生态效益缓慢;优点是投入的资金、人员少,技术要求不高。目前在偏远山区、人烟稀少、环境威胁不大、人员资金不足或目前技术无法实现人工恢复的情况下被采用。

5.3.3　自然与人工结合

自然与人工结合途径简单地说就是一种自然与人工两种对策结合的植被恢复方式。在一定的区域或流域内,对于立地条件较好的、资金可以保障的、技术条件可以满足的、交通较方便的、生态建设需要尽快见效的植被恢复采用人工措施。对那些陡坡、急坡、沟脑、或梁峁顶部土层瘠薄、立地条件较差、人工难以到达、技术成本较高的植被恢复采用自然修复,防止樵采、禁止放牧等强化管护措施一定要到位;还可人工促进天然更新,如飞播造林与封山禁牧相结合,人工播种与封山禁牧相结合等。

西北农牧交错带常见植物

1. 裸子植物门 Gymnospermae

1.1.1　银杏科 Ginkgoaceae

银杏科植物为落叶乔木，干通直，具分枝。枝有长枝与短枝之分。叶扇形，具长柄，长枝叶螺旋状互列，短枝叶簇生状，叶脉平行，先端2叉分歧。花雌雄异株，罕同株，生于短枝顶的叶腋或苞腋；雄花4～6朵，具梗，柔荑状花序，雄蕊多数，螺旋状着生，每雄蕊具2个短花药。球花有长梗，梗端分两叉，叉顶各生1珠座，每珠座含1粒直立胚珠。种子核果状，具长柄，下垂，具肉质外种皮，骨质中种皮和膜质内种皮；胚乳肉质；子叶2枚。

本科为我国独有种科，本区共有1属1种，系引进种。

银杏 *Ginkgo biloba* L.（图2.1）[陕西树木志]

图 2.1　银杏（陕西延安）

落叶乔木；枝有长枝与短枝。叶在长枝上螺旋状散生，在短枝上簇生状，叶片扇形，有长柄，有多数2叉状并列的细脉；上缘宽5～8cm，浅波状，有时中央浅裂或深裂。雌雄异株，稀同株；球花生于短枝叶腋或苞腋；雄球花呈柔荑花序状，雄蕊多数，各有2个花药；雌球花有长梗，梗端2叉（稀不分叉或3～5叉），叉端生1珠座，每珠座生1粒胚珠，仅1粒发育成种子。种子核果状，椭圆形至近球形，长2.5～3.5cm；外种皮肉质，有白粉，熟时淡黄色或橙黄色；中种皮骨质，白色，具2～3条棱；内种皮膜质；胚乳丰富。

我国特产，现全国普遍栽培。在河北、山西、河南、甘肃等省分布于海拔1 400m以下，人工栽植普遍；东北、华东、华南、西南各地均有栽培。本区多数县在园林绿化中引种栽植，主要分布于榆阳、靖边、志丹、吴起、环县、原州等地。银杏木材优良，可供雕刻、家具、建筑等用；种仁可食，也可入药，具润肺止咳、强身等效，叶也可供药用等。

1.1.2　松科 Pinaceae

松科植物为常绿或落叶乔木，稀灌木；枝轮生。叶线形，螺旋状互生或在短枝上簇生，针状 2～3 枚或 5 枚一束。花单性，雌雄同株；雄球花卵形或圆柱形，雄蕊多数，螺旋状互生，每雄蕊具 2 个花药；雌球花具多数螺旋状排列的珠鳞，每珠鳞近轴面基部着生 2 粒倒生胚珠，珠鳞背面托一分离的苞鳞。球果成熟时开裂，稀不开裂；每种鳞具 2 粒种子。种子上端具翅，稀无翅，子叶 2～15 枚。

本区共有 3 属 5 种，其中华北落叶松和樟子松为引进种。

华北落叶松 *Larix principis-rupprechtii* Mayr（图 2.2）[中国高等植物图鉴]

落叶乔木；小枝不下垂或枝稍微下垂；一年生长枝淡褐黄色或淡褐色，幼时有毛，常被白粉；短枝顶端有黄褐色柔毛。叶在长枝上螺旋状散生，在短枝上簇生，倒披针状条形，长 2～3cm，上面平，间或每边有 1～2 条气孔线，下面沿隆起中脉的两侧有 2～4 条气孔线。雌雄同株；球花单生于短枝顶端。球果长卵圆形或卵圆形，长 2～3.5cm，成熟前淡绿色，成熟时淡褐色或略带黄色，具光泽，种鳞近五角状卵形，长 1.2～1.5cm，先端截形或微凹，背面光滑无毛；苞鳞不露出或微露出。种子灰白色，有褐色斑纹。

图 2.2　华北落叶松（宁夏海原南华山）

本区主要分布于原州、海原等地；国内天然分布在河北和山西，为海拔 1 400～2 800m 针叶林带的主要树种。树干可供取松脂；树皮含单宁；木材作造船、枕木及造纸原料。寿命长、抗性强、生长快，在适生区广泛栽培；树势高大挺拔，冠形整齐美观，根系发达，抗烟能力强，是良好的防护林和风景林树种。

青海云杉 *Picea crassifolia* Kom.（图 2.3）[中国高等植物图鉴]

常绿乔木；小枝有木钉状叶枕，或多或少有毛或几无毛，间或有白粉；一年生枝淡绿黄色，二至三年生枝常呈粉红色；小枝基部宿存芽鳞的先端常反曲；芽圆锥形。叶在枝上螺旋状着生，枝条下部和两侧的叶向上伸展，锥形，长 1.2～2.2cm，粗 2～2.5mm，先端钝，

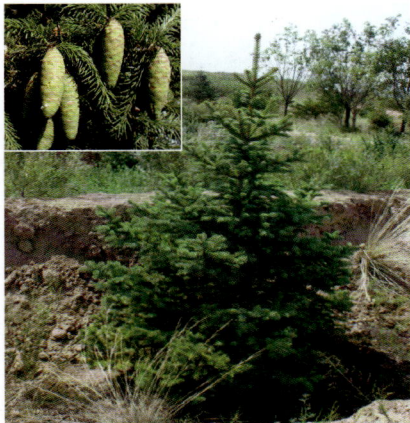

横切面四方形，四面有粉白色气孔线。球果单生于侧枝顶端，下垂，圆柱形或矩圆状圆柱形，幼果紫红色，熟前种鳞背部变绿，上部边缘仍呈紫红色，熟后褐色，长7～11cm。种鳞倒卵形，先端圆，腹面有2粒上端具翅的种子；苞鳞短小；种翅倒卵形，膜质，淡褐色。

本区分布于会宁、靖远、平川、皋兰、原州、同心、盐池、西吉、海原、民和、乐都、平安、互助等地；国内分布于青海（青海湖以东、祁连山南坡）、甘肃北部。材质优良，树形优美，为青海、甘肃等地造林与用材树种。

图2.3　青海云杉（宁夏原州大岔梁）

紫果云杉 *Picea purpurea* Mast.（图2.4）

[中国高等植物图鉴]

常绿乔木；小枝密生短柔毛，有木钉状叶枕；一年生枝黄色或淡褐黄色；芽圆锥形，有树脂。叶螺旋状排列，呈辐射状斜展，锥形，长0.7～1.2cm，宽约1.6mm，先端微尖或微钝，横切面扁菱形，下（背）面先端呈明显的斜方形，通常无气孔线，稀有1～2条不完整的气孔线，上面每边有4～6条被白粉气孔线。球果单生于侧枝顶端，下垂，卵圆形或椭圆形，长3～6cm，成熟前后均为紫黑色或淡红紫色。种鳞斜方状卵形，长1.3～1.6cm，中上部渐窄呈三角状，排列疏松，边缘波状有细缺齿；种子上端有膜质长翅。

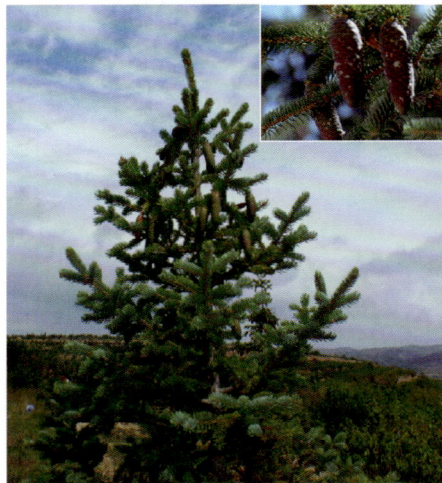

图2.4　紫果云杉（宁夏原州大岔梁）

本区分布于原州、会宁、靖远、吴起（引种）等地；国内分布于青海东部、甘肃南部和四川（岷江流域）。材质优良，供飞机、乐器等用材。

油松 *Pinus tabuliformis* Carr.（图2.5）[陕西树木志]

常绿乔木；本区株高10～15m，大树的枝条平展或微向下伸，树冠近平顶状；树皮灰褐色或褐灰色，裂成较厚的鳞状条块；一年生枝淡红褐色或淡灰黄色，无毛；苞片宿存；冬芽红褐色。叶2针一束，粗硬，长10～15cm；树脂管约10个，边生；叶鞘宿存。球果卵圆形，长4～10cm，暗褐色；种鳞的鳞盾肥厚，横脊显著，鳞脐凸起具刺尖，宿存。种子卵圆形或长圆形，长6～8mm，种翅长约10mm。本区花期5月，球果第二年9～10月成熟。

图2.5　油松（陕西吴起五谷城）

本区分布于府谷、神木、榆阳、佳县、横山、吴起、志丹、靖边、环县、会宁、靖远、平川、原州、海源、同心等地；国内分布于辽宁、内蒙古、河北、山东、河南、山西、湖北、陕西、甘肃、青海、四川等省区。为优良的荒山造林树种。松叶、松油可入药，能法风湿，散寒；花粉能止血；木材供枕木、建筑、家具等用；树干可取松脂；树皮可提制栲胶；种子含油 30% ～ 40%。

樟子松 *Pinus sylvestris* var. *mongolica* Litv.（图 2.6）

常绿乔木；树干下部的树皮灰褐色或黑褐色，鳞状深裂，上部树皮和枝皮黄褐色，裂成薄片脱落；一年生枝淡黄褐色，无毛；冬芽淡褐黄色，具树脂。叶 2 针一束，硬直，稍扁，微略呈螺旋状扭曲，长 4 ～ 9cm，宽 1.5 ～ 2mm；树脂管较大，6 ～ 17 个，边生；叶鞘宿存，黑褐色。幼果下垂，球果圆锥状卵形，熟时黄绿色；鳞盾长菱形，常肥厚隆起，向后反曲，纵横脊明显，鳞脐凸起有短刺。种子黑褐色，长约 5mm，种翅长 7 ～ 10mm。

本区分布于靖边、横山、榆阳、神木、吴起、原州等地，已有成片幼林；国内分布于黑龙江省西部的大兴安岭地区及海拉尔一带沙丘地区，为该区的造林树种；俄罗斯、蒙古也有分布。木材供建筑、车船和木纤维原料等用；树皮含单宁；针叶可提制芳香油；树干可取树脂。樟子松耐严寒，是我国二针松中最耐寒者；对土壤要求不严格，能在山脊、向阳坡地及较干旱的沙地、砂砾地上生长；为喜光树种。根系发达，固土能力强，是我国北方寒冷山地、沙地及草原上的用材林、防护林的优良树种。它对二氧化硫及病虫害都有一定抗性，可以用于城市、街道、庭院、城镇绿化。

图 2.6.1　6 年樟子松（陕西神木各丑沟）

图 2.6.2　20 年樟子松（陕西榆阳）

1.1.3　柏科 Cupressaceae

柏科植物为常绿乔木或灌木。叶多为小鳞片状或为针刺状及钻状；叶分两型：幼树多为针刺状，成年树鳞片状；鳞叶交互对生，基部下延，刺状叶 3～4 枚轮生。雌雄同株或异株，雄球花小，顶生或腋生，由 2～24 枚交叉对生（3 枚轮生）的雄蕊组成，雄蕊着生于略呈盾状苞片的下方边缘；雌球花顶生或侧生于小枝上；苞鳞、珠鳞合一，仅苞鳞尖端分离，通常具 3～12 枚珠鳞，覆瓦状排列或盾形镶合状排列。球果小形，开裂或肉质结合，每种鳞具 1 至数粒种子。种子两侧或周围具窄翅或无翅，子叶 2 枚，稀 5～6 枚。

本科在本区有 2 属 5 种，其中侧柏、刺柏、圆柏为引进种。

刺柏 Juniperus formosana Hayata（图 2.7）[陕西树木志]

图 2.7　刺柏（陕西吴起吴仓堡）

刺柏亦称山刺柏，台湾柏。常绿乔木或灌木；树皮褐色，呈条状剥落。枝展开或斜上升，小枝下垂，常有棱脊；冬芽显著。叶全为刺状，3 叶轮生，基部具关节，不下延，条状披针形，先端渐锐尖，长 1.2～2.5（～3.2）cm，宽 1.2～2mm，中脉两侧各有 1 条白色（稀淡紫色或淡绿色）气孔带（在叶端合为 1 条），下面具有纵钝脊。球花单生叶腋。球果近球形或宽卵圆形，长 6～10mm，成熟时淡红色或淡红褐色，被白粉，顶端有时开裂。种子通常 3 粒，半月形，无翅，有 3～4 条棱脊。

本区作为园林树种引进，分布于吴起、靖边、横山、榆阳、神木等地。国内分布于华东、华中、西南、陕西、甘肃等地。木材供制工艺品等用，近年来大量用作园林树种栽植。根可入药，具退热之药效。

杜松 Juniperus rigida Sieb.et Zucc.（图 2.8）

[陕西树木志]

亦称刺松、刚松、棒儿松、鼠刺。常绿灌木或乔木。树冠圆锥形。树皮灰褐色，深纵裂。小枝下垂，红褐色；幼枝常呈三棱形。叶均为刺状，3 叶轮生，基部不下延，有关节，质坚硬，先端锐尖，长 12～17mm，宽约 1mm，上面凹下成深槽，沿槽有 1 条窄白粉带，下面有明显的纵脊。球花单生叶腋。球果圆球形，直径 6～8mm，成熟时淡褐黑色或蓝黑色，被白粉。种子近卵形，顶尖，有 4 条不显著的棱脊。

本区分布于志丹、吴起、靖边、横山、榆阳、神木、府谷、同心、原州等地；国内分布于黑龙江（南部）、

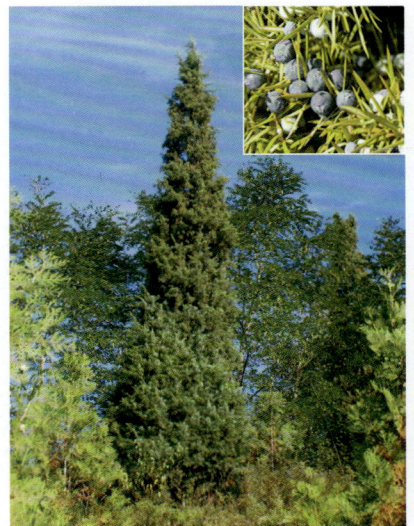

图 2.8　杜松（陕西神木）

吉林、辽宁（长白山区）、内蒙古、河北、山西、宁夏等省区；朝鲜、日本也有分布。果入药，有利尿、发汗、驱风之效。

侧柏 Platycladus orientalis（L.）Franch.（图 2.9）[陕西树木志]

常绿乔木；小枝扁平，排成一平面。鳞状叶交互对生，长 1 ～ 3mm，叶背中部均有腺槽。雌雄同株；球花单生短枝顶端。球果当年成熟，卵圆形，长 1.5 ～ 2cm，成熟前肉质，蓝绿色，被白粉，成熟后木质，开裂，红褐色；种鳞 4 对，扁平，背部近顶端有反曲的尖头，中部种鳞下各有种子 1 ～ 2 粒。种子卵圆形或长卵形，无翅或具棱脊。

我国特产，本区分布于榆阳、横山、靖边、吴起、志丹、会宁、环县、原州、西吉、海原、同心、中宁等地；除黑龙江、新疆、青海外，分布几遍全国。北方常见园林绿化和荒山造林树种，木材可供建筑等用；枝叶药用，能收敛止血、利尿、健胃、解毒、散瘀；种子可榨油，入药具有滋补强身、安神、润肠之功效。

图 2.9　侧柏（陕西横山朱家沟）

图 2.10　圆柏（陕西延安）

圆柏 Sabina chinensis（L.）Ant.（图 2.10）[陕西树木志]

常绿乔木；具鳞状叶的小枝圆或近方形。叶在幼树上全为刺状，随着树龄的增长刺状叶逐渐被鳞状叶代替；刺状叶 3 叶轮生或交互对生，长 6 ～ 12mm，斜展或近开展，下延部分明显外露，上面有两条白色气孔带；鳞状叶交互对生，排列紧密，先端钝或微尖，背面近中部有椭圆形腺体。雌雄异株。球果近圆形，直径 6 ～ 8mm，被白粉，成熟时褐色，内有 1 ～ 4（多为 2 ～ 3）粒种子。

本区分布于神木、榆阳、横山、靖边、定边、吴起、志丹、环县、原州、海原、同心、灵武、吴忠等地；国内分布南自两广北部，北至辽宁、吉林和内蒙古，东自华东，西至四川和甘肃；朝鲜、日本也有分布。各地多栽培作园林树种。木材供建筑等用；枝叶入药，能祛风散寒、活血消肿、利尿；根、干、枝叶可提取挥发油；种子可提取润滑油。

沙地柏 *Sabina vulgaris* Ant. （图 2.11）[陕西树木志]

常绿匍匐灌木。叶交互对生；刺状叶常生于幼龄植株上，有时壮龄植株亦有少量刺状叶，排列紧密，向上斜伸不开展，长 3 ~ 7mm；鳞状叶相互紧覆，长 1 ~ 2.5mm，先端钝或微尖，背面中部生有椭圆形腺体。球果生于较长而垂曲的小枝顶端，呈不规则倒卵状球形、近圆形或卵圆形，顶端圆、平或呈叉状，长 5 ~ 9mm，被白粉，成熟时呈暗褐紫色或紫黑色，内有种子 1 ~ 5（多 2 ~ 3）粒。种子近卵圆形，稍扁，具棱脊，并具少

图 2.11　沙地柏（陕西神木各丑沟）

量树脂槽。

本区分布于府谷、神木、榆阳、横山、靖远、同心、中宁、沙坡头等地；国内分布于新疆、青海、甘肃、内蒙古等省区；蒙古、欧洲也有分布。常生于海拔 1 200 ~ 2 800m 地带的沙地、荒坡、多石的干旱荒山和林下。为分布区的水土保持和固沙树种。枝叶含挥发油，并供药用。

1.1.4　麻黄科 Ephedraceae

麻黄科植物为灌木、亚灌木或草本状灌木，直立，倾斜；茎及枝内有深红色髓心。小枝绿色，对生或轮生，圆筒形，具节，节间具纵条纹。叶在节上对生或轮生，常退化成膜质鞘状，基部结合，端部裂呈三角形。花单性，雌雄异株；雄花序球形或长圆形，顶生或腋生，成对或 3 ~ 4 个轮状排列于枝节，每花序具 2 ~ 8 对交互对生或 3 枚轮生的苞片，中上部苞片每枚内具 1 朵雄花，每花具 2 枚对生膜质且大部分合生的假花被，其内具 2 ~ 8 枚雄蕊，花药 1 ~ 3 室，顶端孔裂；雌花序球对生或 3 ~ 4 枚轮生，每序具 2 ~ 8 对交互对生的苞片，仅顶端 1 ~ 3 枚具雌花，雌花具顶端开口的管状假花被；具 1 粒直立胚珠，珠被 1 层，其上部延长成珠被管，从假花被管口伸出；种子成熟时花序上部的 4 ~ 6 枚苞片变为红色肉质，或草黄色膜质，假花被发育成假种皮。种子 1 ~ 3 粒，当年成熟，具丰富胚乳，子叶 2 片。

本区有 1 属 2 种，本科多数种类常含有植物碱，为重要的药用植物。多生于干旱荒漠和高原地区，具良好的固沙作用。

中麻黄 *Ephedra intermedia* Schrenk ex Mey.（图 2.12）[中国高等植物图鉴]

灌木，通常高 20 ~ 50cm；茎直立，粗壮；小枝对生或轮生，圆筒形，灰绿色，具节，节间通常长 3 ~ 6cm，直径 2 ~ 3mm。叶退化成膜质鞘状，上部约 1/3 部分分裂，叶三裂，

钝三角形或三角形。雄球花常数个（稀2～3）密集于节上呈团状，苞片5～7对，交互对生或呈5～7轮（每轮3枚）；雄花雄蕊5～8枚；雌球花2～3朵生于节上，由3～5枚轮生或交互对生的苞片所组成，仅先端1轮或1对苞片生有2～3朵雌花；珠被管长达3mm，常螺旋状弯曲，稀较短或弯曲不明显。雌球花熟时苞片肉质，红色。种子通常3（稀2）粒，包藏于肉质苞片内，不外露，长5～6mm，直径约3mm。

本区分布于横山、靖边、吴起、定边、环县、海原、西吉、原州、同心、盐池等地；国内分布于吉林西北部、辽宁西部、河北、山西、内蒙古、青海、新疆和西藏南部；前苏联也有分布。麻黄素含量较木贼和草麻黄少，可供药用；肉质苞片可食。

图2.12 中麻黄（陕西吴起铁边城）

草麻黄 *Ephedra sinica* Stapf（图2.13）[宁夏植物志]

图2.13 草麻黄（www.zyyzl.com）

草本状灌木，高20～40cm。木质茎，极短或呈匍匐状；小枝直伸或微曲，绿色，节间长3～4cm，直径约2mm。叶膜质鞘状，上部2裂，下部1/3～2/3合生，裂片锐三角形，先端急尖。雄球花呈复穗状，常具总梗，苞片4对，雄花具雄蕊7～8枚，花丝合生，有时先端微分离；雌球花单生，在幼枝上顶生，在老枝上腋生，卵圆形或矩圆状卵圆形，具4对苞片，雌花2朵，珠被管长约1mm，直立或先端微弯；雌球花成熟时肉质红色。种子2粒，不露出苞片，表面具细皱纹。

本区分布于定边、吴起、靖边、横山、榆阳、环县、盐池、同心、灵武、海原等地；国内分布于华北及河南、甘肃、辽宁、言林等地。多生于山坡、沙坡、荒地及沙滩地。

2. 被子植物门 Angiospermae

2.1 双子叶植物纲 Dicotyledoneae

2.1.1 杨柳科 Salicaceae

杨柳科植物为落叶乔木或灌木。芽由 1 至多枚鳞片所包被。单叶互生，不分裂或浅裂，全缘或具锯齿；托叶鳞片状或叶状。花单性异株，呈直立或下垂的柔荑花序，常先于叶开放，或与叶同时、或稀晚于叶开放；各花均生于苞腋内，包片膜质；无花被，基部常有杯状或腺状花盘；雄花具 2 至多枚雄蕊，花药 2 室，纵裂；雌花子房由 2 个心皮合成 1 室，有 2 ～ 4 个侧膜胎座，含多粒倒生胚珠；柱头 2 ～ 4 裂，常 2 裂。蒴果 2 ～ 4 瓣裂。种子微小，极多，具薄种皮，无胚乳；基部具多数丝状毛。

我国有 3 属，约 230 多种。本区有 2 属 11 种。

新疆杨 *Populus alba* L. var. *pyramidalis* Bunge（图 2.14）[陕西树木志]

银白杨的变种，落叶乔木，高达 15m；树冠窄圆柱形或尖塔形，树干端直，树皮灰白或青灰色，光滑，少裂。小枝灰绿色或灰褐色，初被白绒毛，后变光滑。腋芽圆锥形，常略弯，淡紫色，几与枝条平行。长 5 ～ 6mm，粗 2.5 ～ 3mm，黏液少；鳞片 8 ～ 9 片，基部鳞片被薄绒毛，上部几光滑，具缘毛。短枝极短，长 5 ～ 10mm，仅具 1 紫色圆锥形顶芽，（5 ～ 6）×3mm。短枝上叶近圆形或椭圆形，长 3.8 ～ 4.5cm，宽 3 ～ 4cm 或稍大，缘具粗钝齿，罕掌状 3 ～ 5 深裂，裂片具粗齿；叶表面光滑，背面被白色绒毛；叶柄扁平，微呈淡红色或紫红色，长 2.5 ～ 4cm，初被绒毛，后变光滑；萌发枝和长枝上叶掌状深裂，基部平截，短枝上叶侧齿对称，基部平截，背面绿色，近无毛。雄花序 3 ～ 6cm；花序轴有毛，苞片膜质，宽椭圆形，边缘有不规则的齿牙和长毛；花盘有短梗，宽椭圆型，歪斜；雄蕊 8 ～ 10 枚，花丝长，花药紫红色；雌花序长 5 ～ 10cm，花序轴具毛，雌蕊具短柄，花柱短，柱头 2 个，有淡黄色裂片。蒴果细圆锥形，长约 5mm，2 瓣裂。

本区分布于府谷、神木、榆阳、横山、靖边、定边、吴起、志丹、环县、会宁、靖远、海原、西吉、

图 2.14 新疆杨（陕西吴起长城）

原州、同心、盐池、灵武等地；我国北方各省均有栽培，以新疆最为普遍；俄罗斯、巴尔干及欧洲其他地区也有分布。新疆杨为喜光、中湿性树种，抗风耐旱、耐烟尘、较耐盐碱。木材供建筑、家具等用，亦为优良的绿化和防护林树种。

山杨 *Populus davidiana* Dode（图 2.15）[秦岭植物志]、[陕西树木志]

乔木或小乔木，高达 20m，树冠圆形或近圆形，树皮光滑，灰绿色、淡绿色或淡灰色，老树干基部暗灰色，且粗糙。叶柄扁平，细弱；叶芽微具胶质；叶卵圆形、圆形或三角状圆形，长 3～8cm、宽 2.5～7.5cm，先端圆钝或锐尖，基部圆形或截形；边缘具波状浅齿，幼时疏被柔毛，后变光滑。花单性，雌雄异株，雄柔荑花序长 5～9cm，苞片淡褐色，深裂，被有疏柔毛，雄蕊 4～11 枚，花药暗红紫色；雌花序长 4～7cm，子房圆锥形，花柱极短，柱头 2 个，2 深裂。蒴果，椭圆状纺锤形，常 2 裂。种子很小，倒卵形或卵形，淡褐色，具长毛。花期 3～5 月，果期 5～6 月。

图 2.15 山杨（陕西商南金丝峡）

本区分布于甘肃哈思山、崛吴山、祁连山和昌岭山，宁夏罗山，青海湟水流域（民和、乐都、互助等）山坡；国内分布于东北、华北、西北、西南、内蒙古及青藏高原东缘高山地区；朝鲜、日本、前苏联（远东地区）也有分布。多生于山坡、山脊和沟谷地带，常形成小片纯林或与白桦等其他树种形成混交林；垂直分布自东北海拔 1 200m 以下低山，到西北海拔 2 600m 以下中山，到西南海拔 2 000～3 800m 之间高山。

鲜叶和干叶为马、牛、鹿的优良饲料。木材为家俱、建筑、造纸、纤维、火柴杆和胶合板等原料。树皮可入药，有清肺热、解毒热之效，主治肺病、天芘；树皮也可提取栲胶，萌枝条可编筐。幼叶红艳，可做观赏；是很好的荒山绿化保持水土先锋树种；根蘖能力强，可根蘖和种子繁殖。

山杨形态与欧洲山杨 *P. tremula* L. 和清溪杨 *P. rotundifolia* Griff. var. *duclouxiana*（Dode）Gomb. 接近。山杨叶较欧洲山杨的小，后者边缘具浅而密锯齿；清溪杨叶形较大，基部常为浅心形，先端短渐尖，果序长达 10cm 以上。

青杨 *Populus cathayana* Rehd.（图 2.16）[中国高等植物图鉴]

落叶乔木，高达 20m；树皮灰绿色，初光滑，老时暗灰色，纵裂；小枝桔黄色或灰黄色，无毛；冬芽长圆锥形，无毛，多黏液。短枝的叶卵形、椭圆状卵形、椭圆形或窄卵形，

图 2.16　青杨（陕西定边新安边）

长 4.5 ~ 10cm，宽 3 ~ 5cm，最宽处在中部以下，先端渐尖或突渐尖，基部圆形或宽楔形，边缘有具腺的钝齿，下面苍白色，无毛或微有毛；叶柄长 2 ~ 6cm，微有毛；长枝或萌发枝的叶较大，长 10 ~ 20cm。雄花序长 5 ~ 6cm，苞片边缘条裂，雄蕊 30 ~ 35 枚；雌花序长 4 ~ 5cm，苞片边缘条裂。蒴果无毛，3 ~ 4 瓣裂开。

本区分布于神木、榆阳、横山、靖边、吴起、环县、会宁、原州、同心等地；国内分布于辽宁、华北、西北、四川、西藏等地。生于海拔 800 ~ 2 600m 处，沿沟谷、河岸和阴坡山麓分布。木材供家具、电杆、椽材等用。为常用的防护林树种。

河北杨 Populus hopeiensis Hu et Chow （图 2.17）[中国高等植物图鉴]

落叶乔木，高 10 ~ 20m；树皮白色，光滑；小枝灰褐色，无毛，幼时带黄褐色，微有棱；冬芽卵形，先端尖，幼时微有毛，不胶粘。叶三角状卵形或近圆形，长 3.5 ~ 8.6cm，宽 3 ~ 10cm，先端钝尖，基部截形或圆形，边缘有不规则缺刻状或波状齿，初时两面脉上有短绒毛，后无毛，下面苍绿色或苍白色；叶柄长 2 ~ 5cm，扁平。雄花具雄蕊 6 枚；雌花序长 5 ~ 8cm；苞片赤褐色，边缘有长白毛；柱头 2 个，2 裂。蒴果长卵形，2 瓣裂，有短梗。花期 4 月，果期 5 ~ 6 月。

本区分布于府谷、神木、佳县、榆阳、横山、靖边、定边、吴起、志丹、环县、会宁、靖远、原州、同心、盐池等地；国内分布于河北、山西、陕西、甘肃、宁夏等省区。生于山沟和山坡。木材供建筑、家具、农具等用。为华北、西北黄土丘陵地区常见造林树种。

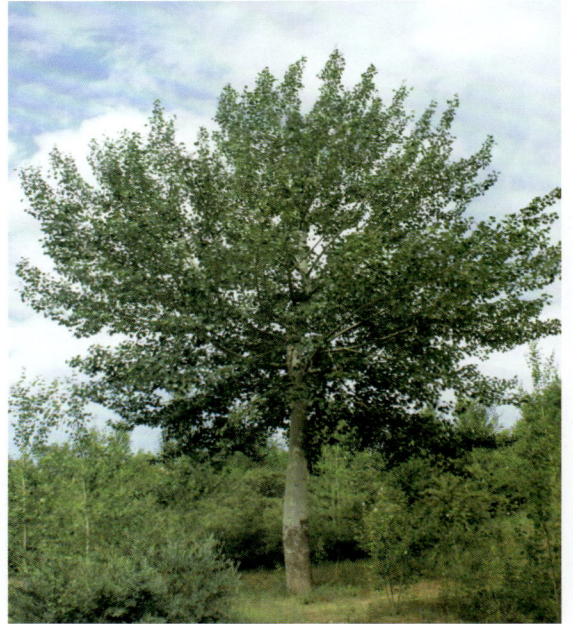

图 2.17　河北杨（陕西吴起周湾）

大关杨 Populus simonii×P. pyramidalis （图 2.18）[陕西杨树]

落叶乔木，树冠开展，呈长卵圆形，树干端直，树皮上部灰白色，基部暗灰色，沿皮孔纵裂。小枝淡黄绿色，圆筒形或微具棱，萌发枝上沿叶柄下沿具三条明显棱脊。冬芽长圆锥形，赤褐色，长约8mm，紧贴枝干，顶端离生，鳞片2～3枚。叶形变异颇大，近成熟短枝上叶菱状卵形，先端渐尖，基部楔形，长4～8cm，宽2.5～4.5cm，面深绿，仅嫩叶中脉被短柔毛，背淡绿，叶缘半透明具圆钝锯齿和细密短缘毛，每厘米具3～5个齿；叶柄上部扁平，下部圆筒形，长1.3～3.8cm，上面呈紫红色，微被短柔毛。长枝上叶菱状广卵形，先端钝或短尖，基部广楔形，长5～9cm，宽4～7cm或更大；叶柄较长。雄花未见；雌花序长约3～5cm，绿色，花序轴微被短柔毛；苞片淡褐色，常2～3深裂，各裂再呈丝状条裂，上部极宽，向基部渐狭呈广楔形，长宽各约3mm；柱头2裂，花梗极短，微被短柔毛。果序长约9.5～17cm，果序轴微被短柔毛；蒴果稀疏，一般有3～6粒种子，椭圆形，微弯，散生疣状突起，长6～7mm，直径约4mm；果梗长约1.5mm，微被短柔毛。

图2.18　大关杨（陕西吴起周湾）

　　本区分布于榆阳、横山、靖边、定边、吴起、志丹、环县、会宁等地；国内分布于河南、陕西、山东、甘肃等省；常作为行道树。

小叶杨 *Populus simonii* Carr. （图2.19）[中国高等植物图鉴]

图2.19　小叶杨（陕西吴起吴仓堡）

　　乔木，高达20m；树皮灰绿色，老时色暗，纵裂；小枝和萌发枝有棱，红褐色，后呈黄褐色，无毛；冬芽细长，稍有黏质。叶菱状卵形、菱状椭圆形或菱状倒卵形，长4～12cm，宽3～8cm，中部以上较宽，先端渐尖或突尖，基部楔形或狭圆形，边缘有小钝齿，无毛，下面淡绿白色；叶柄长0.5～4cm，带红色。雄花序长2～7cm，苞片边缘条裂，雄蕊8～9枚；雌花序长2.5～6cm，果序长达15cm。蒴果2～3瓣裂开。

　　本区分布于横山、榆阳、佳县、米脂、靖边、定边、吴起、志丹、环县、会宁、固原、西吉等地；国内分布于东北、华北、西北、华东、四川等地；朝鲜也有分布。多生于河溪两岸和平原地带，海拔2500m以下。木材供建筑、火柴杆、造纸等用。为良好的防风、固沙、保土、绿化树种。

箭杆杨 Populus nigra L. var. thevestina (Dode) Bcan（图2.20）[陕西树木志]

图2.20　箭杆杨（陕西志丹）

乔木，高达20m；树冠窄圆柱形；树皮灰白色，较光滑；小枝圆柱形，光滑，黄褐色或淡黄褐色；芽长卵形，先端长渐尖，淡红色，富黏质。萌发枝叶三角形，长宽近相等，约7.5cm，先端短渐尖，基部截形或宽楔形，边缘具整齐钝锯齿；短枝叶菱状三角形或菱状卵圆形，长4～8cm，宽3～7cm；先端渐尖，基部宽楔形或近圆形；叶柄上部微扁，长2～4.5cm，先端无腺点。雌花序长10～15cm。蒴果2瓣裂。只见雌株，有时出现两性花。花期4月下旬至5月中旬，果期5月中旬至6月中旬。

本区分布于横山、榆阳、靖边、吴起、定边、志丹、环县、会宁、原州、西吉、海原、同心、盐池、灵武、中宁等地；我国河南、山西、河北、陕西、甘肃、宁夏、青海等省区均有栽培。

且生长良好；欧洲、高加索、小亚细亚、北非、巴尔干半岛也有分布或栽植。插条繁殖。耐寒性较钻天杨差，其他同钻天杨。为较好的防护林树种。

加拿大杨 Populus canadensis Moench.（图2.21）[陕西树木志]

落叶乔木，高达30m；树皮灰绿色，老时纵裂，暗灰色至褐灰色；大枝微向上斜升。树冠卵形；萌发枝及苗茎棱角明显，小枝近圆柱形或微有棱，黄棕色，光滑或稀有短柔毛；冬芽大，圆锥形，有粘性，先端尖且反曲。叶三角状卵形，长宽约6～20cm，先端渐尖，基部截形或宽楔形，有1～2个腺体或无，边缘半透明，有圆钝锯齿，光滑；叶柄扁，紫红色，长6～10cm。雄花序长约7～15cm，花序轴光滑，每花雄蕊15～25枚，包片淡褐色，丝状深裂，花盘淡黄绿色，花丝细长，超出花盘；雌花序45～50朵，柱头4裂。蒴果卵圆形，长约8mm，先端尖锐，2～3瓣裂。雄株多，雌株少。花期4～5月，果期5～6月。

本区分布于横山、榆阳、靖边、吴起、定边、

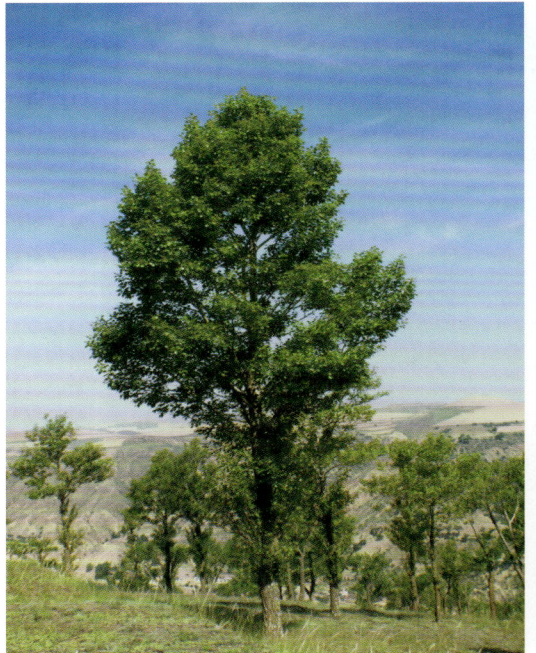

图2.21　加拿大杨（陕西定边新安边）

志丹、环县、会宁、靖远、皋兰、固原、西吉、同心、盐池等地；国内除广东、海南、云南、西藏外，各省区均有引种栽植。木材供造纸、火柴杆、牙签、箱板、家具等用。常作行道树，为良好绿化树种。

旱柳 *Salix matsudana* Koidz.（图 2.22）[中国高等植物图鉴]

乔木；小枝直立或开展，黄色，后变褐色，微有柔毛或无毛。叶披针形，长 5 ~ 8（~ 10）cm，边缘有明显锯齿，上面有光泽，沿中脉生绒毛，下面苍白，有伏生绢状毛；叶柄长 2 ~ 8mm，被短绢状毛；托叶披针形，边缘有具腺锯齿。总花梗、花序轴和其附着的叶均有白色绒毛；苞片卵形，外侧中下部有白色短柔毛；腺体 2 个；雄花序长 1 ~ 1.5cm；雄蕊 2 枚，花丝基部有疏柔毛；雌花序长 12mm；子房长椭圆形，无毛；无花柱或很短。蒴果 2 瓣裂。

本区分布于神木、榆阳、横山、靖边、吴起、志丹、环县、会宁、原州、西吉、海原、同心、灵武等地；国内分布于东北、华北、西北、安徽、江苏、华中、四川等地；朝鲜、日本、俄罗斯（远东地区）也有分布。生于海拔 1 600m 以下的沟谷、河岸及高原。对皮可提制栲胶；枝条可烧炭，可供编织。可作行道树、防护树及庭园树，是优良的防护林树种。为早春蜜源植物。

图 2.22　旱柳（陕西定边新安边）

龙须柳 *Salix matsudana* Koidz.cv. *tortuosa*（图 2.23）

旱柳之变种。落叶乔木，生长势较弱，树体较小。一般高达 6 ~ 8m，树冠圆卵形或倒卵形。树皮灰黑色，纵裂。枝条斜向扭曲伸展，甚为奇特；小枝淡黄色或绿色，无毛，枝顶微垂，无顶芽。叶互生，披针形至狭披针形，先端长渐尖；叶基部楔形，缘有细锯齿，叶背被有白粉；托叶披针形，早落。雌雄异株，柔荑花序，花期 4 月，果 5 月熟。种子细小，基部具白色长毛。

本区分布于榆阳、横山、靖边、定边、吴起、志丹、环县、靖远、会宁、原州、西吉、海原等地；国内主要分布于长江以北各省区，黄河流域为其分布中心。垂直分布于海拔 1 500m 以下。主要用于园林绿化和观赏，其他用途同旱柳。

图 2.23　龙须柳（陕西吴起吴起镇）

图 2.24　北沙柳（陕西神木各丑沟）

北沙柳 *Salix psammophila* C. Wang et Ch. Y. Yang（图 2.24）[陕西树木志]

落叶灌木，高 2～3m。前一年生枝条淡黄色，常在芽附近具短柔毛。叶线形，长 4～8cm，宽 2～4mm，先端渐尖，基部楔形，边缘具疏齿，上面淡绿色，下面灰白色；叶柄长约 1mm。花序长 1～2cm，具短花序和小苞片，轴具柔毛，苞片卵状长圆形，基部有长绒毛；具腹生腺体 1 个；雄蕊 2 枚，花丝合生，基部具毛，花药 4 室，黄色；子房卵圆形，无柄，被绒毛，花柱长约 0.5mm，柱头 2 裂，具展开的裂片。花期 4～5 月，果期 5 月。

本区分布于府谷、神木、榆阳、佳县、米脂、横山、靖边、定边、吴起、环县、靖远、平川、盐池、灵武、同心、中宁、中卫等地；国内分布于甘肃西部、内蒙古等省区。多生于固定沙丘、半固定沙丘、风沙土、典型草原沙质土壤。北沙柳抗风沙，耐瘠薄，易繁殖，是优良的固沙造林树种。

垂柳 *Salix babylonica* L.（图 2.25）[中国植物志]

落叶乔木，高 10m。枝细长，下垂，小枝褐色，无毛，仅幼嫩部分稍被柔毛。叶狭披针形至线状披针形，长 8～16cm，宽 5～15mm，先端渐尖或长渐尖，基部楔形，边缘具细锯齿，表面暗绿色，背面灰绿色，两面无毛；叶柄长 4～7mm，具短柔毛。雄花序长 1～2cm，花序轴披短柔毛，苞片椭圆形，外侧无毛，边缘有睫毛，雄蕊 2 枚，花丝基部具长毛，腺体 2 个；雌花序长达 5cm，苞片狭椭圆形，子房椭圆形，无毛，花柱短，柱头 2 个，具 1 个腹腺。蒴果长 3～4mm，2 瓣开裂。花期 4～5 月，果期 5 月。

本区分布于吴起、志丹、榆阳、靖边、环县、原州、海原、同心、灵武等地；国内北方各省区均有分布，多作行道树及庭院绿化树种。垂柳是优良的绿化树种；木材可供制家具；

图 2.25　垂柳（陕西榆阳）

茎皮纤维可造纸；枝条可供编织；树皮含鞣质，可提取栲胶；须根可治烫伤。

2.1.2　胡桃科 Juglandaceae

胡桃科植物为落叶乔木或灌木。叶互生，稀对生，羽状复叶。花雌雄同株；雌花组成下垂的柔荑花序，具苞片和2枚小苞片，有4枚或少数花被片；雄蕊3枚至多数，花丝短，花药2室，纵裂；雌花单一或数朵组成直立或下垂的穗状或球状花序；花被与子房贴生，上端分裂呈4齿状，或缺；雌蕊1枚；子房下位，常由2个心皮组成，具1粒直立于基底的胚珠；花柱2或1个有2分枝的柱头。核果状的坚果或具翅的坚果，具肉质和纤维质的外果皮。胚大型，无胚乳。

我国有7属24种，南北各省区均产。本区有1属1种。

核桃 *Juglans regia* L.（图2.26）[陕西树木志]

落叶乔木，一般高达10m以上；枝条髓部片状。奇数羽状复叶，长25～30cm，小叶5～11片，椭圆状卵形至长椭圆形，长6～15cm、宽3～6cm，上面无毛，下面仅侧脉腋内有簇毛，小叶柄极短或无。花单性，雌雄同株；雄花序下垂，通常长5～10cm，雄蕊6～30枚；雌花序簇状，直立，通常有雌花1～3枚。果序短，俯垂，有果实1～3个；果实球形，外果皮肉质，不规则开裂，内果皮骨质，表面凹凸或皱褶，有2条纵脊，先端有短尖头，内果皮壁内有不规则空隙，或无空隙而仅有皱褶。花期4～5月，果期9～10月。

本区分布于榆阳、吴起、环县、会宁、原州、海源、西吉、同心等黄土丘陵区；我国从东北到西南各地广泛栽培，品种繁多。多生于海拔2000m以下沟壑谷底、沙堤边及黄土梁

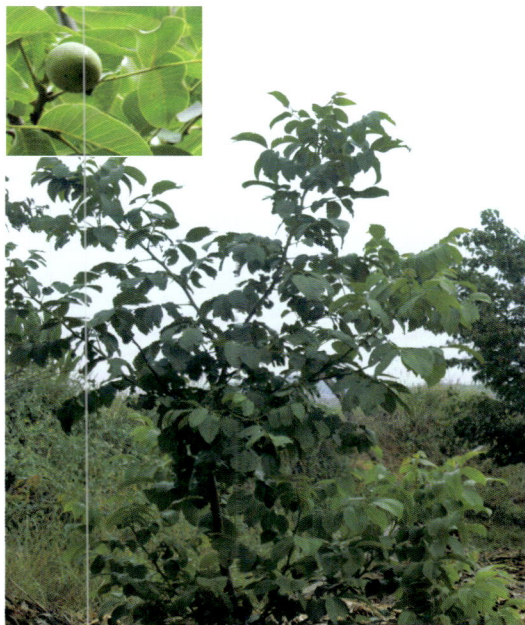

图2.26　核桃（陕西榆阳色草湾）

峁等。种仁含油量高，可食用或榨油；核仁为强壮剂，能治慢性气管炎、哮喘等症；内果皮可制活性炭；外果皮及树皮富含单宁；木材坚实可制枪托。

2.1.3　桦木科 Betulaceae

桦木科植物为落叶乔木或灌木。单叶互生，有早落性托叶。花雌雄同株，罕异株；雄花序下垂呈柔荑状；雌花序下垂呈圆柱状或直立球状，着生于花序轴的小聚伞花序有1枚

苞片，在此苞腋内生第二级分枝，并有 2 枚第二级小苞片和顶生花，在这些小苞内再生 2 条第三级分枝，并各有第三级小苞片和顶生小花；雄花序由 3 朵花组成的聚伞花序构成，雄花具 4 枚细小花被片或无花被，雄蕊一到多枚，花丝短，花药 2 室，纵裂；雌花序由 2 朵花组成的聚伞花序构成，雌蕊 1 枚，子房由 2 个心皮构成，花柱 2 个，线状，各具 1 个柱头。小坚果，具翅或无翅。种子 1 粒，具大而直的胚，无胚乳。

本科共有 6 属 130 多种，主要分布于北半球温带或较寒地区。本区有 2 属 3 种。

虎榛子 *Ostryopsis davidiana* (Baill.) Decne. （图 2.27）[中国高等植物图鉴]

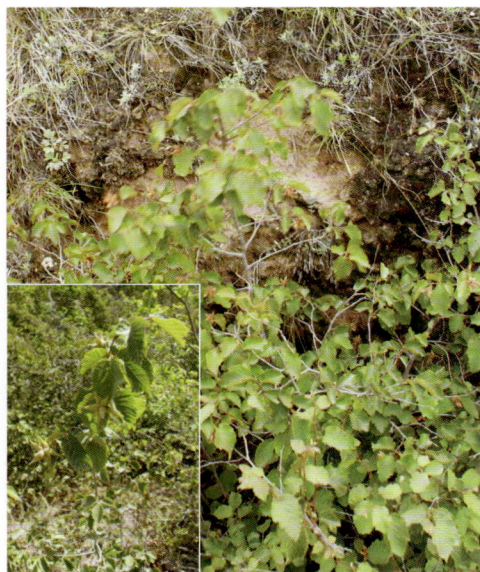

图 2.27　虎榛子（甘肃会宁铁木山）

可以用来编筐。

异名 *Corylus davidiana* Baill.

虎榛子也称胡榛子、棱榆、榛子，灌木。叶宽卵形或椭圆状卵形，长 2 ~ 6.5cm，边缘有重锯齿，中部以上有浅裂，下面密生腺点，两面均疏生柔毛，侧脉 7 ~ 9 对。果 4 至多个聚为总状，下垂；总苞厚纸质，下半部紧包果实，上半部渐狭，长 1 ~ 1.5cm，外面密生短柔毛，先端浅 4 裂，成熟后一侧开裂；坚果宽卵形或近球形，长约 5 ~ 6mm。花期 5 ~ 6 月，果期 7 ~ 8 月。

本区分布于志丹、吴起、会宁、原州、海原、西吉、同心等地；国内分布于辽宁、内蒙古、河北、河南、山西、陕西、甘肃、四川、江苏、安徽、云南等省区。生于海拔 800 ~ 2 500m 的山坡或林中，为黄土高原优势灌木。其树皮含鞣质 6%，叶含鞣质 15%，可提取栲胶；种子含油 10% 左右，榨油可供食用和制皂；叶晒干可作猪饲料，枝条

红桦 *Betula albo-sinensis* Burk. （图 2.28）[中国高等植物图鉴]

落叶乔木，高可达 10 ~ 15m。树皮红褐色，纸状薄层片剥裂；小枝红褐色或紫褐色，无毛，有时疏生树脂腺体。叶厚纸质，卵形至卵状矩圆形，长 5 ~ 10cm，先端渐尖锐，下面无毛或有时微生腋毛，但绝不呈明显黄色硬须状，无腺点；侧脉 10 ~ 14 对。果序单生或 2 ~ 4 个排成总状，圆柱状，长 3 ~ 5.5cm；果苞长 5 ~ 8mm，边缘具毛，中裂片细长，侧裂片斜上伸展略宽于中裂片；小坚果翅膜质，与果近

图 2.28　红桦（宁夏海原南华山）

等宽或较窄。花期 5～6 月，果期 8～9 月。

本区分布于会宁、原州、海原、同心等地；国内分布于河北、陕西、甘肃、青海、湖北、四川、云南等省区。生于海拔 1 500～3 310m 山地向阳的林中，有时成小片纯林。木材可供建筑、细工、家具、枕木等用；树皮可蒸桦皮油和提制栲胶。

白桦 *Betula platyphylla* Suk.（图 2.29）[中国植物志]

落叶乔木，高达 15～20m；树皮白色，呈厚革质层状剥落；小枝红褐色，具圆形皮孔，无毛，有时具腺点。冬芽圆锥形，先端尖，常具树脂。叶三角状卵形或菱状宽卵形，长 3.5～6.5cm，宽 3～6cm，先端渐尖，基部宽楔形或截形，边缘具不规则的重锯齿，叶表面深绿色，无毛，脉间有腺点，背面淡绿色，仅在基部脉腋微有毛，具腺点，叶脉较密，侧脉 5～8 对；叶柄长 1～2.5cm，平滑或具腺点。果序圆柱形，单生叶腋，下垂，长 3～4.5cm；果苞中裂片短，先端尖，侧裂片横出，钝圆，稍下垂；小坚果倒卵状长圆形，果翅较小坚果为宽。花期 5～6 月，果期 8 月。

本区分布于原州、同心、海原、靖远、平川等地，常生于山沟及山坡上，与其他树种混生；国内分布于东北、华北及陕西、河南、甘肃、四川、

图 2.29　白桦（陕西延安）

云南等地。树皮可提取纯焦油，用以治疗外伤及各种斑疹，配合药膏可治皮肤病；木材质地细致，白色，可供建筑、枕木、矿柱、胶合板、火柴杆及薪炭材等用；叶可作黄色染料。

2.1.4　壳斗科 Fagaceae

壳斗科植物为落叶或常绿乔木，稀灌木；芽鳞覆瓦状排列，呈交互对生。单叶互生，具叶柄，全缘或有锯齿或羽状分裂，叶脉羽状，托叶早落。花序直立，穗状，或雄花序为悬垂状柔荑花序，或具总花梗下弯的头状花序；花雌雄同株；雄花花被杯状，4～6 裂，稀 7～9 裂，裂片呈覆瓦状排列；雄蕊常与花被裂片同数或为其倍数，分离，花丝细长，花药 2 室，纵裂；雌花单生或 2～7 朵簇生于具苞片、花后增大的总苞内；花被杯状，4～6 裂，与子房合生，子房下位，2～6 室，每室有胚珠 2 粒，中轴胎座，仅有 1 粒胚珠发育成种子，花柱与子房室同数，宿存于坚果顶端。小坚果，1～3 稀 5 枚同生在 1 个具苞片的总苞内，仅底部与壳斗着生，或与壳斗壁愈合，顶部残存花柱或呈增大的圆锥形突起；壳斗上的苞片呈鳞片、针刺或粗糙突起，螺旋状或轮状排列，分离或覆瓦状紧贴，或轮状排列而愈合成同心环带。种子具丰富的胚，无胚乳。

我国有 5 属，各省区均产。本区产 1 属 1 种。

辽东栎 *Quercus liaotungensis* Koidz.（图 2.30）[中国高等植物图鉴]

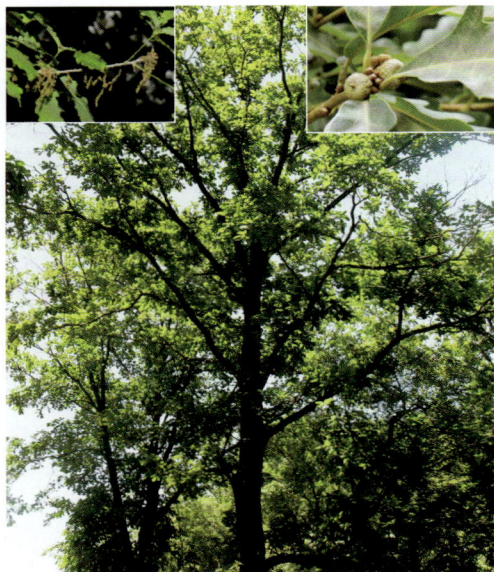

落叶乔木，高 5 ～ 10m；幼枝无毛，灰绿色。叶倒卵形至椭圆状倒卵形，长 5 ～ 17cm，宽 2.5 ～ 10cm，先端圆钝，基部耳形或圆形，边缘有 5 ～ 7 对波状圆齿，幼时沿叶脉有毛，老时无毛，侧脉 5 ～ 7 对；叶柄长 2 ～ 4mm。壳斗浅杯形，包围坚果约 1/3，直径 1.2 ～ 1.5cm，高约 8mm；苞片小，卵形，扁平；坚果卵形至长卵形，直径 1 ～ 1.3cm，长 1.7 ～ 1.9cm，无毛；果脐略突起。花期 5 ～ 6 月，果期 9 ～ 10 月。

本区分布于志丹、吴起、榆中、原州、西吉、同心等地；国内分布于东北、华北及陕西、甘肃、青海、四川等地。常生于海拔 1 200 ～ 2 300m 的山坡丛林、山谷灌丛。种子含淀粉；壳斗、树皮和叶均含鞣质。

图 2.30　辽东栎（陕西延安）

2.1.5　榆科 Ulmaceae

榆科植物为落叶乔木或灌木，芽有覆瓦状鳞片。单叶互生，有锯齿，稀全缘，叶脉羽状或为 3 出脉。花小，两性或雌雄同株，单生或簇生，或排列成聚伞花序；花被钟状，4 ～ 8 浅裂，裂片覆瓦状排列；雄蕊着生于裂片的基部，与裂片同数而对生；花丝离生；花药 2 室，纵裂；子房上位，由 2 个心皮合成，1 ～ 2 室，每室有 1 粒悬垂或侧生胚珠；花柱 2 裂，裂端的内侧为柱头面。翅果、小坚果或核果，常有翅或带有附属物。种子胚直立，子叶扁平，弯曲或对折。

本区产 1 属 3 种 1 变种。

白榆 *Ulmus pumila* L.（图 2.31）[中国高等植物图鉴]

落叶乔木。叶椭圆状卵形或椭圆状披针形，长 2 ～ 8cm，两面均无毛，间或脉腋有簇生毛，侧脉 9 ～ 16 对，边缘多具单锯齿；叶柄长 2 ～ 10mm。花先叶开放，多数呈簇状聚伞花序，生于去年枝的叶腋。翅果近圆形或宽倒卵形，长 1.2 ～ 1.5cm，无毛。种子位于翅果的中部或近上部，柄长约 2mm。本区花期 4 ～ 5 月，果期 5 ～ 6 月。

图 2.31　白榆（陕西吴起长城）

本区分布于定边、靖边、横山、榆阳、佳县、米脂、神木、志丹、吴起、环县、会宁、原州、西吉、海原、同心、盐池等地；国内广布于黄土高原，分布自东北到西北，从华南至西南（长江以南多为栽培）；朝鲜、俄罗斯和日本也有分布。枝皮纤维可代麻制绳、麻袋或作人造棉和造纸原料；皮可制淀粉；嫩果、幼叶可食或作饲料；木材可作家具、农具用材；果实、树皮和叶入药能安神，治神经衰弱、失眠。

垂枝榆 *Ulmus pumila* L. *'Tenue'*（图 2.32）[中国植物志]

垂枝榆为白榆栽培的变种，树干上部主枝不明显，分枝多而密，下垂，树冠呈伞形；树皮灰白色，较光滑；一至三年生枝条下垂而不卷曲或略扭曲，叶深绿色。其他特征同白榆。本区花期 4～5 月，果期 5～6 月。

本区分布于志丹、吴起、定边、靖边、横山、榆阳、神木、府谷、环县、原州、海原、灵武、盐池、同心等地；国内分布于内蒙古、陕西、河南、河北、辽宁、北京等地。垂枝榆抗逆性强，在毛乌素沙地也能正常生长，主要作为园林风景树种，近几年得到各地引种，故实际分布可能远远大于前述范围。

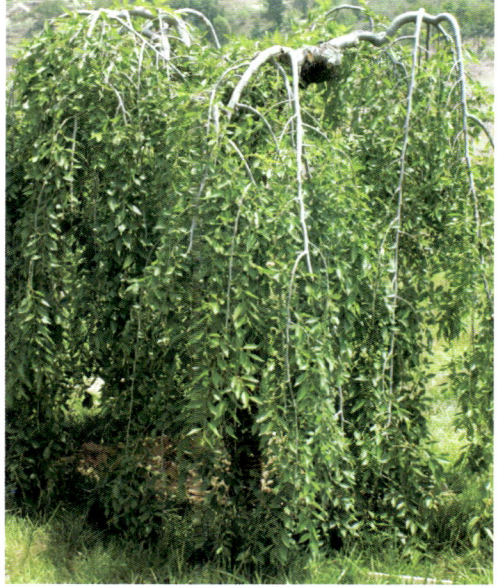

图 2.32　垂枝榆（陕西吴起吴起镇）

春榆 *Ulmus propinqua* Koidz.（图 2.33）

[中国高等植物图鉴]

落叶乔木；小枝幼时密被淡灰色柔毛，萌发枝和幼枝有时具木栓质翅。叶倒卵状椭圆形或椭圆形，长 3～9cm，边缘具重锯齿，侧脉 8～16 对，上面具短硬毛，粗糙，或毛脱落而较平滑，下面幼时密被灰色短柔毛，脉腋有簇生毛；叶柄被短柔毛。花先于叶开放，簇生于去年生的叶腋。翅果长 7～15mm，无毛；种子接近凹缺。花期 4～5 月，果期 5～6 月。

本区分布于吴起、志丹、靖边、横山、榆阳、环县、原州、海原等地；国内分布于东北、华北和西北；朝鲜、俄罗斯、蒙古和日本等国家也有分布。生于海拔 400～2 000m 的山坡、山谷灌丛或混交林中。枝皮可代麻制绳，枝条可编筐；树皮可作榆面或提取栲胶；嫩果可食；木材可作

图 2.33　春榆（陕西榆阳色草湾）

建筑、家具用材；叶可做饲料。

黄榆 *Ulmus macrocarpa* Hance（图 2.34）[中国高等植物图鉴]

图 2.34　黄榆（陕西吴起五谷城）

黄榆亦称大果榆，落叶乔木或灌木状；枝常具两条稀四条规则木栓质翅；小枝淡黄褐色或淡红褐色，有毛。叶宽倒卵形或椭圆状倒卵形，长多为 5 ～ 9cm，先端常突尖，边缘具钝单锯齿或重锯齿，侧脉 8 ～ 16 对，两面被短硬毛，粗糙；叶柄被短柔毛。花簇生于去年枝的叶腋。翅果卵形，长 2.5 ～ 3.5cm，两面和边缘被毛，基部突窄成细柄。种子位于翅果的中部。花期 4 月，果期 5 月。

本区分布于吴起、志丹、靖边、会宁等地；国内分布于东北、华北，陕西、山东、江苏、安徽等地；朝鲜、俄罗斯（远东地区）和蒙古也有分布。生于海拔 1 000 ～ 1 700m 的山坡、沟谷、路旁或灌丛中。皮部纤维柔韧，可代麻制绳；枝条可编筐；幼果可食；木材坚韧、质细密，可制车辆、农具；种子能驱蛔虫、祛痰和利尿。

2.1.6　桑科 Moraceae

桑科植物为落叶、常绿乔木或灌木，有时藤本，稀草本，含乳汁。叶互生，单叶或复叶，全缘或有锯齿及裂片。花小，单性同株或异株，常密集成柔荑花序、头状花序、圆锥花序或肉质花托中空形成隐头花序；雄花被片 2 ～ 6 枚，通常 4 枚，离生或基部稍合生，雄蕊与花被片同数且对生，花药 2 室，纵裂；雌花被片 4 枚，子房上位或下位，常 1 室，含 1 粒胚珠，花柱 2 个，线形。核果或瘦果，通常外包增厚的肉质花被，或肉质部分由于子房基部肥大而成，聚合为一复果——桑椹果，或瘦果包藏于肉质的花托内（称隐花果）。种子具胚乳，胚多弯曲。

我国有 16 属 156 种。本区分布 1 属 1 种。

桑树 *Morus alba* L.（图 2.35）

落叶灌木或小乔木，高达 15m。叶卵形或宽卵形，长 5 ～ 10（～ 20）cm，宽 4 ～ 8cm，先端急尖或钝，基部近心形，边缘有粗锯齿，有时不规则分裂，上面无毛，有光泽，下面脉上有疏毛，并具腋生毛；叶柄长 1 ～ 2.5cm；托叶披针形，早落。花单性，雌雄异株，均为腋生穗状花序；雄花序长 1 ～ 2.5cm，雌花序长 5 ～ 10mm；雄花花被片 4 枚，雄蕊 4 枚，中央有不育雌蕊；雌花花被片 4 枚，结果时变肉质，无花柱或花柱极短，柱头 2 裂，宿存。聚花果（桑椹）长 1 ～ 2.5cm，黑紫色或白色。花期 5 月，果期 6 月。

本区分布于榆阳、横山、米脂、靖边、定边、吴起、志丹、环县、原州、西吉、海原、同心、盐池、灵武等地；黄土高原均有引种或野生；原产我国中部及北部，现由东北至西南各省区均有栽培。朝鲜、日本、蒙古、欧洲也有分布。生于海拔 1 000 ～ 1 500m 的山坡疏林、沟岸、住宅周围。叶饲蚕；木材供雕刻；茎皮纤维好；果生食或酿造；种子含油 30%，供油漆等用。根皮、枝、叶、果入药，清肺热，祛风湿，补肝肾。

图 2.35　桑树（陕西吴起长城）

2.1.7　大麻科 Cannabinaceae

大麻科植物为直立或缠绕草本，无乳汁。叶对生，罕互生，掌状裂。花单性，常异株，雄花圆锥花序，雌花聚生于叶腋。雄花萼片 5 枚，雄蕊 5 枚，与萼片对生。花药纵裂。雌花具 1 膜质短萼管，紧贴子房。子房上位。胚乳核型。坚果或瘦果，有宿存花萼。种子具弯曲或螺旋状的胚和少量胚乳。

本区有 2 属 2 种。

大麻 Cannabis sativa L. （图 2.36）[中国高等植物图鉴]

一年生草本。茎直立，高 1 ～ 3m，有纵沟，密生短柔毛，皮层富纤维。叶互生或下部叶对生，掌状全裂，裂片 3 ～ 11 片，披针形至条状披针形，上面有糙毛，下面密被灰白色

图 2.36　大麻（陕西榆阳色草湾）

毡毛，边缘具粗锯齿；叶柄长 4 ～ 15cm，被短绵毛。花单性，雌雄异株；雄花排列成长而疏放的圆锥形花序，黄绿色，花被片和雄蕊各 5 枚；雌花丛生叶腋，绿色，每朵花外具一卵形苞片，花被退化，膜质，紧包子房。瘦果扁卵形，为宿存的黄褐色苞片所包裹。花期 8 ～ 9 月，果期 9 ～ 10 月。

本区分布于府谷、神木、榆阳、横山、靖边、米脂、志丹、吴起、定边、环县、会宁、靖远、平川、原州、西吉、海源、同心、灵武、盐池等地；原产亚洲西部，适应性强，我国各地均有栽培。多生长于海拔 400 ～ 2 900m 的地区，系极重要的经济作物。茎皮纤维优良，供纺织

用；种子含油 30%，供工业等用；果可镇痉止咳、滋润止痛；花叶油也可药用。

葎草 *Humulus scandens*（Lour.）Merr.（图 2.37）[中国高等植物图鉴]

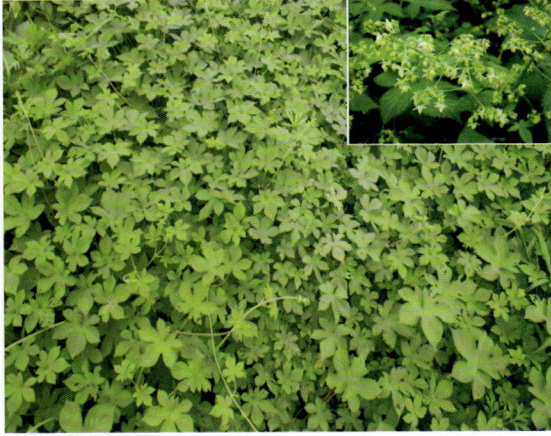

葎草亦称拉拉秧、拉拉藤、五爪龙，一年生或多年生缠绕草本；茎枝和叶柄具有倒钩刺。叶纸质，对生，叶片近肾状五角形，直径 7～10cm，掌状深裂，裂片（3～）5～7 片，边缘有粗锯齿，两面有粗糙刺毛，下面有黄色小腺点；叶柄长 5～20cm。花单性，雌雄异株；雄花小，淡黄绿色，排列成长 15～25cm 的圆锥花序，花被片和雌蕊各 5 枚；雌花排列成近圆形的穗状花序，每 2 朵花外具 1 枚卵形、有白刺毛和黄色小腺点的苞片，花被退化为 1 枚全缘的膜质片。瘦果淡黄色，扁圆形。花期 7～8 月，

图 2.37　葎草（陕西吴起楼坊坪）

果期 9～10 月。

本区分布于神木、榆阳、横山、靖边、定边、吴起、环县、会宁、原州、西吉等地；国内除新疆和青海外全国分布；日本也有分布。常生于海拔 300～2 100m 的山坡、山谷灌丛、荒野、沟边、路旁及住宅四周。茎纤维可供造纸及纺织用；全草药用，味甘苦寒，能清热解毒，利尿消肿等；种子可榨油。

2.1.8　荨麻科 Urticaceae

草本，稀木本，常具螫毛；茎具坚韧纤维。单叶对生或互生，常左右不对称，通常只有托叶。花小形，绿色，单性，雌雄同株或异株，稀两性，常腋生集成聚伞花序；雄花被 2～5 裂，雄蕊与其裂片同数而对生，花丝在蕾中内曲；雌花被 2～5 裂，果时常膨大，子房上位，1 室，花柱单生；柱头头状、画笔状或羽毛状；胚珠 1 粒，基部直生。瘦果或核果；胚直立，胚乳富油质，子叶肉质，卵形至近圆形。

我国有 21 属 200 余种，各地均有分布。本区有 1 属 1 种。

焮麻 *Urtica cannabina* L.（图 2.38）[中国高等植物图鉴]

多年生草木，茎高达 150cm，有棱，生螫毛和紧贴的微柔毛。叶对生，叶片轮廓五角形，长 4～12cm，宽 3.5～12cm，3 深裂或 3 全裂，一回裂片再羽状深裂，两面疏生短柔毛，下面疏生螫毛；叶柄长 2～8cm；托叶离生，狭三角形。雌雄同株或异株。花序长达 12cm，雄花序多分枝；雄花直径约 2mm，花被片 4 枚，雄蕊 4 枚，雌花花被片花后增大，长达 2.5mm，有短柔毛和少数螫毛，柱头画笔头状。瘦果卵圆形，扁平，淡黄色，长约 2mm，光滑，包藏于花被中。花期 7～8 月，果期 9～10 月。

本区分布于志丹、吴起、横山、会宁、环县、原州、海原、同心、西吉等地；国内分布于西北、华北、东北；蒙古、俄罗斯、欧洲也有分布。常生于海拔 800～2 600m 的山坡草地、山谷旁边或沙丘坡上。茎皮纤维可作纺织原料；全草可入药，治风湿、糖尿病等，也可治虫、蛇咬伤之毒。小坚果含油约 20%，供工业用。

2.1.9　马兜铃科
Aristolochiaceae

马兜铃科植物为马草本或攀援灌木。单叶互生，全缘或 3～5 裂，有叶柄。花两性，单生或腋生成簇或排成总状花序；花被单层，辐射对称或左右对称，常为合生的花萼，常呈 3 裂瓣，在

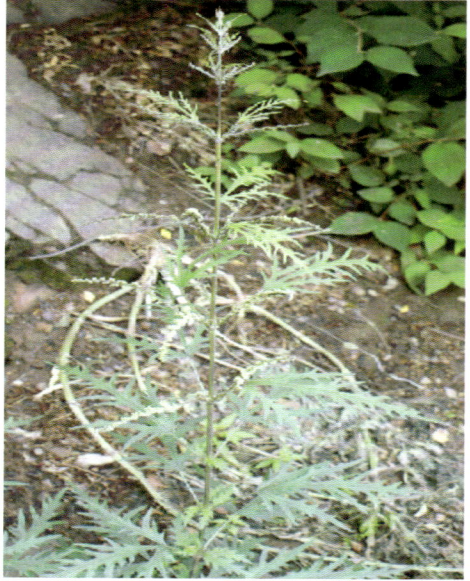

图 2.38　炊麻（甘肃会宁铁木山）

细辛属稀有 3 枚小齿状的内轮花瓣；雄蕊 6 枚至多数，分离或与花柱合生，花药 2 室，纵裂；雌蕊 1 枚，具 4～6 个心皮，子房下位或半下位，具 4～6 室，每室有数粒到多粒胚珠；花柱粗短，柱头与心皮同数。蒴果，胞背或胞间开裂。种子多粒，胚细小，胚乳丰富。

我国有 3 属。本区产 1 属 1 种。

北马兜铃 *Aristolochia contorta* Bunge（图 2.39）[中国高等植物图鉴]

图 2.39　马兜铃（陕西吴起新寨）

多年生攀援草本，全株无毛；茎长达 2m 以上。叶三角状心形至宽卵状心形，长 3～13cm，宽 3～10cm，顶端短锐尖或钝，基部心形，下面略带灰白色；叶柄长 1～7cm。花 3～10 朵簇生于叶腋；花被喇叭状，长 2～3cm，基部急剧膨大呈球状，上端逐渐扩大成向一面偏的侧片，侧片卵状披针形，带暗紫色，顶端渐尖而延长成约 1cm 的线形尾尖；雄蕊 6 枚，贴生于花柱体周围；柱头 6 个。蒴果宽倒卵形至椭圆状倒卵形，长 4～6cm、宽 2～3cm，6 瓣裂开。种子三角状心形，扁平，灰褐色，具小疣点，边缘有膜质翅。花期 6～7 月，果期 8～10 月。

本区分布于榆阳、横山、靖边、定边、吴起、志丹、环县、会宁等地；国内分布于东北及内蒙古、河北、山东、山西、河南、陕西和甘肃等地；朝鲜、前苏联、日本也有分布。生于海拔 500 ～ 1 500m 的山坡灌丛边及沟旁。根、果入药，具祛痰发汗之效。

2.1.10　蓼科 Polygonaceae

蓼科植物为一年或多年生草本，稀灌木。茎直立或缠绕，稀平卧，节常膨大。单叶互生，稀对生或轮生，全缘，稀分裂；叶柄基部略膨大，与托叶鞘或多或少合生；托叶膜质，褐色或白色，鞘状。花两性同株，稀单性异株，整齐，簇生，或花簇组成为穗状花序、头状花序、总状花序及圆锥花序；花梗具关节；花被片 5 枚，稀 3 ～ 6 枚，花瓣状；雄蕊常 8 枚，花盘腺状、环形，有时缺乏；心皮 1 个，子房上位，1 室，含 1 粒直立胚珠；花柱 2 ～ 3 个，离生或基部合生。小坚果，三棱形或两面突起，部分或全部包于宿存的花被内。种子具丰富的粉质胚乳；胚偏于一侧或侧生，子叶扁平。

我国有 11 属 180 多种。本区有 4 属 9 种。

苦荞麦 Fagopyrum tataricum（L.）Gaertn.（图 2.40）[中国高等植物图鉴]

图 2.40　苦荞麦（作物网）

一年生草本，高 50 ～ 90cm。茎直立，分枝，绿色或略带紫色，有细条纹。叶有长柄，叶片宽三角形，长 2 ～ 7cm，宽 2.5 ～ 8cm，顶端急尖，基部心形，全缘；托叶鞘膜质，黄褐色。花序总状；花梗细长；花排列稀疏，白色或淡红色；花被 5 深裂，裂片椭圆形，长约 2mm；雄蕊 8 枚，短于花被；花柱 3 个，较短，柱头头状。瘦果卵形，有 3 条棱，上部锐利，下部圆钝，黑褐色，有 3 条深沟。花期 6 ～ 7 月，果期 8 ～ 9 月。

本区分布志丹、吴起、靖边、定边、横山、环县、原州、同心等地；国内分布广泛，国外广布于欧洲、亚洲、北美洲。我国东北及内蒙、河北、山西、陕西、甘肃、青海、四川、云南、贵州山区多有栽培，有时为野生，通常生于村边、草地。种子供食用或作饲料，花为蜜源植物；全草入药，能除湿止痛、解毒消肿、健胃，主治跌打损伤、腰腿疼痛、疮痈肿毒。

萹蓄蓼 Polygonum aviculare L.（图 2.41）[中国高等植物图鉴]

一年生草本。茎丛生，匍匐或斜升，长 10 ～ 40cm，绿色，有纵沟纹。叶具短柄，叶片长椭圆形、倒卵状披针形或线状披针形，长 1.5 ~ 3cm，宽 5 ~ 10mm，顶端钝或急尖，基部楔形，全缘；托叶鞘膜质，下部褐色，上部白色透明，有不明显脉纹。花腋生，花遍生茎上，常 1 ~ 5 朵簇生于叶腋，花梗短，基部具关节；花被 5 裂，裂深可达花被的一半，裂片椭圆形，长约 2.5mm，绿色，边缘白色或淡红色；雄蕊 8 枚，较花被短；花柱 3 个，甚短，柱头头状。瘦果卵形，有 3 条棱，黑色或褐色，具不明显小点，无光泽。花期 6 ~ 8 月，果期 7 ~ 9 月。

图 2.41　萹蓄蓼（陕西吴起庙沟）

本区分布于志丹、吴起、靖边、定边、横山、环县、会宁、原州、海原、同心、灵武、盐池等地；黄土高原遍布；全国各省区皆产；也分布于欧洲、亚洲、美洲温带地区；为常见的野草。生于海拔 500 ~ 2 600m 的草地、路旁、田边、荒地和滩湿地。全草药用，具清热、利尿、消炎、止泻、解毒和驱虫之效。

图 2.42　木藤蓼（www.cvh.ac.cn）

木藤蓼 *Polygonum aubertii* L. Henry

（图 2.42）[中国高等植物图鉴]

多年生半灌木状藤本。茎缠绕或近直立，初为草质，1 ~ 2 年后变为木质或近木质，长达数米。地下具粗大根状茎，地上茎实心，披散或缠绕，褐色无毛，具分枝，下部木质。单叶簇生或互生，卵形至卵状长椭圆形，长 2 ~ 4.5cm，宽 1 ~ 2.5cm；顶端锐尖，基部戟形，边缘常波状；两面无毛；叶柄长 0 ~ 1.5cm；托叶鞘筒状，褐色。花小，白色或绿白色，花被 5 深裂，成细长侧生圆锥花序，花序轴稍有鳞状柔毛；花梗细，长约 4mm，下部具关节；花被片白色。瘦果卵状三棱形，长约 3mm，黑褐色，包于花被内。花期 6 ~ 7 月，果期 8 ~ 9 月。

本区分布于志丹、靖边、定边、横山、环县、会宁、同心、盐池等地；国内甘肃、内蒙古、山西、河南、青海、宁夏、云南、西藏等省区也有分布；国外有栽培，但无野生。生于海拔 400 ~ 2 800m 的山坡、山谷、河滩水分充足而阴湿的林缘或灌丛。

西伯利亚蓼 *Polygonum sibiricum* Laxm. （图 2.43）[中国高等植物图鉴]

图 2.43　西伯利亚蓼（陕西吴起周湾）

多年生草本，有细长的根状茎。茎斜升或近直立，高 6 ~ 20cm，常自基部分枝。叶有短柄；叶片矩圆形或披针形，近肉质，无毛，长 5 ~ 8cm，宽 5 ~ 15mm，顶端急尖，基部戟形或楔形。花序圆锥状，顶生；苞片漏斗状；花梗中上部有关节；花黄绿色，有短梗；花被 5 深裂，裂片矩圆形，长约 3mm；雄蕊 7 ~ 8 枚；花柱 3 个，甚短，柱头头状。瘦果椭圆形，有 3 条棱，黑色，平滑，有光泽。

本区分布于志丹、吴起、靖边、定边、横山、榆阳、环县、会宁、靖远、原州、西吉、海原、同心、盐池、灵武等地；国内分布于黑龙江、吉林、辽宁、内蒙古、河北、山西、山东、甘肃、四川、云南和西藏等省区；俄罗斯（西伯利亚）、蒙古也有分布。生于海拔 600 ~ 3 000m 的盐碱低洼处或砂质含盐碱土壤。根去皮入药，治水肿。

华北大黄 *Rheum franzenbachii* Münt. （图 2.44）[中国植物志]

华北大黄亦称波叶大黄、河北大黄。多年生草本，高 40 ~ 100cm；根状茎肥厚；茎粗壮，直立，有纵沟，通常不分枝，无毛。叶厚纸质，卵形或阔卵形，长 10 ~ 25cm，宽 7 ~ 20cm，先端钝尖或圆钝，基部心形，缘为波状皱褶，表面绿色，光滑，背面淡绿，被乳突状短毛，基出脉 3 ~ 5 条，粗而明显；基生叶有长柄；叶片卵形或宽卵形，长 7 ~ 12cm，被乳突状短毛；茎生叶较小，有短柄或近无柄；托叶鞘筒状，膜质，暗褐色。大型圆锥状花序不展开，顶生，花序轴粗壮，具纵条纹；花梗纤细，中下部有关节；花白色，较小；花被片 6 枚，成 2 轮，宿存；雄蕊 9 枚，子房 3 棱，花柱 3 个，极短，向下弯曲。瘦果有 3 条棱，宽椭圆形或近圆形，有翅，沿棱生翅，顶端略下凹，基部心形。花期 6 ~ 7 月，果期 8 ~ 9 月。

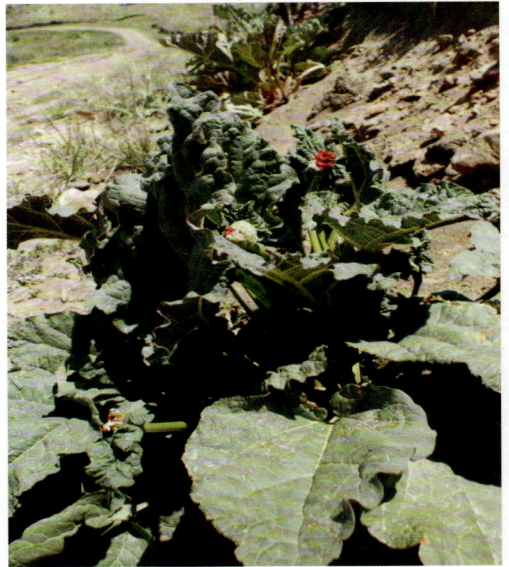

图 2.44　华北大黄（宁夏海原西吉月亮山）

本区分布于靖边、横山、定边、榆阳、环县、会宁、靖远、榆中、海原、原州、同心等地；国内分布于内蒙古、河北、河南、甘肃和新疆等省区。生于海拔 1 000 ~ 2 600m 的山坡草地及山谷水沟旁。根状茎可入药，具健胃、缓泻、清热解毒之效；根可提取栲胶。

河套大黄 *Rheum hotaoense* C. Y. Cheng et T. C. Kao（图 2.45）[黄土高原植物志]

多年生高大草本，茎多挺直，高 80～120cm。根粗壮，坚硬，红褐色。叶纸质，基生叶，叶柄半圆柱状；叶片灰绿色，卵形至宽卵形，先端钝急尖，基部心形，边缘稍波状到稍皱波状，两面光滑无毛；茎生叶较小，叶柄较短或近无柄，叶片卵形至卵状披针形；托叶鞘筒状，抱茎，长 5～8cm，外面粗糙。大型圆锥花序，2～3 次分枝；花较大，序轴粗壮，有细纵条纹，小花梗纤细，中部以下具关节；花被片长椭圆形，背部绿色，具稀网状脉，边缘近白色；雄

图 2.45　河套大黄（陕西靖边中山涧）

蕊 9 枚，与花被近等长，花柱 3 个，极短，柱头头状；雌蕊花柱较短，横展，柱头小，圆头状。果实圆形至近圆形，长宽近相等，具翅。种子宽卵形。花期 6～7 月，果期 7～8 月。

本区分布于靖边、横山、定边、吴起、环县、会宁、靖远、海原、同心、盐池等地；国内分布于陕西、甘肃、青海等省。生于海拔 900～2 700m 的川地、山坡下部及山沟。根具有泻热、消积之功能。

掌叶大黄 *Rheum palmatum* L.（图 2.46）[宁夏植物志]

图 2.46　掌叶大黄（中国药用植物网）

多年生草本。根粗壮，肥厚，皮暗褐色，断面深黄色。茎直立，高达 2m，圆柱形，中空，无毛或被稀疏柔毛。基生叶和下部茎生叶具长柄；叶片宽心形或近圆形，径 30～50cm，掌状浅裂至半裂，基部浅心形，边缘具 3～7 个裂片，裂片多为窄三角形，全缘、有粗锯齿或浅裂片，先端急尖，表面无毛，背面被白色短柔毛，沿叶脉较密；具 3～5 条基出脉；叶柄与叶片近等长或短，被柔毛；上部茎生叶小，有短柄；托叶鞘管状，膜质，淡黄色。圆锥花序顶生，长 10～20cm，被短柔毛；花小，红紫色，数朵簇生；花梗细，长约 3mm，中部以下具关节；花被片 6 枚，排列为两轮，外轮花被片稍小，长椭圆形，内轮花被片椭圆形，长 1.5mm；雄蕊 9 枚，稍长于花被片；花柱 3 个，向下弯曲，柱头头状。小坚果长椭圆形，具 3 条棱，沿棱具翅，果序端微凹陷，基部近心形，棕色。花期 6 月，果期 7 月。

本区分布于靖边、定边、原州、海原、同心、中宁、盐池等地；国内分布于陕西、甘肃、青海、四川等省。根药用，可攻积导滞、泻火解毒、逐瘀通经；含鞣质，可提制栲胶。

羊蹄 *Rumex japonicus* Houtt. （图 2.47）[中国植物志]

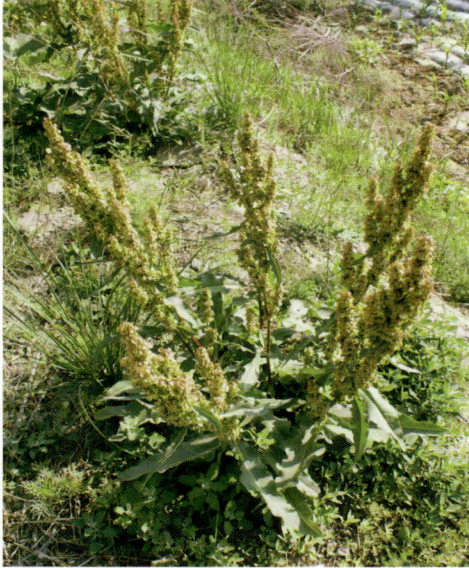

多年生草本，高 60～100cm。根粗大，断面黄色。茎直立，通常不分枝。单叶互生，具柄；叶片长圆形至长圆状披针形，基生叶较大，长 16～22cm，宽 4～9cm，先端急尖，基部圆形至心形，边缘微波状皱褶。总状花序顶生，每节花簇略下垂；花两性，花被片 6 枚，淡绿色，外轮 3 片展开，内轮 3 片成果被；果被广卵形，有明显的网纹，背面各具一卵形疣状突起，表面有细网纹，边缘具不整齐的微齿；雄蕊 6 枚，成 3 对；子房具棱，1 室，1 粒胚珠，花柱 3 个，柱头细裂。瘦果宽卵形，色泽光亮。花期 4 月，果期 5 月。

本区分布于吴起、志丹、靖边、横山、榆阳、原州、同心等地；国内分布于东北、华北、华东、华中、华南、中南以及陕西、四川、贵州等地；朝鲜、日本、俄罗斯等也有分布。生于海拔 1 000～

图 2.47　羊蹄 （陕西吴起吴仓堡）

1 300m 的水边、田边、沟谷、湿地、河滩、涧地、河边、路旁、渠边等。

皱叶酸模 *Rumex crispum* L. （图 2.48）[宁夏植物志]

多年生草本，高 50～70cm。根肥厚，直根或呈分叉状，断面黄色。茎直立，单生，具纵沟纹，带红色。叶片长圆状披针形或披针形，长 15～28cm，宽 2～4cm，先端渐尖，基部楔形，边缘具波状皱褶，两面无毛；叶柄稍短于叶片；托叶鞘膜质，常破裂脱落；上部茎生叶渐小，披针形或狭披针形，有短柄。花两性，多数花簇轮生；花序狭圆锥状，分枝紧密；花梗细，中部以下具关节；外轮花被片椭圆形，长约 1mm，内轮花被片果期增大，宽卵形，先端钝圆，基部心形，边缘具皱褶，网脉明显，全部或仅 1 枚具卵形瘤状物，橘黄色，长约 2mm；雄蕊 6 枚，柱头 3 个，画笔状。小坚果卵状三棱形，包藏于内花被片内。花期 6 月，果期 7 月。

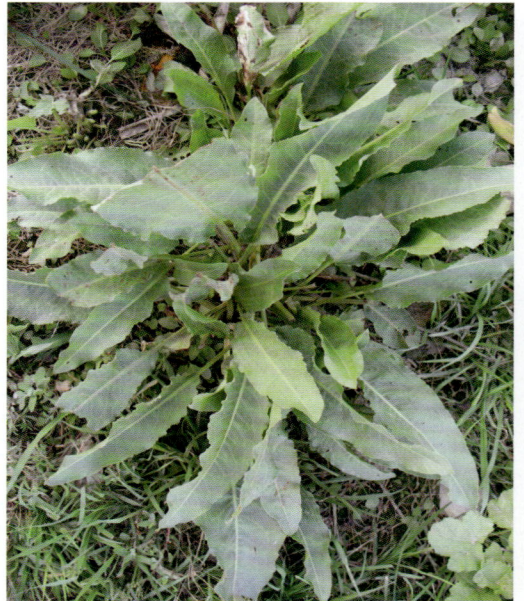

图 2.48　皱叶酸模 （陕西吴起吴仓堡）

本区分布于吴起、志丹、靖边、榆阳、海原、同心、盐池等地；国内分布于东北、华北、西北及四川、云南、广西、福建、台湾等地。多生于田边、路旁、湿地或水边。根、叶入药，能解毒、清热、通便、杀虫、止血，主治便秘和各种顽癣，也可治火烫伤、阑尾炎、慢性肠炎、喉痛、眼结膜炎、白秃、跌打损伤等，还有止血和镇静作用；根含鞣质，可提制栲胶，嫩叶可食。

2.1.11　藜科 Chenopodiaceae

藜科植物为一年或多年生草本，稀小灌木。单叶，互生，稀对生，无托叶。花小，两性或单性，有时雌雄异株，簇生、呈穗状或形成圆锥花序，稀单生；花被片常5枚，稀1～3枚或缺，离生或连合，果期常变成针刺状或翅状附属物；雄蕊与花被片同数而对生，花药2室，花丝线形或锥形，扁平；雌蕊具2～5个结合的心皮；子房上位，球形或扁平，1室，含1粒基生、侧生或弯生胚珠；花柱2（稀3）个，柱头2～4个。胞果，内含1粒直立或横生的种子，胚生于胚乳外围，螺旋状或环状，胚乳粉质、浆质或缺乏。

我国约有40属150种，主要分布于北部各省区。本区有7属15种2变种或变型。

沙蓬 *Agriophyllum squarrosum*（L.）Moq.（图2.49）[中国高等植物图鉴]

沙蓬亦称沙米，一年生草本，高20～50cm。茎由基部分枝，分枝斜升，稍有曲折，坚硬，具条纹，幼时具分枝状毛，后渐光滑，草绿色。叶互生，无柄，披针形至线状披针形，基部渐狭，先端具刺尖，全缘，长2～7cm，宽1～7mm，具分枝状毛，叶脉突出，平行。穗状花序腋生，无柄，苞片卵形，先端渐尖，具小刺尖，后期反折，背面被分枝状毛；花被片3枚，白膜质，雄蕊3枚，花丝锥形，膜质，花药卵圆形；子房具2个柱头。果实卵圆形或椭圆形，两面扁平或背部稍凸，

图2.49　沙蓬（陕西神木各丑沟）

幼时被毛，上部缘具膜质翅，翅先端二叉分歧。种子近圆形，光滑。花、果期8～10月。

本区分布于榆阳、神木、横山、靖边、定边、环县、靖远、平川、海原、同心、盐池、灵武等地的干旱草原、半荒漠、沙丘地带；国内分布于东北及内蒙古、山西、河南、甘肃、青海、新疆、西藏等地；蒙古、俄罗斯、中亚地区等也有分布。生于海拔800～2 600m的流动沙丘或半流动沙丘及河岸沙地，为我国北方常见的沙生植物，也是固定流动沙丘的先锋植物。种子富含淀粉，可食，植株可作牲畜饲料。

滨藜 *Atriplex patens*（Litv.）Iljin（图 2.50）[黄土高原植物志]

图 2.50　滨藜（陕西靖边中山涧）

一年生草本，高 20 ～ 80cm。茎直立，有绿色条纹，上部多分枝，粗壮，圆柱形；枝细弱，斜升。叶互生，茎基部叶近对生，披针形至条形，长 3 ～ 9cm，宽 4 ～ 10mm，先端尖或微钝，基部渐狭，边缘有不规则的弯锯齿或呈全缘，两面略生粉粒。团伞花序集聚成间断的穗状花序，腋生，多数于茎端呈圆锥状；花单性，雌雄同株；雄花花被片 4 ～ 5 枚；雄蕊和花被片同数；雌花无花被，为两个中部以下合生的苞片所包围；果期苞片为三角状菱形，表面疏生粉粒或有时突起，上半部边缘常有齿，下半部全缘。种子圆形或双凸镜形，两侧压扁，红褐色或褐色，光滑，直径 1 ～ 2mm。花、果期 8 ～ 10 月。

本区分布于榆阳、神木、横山、靖边、定边、灵武、盐池、同心等地；广布于我国东北、华北及内蒙古、甘肃、青海、新疆等地；俄罗斯、中亚地区、欧洲东部也有分布。生于海拔 900 ～ 1100m 的轻度盐碱化的河边草地、渠边或沙地。滨藜为有毒植物，全株有毒，有人接触或食后，经强烈日光的照晒，裸露皮肤先有刺痒或麻木感，后引起浮肿，以面部、前臂、手部较明显，严重时浮肿面积扩大，出现瘀斑，由鲜红至灰白色，严重者出现浆液性水泡甚至血疮。

雾冰藜 *Bassia dasyphylla*（Fisch. et. Mey）Kuntge（图 2.51）[黄土高原植物志]

一年生草本，高 10 ～ 40cm，全株被长软毛。茎直立，分枝多，开展，细弱，后渐变硬。叶互生，肉质，线形、披针形或半圆柱形，长 0.5 ～ 1.5cm，宽 0.5 ～ 1mm，无柄。花两性，单生或 2 朵簇生于叶腋，通常仅 1 朵发育；花无柄，花被筒密被长柔毛，上部 5 裂，裂片等长，果期裂片背部具锥刺状附属物，平直，坚硬，形成五角状；雄蕊 5 枚，花丝线形，伸出花被外，花药卵形，子房卵状，具短花柱，柱头较长。胞果卵圆形，上下压扁，包于花被内。种子近圆形，横生，黑褐色；胚马蹄形。花、果期 7 ～ 9 月。

本区分布于榆阳、神木、横山、靖边、定边、吴起、志丹、环县、榆中、会宁、原州、海原、

图 2.51　雾冰藜（陕西吴起铁边城）

同心、盐池、灵武等地；国内分布于东北及内蒙古、河北、山西、山东、新疆、西藏等省区；中亚地区、蒙古也有分布。生于海拔 1 000～2 000m 的山坡、草地、河滩、阶地、盐碱地、沙丘、沙质草地、戈壁等。雾冰藜为固沙先锋植物，也是牲畜的优良饲料。全草入药，能消热祛湿，主治脂溢性皮炎。

尖头叶藜 *Chenopodium acuminatum* Willd.（图 2.52）[黄土高原植物志]

一年生草本，高 20～80cm。茎直立，多分枝，有绿色或紫色条纹；枝通常细弱。叶有短柄；叶片卵形或宽卵形，长 2～4cm，宽 1～3cm，先端圆钝或急尖，具短尖头，基部宽楔形或近截平，全缘，半透明，上面无毛，淡绿色，下面被粉粒，灰白色。花序穗状或圆锥状；花序轴有圆柱状毛；花两性；花被片 5 枚，宽卵形，被红色或黄红色粉粒；果时背部增厚呈五角星状；雄蕊 5 枚，花丝极短。胞果圆形，顶基压扁；种子横生，直径约 1mm，黑色，有光泽，表面有不规则点纹。花期 6～7 月，果期 8～9 月。

本区分布于靖边、吴起、志丹、定边、横山、榆阳、会宁、榆中、靖远、灵武、盐池、同心、海原、原州等地；国内分布于黑龙江、吉林、辽宁、内蒙古、河北、山东、河南、宁夏、青海、新疆等省区；朝鲜、日本、韩国、蒙古、俄罗斯和中亚地区也有分布。生于海拔 800～1 500m 的荒坡、田边、路旁、河岸、沼地等。喜含盐土壤。

图 2.52　尖头叶藜（www.seagle.net.cn）

藜 *Chenopodium album* L.（图 2.53）[中国高等植物图鉴]

藜亦称灰菜、白藜、灰条菜，一年生草本，高 60～120cm。茎直立，粗壮，具棱和绿色或紫红色条纹，多分枝；枝斜上升或开展。叶有长叶柄；叶片菱状卵形至披针形，长 3～6cm，宽 2.5～5cm，先端急尖或微钝，基部宽楔形，边缘常有不整齐的锯齿，下面生粉粒，灰绿色。花两性，数个集成团伞花簇，多数花簇排成腋生或顶生的圆锥状花序；花被片 5 枚，宽卵形或椭圆形，具纵隆脊和膜质的边缘，先端钝或微凹；雄蕊 5 枚；柱头 2 个。胞果完全包于花被内或顶端稍露，果皮薄，和种子紧贴；种子横生，双凸镜形，

图 2.53　藜（陕西吴起长城）

直径 1.2～1.5mm，光亮，表面有不明显的沟纹及点洼；胚环形。花期 6～9 月，果期 7～10 月。

本区分布于靖边、吴起、志丹、定边、横山、榆阳、神木、府谷、环县、会宁、榆中、原州、西吉、海原、盐池等地，广布黄土高原；国内分布于各地，尤以北方最盛；广布于世界热带及温带地区。生于海拔 400～2 900m 的田间、路边、荒地、山坡、宅旁等。幼苗可饲牲畜，也可供食用。全草入药，能止泻痢、止痒；种子可榨油，供食用和工业用。

刺藜 Chenopodium aristatum L.（图 2.54）[中国高等植物图鉴]

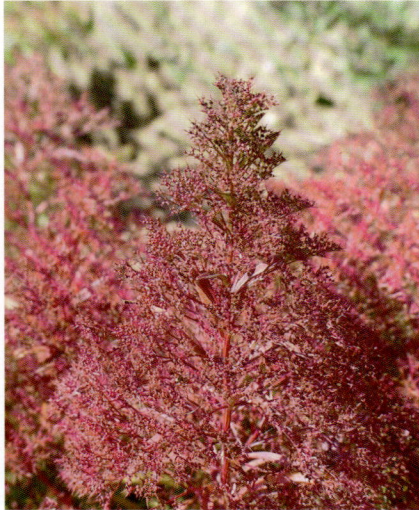

图 2.54　刺藜（www.plantphoto.cn）

一年生草本，高 15～40cm。茎直立，多分枝，有条纹，无毛或生疏毛。叶具短柄；披针形或条形，长 2～5cm，宽 4～10mm，先端急尖或圆钝，基部狭窄，全缘，主脉明显。花序生于枝端和叶腋，为复二歧聚伞花序，最末端的分枝针刺状；花两性，近无柄；花被片 5 枚，矩圆形，先端圆钝或骤尖，背部稍肥厚，绿色，边缘膜质，果时开展。胞果圆形，顶基压扁；果皮膜质。种子横生，圆形，边缘有棱，黑褐色，有光泽。花期 8～9 月，果期 10 月。

本区分布于吴起、志丹、靖边、定边、横山、榆阳、府谷、神木、环县、会宁、榆中、同心、盐池、灵武、吴忠、中宁等地；国内分布于东北及内蒙古、河北、山东、山西、河南、青海、新疆、四川等省区；朝鲜、日本、蒙古、前苏联西伯利亚和中亚地区，欧洲以及北美也有分布。刺藜为田间杂草，常生于海拔 800～2 200m 的荒坡、田间、渠边、路旁、宅院四周。全草入药，可祛风止痒；煎汤外洗，可治荨麻疹及皮肤瘙痒。

无刺藜 Chenopodium aristatum L. f. muticum J. Q. Fu 系刺藜变型，与刺藜的区别是聚伞花序最末端无芒或针状刺，花期 8～9 月，果期 9～10 月。本区分布于吴起、靖边、定边、横山、榆阳、府谷、神木、盐池、同心等地，生于海拔 750～1 950m 的荒坡草坡地、田间、山谷草丛。

菊叶香藜 Chenopodium foetidum Schrad.

（图 2.55）[中国高等植物图鉴]

一年生草本，高 20～60cm，芳香，疏生腺毛。茎直立，具纵条纹；分枝斜升。叶具叶柄；叶片矩圆形，长 2～6cm，宽 1.5～3.5cm，羽状浅裂至深裂，上面深绿色，下面浅绿色，两面被短柔毛和棕黄色的腺点。花两性，单生于两歧分枝叉处和枝端，形成 2 歧聚伞花序，多数 2 歧聚伞花序再集成塔形圆锥状花序；花被片 5 枚，背面有刺突状的隆脊和

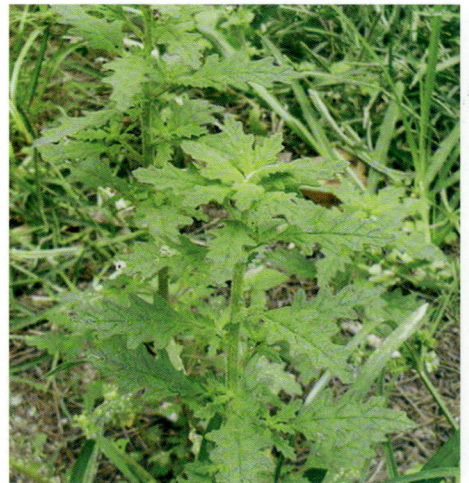

图 2.55　菊叶香藜（陕西吴起长城）

黄色腺点，果后花被开展；雄蕊 5 枚。胞果扁球形，果皮薄，与种子紧贴。种子横生，直径 0.5 ~ 0.8mm；种皮硬壳质，红褐色至黑色，有网纹；胚半环形。花期 7 ~ 9 月，果期 9 ~ 10 月。

　　本区分布于吴起、靖边、定边、横山、榆阳、府谷、神木、会宁、榆中、靖远、平川、海原、原州、盐池等地；国内分布于辽宁、内蒙古、河北、山西、青海、四川、云南和西藏等省区；亚洲、非洲和欧洲都有分布。常生于海拔 1 000 ~ 3 500m 的林缘、山坡草地、荒地、河岸、路旁和宅旁等。

灰绿藜 *Chenopodium glaucum* L.（图 2.56）[黄土高原植物志]

　　一年生草本，高 10 ~ 50cm。茎自基部分枝；分枝平卧或上升，有绿色或紫红色条纹。叶矩圆状卵形至披针形，长 2 ~ 4cm，宽 6 ~ 20mm，先端急尖或钝，基部渐狭，边缘有波状齿，上面深绿色，下面灰白色或淡紫色，密生粉粒。花两性兼有雌性，簇生于叶腋成团伞花序，多数于茎、枝端部排成通常较短、间断的穗状花序或呈圆锥状；花被片 3 或 4 枚，肥厚，基部合生；雄蕊 2 ~ 3 枚，内藏。胞果伸出花被外，果皮薄，黄白色。种子扁球形，横生，稀斜生，直径约 0.7mm，赤黑色或暗黑色，表面具细纹。花期 6 ~ 9 月，果期 7 ~ 10 月。

图 2.56　灰绿藜（陕西吴起吴起镇）

　　本区分布于吴起、志丹、靖边、定边、横山、榆阳、神木、会宁、榆中、环县、原州、海原、同心、盐池、灵武等地；广布于我国的东北、华北、华中、西北；广布南北半球的温带地区。生于海拔 600 ~ 2 800m 的农田、沙滩、河岸、山坡荒地、路旁等轻度含盐碱的地带。茎、叶可提取皂素，还可作饲料。

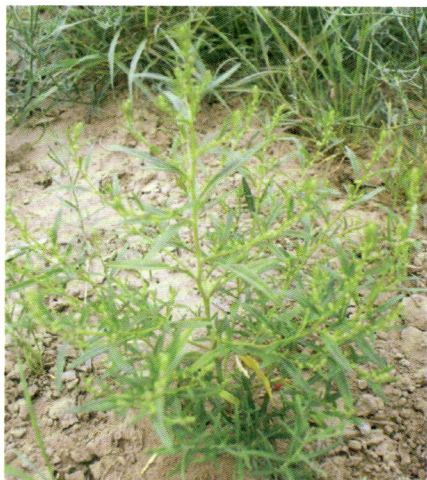

图 2.57　圆头藜（陕西吴起长城）

圆头藜 *Chenopodium strictum* Roth（图 2.57）[黄土高原植物志]

　　一年生草本，高 20 ~ 20cm。茎直立或斜升，稀不分枝，具纵条纹和绿色色条。叶卵状长圆形至长圆形，长 1.5 ~ 4cm，宽 0.8 ~ 2cm，先端圆钝或近圆形，无短尖头，基部楔形或宽楔形，缘具疏波状齿，或茎上部叶近全缘，两面均被粉粒且背面较密；叶柄长 1 ~ 2cm，茎上部叶柄短或近无。花两性，簇生于茎枝端，多数聚集成间断的穗状圆锥花序；花被片 5 枚，卵形，先端尖，边缘膜质，黄色，中央绿色，微突起，被粉粒；柱头 2 个。宿存花被果时开展；胞果顶基扁圆形,果皮与种子贴生。种子黑色或黑红色,具光泽,表面略有浅沟纹,缘具棱。花、果期 7 ~ 9 月。

　　本区分布于榆阳、横山、靖边、定边、吴起、志丹、环县、盐池、永宁、贺兰山等地;国内还分布于内蒙古、新疆等;伊朗、欧洲、美洲也有分布。

蒙古虫实 *Corispermum mongolicum* IIjin（图 2.58）[黄土高原植物志]

图 2.57　蒙古虫实（陕西吴起周湾）

　　蒙古虫实亦称棉蓬,一年生草本,高 20 ~ 30cm。茎直立,圆柱形,被毛或脱落无毛,由基部向上部分枝,枝斜展或平卧。叶线形或线状倒披针形,长 1.5 ~ 4cm,宽 0.2 ~ 0.5cm,先端尖,具短尖,基部渐狭,全缘,初被毛,后脱落,中脉明显;无叶柄。穗状花序顶生或侧生,排列疏松,圆柱形,长 3 ~ 6cm,直径 2 ~ 3mm;苞片狭披针形至卵形,先端渐尖,基部渐狭,被毛,具窄膜质边缘,中脉明显,全部掩盖果实;雌蕊 1 ~ 5 枚,外露。果实较小,长圆状宽椭圆形,通常 2mm,宽 1 ~ 1.5mm,先端圆形,基部楔形,背面凸起,腹面凹入,黑褐色至锈褐色,无毛,具光泽和瘤状突起,果喙短,果翅极窄或无翅,全缘。花、果期 7 ~ 9 月。

　　本区分布于府谷、神木、榆阳、横山、靖边、定边、吴起、环县、会宁、靖远、平川、同心、盐池、灵武、吴忠等地;国内分布于内蒙古、青海、甘肃、新疆等省区;蒙古、俄罗斯亦有分布。生于海拔 1 000 ~ 2 300m 的干旱山坡、沙地、梁峁及半荒漠、荒漠草原。

地肤 *Kochia scoparia* (L.) Schrad.（图 2.59）[中国高等植物图鉴]

　　地肤亦称扫帚菜。一年生草本,高 50 ~ 100cm。茎直立,多分枝。分枝斜升,淡绿色或浅红色,生短柔毛。叶互生,披针形或条状披针形,长 2 ~ 5cm,宽 3 ~ 7mm,两面生短柔毛。花两性或雌性,通常单生或 2 个生于叶腋,集成稀疏的穗状花序;花被片 5 枚,基部合生,果期自背部生三角状横突起或翅;雄蕊 5 枚;花柱极短,柱头 2 个,线形。胞果扁球形,果皮膜质,包于花被内。种子横生,扁平,具光泽。花期 6 ~ 9 月,果期 8 ~ 10 月。

　　本区分布于靖边、吴起、志丹、定边、横山、

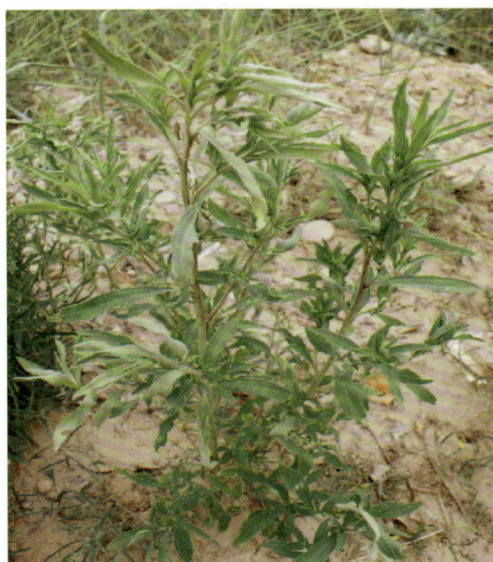

图 2.59　地肤（陕西吴起吴起镇）

榆阳、神木、环县、会宁、榆中、海原、西吉、原州、同心、盐池、灵武等地；遍布黄土高原；亚洲、非洲北部、欧洲均有分布。多生于海拔 2 000m 以下的荒山坡、田边、路旁等。种子称"地肤子"，为利尿剂，能清湿热，治尿痛、尿急、小便不利以及荨麻疹；外用治皮肤癣和阴囊湿疹。嫩茎、嫩叶可食。

碱地肤 *Kochia scoparia* var. *sieversiana* Ulbr. ex Aschers. et Graebn. （图 2.60）[黄土高原植物志]

碱地肤为地肤之变种，区别在于有时无毛，花被片背面横生 5 个圆形或椭圆形斜翅，翅具明显脉纹。一年生草本，高 10 ~ 60cm；茎直立，自基部分枝，枝斜升，黄绿色或稍带浅红色，枝上端密被白色柔毛，中、下部无毛，秋后植株全部变为红色。叶互生，无柄，倒披针形、披针形或条状披针形，长 2 ~ 5cm，宽 3 ~ 5mm，先端尖或稍钝，全缘，两面有毛或无毛。花两性或雌性，通常 1 ~ 2 朵集生于叶腋的束状密毛丛中，多数花于枝上端排列成穗状花序。花被片 5 枚，花被片背部横生出 5 个圆形或椭圆形的短翅，翅具明显脉纹，顶端边缘具钝圆齿。胞果扁球形，包于花被内。

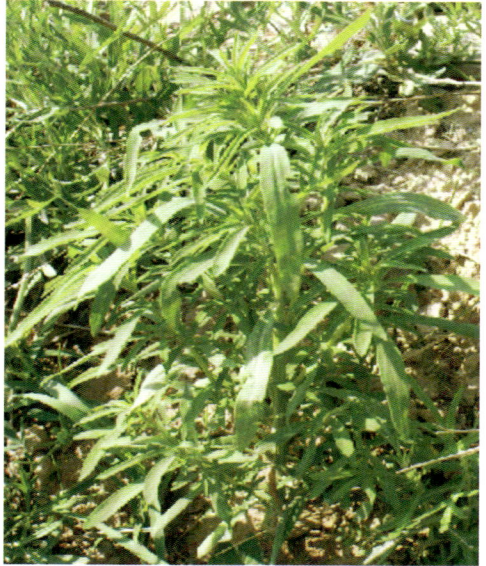

图 2.60　碱地肤（陕西吴起马湾）

本区分布于靖边、吴起、志丹、定边、横山、榆阳、神木、环县、原州、同心、盐池、灵武等地；国内分布于东北、华北、西北各地。常生于海拔 1 000 ~ 2 000m 的荒山、草地、田边、路旁。为羊、骆驼的优良饲料；叶幼嫩时可食用；果实及全草入药，果实有清热、祛风、利尿、止痒的功效。种子含油 15% 左右，供食用或工业用。

图 2.61　扫帚菜（陕西吴起马湾）

扫帚菜 *Kochia scoparia* f. *trichophylla* (Hort.) Schinz. et Thell. （图 2.61）

扫帚菜为地肤之变型，与地肤之区别是分枝多而紧密向上，植株外形呈卵形或倒卵形；叶线形，秋季变红褐色。其他特征同地肤。春、夏季植株绿色，秋季变为红色。

本区分布于靖边、吴起、志丹、定边、横山、榆阳、神木、府谷、环县、会宁、榆中、海原、西吉、原州、同心、中宁、盐池、灵武等地；黄土高原遍布。其他与地肤一致。

猪毛菜 *Salsola collina* Pall.（图 2.62）[中国高等植物图鉴]

一年生草本，高 30 ～ 100cm。枝淡绿色，生稀疏的短糙硬毛或无毛。叶丝状圆柱形，肉质，生短糙硬毛，长 2 ～ 5cm，宽 0.5 ～ 1cm，先端有硬针刺。穗状花序，生于枝条上部；苞片宽卵形，先端具硬针刺；小苞片 2 枚，狭披针形，比花被长；花被片 5 枚，膜质，披针形，长约 2mm，果后于背部生短翅或革质突起；花药矩圆形，顶部无附属物；柱头丝形，长为花柱的 1.5 ～ 2 倍。胞果倒卵形，果皮膜质。种子横生或斜生，直径 1.5mm，顶端平；

图 2.62 猪毛菜（陕西榆阳色草湾）

胚螺旋状；无胚。

本区分布于靖边、吴起、志丹、定边、横山、榆阳、神木、环县、会宁、靖远、榆中、海原、原州、同心、中宁、盐池、灵武等地；国内分布于东北、华北、陕西、甘肃、青海、四川、西藏和云南等地；朝鲜、蒙古、前苏联、欧洲、印度北部也有分布。生于田边、路旁、荒草地、沟谷淤地、涧地和含盐碱的沙质土壤上。全草入药，味淡、性凉，有润肠通便之效；主治高血压、眩晕、失眠、肠燥便秘等。

薄翅猪毛菜 *Salsola pellucida* Litv.（图 2.63）[黄土高原植物志]

薄翅猪毛菜亦称沙蓬，一年生草本，高 20 ～ 60cm。茎直立，绿色，多分枝；茎、枝粗壮，有白色条纹，密生短硬毛。叶片半圆柱形，长 1.5 ～ 2.5cm，宽 1.5 ～ 2mm，先端有长刺状尖。花序穗状；苞片比小苞片长；花被片平滑或粗糙，果时变硬，自背面的中下部生翅；翅薄膜质，无色透明，3 个为半圆形，有数条粗壮而明显的脉，2 个较狭窄，花被果时（包括翅）直径 7 ～ 12mm；花被片在翅以上部分，顶端有稍坚硬的刺状尖或为膜质的细长尖，聚集成细长的圆锥体；柱头丝状，比花柱长。种子横生。花期 7 ～ 8 月，果期 8 ～ 9 月。

图 2.63 薄翅猪毛菜（陕西吴起周湾）

本区分布于靖边、吴起、志丹、定边、横山、榆阳、神木、环县、会宁、榆中、靖远、同心、盐池、灵武、海原、沙坡头、中宁等地；国内分布于新疆、甘肃、青海及内蒙古等省区；蒙古南部、中亚地区、高加索地区也有分布。生于海拔1 100～1 800m的山坡、草地、戈壁滩、山沟及河滩。

碱蓬 *Suaeda glauca* (Bunge) Bunge（图 2.64）[中国高等植物图鉴]

碱蓬亦称灰绿碱蓬。一年生草本，高40～80cm。茎直立，浅绿色，具条纹，上部多分枝；枝细长，斜升或展开。叶无柄，条状丝形，半圆柱形或略扁平，灰绿色，长1.5～5cm，宽1.5mm，被粉粒；茎上部叶渐变短。花两性，单生或通常2～5朵簇生，有短柄，排列成聚伞花序；小苞片短于花被；花被片5枚，矩圆形，果期花被增厚呈五角星状；雄蕊5枚；柱头2个。胞果扁平。种子近圆形，横生或直生，有颗粒状点纹，直径约2mm，黑色，胚乳较少。花、果期7～9月。

图 2.64　碱蓬（www.CVH.ac.cn）

本区分布于靖边、吴起、志丹、定边、横山、榆阳、神木、海原、同心、中卫、灵武等地；国内分布于黑龙江、内蒙古、山西、山东、河南、浙江、江苏、青海、新疆等省区；俄罗斯（西伯利亚）、蒙古、朝鲜、日本等也有分布。生于海拔2 000m以下的沙地、洼地、河滩、荒野等盐碱地。种子含油25%，可供食用，可制油漆、油墨和涂料。

2.1.12　苋科 Amaranthaceae

苋科植物为一年或多年生草本，稀灌木。茎直立或伏卧。单叶，互生或对生，具柄，全缘或有不明显的锯齿。花两性，稀单性，小形，绿色、白色、淡红色，稀黄色；花序密集成聚伞花序，复形成穗状或圆锥状花序，稀头状；苞片及2枚小苞片干膜质，小苞片稀呈钩状；花被片3～5枚，常干膜质；雄蕊1～5枚，与花被片对生，花丝离生或基部或多或少愈合；心皮2～3个，合生；子房上位，1室，柱头头状或2～3裂，胚珠1至多粒，直立或半倒生。胞果，稀浆果或蒴果。种子直立，两面凸形，具光泽，种皮脆硬；胚环状或马蹄铁形，胚乳粉质。

本科我国有12属50多种，各省均产。本区产1属3种。

反枝苋 *Amaranthus retroflexus* L.（图 2.65）[中国高等植物图鉴]

一年生草本，高20～80cm；茎直立，稍具钝棱，密生短柔毛。叶菱状卵形或椭圆卵形，

图 2.65 反枝苋（陕西吴起吴起镇）

长 5 ~ 12cm，宽 2 ~ 5cm，顶端微凸，具小芒尖，两面和边缘有柔毛；叶柄长 1.5 ~ 5.5cm。花单性或杂性，集成顶生和腋生的圆锥花序；苞片和小苞片干膜质，钻形，花被片白色，具一淡绿色中脉；雄花的雄蕊比花被片稍长；雌花花柱 3 个，内侧有小齿。胞果扁球形，小，淡绿色，盖裂，包裹在宿存花被内。种子扁球形，黑色，具光泽。花期 6 ~ 8 月，果期 9 ~ 10 月。

本区分布于府谷、神木、榆阳、佳县、米脂、横山、靖边、定边、吴起、志丹、环县、会宁、榆中、靖远、兰州、原州、海原、同心、盐池、灵武、中宁、皋兰等地；国内分布于东北、内蒙古、河北、山西、河南、陕西、甘肃、新疆及长江流域各地；原产美洲热带，现遍及热带及温带地区。生于海拔 350 ~ 1 700m 的山坡草地、山谷沟边、灌丛下、路旁、荒地、田边等，为田间杂草。嫩茎叶为野菜，也可作饲料。

绿苋 *Amaranthus tricolor* L.（图 2.66）[中国高等植物图鉴]

一年生草本，高 60 ~ 150cm；茎粗壮，具纵条纹，通常分枝，有毛或无毛。叶纸质，卵形、宽卵形、菱状卵形至披针形，长 4 ~ 10cm，宽 2 ~ 7cm，除绿色外，常呈红色、紫色、黄色或绿紫杂色，无毛；叶柄长 2 ~ 6cm。花单性或杂性，雌、雄花混合簇生成间断的穗状花序，顶生花序较长，呈尾状下垂，各穗状花序在茎端或上部聚集呈圆锥状，淡红色；苞片和小苞片卵状披针形，膜质，背面中埋突起；花被 3 枚，倒披针形、狭倒卵形或长圆形，先端具芒尖；雄蕊 3 枚，外露与花被等长；柱头 3 裂，线形向外反曲。胞果矩圆形，盖裂。种子近圆形，两面凸，黑色，光亮。花期 6 ~ 7 月，果期 8 ~ 9 月。

本区分布于神木、榆阳、横山、靖边、定边、吴起、志丹、环县、会宁等地；全国各地均有栽培；原产印度，日本、中亚和亚洲南部。嫩茎叶为蔬菜；全草药用，有解毒、

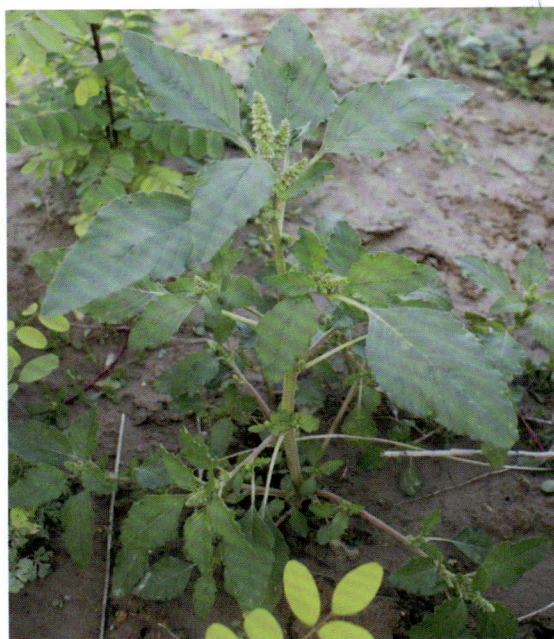

图 2.66 绿苋（陕西吴起吴起镇）

祛寒、利大小便之功效；种子可治眼疾。

凹头苋 *Amaranthus lividus* L. （图 2.67）[中国高等植物图鉴]

一年生草本，高 10 ～ 30cm，全株无毛；茎平卧而上升，基部分枝，微铺散开，斜升，具纵条纹。叶纸质，卵形或菱状卵形，长 1.5 ～ 4.5cm，宽 1 ～ 3cm，顶端钝圆而有凹缺，基部宽楔形，表面绿色，背面淡绿；叶柄长 1 ～ 3.5cm。花单性或杂性，茎顶端为直立圆锥花序，或多数集聚成圆锥状花序，中下部花簇生于叶腋；苞片和小苞片干膜质，矩圆形；花被片 3 枚，膜质，矩圆形或披针形；雄蕊 3 枚。胞果卵形，略扁，长 3mm，不开裂，略皱缩，近平滑，超出宿存花被片。花期 7 ～ 8 月，果期 8 ～ 9 月。

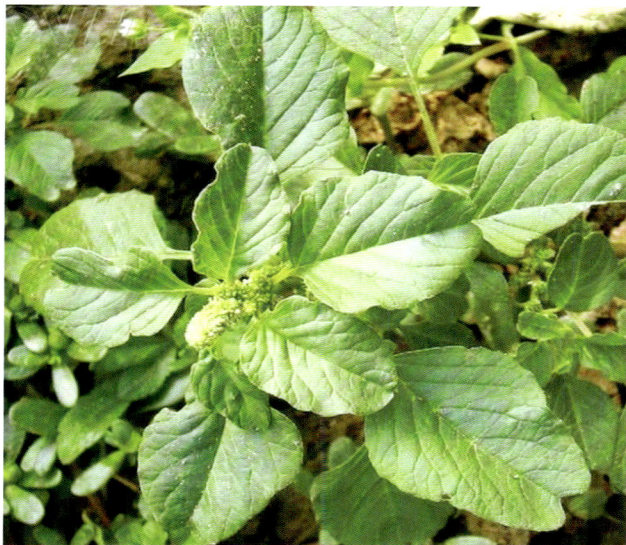

图 2.67　凹头苋（www.plant.ac.cn）

本区分布于神木、榆阳、横山、靖边、定边、吴起、志丹等地；国内分布于山西、吉林、河北、河南、陕西、甘肃、江西、四川、湖北等省区；日本、欧洲、北非和南美也有分布。生于海拔 300 ～ 1 600m 的山坡、田野、路旁、村庄周围。茎、叶可作猪饲料；全草入药，具缓和止痛、收敛、利尿、解热剂功效、种子具明目、利大小便、祛寒热的功效；鲜根有清热解毒作用。

2.1.13　马齿苋科 Portulacaceae

马齿苋科植物多为草本，通常肉质，稀亚灌木。单叶互生或对生，全缘；托叶干膜质。花两性，单生或成圆锥花序、头状花序、卷尾花序；萼片 2 片，稀 5 片，离生或基部与子房合生，覆瓦状排列；花瓣 4 ～ 5 枚，离生或基部略连合，覆瓦状排列；雄蕊 4 ～ 8 枚，稀多数，花丝线形，花药 2 室；子房上位或下位，1 室，含 2 至多粒胚珠；花柱线形，柱头 2 ～ 9 裂；胚珠半倒生，着生子房基部。蒴果近膜质，盖裂或 2 ～ 3 瓣裂稀不开裂。种子多数，稀 2 粒，胚环形，胚乳粉质。

本科我国有 3 属，分布于南北各省。本区产 1 属 1 种。

马齿苋 *Portulaca oleracea* L. （图 2.68）[中国高等植物图鉴]

一年生肉质草本，通常匍匐，无毛；茎带紫色。叶楔状矩圆形或倒卵形，长 10 ～ 25mm，宽 5 ～ 15mm。花 3 ～ 5 朵生于枝顶端，直径 3 ～ 4mm，无梗；苞片 4 ～ 5 枚，膜质；萼片 2 片；花瓣 5 枚，黄色；子房半下位，1 室，柱头 4 ～ 6 裂。蒴果圆锥形，

图 2.68　马齿苋（陕西吴起楼坊坪）

盖裂；种子多数，肾状卵形，直径不及 1mm，黑色，有小疣状突起。花期 5～8 月，果期 6～9 月。

本区分布于府谷、神木、榆阳、横山、靖边、定边、吴起、志丹、环县、会宁、原州、西吉、海原、同心、中宁等地；遍布中国全境；也广布于全世界温带和热带地区。生于海拔 2 000m 以下河流两岸的田间、地边、路旁、河滩，苗圃地最常见。全草入药，清热解毒，治菌痢；可作野菜及饲料。

2.1.14　石竹科 Caryopyllaceae

石竹科植物多为草本，稀亚灌木。茎常具膨大的节。单叶对生，全缘或稍有锯齿，基部常连合。花两性稀单性，整齐，辐射对称，有些属花分为二型，除普通花外有闭锁花（即闭花受精花），组成聚伞花序，罕为单生或头状；花萼 4～5 片，离生或基部连合成筒状，常具膜质边缘；花瓣 4～5 枚，常具爪，白色或粉红色；雄蕊与花瓣同数而互生，或是花瓣的两倍；花药 2 室，纵裂；花盘小，环状。子房上位，1 室或于基部分隔成不完全的 3～5 室；花柱 2～5 个，离生或基部连合成单花柱；胚珠 2 至多粒，着生于特立中央胎座或基生胎座上。果为蒴果及胞果，稀为浆果。种子 1 至多粒，罕单生，肾状球形至倒卵形或在一侧略扁，胚常弯曲，绕于胚乳四周，胚乳位于种子的中心。

本科遍布全球，尤以温带和寒带多；我国有 31 属 300 种。本区产 4 属 7 种。

石竹 *Dianthus chinensis* L.（图 2.69）[中国高等植物图鉴]

多年生草本，高 20～30cm。茎簇生，直立，无毛。叶条形或宽披针形，有时为舌形，长 3～5cm，宽 3～5mm。花顶生于分叉的枝端，单生或对生，有时呈圆锥状聚伞花序；花下具 4～6 枚苞片；花萼圆筒形，萼齿 5 个；花瓣 5 枚，鲜红色、白色或粉红色，瓣片扇状倒卵形，边缘有不整齐浅齿裂，喉部有深色斑纹和疏生须毛，基部具长爪；雄蕊 10 枚；子房矩圆形，花柱 2 个，丝形。蒴果矩圆形。种子灰黑色，卵形，略扁，缘有狭翅。

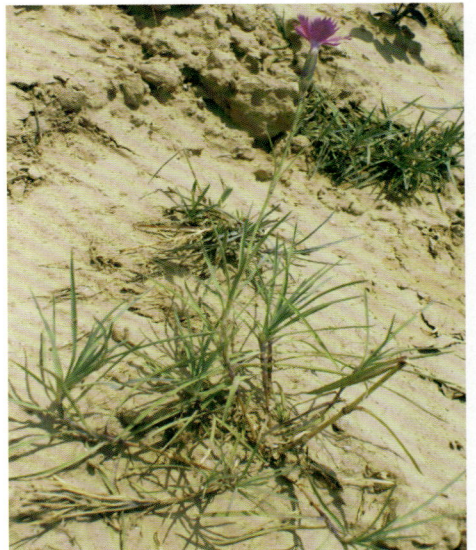

图 2.69　石竹（陕西吴起吴起镇）

本区分布于吴起、志丹、定边、靖边、榆阳、环县、会宁、榆中、原州、海原、西吉等地；国内分布于东北、华北、西北和长江流域；朝鲜也有分布。生于海拔 400 ~ 2 600m 山坡、灌丛、丘陵、草地、田边或路旁。现世界广泛栽培。全草入药，清热利尿，破血通经，散瘀消痈；亦可观赏。

瞿麦 *Dianthus superbus* L.（图 2.70）[中国高等植物图鉴]

多年生草本，高 50 ~ 60cm，有时更高。茎丛生，直立，无毛，上部分枝。叶条形至条状披针形，顶端渐尖，基部成短鞘围抱于节上，全缘。花单生或成对生于枝端，或数朵集生成稀疏叉状分歧的圆锥状聚伞花序；萼筒长 2.5 ~ 3.5cm，粉绿色或常带淡紫红色晕，花萼下有宽卵形苞片 4 ~ 6 枚；花瓣 5 枚，粉紫色，顶端深裂成细线条，基部呈爪状，具须毛；雄蕊 10 枚；花柱 2 个，丝形。蒴果长筒形，与宿存萼等长，顶端 4 齿裂。种子扁卵圆形，边缘有宽于种子的翅。花期 6 ~ 9 月，果期 8 ~ 10 月。

本区分布于会宁、榆中、兰州、原州、海原、西吉等地；国内广布于东北、华北、西北、华中、华东及福建、广西、四川、云南等地；日本、朝鲜、蒙古、俄罗斯、哈萨克斯坦以及欧洲也有分布。生

图 2.70　瞿麦（药用植物网）

于海拔 800 ~ 2 800m 山坡、峁顶、沟谷、林下、草丛或岩石缝中。全草入药，具清热、通经、利尿之功效；亦可作兽药；还可作农药，与肥皂制成合剂，能杀伤菜青虫、地老虎等害虫，亦可栽培作庭园观赏植物。

细叶石头花 *Gypsophila licentiana* Hand.-Mazz.（图 2.71）

多年生草本，株高 20 ~ 50cm。茎细，光滑，上部分枝。叶线形，长 1 ~ 3cm，宽 1 ~ 3mm，先端具尖，边缘粗糙，基部联合成短鞘。顶生聚伞花序，花密集；花梗 2 ~ 3（10）mm，略带紫色；苞片三角形，渐尖，边缘白色，膜质，具短缘毛；花萼狭钟形，具 5 条黑紫色脉，脉间白色，膜质，齿裂达 1/3，卵形，渐尖；花瓣三角状楔形，白色，长为萼片 1.5 ~ 2 倍，先端微凹；雄蕊短于花瓣，花丝线形，不等长；子房卵球形，花柱短。蒴果略长于宿存萼。种子肾圆形，具疣状突起。花期 7 ~ 9 月，果期 8 ~ 10 月。

本区分布于吴起、靖边、志丹、横山、

图 2.71　细叶石头花（陕西吴起长城）

环县、会宁、靖远、榆中、兰州、同心、盐池、灵武等地；国内分布于内蒙古、山西、青海、新疆等省区。生于海拔 900～2 700m 的山坡草地、沟坡、林下、沙滩草地、河滩、石缝等。

麦瓶草 *Silene conoidea* L.（图 2.72）[中国高等植物图鉴]

图 2.72　麦瓶草（陕西定边新安边）

一年生草本，高 20～50cm，全株有腺毛。主根细长，有细支根。茎直立，单生，叉状分枝。基生叶匙形，茎生叶矩圆形或披针形，长 5～8cm，宽 5～10mm，具腺毛。聚伞花序顶生，有少数花；萼筒长 2～3cm，开花时呈筒状，果时下部膨大，而呈卵形，有 30 条显著的肋棱，裂片钻状披针形；花瓣 5 枚，倒卵形，粉红色，喉部有 2 枚鳞片；雄蕊 10 枚；花柱 5 个。蒴果卵形，有光泽，有宿存萼，中部以上变细。种子多数，螺卷状，有成行的瘤状突起。

本区分布于吴起、志丹、定边、环县、西吉、海原、同心、原州等地；国内分布于黄河、长江流域，西至西藏、新疆；广布欧亚大陆。常生于海拔 600～2 700m 的麦田中或荒地上。嫩苗作野菜；全草可入药，具有止血、调经之效。

女娄菜 *Silene aprica* Turcz. ex Fisch. et Mey.（图 2.73）[黄土高原植物志]

一年生或二年生草本，株高 10～60cm，全株密被短柔毛。茎基部多分枝，直立或稍微铺散。叶线状披针形，长 4～7cm，宽 4～8mm，先端渐尖，基部渐合生成短鞘状。聚伞花序顶生或腋生，圆锥状；苞片披针形；花梗长短不等；花萼卵形，长 8～10mm，具 10 条纵脉，先端 5 齿裂，花瓣 5 枚，倒卵形，淡紫色，稀白色，先端 2 浅裂，基部渐狭呈爪状，喉部具 2 枚鳞片；雄蕊 10 枚，略短于花瓣；子房长卵形，花柱 3 个。蒴果椭圆形，与花萼等长，先端 6 齿裂。种子多数，细小，黑褐色，具疣状突起。花期 5～6 月，果期 6～7 月。

本区分布于吴起、定边、靖边、横山、子洲、环县、盐池、同心、海原、原州、中宁、沙坡头等地；黄土高原广布；国内分布于大部分省区；国外分布于日本、朝鲜、蒙古和俄罗斯等。生于

图 2.73　女娄菜（陕西吴起长城）

海拔 450～3 400m 的山谷、山坡、山顶，草地、灌木、林下、河岸、滩地、田埂等。全草入药，具活血调经，健脾行水之效。

坚硬女娄菜 *Silene firma* Sieb. et Zucc.（图 2.74）[黄土高原植物志]

一年生草本，高 20 ～ 60cm。茎直立，粗壮，单生或疏丛生；不分枝或稀分枝；全株无毛，仅有时茎基部被短毛，暗紫色。叶卵状倒披针形或椭圆状披针形，长 3 ～ 10cm，宽 8 ～ 25mm，缘毛显著；基部渐狭呈柄，顶端急尖。假轮伞状间断式总状花序；花梗长 0.4 ～ 2cm，直立，常无毛；苞片狭披针形；花萼卵状披针形，长约 8 ～ 10mm，光滑无毛；果期微膨大，外面具 10 条紫色或绿色脉纹，先端 5 齿裂；萼齿狭三角形，顶端长渐尖，边缘膜质，具缘毛，花瓣白色，瓣片轮廓倒卵形，微长于花萼，先端 2 裂；喉部具 2 枚鳞片，基部渐狭呈爪状，爪披针形；雄蕊 10 枚，短于花瓣，花丝无毛；子房长圆形，花柱 3 个，不外露，线形。蒴果长卵形，长 8 ～ 11mm，略短于宿存萼，

图 2.74　坚硬女娄菜（陕西吴起吴起镇）

先端 6 齿裂。种子多数，圆肾形，灰褐色，具尖疣状突起。花期 5 ～ 6 月，果期 6 ～ 7 月。

本区分布吴起、靖边、定边、环县、盐池等地；国内分布于黑龙江、吉林、辽宁、河北、山西、河南、陕西、甘肃、青海及华中地区；日本、朝鲜、俄罗斯（远东地区）也有分布。生于海拔 500 ～ 1 840m 的山坡、灌丛、草地、林下。

麦蓝菜 *Vaccaria pyramidata* Medic.（图 2.75）[中国高等植物图鉴]

图 2.75　麦蓝菜（药用植物网）

麦蓝菜亦称王不留行，一年生草本。本区植株高 20 ～ 40cm，全株无毛。叶卵状椭圆形亘卵状披针形，长 2 ～ 6（～ 9）cm，宽 1.5 ～ 2.5cm，粉绿色。聚伞花序有多数花；花梗长 1 ～ 4cm；萼筒长 1 ～ 1.5cm，直径 5 ～ 9mm，具 5 条绿色脉，并稍具 5 棱，花后基部稍膨大，顶端明显狭窄；花瓣 5 枚，粉红色，倒卵形，先端具不整齐小齿，基部具长爪；雄蕊 10 枚；子房长卵形，花柱 2 个。蒴果卵形，有 4 齿裂，包于宿存萼内。种子多数，暗黑色，球形，具明显粒状突起。花期 5 ～ 6 月，果期 6 ～ 7 月。

本区分布于榆阳、横山、靖边、吴起、志丹、榆中、会宁、原州、海原、西吉等地；除华南外，全国各省区广布；欧、亚温带其他地区也有分布。生于海拔 400 ～ 2 300m 的山坡、旱地、路旁、田埂边和丘陵地带，尤以麦田中多见。种子供药用，具消肿、止痛、活血、催乳、通经之效，又可制淀粉、造醋和酿酒。

2.1.15　毛茛科 Ranunculaceae

　　毛茛科植物为一年或多年生草本，稀木质藤本、灌木。叶基生或同时茎生，互生，罕对生，单叶或复叶，多掌状分裂，稀羽状分裂，仅唐松草属中具膜质托叶。花两性，稀单性，单生或聚合成聚伞花序、总状花序、圆锥花序；花被两轮排列，分化为萼片和花瓣或不分化；萼片5片或更多，在蕾期作覆瓦状或镊合状排列，多呈花冠状；花瓣2～5枚或更多，通常较小；雄蕊多数，离生，螺旋状排列，花药2室，基底着生，侧裂；心皮1至多个，离生，螺旋状排列；每心皮含1至多粒倒生的胚珠，花柱和柱头单一。蓇葖果或瘦果，极稀为浆果或蒴果，常有宿存的长花柱。种子具丰富、多肉的胚乳和较小的胚。

　　本科我国有38属近600种，各地均有分布。本区有8属11种1变种。

蓝侧金盏花 Adonis coerulea Maxim.（图2.76）[黄土高原植物志]

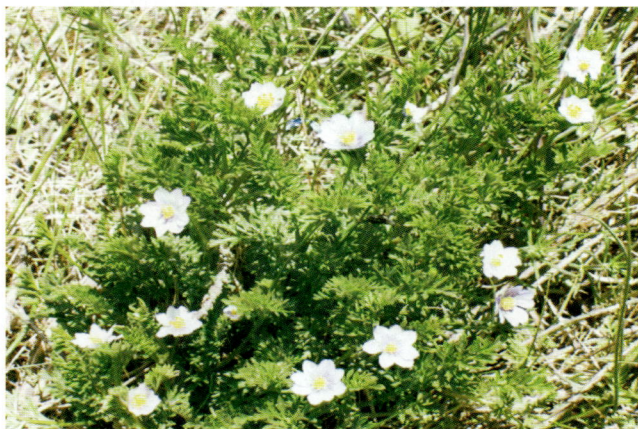

图 2.76　蓝侧金盏花（宁夏海原南华山）

　　多年生草本。根较粗，有分枝，暗褐色。茎高3～15cm，直立或呈铺散状，单一或从地面分枝，无毛，具细纵纹。基部和茎下部具有数个鞘状鳞片，茎生叶互生，为2～3回羽状分裂；外廓长圆性，长3～5cm，具4～5对羽状裂片，鳞片外廓卵形，小叶片2～3浅裂，表面绿色，背面淡绿色，两面均无毛；下部叶柄长，向上渐次缩短，常1～5cm，基部扩大呈鞘，微抱茎。花单一，着生于茎端，直径1～1.8cm；萼片5～7片，倒卵状椭圆形至狭卵形，先端钝；花瓣7～14枚，蓝紫色或淡蓝色，狭倒卵形，较花萼长，先端圆形，具不整齐小齿；雄蕊较花瓣短，花药黄色，椭圆形，花丝狭线形；心皮多个，倒卵状球形，被柔毛，花柱短，呈钩状外弯，瘦果卵状球形，长2mm，先端宿存花柱钩状，被白色柔毛。花期5～7月，果于花后渐次成熟。

　　本区分布于会宁、榆中等地；国内分布于甘肃、青海、西藏、四川等省区。生于海拔2 400～3 130m的高山山麓、草地。全草入药，外敷治疥疮和牛皮癣等皮肤病。

大火草 Anemone tomentasa（Maxim.）Péi（图2.77）[黄土高原植物志]

　　多年生草本。根状茎粗壮。木质化，长达12cm，被密或疏长硬毛，基生叶3～4片，多为3出复叶，有时具1～2片3中裂或深裂的单叶；茎生叶全为3出复叶，小叶卵形或宽卵状三角形，长9～16cm，宽7～12.5cm，3中裂或浅裂，基部心形、圆形、边缘有粗锯齿或小牙状齿，表面深绿色，被短伏毛，背面密被白色绒毛；均具小叶柄，叶柄长1～3cm；基生总叶柄2～20cm，基部扩大，密被毛。花葶高40～120cm，密生短绒毛；总苞苞片3

枚，3中裂或深裂，叶状；聚伞花序长26～38cm，2～3回分枝；花梗3.5～9cm，密被或疏长绒毛，花较大，直径4～6cm；萼片5片，白色或带粉红色，倒卵形，宽椭圆形或近圆形，长1.5～3cm，宽1～2.2cm，背面被短绒毛；雄蕊较短，长为萼片的1/4～1/3；雄蕊多数，花丝丝形；心皮多数，达400～500个，长约1mm子房密被绒毛；柱头短，光滑。聚合果呈球形，瘦果细长，具细柄，密被棉毛。花期7～8月，果期9～10月。

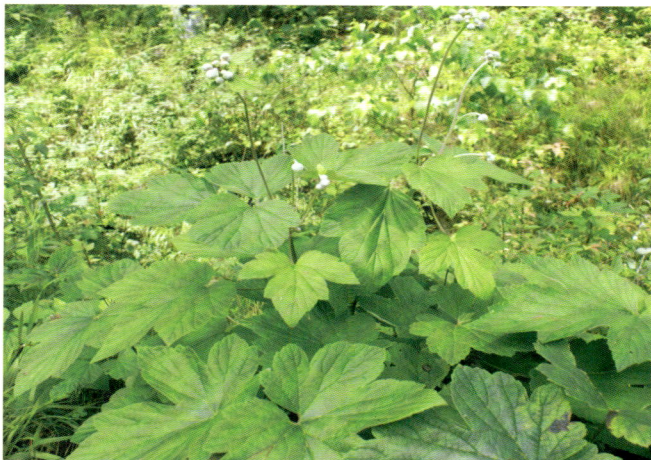

图2.77　大火草（陕西吴起庙沟）

　　本区分布于志丹、吴起、环县、会宁、原州、海原、沙坡头、互助等地；黄土高原广布；国内分布于四川、甘肃、陕西、河南、山西和河北等省区。生于海拔700～2 800m的山坡草地、山谷、路旁、灌丛等处。根茎药用，有微毒，治痢疾等症，也可作儿童驱虫药。种子含油15%，根含鞣质1.95%。

升麻 *Cimicifuga foetida* L.（图2.78）[中国高等植物图鉴]

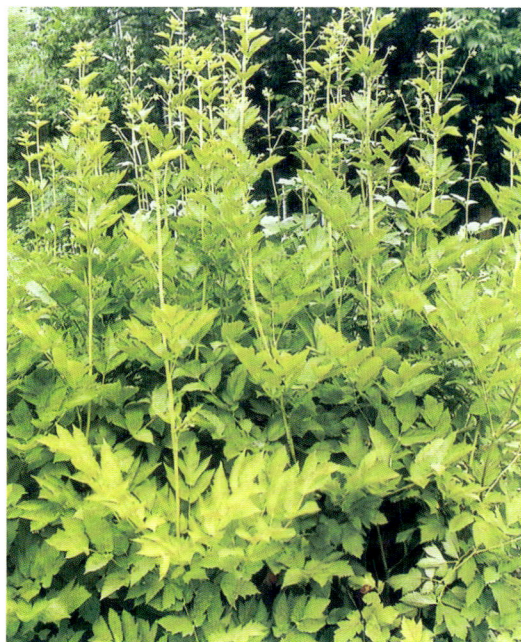

图2.78　升麻（www.zyyzl.com）

　　多年生草本。根状茎粗壮。茎高1～2m，上部常分枝，有短柔毛。基生叶和下部茎生叶为2～3回3出近羽状复叶；小叶菱形或卵形，长约10cm，宽7cm，浅裂，边缘有不规则锯齿；叶柄长15cm。花序圆锥状，长45cm，分枝3～20条，密生灰色腺毛和短柔毛；萼片白色，倒卵状圆形，长3～4mm；退化雄蕊宽椭圆形，长约3mm，顶端微凹或2浅裂；雄蕊多数；心皮2～5个，密生短柔毛，具短柄。蓇葖果长0.8～1.4cm。花期7～8月，果期9～10月。

　　本区分布于榆中、会宁、靖远、原州、西吉、海原、同心等地；国内分布于山西、河南、云南、四川、青海、陕西和西藏等省区；蒙古、俄罗斯也有分布。生于海拔1 300～3 000m的山坡、山谷林地、灌丛、草地等。根状茎药用，治风热头痛、咽喉肿痛、瘢疹不透、流行腮炎、口舌生疮、牙龈肿烂等症。

芹叶铁线莲 *Clematis aethusifolia* Turcz. （图 2.79）[中国高等植物图鉴]

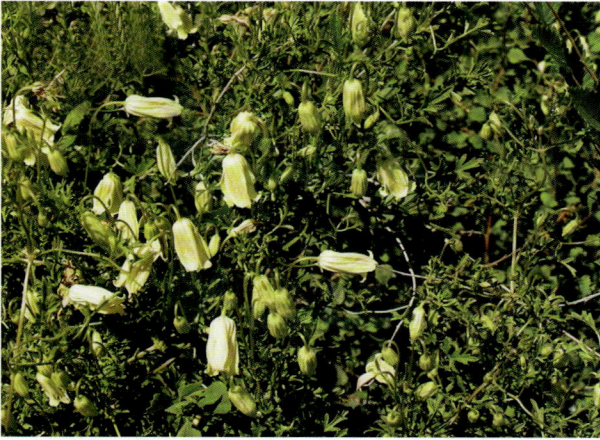

图 2.79　芹叶铁线莲 （www. plant.ac.cn）

多年生草质藤本；根细长，黑褐色，茎纤细，有纵棱，绿色或紫红色，分枝。叶柄和花梗疏生短柔毛，后变无毛。羽状复叶对生，长 7 ~ 14cm；羽片 3 ~ 5 对，长 1.5 ~ 5cm，2 回细裂，末回裂片倒披针形或披针状条形，宽 0.5 ~ 2mm；叶柄长 1 ~ 2cm。聚伞花序腋生，具 1 ~ 3 朵花；花序梗长 2.5 ~ 6.5cm；苞片叶状；花萼钟形，淡黄色，萼片 4 片，狭卵形，长约 2cm，边缘密生短绒毛；无花瓣；雄蕊多数，长度为萼片之半，花丝条状披针形，有疏柔毛，花药无毛；心皮多数。瘦果倒卵形，扁平，棕红色，被白色展开短毛；长约 2mm，羽状花柱长约 1cm。花期 7 ~ 8 月，果期 9 ~ 10 月。

本区分布于靖边、吴起、志丹、定边、横山、榆阳、神木、环县、会宁、榆中、海原、西吉、原州、同心、盐池等地；国内分布于青海、甘肃、山西、河北、内蒙古等省区和东北；俄罗斯（西伯利亚）、蒙古也有分布。常生于海拔 1 000 ~ 2 700m 的山坡、草地、灌丛或山谷沟岸。叶、花入药，主治胃胀、消化不良、寒性腹泻。

短尾铁线莲 *Clematis brevicaudata* DC. （图 2.80）[中国高等植物图鉴]

多年生落叶藤本；茎粗壮，具明显纵棱，微四棱。枝条褐紫色，疏生短毛。叶对生，2 回 3 出羽状复叶，长达 18cm；小叶卵形至披针形，长 1.5 ~ 6cm，先端渐尖或长渐尖，基部圆形，边缘疏生粗锯齿，稀 3 裂，近无毛；叶柄长 2 ~ 4.5cm，具微柔毛。圆锥花序顶生或腋生，腋生花序长 4 ~ 11cm，较叶短；总花梗长 1.5 ~ 4.5cm，花直径 1 ~ 2cm，萼片 4 片，展开，白色，狭倒卵形，长约 8mm，两面均被短绢状柔毛，毛在内面较稀

图 2.80　短尾铁线莲 （www.cnplants.com）

疏；无花瓣；雄蕊和心皮均多数。瘦果卵形至椭圆形，橙红色，微膨胀，长约 3mm，密生白色短柔毛，羽状宿存花柱淡黄色，微弯曲，长 2.8cm。花期 7 ~ 8 月，果期 9 ~ 10 月。

本区分布于靖边、吴起、志丹、定边、横山、榆阳、神木、环县、会宁、榆中、海原、同心、贺兰山等地；国内分布于西藏、四川、甘肃、陕西、江苏、浙江、湖南、云南、河南、

山西、青海、河北、内蒙古等省区及东北；朝鲜、俄罗斯（远东地区）、蒙古、日本也有分布。生于海拔 1 000 ～ 2 600m 的山坡草地、灌丛、或疏林及路旁。藤茎入药，清热利尿、通乳、消食、通便，主治尿道感染、口舌生疮、腹中胀满。

灌木铁线莲 *Clematis fruticosa* Turcz.（图 2.81）[中国高等植物图鉴]

　　直立小灌木。根粗壮，坚硬，表面呈纤维状撕裂。茎、枝干枯后紫褐色或近黑色，有纵棱，被短柔毛，后脱落。单叶对生，具短柄；叶薄革质，狭三角形或披针形，长 2 ～ 3.5cm，宽 0.8 ～ 1.4cm，边缘疏生牙状齿，下部常羽状深裂或全裂，上面几无毛，下面具微柔毛；叶柄长 3 ～ 8mm。聚伞花序腋生，长 2 ～ 4.5cm，含 1 ～ 3 朵花；总花梗长 1 ～ 2.5cm；花萼钟形，黄色，苞片 4 片，狭卵形，长 1.3 ～ 1.8cm，宽 3.5 ～ 8mm，

图 2.81　灌木铁线莲（陕西吴起吴仓堡）

顶端渐尖，边缘有短绒毛；无花瓣；雄蕊多数，花丝披针形；心皮多数。瘦果近卵形，扁平，橙红色，长约 4mm，密生长柔毛，宿存花柱长约 3cm；中、下部被黄色长毛。花期 7 ～ 8月，果期 9 ～ 10 月。

　　本区分布于定边、横山、榆阳、神木、环县、合水、海原、同心、原州、盐池等地；国内分布于甘肃、山西、河北、内蒙古等省区。生于海拔 1 000 ～ 1 800m 的山坡灌丛中。

　　灌木铁线莲的变种为灰叶铁线莲 *Clematis fruticosa* var. *canescens* Turcz.，叶灰绿色，狭披针形，全缘；分布同正种。

黄花铁线莲 *Clematis hexapetala* Pall.（图 2.82）[中国高等植物图鉴]

　　黄花铁线莲亦称棉花团花、山蓼，直立多年生草本；根多呈丛状，暗褐色，粗壮而坚硬。茎高 65cm，有纵棱，疏短毛。叶对生，为羽状复叶；小叶革质，下部小叶不均匀 2 或 3 裂，裂片狭卵形至条形，中部小叶常 2 裂，上部小叶不分裂，披针形，全缘，网脉明显；叶柄长 0.5 ～ 3.5cm。聚伞花序腋生或顶生，常具 3 朵花；苞片条状披针形；花梗有伸展的柔毛；萼片 6 片，白色，展开，狭倒卵形，长 1.5 ～ 1.7cm，宽 6 ～ 10mm，顶端圆形，外面有白色绵毛；无花瓣；雄蕊多枚，长约 9mm，无毛；心皮多个，羽毛状花柱长达 2.2cm，被灰白色羽状毛。瘦果橙红色，倒卵形或卵状菱形，扁平，长约 4mm，被向上贴伏短毛或长毛。

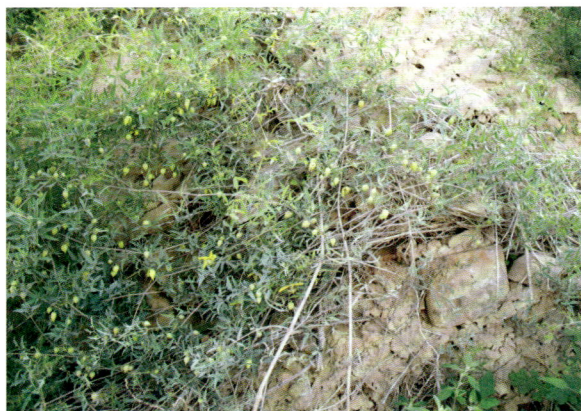

图 2.82　黄花铁线莲（陕西吴起王洼子）

本区分布于吴起、志丹、靖边、定边、横山、榆阳、神木、环县、会宁、榆中、海原、西吉、原州等地；国内分布于山西、陕西、河南、河北、内蒙古东部和东北；朝鲜、俄罗斯（西伯利亚）也有分布。生于海拔 850 ~ 2 200m 的山坡草地、山地林边、山谷沟边、路旁和地埂。种子可榨油；根可供药用，具解热、镇痛、利尿、通经之效，还可治风湿、水肿、神经痛、痔疮。

翠雀 *Delphinium grandiflorum* L.（图 2.83）[中国高等植物图鉴]

图 2.83　翠雀（陕西吴起周湾）

翠雀亦称猫眼花、鸡爪莲、百部草，多年生草本。茎高 35 ~ 65cm。基生叶和茎下部叶具长柄；叶片多呈圆肾形，长 2.2 ~ 6cm，宽 4 ~ 8cm，3 全裂，裂片细裂，小裂片条形，宽 0.6 ~ 2.5mm。总状花序具 3 ~ 15 朵花，轴和花梗被反曲的微柔毛；小苞片条形或钻形；萼片 5 片，蓝色或紫蓝色，长 1.2 ~ 1.5（~ 1.8）cm，距通常较萼片稍长，钻形，长 1.7 ~ 2（~ 2.3）cm；花瓣 2 枚，有距；退化雄蕊 2 枚，瓣片宽倒卵形，微凹，有黄色髯毛；雄蕊多数；心皮 3 个；子房密被伏贴的短柔毛。蓇葖果长 1.4 ~ 1.9cm，被短柔毛。种子细小，倒卵状四面体形，沿棱有翅。花期 6 ~ 8 月，果期 9 ~ 10 月。

本区分布于吴起、定边、靖边、志丹、横山、榆阳、环县、会宁、榆中、靖远、兰州、原州、西吉、海原等地；国内分布于东北，内蒙古、山西、河北、河南、青海、四川、云南等地；蒙古、俄罗斯也有分布。生长于海拔 1 300 ~ 2 800m 的山地草地、山谷路旁、水边等。全草煎水含漱（有毒勿咽），可根治牙痛；茎叶浸汁可杀虫。

芍药 *Paeonia lactiflora* Pall.（图 2.84）[中国高等植物图鉴]

多年生草本。根粗壮，坚硬，具较粗支根，均黑色。茎高 60 ~ 80cm，无毛。茎下部叶为 2 回 3 出复叶；小叶狭卵形、披针形或椭圆形，长 7.5 ~ 12cm，边缘密生骨质白色小齿，下面沿叶脉疏生短柔毛；叶柄长 6 ~ 10cm。花顶生或腋生，直径 5.5 ~ 10cm；苞片 4 ~ 5 枚，披针形，长 3 ~ 6.5cm；萼片 4 片，长 1.5 ~ 2cm；花瓣白色或粉红色，9 ~ 13 枚，倒卵形，长 3 ~ 5cm，宽 1 ~ 2.5cm；雄蕊多数；心皮 4 ~ 5 个，无毛。蓇葖果卵状长

图 2.84　芍药（甘肃会宁铁木山）

圆形，无毛，长 2.5 ～ 3cm，直径 1.2 ～ 1.5cm，先端具喙。花期 5 ～ 6 月，果期 7 ～ 8 月。

本区分布于吴起、志丹、安塞、定边、靖边、横山、榆阳、神木、环县、会宁、原州、西吉、海原等地；国内分布于东北，山西、河北、河南、内蒙古、青海等省区；朝鲜、日本、蒙古，俄罗斯也有分布。生于海拔 480 ～ 2 300m 的山地、草地、疏林下；普通栽培的多为重瓣品种。根药用，能镇痛、镇痉、祛瘀、通经、利尿、舒肝、正胎；种子含油 21.1% ～ 25%，供制皂和涂料用；叶含鞣质，可提制栲胶。

牡丹 *Paeonia suffruticosa* Andr.（图 2.85）[中国高等植物图鉴]

落叶灌木，高 1 ～ 2m；皮黑灰色；分枝短而粗。叶纸质，通常为 2 回 3 出复叶，顶生小叶长达 10cm，3 裂近中部，裂片上部 3 浅裂或不裂，侧生小叶较小，斜卵形，不等 2 浅裂，上面被绿色，下面被白粉，只在中脉上有疏柔毛或近无毛。花单生枝顶，大，直径 12 ～ 20cm；萼片 5 片，绿色；花瓣 5 枚，或为重瓣，白色、粉色、红紫色或黄色，倒卵形，先端常 2 浅裂；雄蕊多数，花丝狭条形，花药黄色；花盘杯状，红紫色，包住心皮，在心皮成熟时开裂；心皮 5 个，密生柔毛。蓇葖果卵形，密生褐黄色毛。花期 5 月，果期 6 月。

图 2.85　牡丹（甘肃会宁铁木山）

本区分布于吴起、定边、靖边、志丹、横山、神木、榆阳、环县、会宁、靖远、榆中、兰州、原州、西吉、海原、同心、中宁、盐池、灵武等地；黄土高原各地均有栽培；原产中国，现世界各地栽培广泛。牡丹为优良观赏植物，根皮供药用，能清热凉血、活血散瘀，又可镇痛、通经、治中风、腹痛等症。

图 2.86　白头翁（www.plant.ac.cn）

白头翁 *Pulsatilla chinensis*（Bunge）Regel（图 2.86）[中国高等植物图鉴]

多年生草本，高 10 ～ 22cm，全株被白色长柔毛。根粗壮，圆锥形，黑褐色，具粗糙毛，有纵纹。叶 4 ～ 5 片，全基生；叶片宽卵形，长 4.5 ～ 14cm，宽 8.5 ～ 16cm，下面有柔毛，3 全裂，中央裂片通常具柄，3 深裂，侧生裂片较小，不等 3 裂；叶柄长 5 ～ 7cm，密生长柔毛。花葶 1 ～ 2 个，高 15 ～ 35cm；总苞的管长 3 ～ 10mm，裂片条形；花梗长 2.5 ～ 5.5cm；萼片 6 片，排成 2 轮，蓝紫色，狭卵形，长 2.8 ～ 4.4cm，背面有绵毛；无花瓣；雄蕊多数；心皮多数。聚合果，球形，直径9～12cm；瘦果纺锤形，扁平，长3.5～4mm，被白色长毛；宿存花柱羽毛状，长3.5～6.5cm。花、果期5～6月。

本区分布于吴起、定边、靖边、志丹、横山、神木、榆阳、环县、同心、原州等地；国内分布于东北，内蒙古、山西、河北、河南、陕西、湖北、四川、安徽、江苏等地；俄罗斯（西伯利亚）、朝鲜、蒙古也有分布。生于海拔550～2100m的山坡草地、灌丛和林缘。根供药用，治热毒、血痢、温虐、鼻衄、痔疮出血等症，但虚寒下痢者忌用。可防地老虎、蚜虫、锈病及马铃薯疫病。

展枝唐松草 *Thalictrum squarrosum* Steph. et Willd.（图2.87）[中国高等植物图鉴]

多年生草本，植株光滑无毛，根细或粗壮，坚硬，须根密丛状。茎高40～60cm，常于茎中部分枝。茎下部及中部叶具短柄，近向上直展，为2～3回近羽状复叶；叶片长8.5～18cm，小叶倒卵形、宽倒卵形或圆卵形，长0.8～2（～3.5）cm，宽0.6～1.5（～2.6）cm，通常3裂，裂片卵形或狭卵形，全缘或具2～3枚牙状小齿，下面被白粉，叶脉平或稍隆起。圆锥花序稍呈伞房状，近二叉状分枝；花梗长1.5～3cm；花直径2.5～5mm；萼片4片，淡黄绿色，狭卵形，长3mm；无花瓣；雄蕊多数，长3～5mm，花丝丝形；心皮1～3（～5）个，柱头三角形，具翅。瘦果倒卵形或近纺锤形，伸直或稍弯曲，长5～7mm，具10～12条纵肋；宿存花柱直立或微外弯曲。花期7～8

图2.87 展枝唐松草（陕西吴起吴仓堡）

月，果期9～10月。

本区分布于吴起、定边、靖边、志丹、安塞、横山、神木、榆阳、环县、会宁、榆中、原州、海原等地；国内分布于东北，内蒙古、山西、河北、甘肃和青海等省区；蒙古、俄罗斯（西伯利亚）也有分布。生于海拔1000～3500m的山坡草地、山谷灌丛、高原草地、河滩或沙丘。种子含液体油，供工业用。

东亚唐松草 *Thalictrum thunbergii* DC.（图2.88）[中国高等植物图鉴]

多年生草本，茎直立，无毛，具细纵棱，上部分枝；茎高30～60cm。叶为3～4回3出复叶；叶片长达25cm，小叶近圆形、宽倒卵形或楔形，长1.6～3.5（～5.5）cm，宽1～4cm，3浅裂，裂片全缘或具疏牙状小齿，下面被白粉，叶脉隆起。花序圆锥状，长10～25cm，具多数花；花直径约 5mm；萼片 4 片，绿白色，狭卵形，长 3～4mm；无花瓣；雄蕊多枚，长约 5mm，花药狭矩圆形，长约 3mm，具短尖，花丝丝形；心皮 2～4 个，柱头箭头形。瘦果长 2～3mm，卵球形，有 8 条明显纵肋，宿存柱头长约 0.5mm。花期 7～8 月。果期 9 月。

本区分布于定边、靖边、府谷、横山、神木、榆阳、环县、靖远、会宁、榆中、同心、海原、盐池等地；国内分布于贵州、湖北、湖南、四川、甘肃、陕西、河南、

图 2.88　东亚唐松草（陕西神木各丑沟）

河北、安徽、江苏、山东、山西、内蒙古等省区和东北；朝鲜、日本也有分布。生于海拔 900～2 800m 的山坡草地、林下、林缘、荒坡和山谷沟边。

长柱贝加尔唐松草 *Thalictrum baicalense* Turcz. var. *megalostigma* Boivin （图 2.89）[中国植物志]

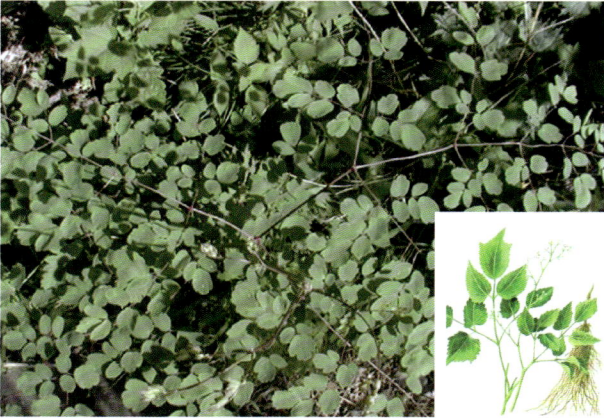

图 2.89　长柱贝加尔唐松草 (http://image.baidu.com/)

多年生草本，茎无毛。株高 40～60cm。根茎短，长 2～6cm，直径 5～12mm，须根丛生。3 回 3 出复叶；小叶宽倒卵形、宽菱形或宽心形，长 1.8～4cm，宽 1.2～5cm；5 浅裂，脉下面隆起；叶轴基部扩大呈耳状，抱茎，膜质，边缘分裂呈罐状。复单歧聚伞花序近圆锥状，长 5～10cm；花直径约 6mm；萼片椭圆形或卵形，长 2～3mm；无花瓣；雄蕊 10～20 枚，花丝倒披针状条形；心皮 3～5 个，花柱较长，为 1～1.2mm，柱头向外稍弯曲，在腹面上部 2/3 处形成柱头组织，柱头面线状披针形。瘦果具短柄，圆球状倒卵形，两面膨胀，长 2.5～3mm；果皮暗褐色，木质化。5～6 月开花，6～7 月成熟。

在本区仅见于志丹、吴起等地；国内分布于西藏、青海、甘肃、陕西、河南、山西、河北、吉林和黑龙江等省区；朝鲜和前苏联远东地区也有分布。长柱贝加尔唐松草为比较常见的林下植物。

2.1.16　小檗科 Berberidaceae

小檗科植物为灌木或多年生草本。叶互生，稀对生或基生，单叶或羽状复叶。花两性，

整齐，单生或排列成聚伞、总状或聚伞圆锥花序；萼片与花瓣常 4 ～ 6 枚，覆瓦状排列，离生，2 ～ 3 轮，萼片与花瓣同数或为其 2 ～ 3 倍，花瓣有或无蜜腺，或变成蜜腺状距；雄蕊与花瓣同数而对生，稀为其 2 倍，花药 2 室，基底着生，全为瓣状开裂；心皮单一，子房上位，1 室；胚珠少数或多数，基生或为侧膜胎座；花柱多较短或无。多为浆果或蒴果，稀蓇葖果。种子具小胚和丰富的肉质胚乳。

本科我国有 11 属 200 种，各地均有分布。本区产 2 属 6 种。

延安小檗 Berberis purdomii Schneid.（图 2.90）[陕西树木志]

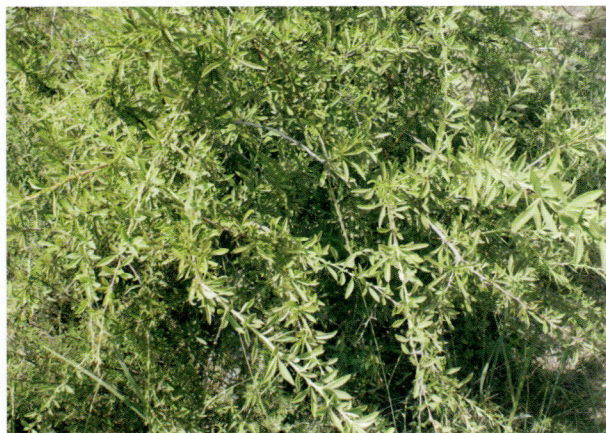

图 2.90　延安小檗（陕西志丹孙岔河）

落叶灌木，小枝光滑，稍具棱角或几圆筒形，稍开展，嫩枝暗褐色，老枝灰色，节间长 1.5 ～ 2cm；刺常 1 ～ 3 歧，长达 1.5cm，淡黄色。叶簇生，多达 12 片一簇，披针形或倒卵状披针形，先端急尖，基部渐狭成短柄，长 1 ～ 4cm，阔 4 ～ 8mm，罕 13mm。脉稀疏，显著网状，两面颜色略同，缘具细刺齿，齿长 0.5 ～ 1.5mm。总花序长 4.5cm（包括花序梗），光滑；苞片线状披针形，先端渐尖；萼片黄色，2 轮，外轮倒卵状圆形，常 1 ～ 2mm，凹入，内轮与外轮相似，但较长；花瓣倒卵状长圆形，与内轮萼片等长，腺离生；雄蕊长约 1.2mm，花药近方形，较粗壮的花丝短；无花柱，具 2 粒无柄胚珠。浆果卵圆形。花期 6 月，果期 7 ～ 8 月。

本区分布于吴起、靖边、志丹、米脂、会宁等地；国内分布于山西、青海等省。生于海拔 1 200 ～ 2 500m 的山坡灌丛中。

细叶小檗 Berberis poiretii Schneid.（图 2.91）[中国高等植物图鉴]

落叶灌木，高 1 ～ 2m；枝灰褐色，有槽及疣状突起；刺 3 分叉，长 4 ～ 9mm，或不分叉或无刺。叶狭倒披针形，长 1.5 ～ 4.5cm，宽 5 ～ 10mm，顶端急尖、渐尖或有短刺尖头，基部渐狭，全缘或下部叶边缘有细锯齿。总状花序，有时近伞形，长 3 ～ 6cm，有花 4 ～ 15 朵；花黄色，直径约 6mm；花梗 3 ～ 6mm；小苞片 2 枚，披针形；萼片 6 片，花瓣状，排列成 2 轮；花瓣倒卵形，长约 2.5mm，宽 1.5mm，较

图 2.91　细叶小檗（www.Yuanlin365.com）

萼片稍短；雄蕊长约1.5mm；子房内胚珠单生。浆果红色，矩圆形，长约9mm，直径4.5mm。

　　本区分布于吴起、定边、靖边、志丹、横山、神木、榆阳、环县、会宁、靖远、榆中等地；国内分布于吉林、辽宁、内蒙古、河北和山西等省区；前苏联、蒙古也有分布。多生长于山坡、路旁或溪边。根和茎含小檗碱，可作为制黄连素原料，治肠胃炎、结膜炎。

普通小檗 *Berberis amurensis* Rupr.（图2.92）[黄土高原植物志]

　　普通小檗亦称刺檗，落叶灌木。高1～3m。幼枝黄色或黄红色，老枝灰色，有槽。齿1～3分叉，长0.5～2cm。叶革质，倒卵状椭圆形，长0.5～2（4）cm，宽0.3～2cm，顶端圆钝，稀有短尖头，基部渐狭成柄，全缘或有刺状细锯齿，表面暗绿色，网状脉明显，背面灰绿色，网脉不明显；叶柄长1～6mm。总状花序，弯垂，长1.5～2cm；总梗长3～8mm；花黄色，5～18朵；萼片6片，长3～4mm；花瓣6枚，椭圆形，长约4mm，宽约3mm，两轮排

图2.92　普通小檗（www. plant. ac. cn）

列；雄蕊6枚，长约2.5mm；子房有胚珠2～3粒。浆果鲜红色，长圆形，长约7mm，直径约6mm；花柱宿存，无柄。花期6～7月，果期8～9月。

　　本区分布于志丹、会宁、靖远、榆中、海原等地；国内分布于青海、河北、河南等省区。生于海拔2 000～3 000m的山坡、河谷、林下或灌木丛中。根、茎、果供药用，可提取黄连素。

短柄小檗 *Berberis brachypoda* Maxim.（图2.93）[秦岭植物志]

　　落叶灌木，高1～1.5m。老枝黄灰色，幼枝淡褐色，具稀疏黑疣点；茎刺3分叉，稀单生，与枝同色，长1～3cm，腹面具槽。叶厚纸质，椭圆形，倒卵形，或长椭圆形，长3～8cm，宽1.5～3.5cm，先端急尖或钝，基部楔形，上面暗绿色，疏被短柔毛，背面黄绿色，脉上密被长柔毛，叶缘每边具20～40枚束齿；叶柄长3～10mm，被柔毛。穗状总状花序直立或斜上，长5～12cm，通常密生20～50朵花，花序梗长1.5～4cm；花梗长约2mm，疏被短柔毛或无；花淡黄色；小苞片披针形，常红色，2轮4枚；萼片3轮，边缘具短毛，外萼片卵形，长约2mm，宽约1.5mm，先端急尖，常带红色，中萼片长圆状倒卵形，内萼片倒卵状椭圆形，

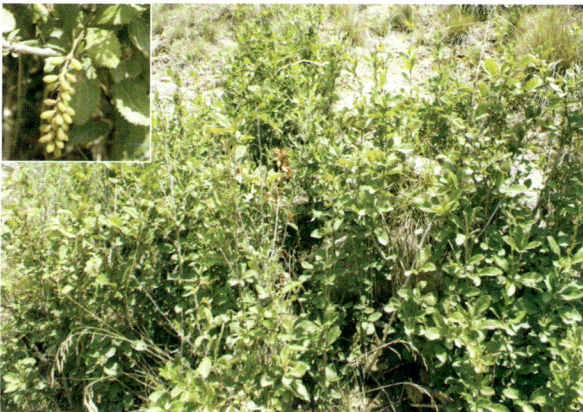

图2.93　短柄小檗（甘肃会宁铁木山）

长约 4.5mm，宽约 3mm，先端钝；花瓣椭圆形，长 5mm，宽 3mm，先端缺裂或全缘，裂片先端急尖，基部缢缩呈爪状，具 2 个分离腺体；雄蕊长约 2mm，先端平截；胚珠 1 ～ 2 粒。浆果长圆形，长 6 ～ 9mm，直径约 5mm，鲜红色，顶端具明显宿存花柱。花期 5 ～ 6 月，果期 7 ～ 9 月。

本区分布于志丹、吴起、环县、会宁、榆中、海原、原州等地；国内分布于山西、陕西、甘肃、宁夏、青海等省区。生于海拔 800 ～ 2 500m 的山坡灌丛中、林下、林缘，路边或山谷、湿地。根含小檗碱，供药用，除湿热，可代黄连。

2.1.17 罂粟科 Papaveraceae

罂粟科植物为一年或多年生草本，稀为灌木、小乔木，常含有色乳汁或富含液汁。叶互生，稀对生或轮生，全缘或分裂。花两性，辐射对称或左右对称，单生或排列成总状花序、聚伞花序。萼片 3 片稀 5 片，花瓣 4 枚稀 5 ～ 6 枚或更多，呈覆瓦状排列；雄蕊多数，离生或 4 枚、6 枚合成 2 束，稀 4 枚离生，花药直生，纵裂；子房上位，由 2 至数个心皮结合形成 1 室，柱头单生或 2 裂，胚珠多数，生于侧膜胎座上。蒴果，瓣裂或孔裂。种子细小，具油质胚乳。

本科植物约 43 属 500 种以上，多产北温带；我国有 20 属 230 种，各地均有分布。本区有 2 属 2 种。

秃疮花 Dicranostigma leptopodum（Maxim.）Fedde（图 2.94）[中国高等植物图鉴]

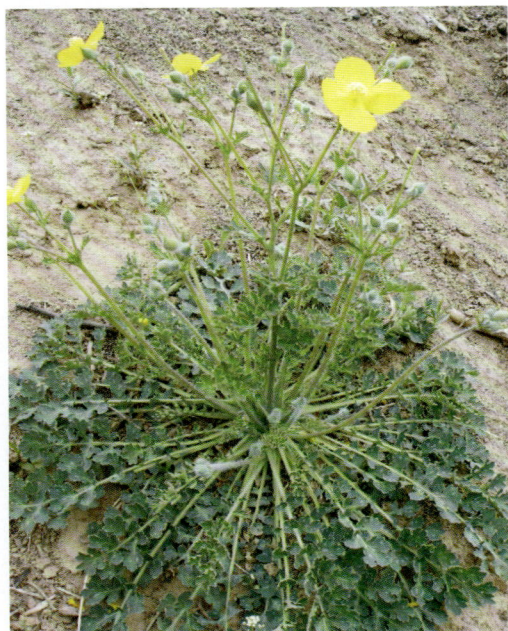

二年生或多年生草本，植物体含淡黄色汁液。茎 2 ～ 5 条，高达 20 ～ 30cm，疏生短柔毛，上部分枝。基生叶多数，长达 18cm；叶片下面有白粉，轮廓倒披针形，长达 12.5cm，宽达 5cm，羽状全裂，裂片斜倒梯形，羽状浅裂或深裂，2 回裂片疏生牙状小齿；茎生叶长达 2cm，无柄，羽状全裂。花 1 ～ 3 朵生于茎上或分枝上部，排列成聚伞花序；萼片 2 片，早落；花瓣 4 枚，黄色，倒卵形，长约 1.5cm；雄蕊多数。蒴果细圆筒形，长 4 ～ 5cm，粗约 4mm。种子多粒，卵圆形，暗褐色，具网纹。花期 4 ～ 5 月，果期 6 ～ 7 月。

本区分布于吴起、定边、靖边、志丹、安塞、横山、神木、榆阳、环县、会宁等地；国内分布于甘肃、陕西、河南、山西和四川等省。生于海拔 400 ～ 3 000m 的山坡、丘陵草坡、路

图 2.94 秃疮花（陕西吴起铁边城）

边或墙上。根或全草供药用，治风火牙痛、咽喉痛、扁桃体炎等症。

角茴香 *Hypecoum erectum* L.（图 2.95）[中国高等植物图鉴]

草本无毛。叶 12 ~ 18 片，均基生，长 1.5 ~ 9cm；叶片被白粉，轮廓倒披针形，长 1 ~ 4.5cm，宽 0.5 ~ 2cm，羽状全裂，1 回裂片 2 ~ 5 对，约 3 回细裂，小裂片条形，宽约 0.3mm。花葶 1 ~ 10 个，直立或渐升，高 5.5 ~ 20cm，有白粉；聚伞花序具少数或多数分枝；苞片小，细裂；萼片 2 片，狭卵形，长约 3mm；花瓣黄色，外侧 2 枚较大，扇状倒卵形，长约 9mm，内侧 2 枚较小，楔形，三裂近中部；雄蕊 4 枚，长约 6mm；雌蕊与雄蕊近等长，子房条形，花柱 2 个。蒴果线形长角果状，长 4 ~ 5cm，宽约 1mm，裂为 2 片。种子多数，近四棱形，两面均具显著的"十"字形凸起，黑褐色。花、果期 5 ~ 8 月。

图 2.95　角茴香（陕西吴起铁边城）

本区分布于吴起、定边、靖边、志丹、安塞、横山、神木、榆阳、环县、原州、西吉、海原、同心等地；国内分布于甘肃、河南、陕西、山西、河北、内蒙古、湖北、西藏和新疆等省区；蒙古、俄罗斯（西伯利亚）也有分布。生于海拔 450 ~ 1 500m 的河滩路旁、砾质碎石地、沙质地、荒地上。

2.1.18　十字花科 Cruciferae

十字花科植物多为草本，稀亚灌木；根有时膨大成肥厚的块根。单叶互生，全缘，有齿或分裂，或基部抱茎；基生叶莲座状。花两性，整齐，呈总状或复总状圆锥花序；萼片 4 片，排成 2 轮，线形或卵形，外轮 2 片有时呈囊状；花瓣 4 片，在芽中覆瓦状排列，展开呈"十"字形，白色、黄色、粉红色或淡紫色；雄蕊 6 枚，4 长 2 短（称四强雄蕊），花丝基部具 4 个蜜腺；雌蕊 1 枚，由 2 个心皮合成，子房上位，侧膜胎座，中央由假隔膜分割成 2 室，每室含 1 ~ 2 粒或多粒胚珠，排成 1 或 2 列，花柱短或缺，柱头单 1 或 2 裂。长角果或短角果，开裂或不开裂；果瓣隆起或扁平。种子微小，无胚乳；子叶缘倚、背倚或纵折。

本科我国有 57 属 300 多种。本区有 10 属 12 种。

垂果南芥 *Arabis pendula* L. var. *pendula*（图 2.96）[中国高等植物图鉴]

多年生草本，高 20 ~ 80cm，茎叶疏生粗硬毛和星状毛。茎直立，基部木质化，不分

图 2.96　垂果南芥（杜诚提供）

枝或分枝。下部叶矩圆形或矩圆状卵形，长 5～10cm，宽 2～3cm，先端渐尖，基部窄耳状，稍抱茎，边缘具牙状齿或波状齿；上部叶无柄，窄椭圆形或披针形，长 3～5.5cm，近抱茎，几全缘或具细锯齿。总状花序顶生，疏且长；花白色，直径 3mm。长角果条形，扁平，长 6～9cm，宽 1.5～2.5mm，伸展且下垂，具 1 条脉；果梗长 1～3.5cm。种子卵形，长 1.5～2mm，淡褐色，具窄膜质边。花期 6～7 月，果期 8～9 月。

本区分布于吴起、定边、靖边、志丹、神木、榆阳、会宁、榆中、原州等地；国内分布于东北，内蒙古、山西、河北、湖北、陕西、贵州、四川、云南、新疆和西藏等省区；亚洲北部和东部其他地区也有分布。生于海拔 1000～2300m 的山坡林缘、灌丛下、山谷、河岸及荒漠草地。

芥菜 Brassica juncea (L.) Czern. et Coss. （图 2.97）[中国高等植物图鉴]

一年生草本，高 30～120cm，有时具刺毛，常带粉霜；茎有分枝。基生叶宽卵形至倒卵形，长 15～35cm，宽 5～17cm，先端圆钝，不分裂或大头羽裂，边缘有缺刻或牙状齿；叶柄有小裂片；下部叶较小，边缘有缺刻，有时具圆钝锯齿，不抱茎；上部叶窄披针形至条形，具不明显疏齿或全缘。总状花序花后延伸；花淡黄色，长 7～10mm。长角果条形，长 3～5.5cm，宽 2～3.5mm，喙长 6～12mm；果梗长 5～15mm；种子球形，直径 1mm，紫褐色。

本区分布于吴起、志丹、安塞、定边、靖边、横山、神木、榆阳、环县、会宁、靖远、榆中、原州、同心、海原、西吉等地；

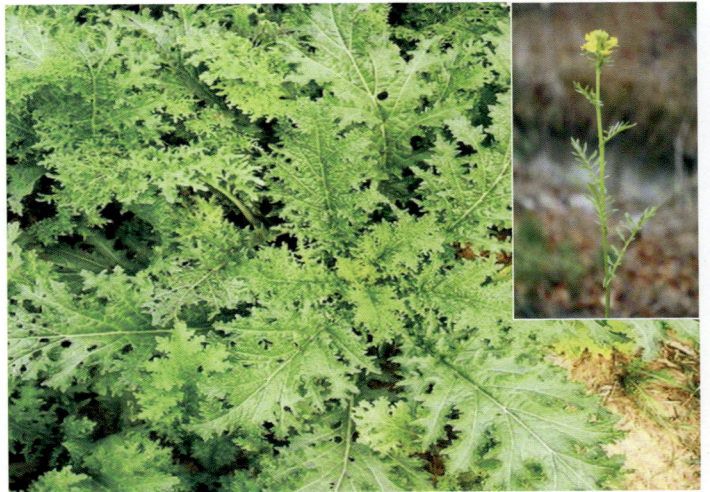

图 2.97　芥菜（陕西吴起吴起镇）

黄土高原遍布；国内各地均有栽培。茎、叶用盐腌制供食用；种子含油 30%；种子及全草供药用，能化痰平喘、消肿止痛。

荠菜 *Capsella bursa-pastoris*（L.）Medic.（图 2.98）[中国高等植物图鉴]

一年或二年生草本，高 20 ～ 50cm，略有分枝毛或单毛。茎直立，有分枝。基生叶丛生，大头羽状分裂，长达 10cm，顶生裂片较大，侧生裂片较小，狭长，先端渐尖，浅裂或具不规则粗锯齿，具长叶柄；茎生叶狭披针形，长 1 ～ 2cm，宽 2mm，基部抱茎，边缘有缺刻或锯齿，两面被细毛或无毛。总状花序顶生和腋生；花白色，直径 2mm。短角果倒三角形或倒心形，长 5 ～ 8mm，宽 4 ～ 7mm，扁平，先端微凹，有极短宿存花柱。种子 2 行，长椭圆形，长 1mm，淡褐色。花期 4 ～ 5 月，果期 6 ～ 7 月。

图 2.98　荠菜（杜诚提供）

本区分布于吴起、志丹、定边、靖边、横山、神木、榆阳、环县、会宁、榆中、原州、西吉、海原、同心等地；黄土高原遍布；遍布我国各地；广布世界温带。生于田边或路旁。嫩茎叶作蔬菜。全草入药，有利尿、止血、清热、明目、消积之效。种子含油 20% ～ 30%，属于油性，供制油漆及肥皂用。

播娘蒿 *Descuminia sophia*（L.）Webb. Ex. Prantl（图 2.99）[中国高等植物图鉴]

一年生草本，高 30 ～ 70cm，有叉状毛。茎直立，多分枝，密生灰色柔毛。叶狭卵形，长 3 ～ 5cm，宽 2 ～ 2.5cm，2 回至 3 回羽状深裂，末回裂片窄条形或条状矩圆形，长 3 ～ 5mm，宽 1 ～ 1.5mm，下部叶有柄，上部叶无柄。花淡黄色，直径约 2mm；萼片 4 片，直立，早落，条形，外面被叉状细柔毛；花瓣 4 枚，淡黄色，长 2 ～ 2.5mm。长角果窄条形，长 2 ～ 3cm，宽约 1mm，无毛；果梗长 1 ～ 2cm。种子 1 行，矩圆形至卵形，长 1mm，褐色，具细网纹。

本区分布于定边、靖边、横山、神木、榆阳、环县、会宁、原州、西吉、海原、同心等地；国内分布于华北、西北、华东以及四川等地；亚洲其他地区、欧洲、非洲北部及北美洲也有分布。生于海拔 400 ～ 1 300m 的荒坡、田野、涧地。种子含油 28%，工业用油，也可食用；种子药用，有利尿消肿、祛痰定喘之效。

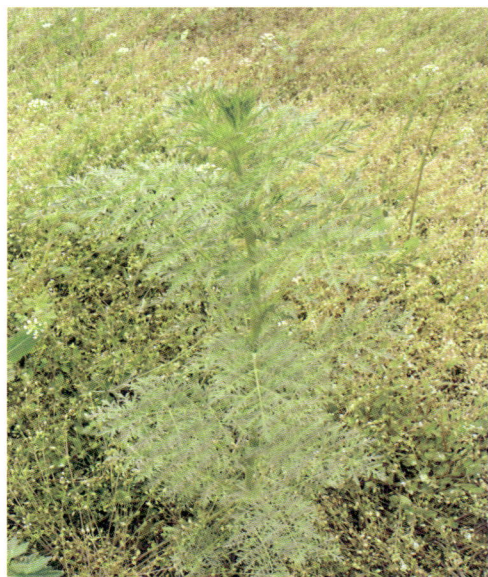

图 2.99　播娘蒿（陕西吴起楼坊坪）

独行菜 *Lepidium apetalum* Willd.（图 2.100）[中国高等植物图鉴]

图 2.100　独行菜（陕西吴起周湾）

一年或二年生草本，高 5 ～ 30cm；根圆柱状，下狭渐细，坚硬，无分枝。茎直立，分枝，有乳头状短毛。基生叶狭匙形，羽状浅裂或深裂，长 3 ～ 5cm，宽 1 ～ 1.5cm，叶柄长 1 ～ 2cm；上部叶条形，具疏齿或全缘。总状花序顶生，果时伸长，疏松；花极小；萼片早落；花瓣丝状，退化；雄蕊 2 ～ 4 枚；子房扁平，无花柱，柱头头状。短角果近圆形或椭圆形，扁平，长约 3mm，先端微缺，上部具极窄翅。种子椭圆形，长约 1mm，平滑，棕红色。花、果期 5 ～ 7 月。

本区分布于吴起、志丹、安塞、定边、靖边、横山、神木、榆阳、环县、会宁、榆中、原州、同心、海原、盐池、灵武等地；国内分布于东北、华北、西北、西南各地；东亚、中亚、喜马拉雅山地区、俄罗斯欧洲部分也有分布。生于海拔 400 ～ 2 800m 的山坡、山谷、河滩、田边、路旁。种子可榨油；全草入药，有利尿、止咳化痰之效。

垂果大蒜芥 *Sisymbrium heteromallum* C. A. Meyer（图 2.101）[中国高等植物图鉴]

一年或二年生草本，高 20 ～ 90cm。根粗壮或较细，坚硬，木质化。茎直立，上部有分枝或不分枝，具细纵条纹。叶矩圆形或矩圆状披针形，长 4 ～ 12cm，宽 2 ～ 40mm，大头羽状分裂，裂片 2 ～ 4 对；顶生裂片矩圆状卵形，具不等微齿，侧生裂片矩圆形，具疏齿或近全缘，下面中脉有微粗毛；叶柄长 1 ～ 2cm，有毛；茎上部叶无柄，羽状浅裂，裂片披针形或宽条形。总状花序顶生；花淡黄色，直径约 1mm。长角果细条形，长 6 ～ 8mm，宽 0.75mm，无毛；果枝长 5 ～ 15mm，稍下垂，开展或弯曲；花柱长 0.5 ～ 0.75mm。种子 1 行，椭圆形，黄褐色，长约 0.8mm。花期 5 ～ 6 月，果期 7 ～ 8 月。

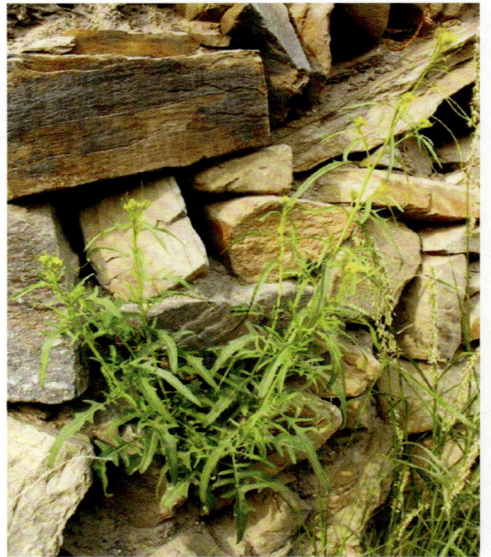

图 2.101　垂果大蒜芥（www.plant.ac.com）

本区分布于吴起、志丹、安塞、定边、靖边、子洲、横山、神木、榆阳、会宁、环县、原州、海原、西吉、同心、中宁、盐池等地；国内分布于内蒙古、河北、河南、山西、陕西、甘肃、青海、新疆、四川、云南等省区；蒙古、俄罗斯、印度以及欧洲也有分布。生于海拔

900 ～ 3 100m 的山坡林下、山谷、峁顶、涧地或坝地。

黄花大蒜芥 *Sisymbrium luteum*（Maxim.）O. E. Schulz（图 2.102）[中国高等植物图鉴]

多年生草本，高 30 ～ 100cm，全株有伸展硬毛。茎不分枝或基部分枝，圆柱形。基生叶具长柄，宽卵形，有逆向牙状小齿；下部叶和中部叶窄卵形，长 6 ～ 12cm，宽 3 ～ 5cm，羽状全裂，侧生裂片 1 ～ 3 对，或有粗牙状小齿，叶柄长 1.5 ～ 4cm；上部叶小，卵状披针形，边缘具波状齿。总状花序花少而疏松，果时延伸；花序条状长圆形，绿色，具狭膜质边缘；花瓣黄色，楔状长圆形至窄长圆形，直径约 5mm。长角果条状圆柱形，长 8 ～ 14cm，宽约 1.5mm，近扁平，稍下垂；喙长 2 ～ 3mm；果梗长 8 ～ 12mm。种子长圆形，长 1.5 ～ 2.5mm，褐色，一端有膜质附属物（翅）。花、果期 7 ～ 9 月。

本区分布于吴起、志丹、定边、靖边、横山、神木、榆阳、会宁、榆中、靖远等地，兰州亦有分布；国内分布于东北以及河北、山东、青海、四川、云南等地；朝鲜、日本也有分布。多生于海拔 1 500 ～ 2 000m 的山坡、草地及路旁。

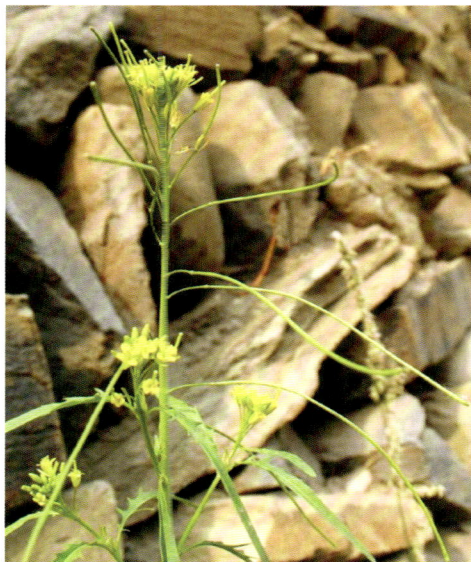

图 2.102　黄花大蒜芥（www.plant.ac.com）

蚓果芥 *Torularia humilis*（C. A. Meyer）O. E. Schulz（图 2.103）[中国高等植物图鉴]

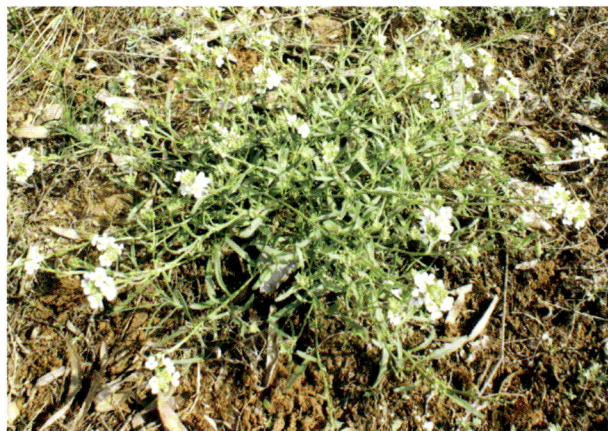

图 2.103　蚓果芥（陕西吴起长城）

一年生或二年生草本，高 10 ～ 30cm，具分枝毛和单毛。根圆锥状，木质化，坚硬。茎铺散向上升，多从基部分枝。叶椭圆状倒卵形，长 0.5 ～ 3cm，宽 1 ～ 6mm，下部叶呈莲座状，具长柄，上部叶具短柄，先端圆钝，基部渐狭，全缘或具数个疏牙状小齿。总状花序顶生；花梗长 3 ～ 5mm；花直径 5mm；萼片 4 片，直立，矩圆形，长 2mm，外面有分枝毛；花瓣 4 枚，白色或淡紫红色，倒卵形，长 4 ～ 5mm，宽 2 ～ 2.5mm，先端圆形，基部具爪。

长角果筒圆柱形或线形，长 1 ～ 2cm，宽 1mm，直或弯曲，有分枝毛或无毛，先端具短喙；果梗纤细，长 4 ～ 6mm。种子多粒，椭圆形或长圆形，长 1mm，红褐色。花期 5 ～ 6 月，果期 7 ~ 8 月。

本区分布于吴起、志丹、定边、靖边、横山、环县、会宁、靖远、榆中、原州、西吉、海原、同心、盐池、灵武等地；国内分布于内蒙古、河北、山西、陕西、甘肃、青海、新疆、西藏等省区；蒙古、朝鲜、中亚、俄罗斯及北美也有分布。多生于山坡。

沙芥 *Pugionium cornutum*（L.）Gaertn.（图 2.104）[中国高等植物图鉴]

图 2.104　沙芥（陕西神木各丑沟）

一年生或二年生草本，高 50 ~ 100cm，全株光滑。根肉质，圆柱状。茎直立，多分枝。叶肉质，基生叶丛生；下部叶有柄，羽状分裂，长 10 ~ 20cm，宽 3 ~ 4.5cm，具 3 ~ 4 对裂片，顶生裂片卵形或短圆形，全缘或有 1 ~ 2 齿，侧裂片矩圆形，基部稍抱茎，边缘有 2 ~ 3 齿；上部叶披针状条形，长 3 ~ 5cm，全缘。总状花序顶生，排成圆锥状；花乳白色，长 1 ~ 1.5cm。短角果革质，横卵形，侧扁，长 3 ~ 3.5cm，宽 3 ~ 5mm，不裂，每侧有 1 个披针形翅，上举，呈钝角展开，具突起脉纹，有 6 ~ 8 枚尖刺；果梗粗，长约 2.5cm。种子 1 粒，长圆形扁平，长 1cm，黄褐色或黑褐色。花期 6 ~ 7（8）月，果期 8 ~ 9 月。

本区分布于定边、靖边、横山、神木、榆阳、同心、海原、盐池、灵武等地；国内分布于内蒙古、陕北、河西走廊等地。生于海拔 1 000 ~ 1 700m 的沙滩、沙丘、田边、渠岸。嫩茎、叶作蔬菜或作饲料；全草入药，止痛、解毒；根入药，止咳嗽、清肺热，主治气管炎。沙芥为良好的固沙植物。

2.1.19　景天科 Crassulaceae

景天科植物多为一至多年生草本，稀亚灌木，常为肉质。叶互生、对生或轮生，单叶，稀为羽状复叶。花序常顶生，聚伞状或伞房状，稀总状或 1 朵花。花辐射对称，两性稀单性；萼片 4 ~ 5 片，稀 6 ~ 8 片。花瓣与萼片同数或无，离生或基部略有合生，花芽内呈覆瓦状或镊合状排列；雄蕊与花瓣同数或为其 2 倍，外轮的与萼片对生（花瓣间生），内轮的与花瓣对生（花瓣着生），雌蕊具与花瓣同数的心皮；心皮离生或基部合生，先端延伸为花柱；胚珠少数至多数，着生于侧膜胎座上。蓇葖果或蒴果，沿腹缝线开裂。种子细小，数粒至多粒，平滑或具乳头状突起，胚乳含量少。

本科我国有 11 属 230 多种。本区产 1 属 1 种及 1 变型。

费菜 *Sedum aizoon* L.（图 2.105）[中国高等植物图鉴]

费菜亦称土三七、见血散，多年生草本。茎高 20 ~ 50cm，直立，不分枝。叶互生，长披针形至倒披针形，长 5 ~ 8cm，宽 1.7 ~ 2cm，顶端渐尖，基部楔形，边缘有不整齐的锯齿，几无柄。聚伞花序，分枝平展；花密生；萼片 5 片，条形，不等长，长 3 ~ 5mm，顶端钝；花瓣 5 枚，黄色，椭圆状披针形，长 6 ~ 10mm；雄蕊 10 枚，较花瓣为短；心皮 5 个，卵状矩圆形，基部合生，腹面有囊状突起。蓇葖果星芒状排列，叉开几至水平排列。

本区分布于吴起、志丹、定边、靖边、横山、神木、榆阳、环县、会宁、榆中、原州、海原、西吉、同心等地；国内分布于东北，河北、

图 2.105　费菜（www.plant.ac.cn）

内蒙古、陕西、甘肃、山东、江苏、安徽、江西、浙江、湖北、湖南和四川等省区；朝鲜、蒙古、俄罗斯（西伯利亚）、日本也有分布。生于海拔 400 ~ 2 500m 的山坡草地、岩石冲积土上和梁峁顶部草丛中。全草药用，能安神、止血、化瘀、治吐血等。

狭叶费菜 *Sedum aizoon* f. *angustifolium* Franch.（图 2.106）[中国高等植物图鉴]

图 2.106　狭叶费菜（www.plant.ac.cn）

多年生草本。根部木质，块状，通常抽生 1 ~ 3 根茎。茎高 20 ~ 40cm，直立，不分枝。叶互生，狭线形，先端钝头，具锯齿，几无柄。聚伞花序顶生，分枝平展，花密生，黄色；萼片 5 片，条形，不等长，长 3 ~ 5mm，顶端钝；花瓣 5 枚, 黄色，椭圆状披针形，长 6 ~ 10mm；雄蕊 10 枚，较花瓣为短；心皮 5 个，卵状矩圆形，基部合生，腹面有囊状突起。蓇葖果五角星状，叉开几至水平排列。花期 6 ~ 7 月，果期 8 ~ 9 月。

本区分布于吴起、志丹、靖边、定边、环县、会宁等地；国内分布于黑龙江、吉林、内蒙古、河北、山东、陕西、山西、甘肃等省区。稍耐阴，耐寒，耐干旱瘠薄，在山坡岩石上和荒地上均能旺盛生长。园林绿化和观赏植物。

2.1.20　虎耳草科 Saxifragaceae

　　虎耳草科植物有的为小乔木或灌木，多草本。单叶，有时复叶，互生或对生。花两性，稀单性，整齐，辐射对称，排成总状、聚伞状或圆锥状花序，稀单生；花被2层，稀1层；萼片和花瓣常4～5枚，稀至10枚，呈覆瓦状或镊合状排列，萼片稀变成花瓣状；雄蕊5～10枚，或多数，如与花瓣同数，则与之互生，花药2室，直裂；子房周位或上位，1～5室，每室含多粒胚珠，心皮合生或离生，花柱离生；花托突起，平坦或凹陷。蒴果或浆果。

　　本科有80属1 200种，多分布于北温带。我国约有27属400余种，国内各省均有分布。本区产1属1种。

太平花 *Philadelphus pekinensis* Rupr.（图2.107）[中国高等植物图鉴]

　　落叶灌木，高达2m；枝条对生，一年生枝无毛。叶对生，有短柄；叶片卵形或狭卵形，长1.5～9cm，宽1.4～4cm，先端渐尖，基部宽楔形或圆形，边缘有小锯齿，两面无毛，三出脉。花序具5～9朵花，花序轴、花梗均无毛，花梗长3～8mm；萼筒无毛，裂片4片，宿存，三角状卵形，长4～5mm，外侧无毛，内侧内缘有短柔毛；花瓣4枚，白色，倒卵形，长0.9～1.2cm；雄蕊多数，长达9mm；子房下位，4室，胚珠多数，花柱上部4裂，柱头近匙形。蒴果球状倒圆锥形，直径5～7mm。花期5～6月，果期8～9月。

图2.107　太平花（甘肃会宁铁木山）

　　本区分布于会宁、榆中、原州、海原等地；黄土高原遍布；国内分布于四川、陕西、甘肃、山西、河北和辽宁等省；朝鲜亦有分布。多生于海拔800～2 500m的山坡、沟谷林下或溪边灌丛中。太平花亦常栽培，为优良的园林绿化树种。

2.1.21　蔷薇科 Rosaceae

　　蔷薇科植物为落叶或常绿乔木、灌木或草本。冬芽有数枚鳞片，稀2枚。叶互生，稀对生，单叶或复叶，具叶柄；托叶明显。花两性，稀单性，整齐；辐射状对称，单生、簇生，排列成总状花序、圆锥花序、伞房花序或伞形花序，花萼分离或贴于子房而具裂片，常4～5片，稀6、8、10片，呈覆瓦状排列；花盘贴生于萼筒内壁；花瓣4～5枚，呈覆瓦状排列；雄蕊5至多枚，花丝离生，花药小，2室，直裂；花萼、花瓣和雄蕊均着生于花托边缘；花托扁平、凸起或凹陷；心皮1个至多个，离生或合生；花柱与心皮同数，顶生、侧生或基生；子房上位或下位，每室含1粒至多粒胚珠，直立或悬垂。蓇葖果、瘦果、梨果或核果，稀蒴果。

种子常不含胚乳，子叶肉质，背部隆起，稀对折或席卷。

本科有 124 属 3 300 余种，广布世界各地，以温带为主。我国有 55 属 1 000 余种，遍布全国各地。本区产 15 属 34 种。

龙牙草 *Agrimonia pilosa* Ledeb.（图 2.108）[中国高等植物图鉴]

多年生草本，高 20～60cm。根多呈块茎状，周围长出多个侧根，根茎短。茎全部密生长柔毛。单数羽状复叶，小叶 5～7 片，杂有小型小叶，无柄，椭圆状卵形或倒卵形，长 3～6.5cm，宽 1～3cm，边缘有锯齿，两面均被疏生柔毛，下面有多个腺点；叶柄长 1～2cm，叶轴与叶柄均被有稀疏柔毛，托叶近卵形。顶生总状花序有多花，近无梗；苞片细小，常 3 裂；花黄色，直径 6～9mm；萼筒外面有槽并具毛，顶端生一圈钩状刺毛，裂片 5 片；花瓣 5 枚；雄蕊 10 枚；心皮 2 个。瘦果倒圆锥形，萼裂片宿存。花期 5～7 月，果期 8～10 月。

本区分布于吴起、定边、志丹、横山、神木、榆阳、环县、会宁、榆中、原州、同心、海原等地；黄土高原遍布；国内分布几遍全国各地；朝鲜、越南、蒙古、日本、前苏联、欧洲中部也有分布。生于海拔 500～3 000m 的山坡草地、路旁、林缘、疏林下和溪边。全草含鞣酸，为收敛止血之药，并具强壮止泻效果；也可作农药，用于蚜虫防治。

图 2.108　龙牙草（宁夏原州）

山桃 *Amygdalus davidiana*（Carr.）C. de Vos ex Henƴ（图 2.109）[黄土高原植物志]

异　名 *Prunus davidiana*（Carr.）Franch.

落叶乔木，高达 10m；树皮暗紫色或灰褐色，光滑；枝条细长，直立；小枝纤细，无毛；芽 2～3 枚并生，中间为叶芽，两侧为花芽。叶片卵状披针形，长 6～10cm，宽 2～4cm，先端长渐尖，基部宽楔形，边缘具细锐锯齿，两面无毛；叶柄长 1～2cm，通常无毛，有或无腺点。花单生，先于叶开放，近无梗，直径 2～3cm；

图 2.109　山桃（陕西吴起长城）

弯筒钟状，无毛，裂片卵形；花瓣粉红色或白色，宽倒卵形或卵形；雄蕊多数，离生，约与花瓣等长；心皮 1 个，稀 2 个，有短柔毛。核果球形，直径约 2cm，两侧通常不变平，先端圆钝，基部截形，表面具纵沟，被毛，果肉干燥，离核；核小，球形有沟。花期 3 ～ 4 月，果期 7 ～ 8 月。

本区分布于志丹、吴起、靖边、定边、横山、榆阳、神木、环县、会宁、榆中、原州、海原、西吉、同心、贺兰山等地；黄土高原遍布；国内分布于河北、山东、河南、陕西、甘肃、四川、云南、贵州等省。常生于海拔 600 ～ 2 600m 的山坡、山谷、沟底，疏林、灌丛内。山桃抗旱、耐寒、耐盐碱，是优良的水土保持树种。

蒙古扁桃 *Amygdalus mongolica*（Maxim.）Richer（图 2.110）[黄土高原植物志]

图 2.110　蒙古扁桃（陕西神木各丑沟）

异名 *Prunus mongolica* Maxim.

落叶小灌木，高 1 ～ 2m。多分枝，枝条展开；树皮灰褐色至紫红色，具光泽。小枝顶端变成刺；嫩枝红褐色，被短柔毛；老枝灰褐色。叶宽椭圆形、近圆形或倒卵形，长 5 ～ 15mm，宽 4 ～ 10mm，光滑，边缘有浅钝锯齿，侧脉约 4 对；叶柄长 2 ～ 5mm；托叶线状披针形。花先于叶开放，常单生，稀数朵簇生于短枝上，花梗极短；花萼外面无毛，萼筒钟形，萼齿长圆形；花瓣倒卵形，粉红色；雄蕊长短不一；子房及花柱被短柔毛，花柱几与雄蕊近等长。核果宽卵球形，长 12 ～ 15mm，直径约 10mm，顶端具急尖头，表面密被短柔毛，果皮黄绿色或带红晕，果肉薄而干燥，成熟时常沿一侧开裂；核卵圆形，长 8 ～ 13mm，基部两侧不对称，腹缝压扁，具浅沟纹，棱背极窄。种仁宽扁卵圆形，浅棕褐色。花期至 5 月上中旬，果期 7 ～ 8 月。

本区仅见于神木、榆阳、横山、海原及贺兰山等地；国内分布于内蒙古、甘肃（河西走廊）、宁夏等省区；蒙古、前苏联也有分布。蒙古扁桃具耐旱、耐寒和耐瘠薄的特性。多生于海拔 1 000 ～ 2 000m 的干旱山谷、石质山坡、干河床和半荒漠草原区的山地、丘陵、沙梁、山前洪积平原等。种仁含油 40%，油可供食用，种仁可代郁李仁入药。是干旱地区的优良水土保持植物。

山杏 *Armeniaca sibirica*（L.）Lam.（图 2.111）[黄土高原植物志]

异名 *Prunus sibirica*（L.）Lam.

灌木或小乔木，高 2 ～ 6m。树皮暗灰色，小枝灰褐色或淡红褐色，无毛或幼时疏生短柔毛。叶片卵形或近圆形，长 4 ～ 7cm；宽 3 ～ 5cm，先端长渐尖或尾尖，尾部长达 2.5cm，基部圆形或近心形，边缘有细钝锯齿，两面无毛或背面沿叶脉有短柔毛；叶柄长 2 ～ 3cm，

近先端有腺体或无。花单生，近无梗，花径
1.5～2cm，先于叶开放；花萼紫红色；萼筒
钟状，基部被短柔毛或无毛；萼片长圆状椭
圆形，先端尖，花后反折；花瓣白色或粉红色，
近圆形或倒卵形；雄蕊多数，长短不等，与
花瓣近等长或稍短；子房被短柔毛。果实扁
球形，直径1.5～2.5cm，黄色或桔红色，有
时具红晕，有沟，被短柔毛；果肉较薄而干燥，
酸涩不可食，成熟时沿腹缝线开裂；果核扁
球形，易与果肉分离，两侧扁，先端圆形，
基部一侧偏斜，不对称，表面较平滑，腹面
宽而锐利；种仁味苦。花期4～5月，果期7～8
月。

　　本区分布于志丹、吴起、靖边、定边、横山、
榆阳、神木、府谷、环县、会宁、榆中、靖远、
平川、原州、海原、西吉、同心、贺兰山等地；
国内分布于东北以及内蒙古、河北、青海等地；

图 2.111　山杏（陕西定边新安边）

蒙古和前苏联也有分布。生于海拔600～2 400m的山坡向阳处或丘陵草原及灌丛中。喜光、
耐干旱、耐寒，能耐－35℃的低温；可作培育抗寒品种的砧木。杏仁可榨油和制杏仁霜等，
为祛痰、止咳、平喘药物；并可提取栲胶。

水栒子 *Cotoneaster multiflorus* Bunge（图 2.112）[中国高等植物图鉴]

　　落叶灌木，高达3m；茎直立，丛生，枝条细瘦，常弓形弯曲。小枝红褐色或棕褐色，
光滑。叶片卵形或宽卵形，长2～5cm，宽1.5～3cm，先端急尖或圆钝，基部宽楔形或圆形，
全缘，幼时下面稍有绒毛，后脱落无毛；叶柄长3～8mm，幼时有毛，后脱落。聚伞花序，
有6～21朵花，总花梗和花梗无毛，花梗长4～6mm；花白色，直径1～1.2cm；萼筒钟状，
外表面无毛，裂片三角形；花瓣平展，近圆形。梨果近球形或倒卵形，直径约8mm，红色，有2个心皮合生而成的1个小核。花期5～6月，果期8～9月。

　　本区分布于吴起、志丹、会宁、榆中、原州、海原、同心及贺兰山等地；国内分布于黑龙江、辽宁、内蒙古、河北、河南、陕西、甘肃、新疆、四川、云南和西藏等省区；亚洲西部和中部、俄罗斯（高加索、西伯利亚）也有分布。生于海拔600～2 500m的山坡灌丛、沟谷、荒坡。具一定的园林观赏价值。

图 2.112　水栒子（甘肃会宁铁木山）

准噶尔栒子 *Cotoneaster soongoricus*（Regel et Herder）Popov（图 2.113）

[中国高等植物图鉴]

图 2.113　准噶尔栒子（甘肃会宁铁木山）

落叶灌木，高 1 ~ 2.5m；小枝细，灰褐色，幼时密生灰色绒毛，老时无毛。叶片宽椭圆形、近圆形或卵形，长 1.5 ~ 5cm，宽 1 ~ 2cm，先端常圆钝而有小突尖，有时微凹，基部圆形或宽楔形，全缘，下面有白色绒毛；叶柄长 2 ~ 5mm，有绒毛。聚伞花序，有 3 ~ 12 朵花，总花梗和花梗有白色绒毛，花梗长 2 ~ 3mm；花白色，直径 8 ~ 9mm；萼筒钟状，外生绒毛，裂片宽三角形；花瓣平展，卵形至近圆形。梨果卵形至椭圆形，长 7 ~ 10mm，红色，有 1 ~ 2 个小核。花期 5 ~ 6 月，果期 8 ~ 9 月。

本区分布于会宁、榆中、同心、贺兰山等地；国内分布于青海、内蒙古、新疆等省区。生于海拔 1 800 ~ 2 400m 的干旱山坡、沟谷边缘或林缘。准噶尔栒子是优良的水土保持树种。

西北栒子 *Cotoneaster zabelii* Schneid.（图 2.114）[中国高等植物图鉴]

落叶灌木，高约 2 ~ 3m；小枝深红褐色，幼时密被黄色柔毛，老时无毛。叶片椭圆形至卵形，长 1 ~ 3cm，宽 1 ~ 2cm，先端多圆钝，少数微尖，基部圆形或宽楔形，全缘，上面有稀疏柔毛，下面密生黄色或灰色绒毛；叶柄长 1 ~ 3mm，有绒毛。聚伞花序，有花 3 ~ 12 朵，总花梗和花梗有柔毛；花梗长 2 ~ 4mm；花淡红色，直径 5 ~ 7mm；弯筒钟状，外表面生柔毛，裂片三角形；花瓣直立，倒卵形或近圆形。梨果倒卵形，直径 7 ~ 8mm，鲜红色，

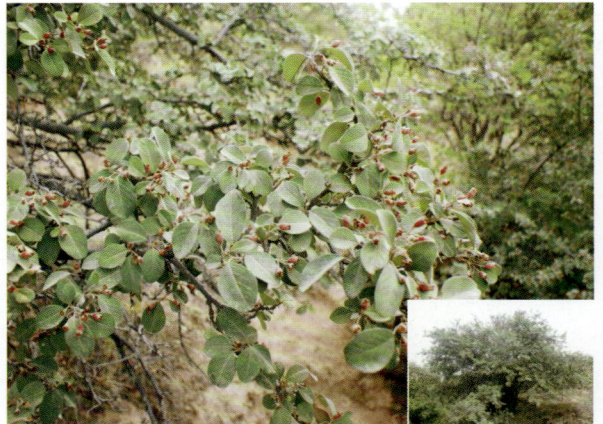

图 2.114　西北栒子（甘肃会宁铁木山）

萼裂片宿存，通常有 2 个小核。花期 5 ~ 6 月，果期 8 ~ 9 月。

本区分布于会宁、榆中、同心、中卫及贺兰山等地；国内分布于河北、山西、山东、河南、陕西、甘肃、青海、湖北、湖南、四川等省区。生于海拔 800 ~ 2 500m 的阴坡、半阴坡、山谷灌丛、石灰岩山地、阴坡、沟谷边。果实含淀粉，可酿酒；种子可榨油。

山楂 *Crataegus pinatifida* Bunge（图 2.115）[中国高等植物图鉴]

落叶乔木，高达 6m；小枝紫褐色，无毛或近无毛，有刺，稀无刺。叶宽卵形或三角状卵形，长 5 ~ 10cm，宽 4 ~ 7.5cm，基部截形至宽楔形，有 3 ~ 5 片羽状深裂片，边缘有尖锐重锯齿，下面沿叶脉被疏柔毛；叶柄长 2 ~ 6cm，光滑。伞房花序有柔毛；花白色，直径约 1.5cm。梨果近球形，直径 1 ~ 1.5cm，深红色，有浅色斑点；有小核 3 ~ 5 个，外面稍具棱，内面两侧平行；萼片脱落很迟，先端保留一个圆形深凹。花期 5 ~ 6 月，果期 9 ~ 10 月。

图 2.115　山楂（陕西吴起白豹）

本区分布于吴起、志丹、横山、靖边、榆阳、环县、会宁、原州、海原、同心等地；黄土高原遍布；国内分布于东北以及内蒙古、河北、山西、山东、江苏、河南等地；朝鲜、俄罗斯（西伯利亚）也有分布。生于海拔 400 ~ 1 500m 的山坡林边或灌丛中。山楂可栽培作绿篱，可作嫁接砧木。果生吃或作果酱、果糕；药用，治食积泄泻、高血压等。

本种的变种山里红 *Crataegus pinatifida* var. *major* N. E. Br. 果较大，直径 2.5cm，深亮红色；叶分裂较浅。

甘肃山楂 *Crataegus kansuensis* Wils.（图 2.116）[陕西树木志]

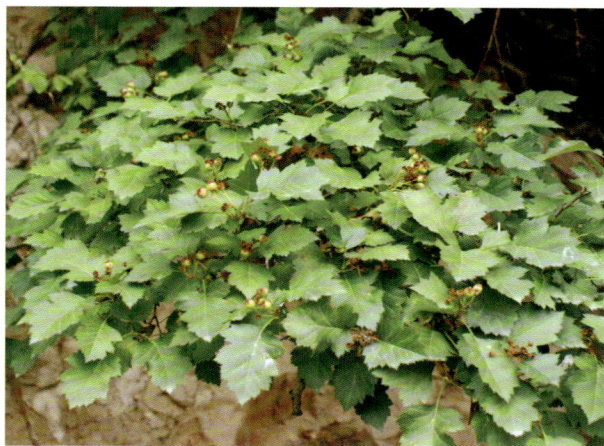

图 2.116　甘肃山楂（甘肃会宁铁木山）

落叶灌木或小乔木，高 3 ~ 5m；枝无刺或具短刺；小枝光滑，红褐色，芽几圆形，紫色。叶广圆形，先端常急尖，罕钝，基部广楔形或近圆形，长 3 ~ 4.5cm，罕达 8cm，宽 2.5 ~ 4cm，罕较阔，缘具数对羽状浅裂，裂片具粗齿或复齿，叶面光滑，仅肋上有微短毛，叶背光滑，仅脉腋具簇毛，侧脉直达叶片顶端，不达裂片凹处；柄长 3 ~ 4cm，光滑或微被疏柔毛。伞房花序多歧，花瓣白色几圆形，长 3 ~ 4mm，花柱 2 ~ 3 个，光滑，子房顶端被长柔毛。果实红色，圆形，径约 1cm，无斑点，果核 2 ~ 3 粒。花期 5 月，果期 7 ~ 9 月。

本区分布于志丹、吴起、定边、环县、会宁、靖远、平川、海原、原州、同心等地；黄土高原中西部较为普遍；国内分布于河北、山西、陕西、甘肃、四川、贵州等省区。果可药用，可治食积泄泻、高血压。

蛇莓 *Duchesnea indica* (Hemsl.) Pritzel（图 2.117）[中国高等植物图鉴]

图 2.117　蛇莓（陕西吴起庙沟）

多年生草本，具长匍匐茎，有柔毛。3 出复叶，小叶近无柄，菱状卵形或倒卵形，长 1.5 ~ 3cm，宽 1.2 ~ 2cm，边缘具钝锯齿，两面散生柔毛或上面近于无毛；叶柄长 1 ~ 5cm；托叶卵披针形，稀 3 裂，有柔毛。花单生于叶腋，直径 1 ~ 1.8cm，花梗长 3 ~ 6cm，有柔毛；花托扁平，果期膨大成半圆形，海绵质，红色；副萼片 5 片，先端 3 裂，稀 5 裂；萼裂片卵状披针形，比副萼片小，均有柔毛；花瓣黄色，矩圆形或倒卵形。瘦果小，矩圆状卵形，暗红色。花期 6 ~ 8 月，果期 8 ~ 10 月。

本区分布于志丹、吴起、靖边、横山、榆阳、神木、环县、榆中、会宁、原州、西吉、海原、同心等地；黄土高原遍布；国内分布于辽宁南部以南各省区；亚洲其他地区、欧洲、中美、南美也有分布。生于海拔 300 ~ 2 000m 的山坡草地、路旁、地埂、沟谷边缘。种子含油；全株药用，能活血散结、收敛止血、清热解毒、止咳；治蛇咬伤，毒虫咬伤。

山荆子 *Malus baccata* (L.) Borkh.（图 2.118）[中国高等植物图鉴]

落叶乔木，本区高达 5 ~ 8m；小枝无毛，暗褐色。叶片椭圆形或卵形，长 3 ~ 8cm，宽 2 ~ 3.5cm，边缘具细锯齿；叶柄长 2 ~ 5cm，光滑。伞形花序，4 ~ 6 朵花，无总梗，集生于小枝顶端，花梗细，长 1.5 ~ 4cm，无毛；花白色，直径 3 ~ 3.5cm，萼筒外表面无毛，裂片披针形；花瓣倒卵形；雄蕊 15 ~ 20 枚；花柱 5 或 4 个。梨果近球形，直径 0.8 ~ 1cm，红色或黄色，柄凹及萼凹稍下陷，萼裂片脱落；果梗细，长 3 ~ 4cm。花期 4 ~ 5 月，果期 8 ~ 10 月。

图 2.118　山荆子（杜诚提供）

本区分布于志丹、吴起、靖边、横山、榆阳、神木、环县、榆中、会宁、原州、西吉等地；黄土高原遍布；国内分布于辽宁、吉林、内蒙古、河北、陕西、甘肃等省区。朝鲜、蒙古、俄罗斯也有分布。生于海拔 500 ~ 1 500m 的山坡、山谷、沟壑灌丛中。可作苹果、花红等砧木；嫩叶可作茶叶代用品；果可酿酒；叶为栲胶原料；蜜源植物。

花红 *Malus asiatica* Nakai（图 2.119）[中国高等植物图鉴]

花红亦称沙果、文林郎果，小乔木，高 4～6m。小枝粗壮，幼时密生柔毛，老枝光滑，暗紫色。叶片椭圆形或卵形，长 5～11cm，宽 4～5.5cm，先端急尖或渐尖，基部圆形或宽楔形，边缘有细锐锯齿，上面被短柔毛，渐脱落，下面密生短柔毛；叶柄长 1.5～5cm，有短柔毛。伞房花序，4～7 朵花，生于小枝顶端；花梗长 1.5～2cm，密生柔毛；花直径 3～4cm；雄蕊 17～20 枚；花柱 4（～5）个。梨果卵形或近球形，果

图 2.119 花红（www.plant.ac.cn）

径 4～5cm，黄色或红色，宿存萼肥厚隆起，果梗中等长。花期 4～5 月，果期 8～9 月。

本区分布于志丹、吴起、靖边、横山、榆阳、神木、环县、花池、渝中、会宁、原州、海原、同心、西吉、盐池等地；黄土高原遍布；国内分布于内蒙古、河北、河南、山东、四川、贵州、云南等省区。生于海拔 400～2 800m 的阳坡处、平原沙地。果既可鲜食，也可加工制果干、果丹皮及酿果酒；果实药用，能健胃消食，行瘀镇痛；根皮和根也可药用，具补血强壮之效。

楸子 *Malus prunifolia*（Willd.）Borkh.（图 2.120）[中国高等植物图鉴]

落叶小乔木，高 3～10m；小枝粗壮，幼时密生短柔毛，老枝灰褐色，光滑。叶片卵形或椭圆形，长 5～9cm，宽 4～5cm，先端渐尖或急尖，基部宽楔形，边缘有细锐锯齿；叶柄长 1～5cm 疏生白色柔毛。伞形花序，有 4～10 朵花，花梗长 2～3.5cm，有短柔毛；萼筒外表面被长柔毛，萼裂片披针形，两面均生白色柔毛；花瓣倒卵状椭圆形，白色或带粉红色；雄蕊约 20 枚；花柱 4（5）个，基部密生白色柔毛。梨果卵形，直径 2～2.5cm，红色，先端渐尖，稍具隆起，萼凹微突，萼裂片宿存，果梗细长。花期 4～5 月，果期 8～9 月。

图 2.120 楸子（陕西吴起庙沟）

本区分布于志丹、吴起、定边、靖边、横山、榆阳、神木、环县、会宁等地；黄土高原有野生或栽培；国内分布于辽宁、内蒙古、河北、山东、山西、河南、陕西、甘肃等省区。生于海拔 500～1 800m 的山坡、平

地或山谷梯田边。果实可食用，也可加工；是苹果的优良砧木。

花叶海棠 *Malus transitoria* (Batal.) Schneid.（图 2.121）[中国高等植物图鉴]

图 2.121　花叶海棠（百度网）

落叶灌木至小乔木，高 2 ~ 6m；小枝细长，幼时密生绒毛，老枝紫褐色。冬芽小，卵形，密被绒毛。叶片卵形至广卵形，长 2.5 ~ 5cm，宽 2 ~ 4cm，先端急尖，基部圆形至宽楔形，边缘有不整齐锯齿，常有 3 ~ 5 不规则深裂，上面疏生柔毛或近无毛，下面密生绒毛；叶柄长 1.5 ~ 3.5cm，密生柔毛。花序近伞形，有花 3 ~ 6 朵；花梗长 1.5 ~ 2cm，与萼筒均密生绒毛；花白色，直径 1 ~ 2cm；萼裂片长，三角状卵形，先端圆钝或微尖，全缘；花瓣卵形，雄蕊 20 ~ 25 枚；花柱 3 ~ 5 个，基部无毛，比雄蕊稍长或近等长。梨果近球形，直径 0.6 ~ 0.8cm，萼裂片脱落，萼凹下陷。花期 5 月，果期 9 ~ 10 月。

本区分布于志丹、吴起、安塞、靖边、横山、绥德、榆中、会宁、定西、海原、同心、贺兰山等地；国内分布于内蒙古、甘肃、青海、四川等省区。抗逆性强，生于海拔 1 400 ~ 2 600m 的山坡丛林中或黄土丘陵地。可作苹果砧木。

鹅绒委陵菜 *Potentilla anserina* L.（图 2.122）[宁夏植物志]

多年生草本。根茎粗壮，被残留枯叶柄。匍匐茎细长，节上生根。奇数羽状复叶，基生叶具小叶 9 ~ 19 片，小叶几无柄或具短柄，小叶片卵状矩圆形或椭圆形，长 1.5 ~ 3cm，宽 0.5 ~ 1cm，先端圆钝，基部宽楔形，边缘具缺刻状深锯齿，上面无毛或被稀疏柔毛，下面密生白色绒毛，小叶对之间杂生分裂或不分裂的小羽片；叶柄长 10 ~ 15cm，被白色柔毛；托叶膜质，褐色，卵形；匍匐茎上的叶具短柄，小叶片数较少。花单生于基生叶丛中或匍匐茎的叶腋；

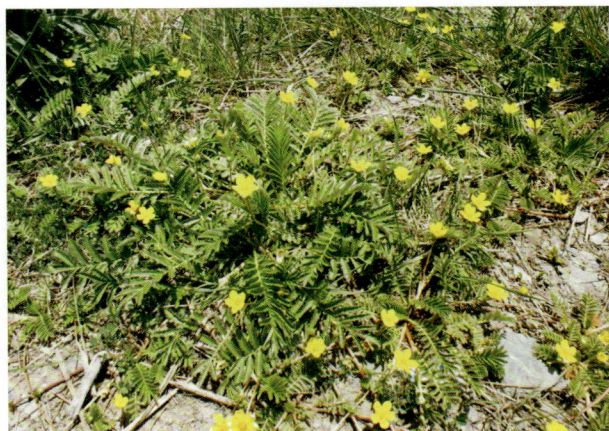

图 2.122　鹅绒委陵菜（宁夏海原南华山）

花梗长 4 ~ 12cm，被长柔毛；副萼片狭椭圆形，全缘或具浅锯齿；萼片卵形，长约4mm，全缘，稍长于副萼，与副萼的外表面均被长柔毛；花瓣黄色，宽倒卵形；雄蕊 20 枚；花柱侧生；花托密被长柔毛。瘦果卵圆形，具洼点，背部有槽。花期 5 ~ 7 月。

本区分布于海原、西吉、原州、同心、盐池、灵武、吴忠及贺兰山等地；国内分布于东北、华北、西北及西南各地。多生于沟渠旁、田边及低山草地。全株含鞣质，可提取栲胶；亦可药用，能清热解毒、消炎止血。

二裂委陵菜 *Potentilla bifurca* L. var. *bifurca*（图 2.123）[中国高等植物图鉴]

矮小多年生草本，根茎木质化。茎多平铺，稀直立，自基部多分枝；茎和叶柄有长柔毛。羽状复叶，基生叶有小叶 5 ~ 8 对，椭圆形或倒卵状矩圆形，长 6 ~ 10mm，宽 3 ~ 6mm，先端圆钝或常 2 裂，全缘，上面无毛，下面微生柔毛；小叶片无柄；茎生叶小叶通常 3 ~ 7 片；叶柄短或无，托叶草质。聚伞花序，3 ~ 5 朵花；花梗生柔毛；花黄色，直径 1 ~ 1.5cm；花托密生柔毛。瘦果小，光滑，无毛，花柱侧生或近基生。

图 2.123　二裂委陵菜（陕西吴起长城）

本区分布于志丹、吴起、靖边、定边、横山、榆阳、神木、府谷、环县、会宁、榆中、原州、海原、西吉、同心、中宁、盐池、灵武等地；黄土高原多生于干旱地带；国内分布于黑龙江、吉林、内蒙古、新疆、青海、河北、甘肃、山西、四川等省区。蒙古、前苏联也有分布。生于海拔 400 ~ 2 500m 的干旱山坡草地、山崖、路旁、沙滩、疏林中。

委陵菜 *Potentilla chinensis* Ser.（图 2.124）[中国高等植物图鉴]

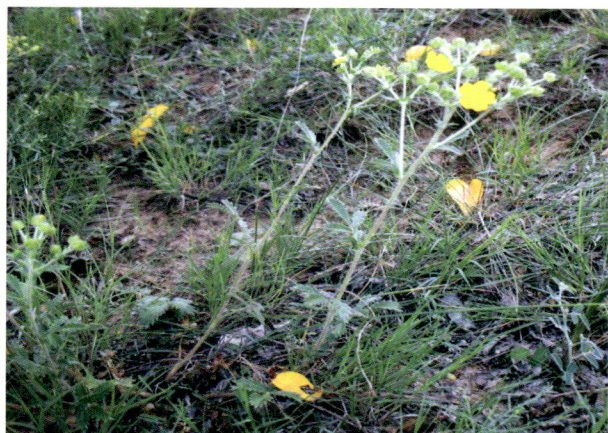

图 2.124　委陵菜（陕西吴起铁边城）

多年生草本，高 20 ~ 40cm；根肥大，木质化。茎丛生，直立或斜伸，有白色柔毛。羽状复叶，基生叶有小叶 15 ~ 31 片，小叶矩圆状倒卵形或矩圆形，长 5 ~ 5cm，宽约 1.5cm，羽状深裂，裂片三角状披针形，下面密生白色绵毛；叶柄长约 1.5cm；托叶和叶柄基部合生；叶轴有长柔毛；茎生叶与基生叶相似。聚伞花序顶生，总花梗和花梗有白色绒毛或柔毛；花黄色，直径约 1cm。瘦果卵形，具肋纹，多数聚生于有绵毛的花托上。

本区分布于志丹、吴起、靖边、定边、横山、榆阳、神木、环县、会宁、榆中、原州、海原、同心、盐池等地；黄土高原遍布；国内分布于东北，内蒙古、山东、河南、江苏、安徽、湖北、湖南、台湾、广东、广西、陕西、甘肃、青海以及西南各地；朝鲜、日本、前苏联也有分布。生于海拔 500 ~ 3 000m 的山坡、路旁或沟边。根可提制栲胶；根及全草入药，能清热解毒、收敛止血、止痢。

匍枝委陵菜 *Potentilla flagellaris* Willd. ex Schlecht. （图 2.125）[中国高等植物图鉴]

多年生草本；根纤细，多分枝，暗褐色。茎匍匐，节上生根，微生柔毛。基生叶为掌状 5 出复叶，连叶柄长 4 ~ 10cm，叶柄被伏生或疏柔毛；小叶倒卵形，长 1 ~ 2.5cm，宽 0.6 ~ 1.2cm，边缘有钝锯齿，近基部 1/3 处全缘，两面有柔毛，下面较密；叶柄细长，有柔毛；托叶膜质，褐色；茎生叶与基生叶相似，托叶小，披针形或卵状披针形，全缘或不等 2 裂。花单生，与叶对生或腋生，花梗细长，长 2 ~ 4cm，被短柔毛；花黄色，直

图 2.125　匍枝委陵菜（宁夏海原南华山）

径约 1.4cm，花瓣倒卵形或三角状倒卵形。瘦果长圆状卵形，褐色，有小突起，花柱近顶生。花、果期 5 ~ 9 月。

　　本区分布于志丹、吴起、靖边、定边、横山、榆阳、神木、府谷、环县、原州、海原、同心等地；国内分布于东北、河北、河南、山西、山东、甘肃等省区；俄罗斯（西伯利亚）、阿富汗、蒙古、朝鲜也有分布。生于海拔 400 ~ 2 000m 的山坡阴处或路旁阴处。种子可榨油；嫩苗可食，也可作饲料。

多茎委陵菜 *Potentilla multicaulis* Bunge （图 2.126）[黄土高原植物志]

多年生草本，高约 20cm；根粗壮，圆柱形，木质化。花茎多而密集丛生，高可达 35cm；基部有残余棕褐色托叶；茎常倾斜或弧形上升，具灰白色长柔毛和短柔毛。羽状复叶；基生叶有小叶 6 ~ 8 对，矩圆形或矩圆状卵形；小叶片羽状深裂，上面深绿色，散生柔毛，下面密生灰白色绒毛和柔毛，小叶无柄；叶柄上有长柔毛，托叶膜质；茎生叶小叶 3 ~ 5 对，叶柄短，托叶披针形。聚伞花序，总花梗和花梗密生灰白色长柔毛和短柔

图 2.126　多茎委陵菜（陕西吴起五谷城）

毛；花直径约 1.2cm，黄色。瘦果卵球形，褐色，具皱纹，包被在宿存的花萼内。花、果期 4 ~ 9 月。

　　本区分布于志丹、吴起、靖边、定边、横山、榆阳、神木、环县、会宁、榆中、原州、海原、

西吉等地；黄土高原遍布；国内分布于新疆、内蒙古、青海、陕西、甘肃、河北、河南、山西、四川等省区。生于海拔 400 ～ 3 600m 的山坡草地、疏林地、河滩或路旁。全株入药，具有凉血止痢，清热解毒之效。

多裂委陵菜 Potentilla multifida L.（图 2.127）[黄土高原植物志]

多年生草本。根圆柱形，稍木质化。花茎上升，稀直立，高 12 ～ 40cm，被紧贴或开展短柔毛或绢状柔毛。基生叶羽状复叶，小叶 3 ～ 5 对，间隔 0.5 ～ 2cm，连叶柄长 5 ～ 17cm，叶柄被紧贴或开展短柔毛，小叶片对生，稀互生，羽状深裂几达中脉，长椭卵形，长 1 ～ 5cm，宽 0.8 ～ 2cm，向基部逐渐减少，裂片带形或带状披针形，先端舌状或急尖，边缘向下反卷，表面伏生短柔毛，中脉及侧脉下陷，背面被白色绒毛，沿脉伏

图 2.127　多裂委陵菜（陕西吴起五谷城）

生绢状长柔毛；茎生叶 2 ～ 3 片，与基生叶相似，唯小叶对数向上逐渐减少；基生叶托叶膜质，褐色，外被疏柔毛或几无毛；茎生叶托叶草质，卵形或卵状披针形，先端急尖或渐尖，2 裂或全缘。花序为伞房状聚伞花序，花期花梗伸长疏散；花梗长 1.5 ～ 2.5cm，被短柔毛；花直径 1.2 ～ 1.5cm；萼片三角状卵形，先端渐尖，副萼片披针形或椭圆状披针形，先端圆钝或急尖，比萼片略短或近等长，外侧被伏生长柔毛；花瓣黄色，倒卵形，长超过萼片不到 1 倍；花柱圆锥形，近顶生，基部具乳头状膨大，柱头略扩大。瘦果平滑或具皱纹。花、果期 5 ～ 9 月。

本区分布于志丹、吴起、靖边、定边、横山、榆阳、神木、府谷、环县、会宁、榆中、原州、海原、同心、盐池等地；国内分布于东北以及内蒙古、河北、山西、青海、新疆、四川、云南、西藏等地；广布于北半球欧、亚、美三洲。生于海拔 1 500 ～ 3 600m 的山坡草地、沟谷或林缘。带根全草入药，具清热利湿、止血、杀虫之效；外伤出血，可研磨外敷伤处。

图 2.128　蕤核（陕西吴起五谷城）

蕤核 Prinsepia uniflora Batal.

（图 2.128）[黄土高原植物志]

蕤核亦称扁核木。落叶灌木，高 1 ～ 2m。老枝灰褐色，树皮光滑或剥裂；小枝灰绿色或灰褐色，无毛或有极短柔毛；有腋生枝刺，钻形，长 0.5 ～ 1cm，无毛，刺上不生叶；枝条髓心呈片状；冬芽卵圆形，有多数鳞片。叶互生或丛生，近无柄；叶片长圆状披针形或狭长圆形，长 2 ～ 5cm，宽 5 ～ 10mm，先端圆钝，有短尖头，基部楔形或宽楔形，全缘，

有时呈浅波状或不明显锯齿状；表面深绿，背面淡绿，中脉突起；托叶小，早落。花单生或2～3朵，簇生于叶丛内；花直径1.2～1.5cm；花梗长3～5mm；萼筒杯状；萼片短三角状卵形或半圆形，先端圆钝，全缘，反折，萼片和萼筒内外两面均无毛；花瓣白色，有紫色脉纹，宽倒卵形，长5～6mm，先端啮蚀状；基部宽楔形，有短爪，着生于萼筒口花盘边缘处；雄蕊10枚，花药黄色，圆卵形，花丝扁而短，比花药稍长，着生在花盘上；心皮1个，光滑，花柱侧生，头状。核果球形，红褐色或黑褐色，直径1～1.5cm，无毛，有光泽，具蜡粉；萼片宿存，反折，核宽卵形，两侧扁，有网纹，长约7mm。花期4～5月，果期8～9月。

本区分布于志丹、吴起、靖边、定边、横山、榆阳、环县、会宁、渭源、原州、海原、西吉、同心等地，国内分布于内蒙古、河南、山西、四川等省区。生于海拔600～1 600m的阳坡或山脚林缘。果实可食或酿酒、制醋等，种仁可入药，能清热明目。

杜梨 *Pyrus betulaefolia* Bunge（图 2.129）[中国高等植物图鉴]

图 2.129　杜梨（陕西吴起铁边城）

乔木，高达10m。常有刺；小枝紫褐色，幼枝、幼叶两面、叶柄、总花梗、花梗和萼筒外表面均生灰白色绒毛。叶片菱状卵形或长卵形，长4～8cm，宽2.5～3.5cm，基部宽楔形，稀近圆形，边缘有尖锐锯齿，老叶仅下面微有绒毛或近无毛；叶柄长2～3cm。伞形总状花序，有10～15朵花；花梗长2～2.5cm；花白色，花径1.5～2cm；萼裂片三角状卵形；花瓣卵形；花柱2～3个，离生。梨果近球形，直径0.5～1cm，2～3室，褐色，有浅色斑点，萼裂片脱落，果梗长，被绒毛。花期4～5月，果期8～9月。

本区分布于吴起、志丹、靖边、定边、横山、环县、原州、海原、西吉、同心等地；黄土高原遍布；国内分布于辽宁、河北、河南、陕西、甘肃、安徽、江苏、江西、湖北等省。生于海拔300～1 800m的平原或山坡、山岠。可作梨的砧木；木材可作各种器具；果实及枝叶入药，消食止泻。

黄蔷薇 *Rosa hugonis* Hemsl.

（图 2.130）[中国高等植物图鉴]

灌木，高约2～3m；枝粗壮，弓形，密集丛生。小枝细长，紫褐色，无毛；皮刺直立，宽扁，嫩枝上有细密刺。奇数羽状复叶；小叶5～13片，卵状矩圆形或倒卵形，长8～20mm，宽8～13mm，先端微尖或圆钝，基部近

图 2.130　黄蔷薇（陕西吴起长城）

圆形，边缘具尖锐锯齿，两面无毛；托叶披针形，大部分附着于叶柄上。花单生于短枝顶端，不具苞片；花梗长 1.5 ~ 2cm，无毛；花黄色，直径约 5cm；萼裂片卵状披针形，与萼筒均无毛；花瓣倒三角状卵形。果实扁球形，直径 1 ~ 1.5cm，深红色，具光泽，萼片宿存反折。花期 5 ~ 6 月，果期 7 ~ 8 月。

本区分布于志丹、吴起、靖边、环县、榆中、会宁、平川、原州、西吉、海原、中卫等地；黄土高原各地均有野生分布或栽培；国内分布于甘肃、陕西、四川等省。生于海拔 600 ~ 2 200m 的向阳山坡、石砾沟谷、路旁，是优良的水土保持对种。

扁刺蔷薇 Rosa sweginzowii Koehne（图 2.131）[秦岭植物志]

落叶灌木，高 2 ~ 3m，茎丛生。小枝圆柱形，直立或稍弯曲，具基部膨大而扁平皮刺，老枝稀混有针刺，稀被疏短柔毛。小叶 7 ~ 11 枚，连叶柄长 6 ~ 11cm；小叶片椭圆形至卵状长圆形，长 2 ~ 5cm，宽 8 ~ 20mm，先端急尖稀圆钝，基部近圆形；边缘有重齿，下面被柔毛或沿脉被柔毛，中脉和侧脉均突起；小叶柄和叶轴被柔毛、腺毛和散生小皮刺；托叶大部贴生于叶柄，离生部分卵状披针形，先端渐尖；

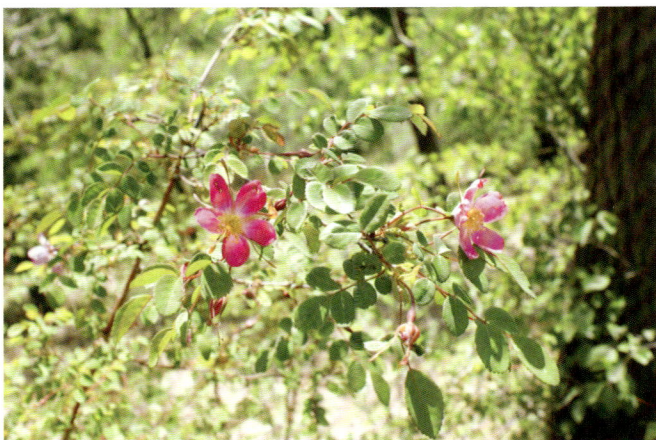

图 2.131　扁刺蔷薇（宁夏海原南华山）

边缘有腺齿。花单生，2 ~ 3 朵簇生，苞片 1 ~ 2 枚，卵状披针形，先端尾尖，下面中脉明显，边缘有带腺锯齿；花梗长 1.5 ~ 2cm，具腺毛；花直径 3 ~ 5cm；萼片卵状披针形，先端浅裂扩展成叶状，外表面近无毛，有腺或无腺，内表面有短柔毛，边缘较密；花瓣粉红色，宽倒卵形，先端微凹，基部宽楔形；花柱离生，密被柔毛，较雄蕊短很多。果长圆形或倒卵状长圆形，先端有短颈，长 1.5 ~ 2.5cm，紫红色，外表面常有腺毛，萼片直立宿存。花期 6 ~ 7 月，果期 8 ~ 11 月。

本区分布于原州、海原、同心、会宁等地；国内分布于陕西、甘肃、青海、云南、四川、湖北、西藏等省区。生于海拔 2 000 ~ 3 500m 的山坡、路旁、灌丛中。果实可供药用，为滋补强壮药，能补肝肾、益气涩精、固肠止泻。

黄刺玫 Rosa xanthina Lindl.（图 2.132）[中国高等植物图鉴]

落叶灌木，灌丛高 1 ~ 3m；枝粗壮；常呈弓形；小枝褐色，圆柱形无毛；皮刺扁平，常混生细密针刺。幼时微生柔毛，具硬皮刺。连叶柄长 4 ~ 8cm，基数羽状复叶，小叶 7 ~ 13 片，宽卵形或近圆形，少数椭圆形，长 8 ~ 15mm，宽约 8mm，先端钝，基部近圆形，边缘有钝锯齿，幼时下面微生柔毛；叶柄和叶轴均被疏柔毛及疏生小皮刺；托叶狭长，大部分附着于叶柄上，离生部分极短，呈耳状，无毛，边缘有稀疏腺毛。花单生，黄色，直径约 4cm，无苞片；花梗长 1 ~ 2mm，无毛；萼裂片披针形，全缘，宿存，具明显中脉；花

瓣黄色，重瓣或单瓣，宽倒卵形，先端微凹，基部宽楔形；雄蕊多数，着生在坛状萼筒口的周围；花柱离生，被白色长柔毛，稍伸出萼筒口外面，比雄蕊短。蔷薇果近球形，直径约1cm，红褐色。花期5～6月，果期7～8月。

本区分布于志丹、吴起、横山、环县、榆中、会宁、原州、西吉、海原等地，多有栽培；黄土高原遍布；国内主要分布于黑龙江、吉林、辽宁、内蒙古、河北、山东、陕西、甘肃等省区。

图 2.132　黄刺玫（陕西志丹双河）

野生于海拔 500～2100m 的向阳山坡灌丛中，或庭园栽培。果实可酿酒、制果酱或食用。

华西蔷薇 *Rosa moyesii* Hemsl.et Wils. （图 2.133）[中国高等植物图鉴]

华西蔷薇亦称红花蔷薇，灌木，高 3m。小枝无毛，有散生成对基部膨大的皮刺。羽状复叶，小叶 7～13 片，卵形或椭圆形，稀矩圆状卵形，长 1～4cm，先端急尖，基部宽楔形或近圆形，边缘有锯齿，两面无毛，仅下面有时有腺点，中脉有柔毛，叶柄和叶轴上散生小皮刺、柔毛和腺毛；托叶较宽，边缘具腺毛，大部分附着于叶柄上。花单生或 2～3 朵聚生，苞片 1～3 枚，卵形；花梗和花托有刺状腺毛；花深红色，直径 4.5～6.5cm；萼裂片披针形，先端尾状；花瓣倒卵形。蔷薇果矩圆状卵形，长 6～7cm，先端收缩成颈状，深红色，有刺状腺毛。花期 6～7月，果期 8～10月。

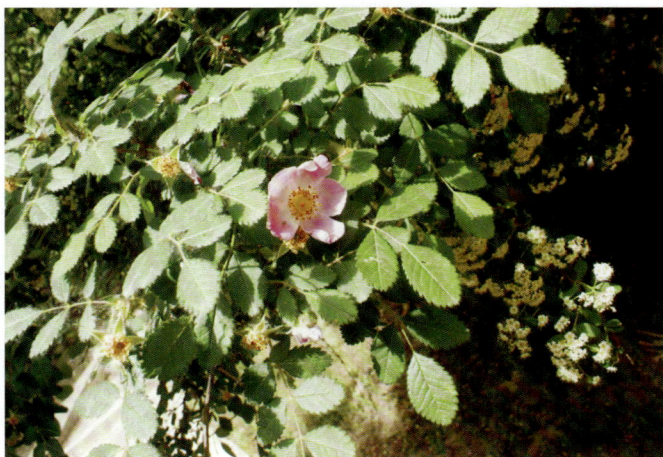

图 2.133　华西蔷薇（甘肃会宁铁木山）

本区分布于会宁、榆中、原州、海原等地；国内分布于河南、陕西、甘肃、安徽、湖北、四川、云南、西藏等省区。生于海拔 1 000～2 000m 的山坡林缘、灌丛中。根皮、果或叶用于半夜腹泻、牙疼、肺痈、外伤流血等。

光叶珍珠梅 *Sorbaria arborea* Schneid. var. *glabrata* Rehd. （图 2.134）[黄土高原植物志]

灌木，高达 6m。枝条开展；小枝圆柱形，稍有棱角，幼时黄绿色，老时暗红褐色；冬芽卵形或近长圆形，先端钝，紫褐色，被绒毛。羽状复叶，连叶柄长 20 ～ 30cm，叶轴无毛，小叶 11 ～ 17 片，对生，披针形或长圆状披针形，长 4 ～ 10cm，宽 1 ～ 3cm，先端渐尖，基部楔形或宽楔形，边缘有重锯齿，两面无毛或仅背面叶脉簇生柔毛，羽状网脉，侧脉 20 ～ 25 对，近平行，背面显著；小叶柄短或近无；托叶三角状卵形，长 8 ～ 10mm，宽 4 ～ 5mm，先端渐尖，基部宽楔形，两面无毛或近无毛。顶生

图 2.134　光叶珍珠梅（甘肃会宁铁木山）

大型圆锥花序，分枝开展，直径 15 ～ 25cm，长 20 ～ 30cm；花梗长 2 ～ 3mm，与花总梗均无毛；苞片线状披针形或披针形，长 4 ～ 5mm；花直径 6 ～ 7mm；萼筒浅钟状，两面无毛，萼片长圆形或卵形，先端圆钝，稍短于萼筒；花瓣近圆形，长约 3mm，白色，先端钝，基部楔形；雄蕊 30 枚，着生于花盘边缘，约长于花瓣 1.5 倍；心皮 5 个，无毛；花柱锥状，长不及雄蕊的一半，柱头头状。蓇葖果，圆柱形，长约 3mm，无毛，花柱在先端稍下方向外弯曲；萼片宿存，反折；果梗弯曲，果实下垂。花期 6 ～ 7 月，果期 9 ～ 10 月。

　　本区分布于会宁、兰州、皋兰、靖远、白银、原州、海原、同心等地；国内分布于陕西、甘肃、湖北、四川、云南、江西、贵州、新疆、西藏等省区。生于海拔 1 000 ～ 2 300m 的山坡或山谷林内。茎皮可入药，能活血祛瘀、消肿止痛，主治骨折、跌打损伤。

华北珍珠梅 *Sorbaria kirilowii* (Regel) Maxim.（图 2.135）[黄土高原植物志]

落叶灌木。小叶对生，相距 1.5 ～ 2cm，披针形至长圆披针形，长 4 ～ 7cm，宽 1.5 ～ 2cm，先端渐尖，基部圆形至宽楔形，小叶边缘具有尖锐重锯齿，两面均无毛或仅脉腋间具短柔毛，羽状网脉，侧脉 15 ～ 23 对，近平行，下面显著；小叶柄短或近无柄，光滑；托叶膜质，线状披针形，长 3 ～ 15mm，先端钝或尖，全缘或顶端略有锯齿。顶生大型密集的圆锥花序，分枝斜出或稍直立，直径 7 ～ 10cm，长 12 ～ 20cm，略被白粉；花梗长 3 ～ 4mm；苞片线状披针形，先端渐尖，长 2 ～ 3mm；花直径

图 2.135　华北珍珠梅（陕西吴起吴起镇）

5 ~ 7mm；萼筒浅钟状，内外两面均无毛；萼片长圆形，先端圆钝或截形，全缘，萼片与萼筒近等长；花瓣白色，倒卵形至宽卵形，先端圆钝，基部宽楔形，长 4 ~ 5mm；雄蕊 20 枚，与花瓣等长或稍短于花瓣，着生在花盘边缘；花盘圆杯状；心皮 5 个，光滑；花柱稍短于雄蕊。蓇葖果，长圆柱形，长约 3mm，花柱稍侧生，向外弯曲；萼片宿存，反折；果梗直立。花期 6 ~ 8 月，果期 9 ~ 10 月。

本区分布于吴起、志丹、榆阳等地；国内主要分布于河北、河南、山东、山西、甘肃、青海、内蒙古等省区。多生于海拔 200 ~ 1 300m 山坡阳处、杂木林中。树姿秀丽，叶片优雅，花序大而茂盛，小花洁白如雪而芳香，花期长达 3 个月，陆续开花，花蕾圆润如粒粒珍珠，花开似梅，是夏季优良的观花灌木。

金露梅 *Potentilla fruticosa* L. （图 2.136）[黄土高原植物志]

异名 *Dasiphora fruticosa*（L.）**Rydb.**

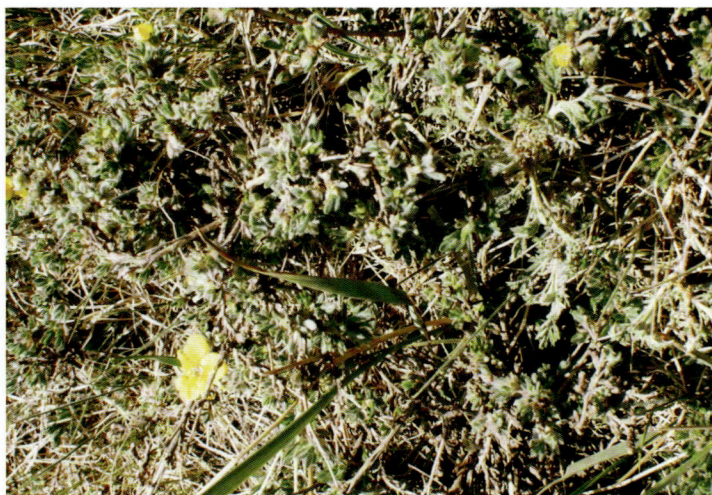

图 2.136　金露梅（宁夏海原南华山）

落叶灌木，高 50cm；分枝多，树皮纵向剥落；小枝红褐色至灰褐色，幼时有丝状长柔毛。羽状复叶密集，小叶 3 ~ 7 片，通常 5 片，长椭圆形、卵状披针形或矩圆状披针形，长 6 ~ 15mm，宽 3 ~ 6mm，先端急尖，基部楔形，全缘，两面微有丝状长柔毛，下面较少；叶柄短，有柔毛；托叶膜质，披针形。花单生或数朵呈伞房状；花梗长 8 ~ 12mm，有丝状柔毛；花黄色，直径 2 ~ 3cm，副萼片披针形；萼筒外面有疏长柔毛或丝状长柔毛，萼裂片卵形；花瓣圆形。瘦果密生长柔毛。花期 6 ~ 8 月，果期 8 ~ 10 月。

本区分布于靖远、永登、海原及贺兰山等地；国内分布于辽宁、河北、山西、陕西、青海、新疆、四川、云南、西藏等省区；日本、蒙古、俄罗斯（西伯利亚）、欧洲、北美也有分布。生于海拔 2 000 ~ 3 000m 的干旱阳坡、沟谷或高山顶灌丛中。叶果可提制栲胶；嫩叶可代茶；花叶入药，具健脾、化湿、清暑、调经之效。

银露梅 *Potentilla glabra* Lodd. （图 2.137）[黄土高原植物志]

异名 *Dasiphora davurica*（Nestl.）**Kom. et Klob.**

小灌木，高 0.3 ~ 2m，罕达 3m。茎直立，多分枝，树皮纵向剥裂；老枝褐色；幼枝灰红褐色；密被白色丝状柔毛。羽状复叶，小叶 3 ~ 5 片，稀 3 片，叶柄被疏柔毛；小叶片椭圆形、倒卵状椭圆形或卵状椭圆形，长 0.5 ~ 1.2cm，宽 0.4 ~ 0.8cm，先端圆钝，具短尖头，基部圆形，全缘，边缘微向下反卷，两面绿色，被疏柔毛或几无毛，中脉表面凹下，背面凸起；托叶膜质，褐色，卵形，先端长渐尖，背面疏生白色长毛，长4～7mm；顶端急尖或短渐尖，副萼片披针形、倒卵状披针形，比萼片短或近等长，外侧疏被柔毛。花瓣白色，倒卵形，先端圆钝，长10mm，宽9mm；花柱近基生，棒状，基部较细，在柱头下缢缩，柱头扩大。瘦果多个，密生白毛。花期6～7月，果期8～10月。

图 2.137　银露梅（宁夏海原南华山）

　　本区分布于靖远、会宁、海原、同心及贺兰山等地；国内分布于内蒙古、山西、青海、安徽、湖北、四川、云南等省区；朝鲜、俄罗斯、蒙古也有分布。生于海拔2 000～3 000m的山坡、高山顶、沟谷林缘或灌丛。叶可代茶；叶、果可提制栲胶。

地榆 *Sanguisorba officinalis* L.（图 2.138）[中国高等植物图鉴]

　　多年生草本，高1～2m；根粗壮；茎直立，有棱，无毛。单数羽状复叶；小叶2～5对，稀7对，矩圆状卵形至长椭圆形，长2～6cm，宽0.8～3cm，先端急尖或钝，基部近心形或近截形，边缘有圆而锐的锯齿，无毛；有近镰刀状包茎小托叶；托叶有齿。花小密集，成顶生、圆柱形的穗状花序；有小苞片；萼裂片4片，花瓣状，紫红色，基部具毛；无花瓣；雄蕊4枚；花柱比雄蕊短。瘦果褐色，具细毛，有纵棱，包藏在宿萼内。花、果期7～10月。

图 2.138　地榆（杜诚提供）

　　本区分布于志丹、榆阳、环县、会宁、榆中、原州、西吉、海原等地；黄土高原遍布；国内分布于东北以及内蒙古、新疆、河北、华中、华东、广西、贵州、云南、四川、西藏、甘肃、陕西等地。生于海拔500～2 500m的山坡草地、山谷、草原、灌丛、林下。种子含油30%；根为收敛止血药，能清热凉血，外敷治烫伤、烧伤。

乌拉绣线菊 *Spiraea uratensis* Franch. （图 2.139）[黄土高原植物志]

图 2.139　乌拉绣线菊（甘肃会宁铁木山）

落叶灌木，高 1.5m。小枝圆柱形或稍有棱角，幼时黄褐色，无毛，老时灰褐色；冬芽长卵形，黄褐色，无毛，先端长渐尖，具 2 片外露鳞片。叶片长卵形、长圆状披针形或长圆状倒披针形，长 1 ～ 3cm，宽 0.7 ～ 1.5cm，先端圆钝或具小尖头，基部楔形，全缘，两面无毛；叶柄长 2 ～ 10mm，无毛。复伞房花序，着生于侧生小枝先端，具多数花，无毛，直径 2.5 ～ 5cm；花梗长 4 ～ 10mm，与总花梗均无毛；苞片披针形或长圆形；花直径 4 ～ 6mm；萼筒钟状或近钟状，外表面无毛，内表面被短柔毛；花瓣近圆形，长与宽各约 1.5 ～ 2.5mm，白色；雄蕊 20 枚，比花瓣长；花盘圆形，具 10 个肥厚的裂片，裂片先端圆钝或微凹，子房被短柔毛；花柱比雄蕊短。蓇葖果直立开展，被稀疏短柔毛，花柱多着生于背部先端，稍倾斜开展，萼片直立。花期 5 ～ 7 月，果期 8 月。

本区分布于会宁、同心、贺兰山等地；国内分布于内蒙古、陕西、甘肃、宁夏等省区。生于海拔 1 200 ～ 2 300m 的山坡灌丛中或山谷悬岩上。

高山绣线菊 *Spiraea alpine* Turcz. （图 2.140）[中国高等植物图鉴]

落叶灌木，高 50 ～ 120cm；小枝有棱角，幼时有短柔毛，后脱落。叶簇生多数，条状披针形至矩圆状倒卵形，长 7 ～ 16mm，宽 2 ～ 4mm，先端急尖或圆钝，基部楔形，全缘，两面无毛，下面具粉霜；叶柄甚短或几无柄。伞形总状花序具短总花梗，花 3 ～ 15 朵；花梗长 5 ～ 8mm，无毛；花白色，直径 5 ～ 7mm；萼筒钟状，外表面无毛，裂片三角形；花瓣倒卵形或近圆形；雄蕊 20 枚，几与花瓣等长或稍短。蓇葖果开张，

图 2.140　高山绣线菊（宁夏海原南华山）

仅沿腹缝线具稀疏短柔毛，常具直立或半开张萼裂片。

本区分布于会宁、榆中、兰州、海原、中卫等地；国内分布于陕西、甘肃、青海、四川、西藏等省区；蒙古、俄罗斯也有分布。生于海拔 1 500 ～ 3 200m 的向阳坡地或灌木丛中。根、叶、果实可作兽药用；搭配其他药可治痈肿疮伤、咽喉肿痛、风热痒疹等症。

2.1.22　蝶形花科 Papilionaceae

　　蝶形花科植物为乔木、灌木或草本。单叶、羽状或掌状复叶，稀2回羽状复叶，互生，稀顶端小叶变成卷须；托叶多变，或变成刺。花两侧对称，稀近辐射对称，两性，萼钟状或筒状，萼齿5个，稀上唇2个萼齿，合生形成二唇形，或上唇2个萼齿对着下唇3个萼齿，稀呈火焰苞状；花冠蝶形，花瓣5枚，与雄蕊管贴生，上方最突出向外的一瓣最大，称旗瓣，两侧的两瓣位于旗瓣和龙骨瓣之间，平行相对，称翼瓣，下方即最里向的两瓣彼此下缘合生，称龙骨瓣；雄蕊10枚，合生成两体，成9与1的两组，分离的1枚雄蕊对着旗瓣，或9枚合生成单体，或10枚全部分离，花药常一式；子房1室，花柱上弯，稀螺旋状扭转，柱头头状、棒状、倾斜，稀三角形、杯状、盾状。荚果，无节或稀有节，通常直，稀弯曲、螺旋扭曲、折叠或在中央互相连接成串珠状；果瓣平滑，稀具刺、突起、具褶皱和硬毛。种子多数，稀为1粒，无或有少量胚乳。

　　本科我国约114属990多种，分布于全国各地。本区有14属46种。

紫穗槐 *Amorpha fruticoca* L.（图 2.141）[黄土高原植物志]

　　落叶灌木，丛生，高 1～2m。枝叶繁密，幼枝被短柔毛，灰褐色，具凸起锈色皮孔。羽状复叶具 11～25 片小叶；托叶线形，先端渐尖；叶柄基部稍膨大，密被短柔毛；小叶卵状长圆形或椭圆形，长 1～3.5cm，宽 6～15mm，先端钝尖、圆形或微缺，有短尖头，基部宽楔形或圆形，表面被短柔毛或近无毛，沿背面中脉被较密长柔毛。密集的圆锥状总状花序，集生于枝的上部，长达 15cm；花梗纤细，被毛；花萼钟状，长约 4mm，密被短柔毛并有腺点。萼齿三角形，先端钝或尖；花冠青紫色，旗瓣倒心形，叠抱雌雄蕊；无翼瓣和龙骨瓣。荚果长圆形，弯曲，下垂，长 6～9mm，栗褐色，先端有小尖头，具瘤状腺点。种子狭长圆形，长约5mm，上部向上弯，棕色，有光泽。花期5～6月，果期 7～9 月。

　　本区分布于神木、榆阳、横山、靖边、定边、吴起、志丹、环县、会宁、榆中、原州、海原、盐池等地；在我国大部省区多有栽培；原产美国东北部及东南部。多栽培于山坡、河岸、沟边、田边及路旁。枝条用于编筐篮；枝叶可作绿肥和饮料；果实含芳香油；豆荚和种子磨粉，可杀棉蚜、豆蚜及红蜘蛛等；种子含油10%。蜜源植物，为水土保持优良树种，又可栽培于庭园供观赏。

图 2.141　紫穗槐（陕西吴起长城）

达乌里黄耆 *Astragalus dahuricus* (Pall.) DC.（图 2.142）[中国高等植物图鉴]

　　多年生草本。茎高 30～60cm，具细条棱，分枝，被白色疏长毛。羽状复叶具 11～21 片小叶；托叶分离，狭三角形形或披针形，被毛；小叶矩圆形或狭矩圆形，长

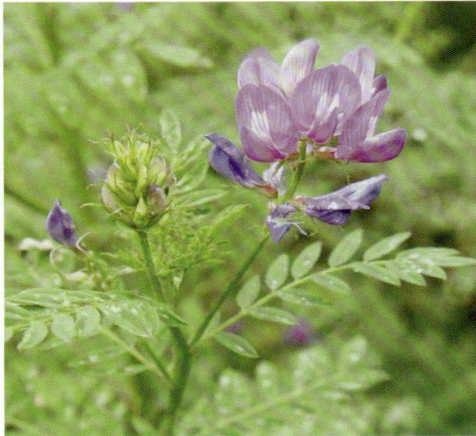

图 2.142　达乌里黄耆（www.cvh.ac.cn）

10 ～ 25mm，宽 3 ～ 6mm，先端钝，基部楔形，上面近无毛，下面有白色长柔毛；小叶柄极短。总状花序长 4 ～ 7cm，腋生 10 ～ 20 朵花，花多而密；总花梗有长柔毛；花萼钟状，常被毛，上唇 2 齿较短，三角形，下唇 3 齿较长，刚毛状，有长柔毛；花冠紫色，子房被长柔毛，有短柄。荚果线形，直立，略内弯，假 2 室，长 1.5 ～ 3cm，内含 20 ～ 30 粒种子，先端有硬尖，被疏毛。种子褐色，具斑点，圆肾形，平滑。

　　本区分布于神木、榆阳、横山、靖边、定边、吴起、环县、会宁、榆中、原州、海原等地；黄土高原广布；国内分布于东北以及内蒙古、河北、河南、华东、四川等地；朝鲜、蒙古、俄罗斯也有分布。生于海拔 400 ～ 2 300m 的草坡、河漫滩、丘涧洼地、路旁等。全株可作饲料。

斜茎黄耆 *Astragalus adsurgens* cv. *Huangheensis* （图 2.143）[中国植物志]

　　斜茎黄耆亦称沙打旺，多年生草本，高 20 ～ 100cm。根较粗壮，暗褐色。茎常数个丛生，直立或斜伸，近无毛。羽状复叶具 9 ～ 25 片小叶，叶柄较叶轴短；托叶三角形，渐尖，基部稍合生，长 3 ～ 7mm；小叶长圆形、近椭圆形或狭长圆形，长 10 ～ 25（35）mm，宽 2 ～ 8mm，基部圆形或近圆形，上面疏被伏贴毛，下面较密。总状花序长圆柱状、穗状、稀近头状，生多数花，排列密集，罕较稀疏；总花梗生于茎的上部，较叶长或与其等长；花梗极短；苞片狭披针形至三角形，先端尖；花萼管状钟形，长 5 ～ 6mm，被黑褐或白色毛，稀被黑白混生毛，萼齿狭披针形，长为萼筒的 1/3；花冠近蓝色或紫红色，旗瓣长 11 ～ 15mm，倒卵圆形，先端微凹，基部渐狭，翼瓣较旗瓣短，瓣片长圆形，与瓣柄等长，龙骨瓣长 7 ～ 10mm，瓣片较瓣柄稍短；子房被密毛，具极短柄。荚果长圆形，长 7 ～ 18mm，两侧稍扁，顶端具下弯短喙，被黑色、褐色或白色混生毛，假 2 室。花期 6 ～ 8 月，果期 8 ～ 10 月。

　　本区分布于神木、府谷、榆阳、横山、子洲、靖边、定边、吴起、志丹、环县、会宁、榆中、原州、海原等地；黄土高原遍布；国内分布于东北以及内蒙古、河北、青海、新疆及西南等地；日本、蒙古、朝鲜、前苏联和北美洲温带亦有分布。生于海拔 400 ～ 2 300m 的向阳山坡、灌丛、草地、河滩、树林下及林缘地带。耐寒耐旱，生长快，产量高，可作饲料和绿肥，北方地区已大面积种植。是优良的水土保持和饲料植物。

图 2.143　斜茎黄耆（陕西吴起长城）

灰叶黄耆 *Astragalus discolor* Bunge ex Maxim. （图 2.144）[中国植物志]

多年生草本，高 30 ～ 50cm，全株灰绿色。根直伸，木质化，颈部增粗，数茎生出。茎直立或斜伸，上部有分枝，具条棱，密被灰白色伏贴毛。羽状复叶具 9 ～ 25 片小叶；叶柄较叶轴短；托叶三角形，先端尖，离生；小叶椭圆形或狭椭圆形，长 4 ～ 13mm，宽 1 ～ 4mm，先端钝或微凹，基部宽楔形，上面疏被白色伏贴毛或近无毛，下面较密。总状花序较叶长；苞片小，卵圆形，较花梗稍长；花萼管状钟形，长 4 ～ 5mm，被白色或黑色伏贴毛，萼齿三角形，长不及 1mm；花冠蓝紫色，旗瓣匙形，长 12 ～ 14mm，基部渐狭成不明显的瓣柄，翼瓣较旗瓣稍短，瓣片狭长圆形，瓣柄较瓣片短，龙骨瓣较翼瓣短，瓣片半圆形，瓣柄较瓣片短；子房具柄，被伏贴毛。荚果扁平，线状长圆形，长 17 ～ 30mm，基部有露出花萼的长果颈，被黑白色混生的伏贴毛。花期 7 ～ 8 月，果期 8 ～ 9 月。

本区分布于神木、府谷、榆阳、横山、靖边、定边、吴起、志丹、佳县、米脂、环县、会宁、靖远、皋兰、永登、盐池、灵武、中宁、同心、原州等地；国内分布于内蒙古、河北、山西、陕西、宁夏、甘肃等省区；蒙古也有分布。生于半荒漠、荒漠草原地带沙质黄土上。

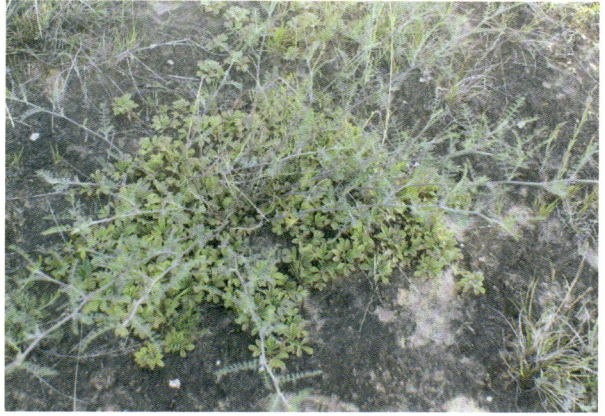

图 2.144　灰叶黄耆（陕西吴起长城）

乳白花黄耆 *Astragalus galactites* Pall. （图 2.145）[中国植物志]

多年生草本，株高 5 ～ 15cm。根粗壮。茎极短缩。羽状复叶具 9 ～ 17 片小叶；叶柄较叶轴短；托叶膜质，密被长柔毛，下部与叶柄贴生，上部卵状三角形；小叶长圆形或狭长圆形，稀披针形或近圆形，长 8 ～ 18mm，宽 1.5 ～ 6mm，先端稍尖或钝，基部圆形或楔形，下面被白色伏贴毛。花生于基部叶腋，通常 2 朵花簇生；苞片披针形或线状披针形，长 5 ～ 9mm，被白长毛；花萼筒状钟形，长 8 ～ 10mm；萼齿线状披针形或丝形，与萼筒等长或略短，被白长绵毛；花冠乳白色或稍带黄色，旗瓣狭长圆形，长 20 ～ 28mm，中部稍缢缩，下部渐狭成瓣柄，翼瓣较旗瓣稍短，瓣柄长为瓣片的 2 倍，龙骨瓣长 17 ～ 20mm，瓣片短，长为瓣柄的一半；子房无柄，有毛，花柱细长。荚果小，卵形或倒卵形，先端有喙，1 室，长 4 ～ 5mm，常不外露，后期宿萼脱落，幼果初密被白毛，后渐脱落。种子 2 粒。花期 5 ～ 6 月，果期 6 ～ 8 月。

本区分布于神木、榆阳、靖边、定边、吴起、志丹、会宁、定西、海原、中卫

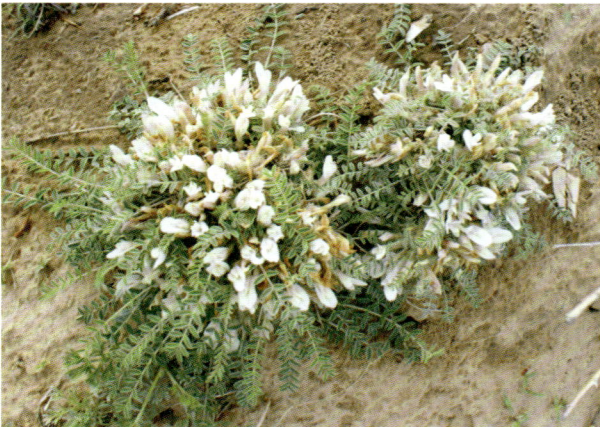

图 2.145　乳白花黄耆（陕西吴起长城）

159

等地；国内分布于东北以及内蒙古、甘肃及青海等地；蒙古、俄罗斯（西伯利亚）也有分布。生于海拔 1 000 ~ 3 500m 的草原沙质黄土的向阳山坡。

草木樨状黄耆 Astragalus melilotoides Pall.（图 2.146）[中国植物志]

多年生草本。主根粗壮。茎直立或斜生，高 30 ~ 50cm，多分枝，具条棱。羽状复叶具 3 ~ 7 片小叶，长 1 ~ 3cm；叶柄与叶轴近等长；托叶离生，三角形或披针形，长 1 ~ 1.5mm；小叶长圆状楔形或线状长圆形，长 7 ~ 20mm，宽 1.5 ~ 3mm，先端平截或微凹，基部渐狭，具极短的柄，两面均被白色伏贴柔毛。总状花序生多数花，稀疏；总花梗远较叶长；花小；苞片小，披针形，长约 1mm；花梗长 1 ~ 2mm，连同花序轴均被白色短伏贴柔毛；花萼钟状，长约 1.5mm，被白色短伏贴柔毛，萼齿三角形，较萼筒短；花冠白色或带粉红色，旗瓣近宽倒卵形，先端微凹，基部具短瓣柄，翼瓣较旗瓣短，先端有不等的 2 裂或微凹，基部具短耳，瓣柄长约 1mm，龙骨瓣较翼瓣短，瓣片半月形，先端带紫色，瓣柄长为瓣片的 1/2；子房近无柄。荚果宽倒卵状圆形或近椭圆形，具短喙，长 2.5 ~ 3.5mm，假 2 室，背部具稍深的沟，有横纹。种子 4 ~ 5 粒，肾形，暗褐色。花期 7 ~ 8 月，果期 8 ~ 9 月。

本区分布于神木、府谷、榆阳、横山、靖边、定边、吴起、志丹、环县、会宁、榆中、原州、海原等地；黄土高原遍布；国内分布于东北以及内蒙古、河北、青海、新疆等地；前苏联、蒙古亦有分布。生于海拔 400 ~ 2 800m 的干糙山坡、草地、固定沙丘、河岸、路旁或草甸草原。全草入药，可祛风湿，治咳嗽、耳聋、风湿关节痛、四肢麻木；种子可补肾益肝、固精明目。

图 2.146　草木樨状黄耆（陕西吴起铁边城）

黄耆 Astragalus membranaceus（Fisch.） Bunge（图 2.147）[中国植物志]

多年生草本，高 50 ~ 100cm；主根肥厚，近木质，灰白色，常分枝。茎直立，具细条棱，被白色柔毛，上部多分枝。奇数羽状复叶长 5 ~ 10cm 具小叶 11 ~ 27 片，叶柄 5 ~ 10mm；托叶离生、卵形、披针形至线状披针形，长 4 ~ 10mm，渐尖，背面被白色柔毛；小叶对生，椭圆形或卵状披针形，长 7 ~ 30mm，宽 3 ~ 10mm，先端钝、圆形，基部圆形或宽楔形，小叶表面几无毛，背面被疏伏贴白柔毛，叶柄很短。花序总状，生 10 ~ 25 朵花，稀疏，长 5.5 ~ 9cm，总花梗较叶长或近等长；苞片线状披针形，长 2 ~ 5mm，背面被白色柔毛；花梗 3 ~ 4mm，连同花序轴被稍密棕色或黑色柔毛；花萼钟状，长 5 ~ 7mm，被白或黑色柔毛，萼齿三角形至钻形，长为筒部的 1/4 ~ 1/5；花冠黄色，旗瓣倒卵形，长 12 ~ 20mm，翼瓣较旗瓣稍短；瓣片长圆形，基部有内弯短耳，瓣柄长为瓣片的 1.5 倍，龙骨瓣与翼瓣近等长，子房具柄，被细柔毛，花柱弯。荚果薄膜质，半椭圆形，长 20 ~ 30mm，宽 8 ~ 12mm；端有喙，略膨胀，被黑、白色细短毛，果颈漏出萼外。种子3～8粒，肾形。花期6～8月，果期7～9月。

本区分布于神木、榆阳、横山、靖边、定边、吴期、志丹、环县、会宁、原州、海原等地；国内分布于东北以及内蒙古、河北、山西、河南、四川等地；朝鲜、蒙古、前苏联也有分布。生于海拔400～2 500m的山坡草地、灌丛、疏林下、崾顶、路旁、滩地、田边。可作饲料；根入药，可补气、固表、托疮生肌、利尿消肿；并可作兽药，祛风湿。

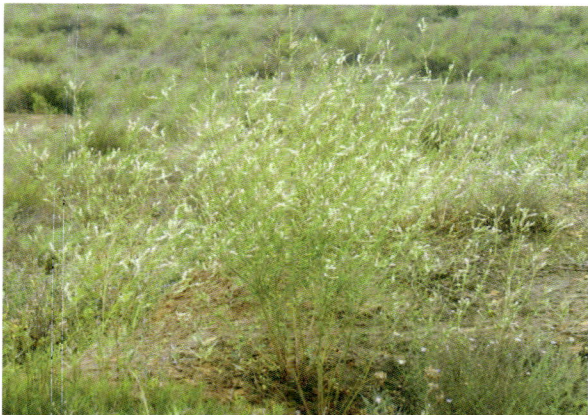

图 2.147　黄耆（陕西榆阳色草湾）

糙叶黄耆 Astragalus scaberrimus Bunge （图 2.148）[中国高等植物图鉴]

多年生草本。茎矮小，蔓生，全株密生白色伏毛。根状茎短缩，多分枝，近木质。羽状复叶具7～15片小叶，叶柄与叶轴等长或近长；托叶下部与叶柄贴生，上部三角形至披针形；小叶椭圆形，长5～15mm，宽3～8mm，先端圆，有短尖，基部楔形，无小叶柄；托叶狭三角形，先端长渐尖。总状花序，3～5朵花，腋生；花萼筒状，长6～10mm，被细伏贴毛；萼齿披针形，长2～4mm，与萼筒等长；花冠黄色，长达2.5cm，旗瓣较翼瓣和龙骨瓣长，翼瓣顶端微缺；子房具短毛。荚果圆柱形，略弯，密生白色丁字毛，假2室，长1～1.5cm，宽2～4mm，先端有硬尖。花期5～8月，果期6～9月。

本区分布于神木、府谷、榆阳、米脂、横山、子洲、靖边、定边、吴起、志丹、环县、会宁、榆中、原州、西吉、海原、同心、盐池等地；黄土高原遍布；国内分布于东北以及内蒙古、河北、青海、新疆等地；蒙古、俄罗斯（西伯利亚）等也有分布。生于海拔300～2 000m的山坡草地、河流两岸、路旁、滩地、田边。是优良的广谱型牧草和水土保持植物。

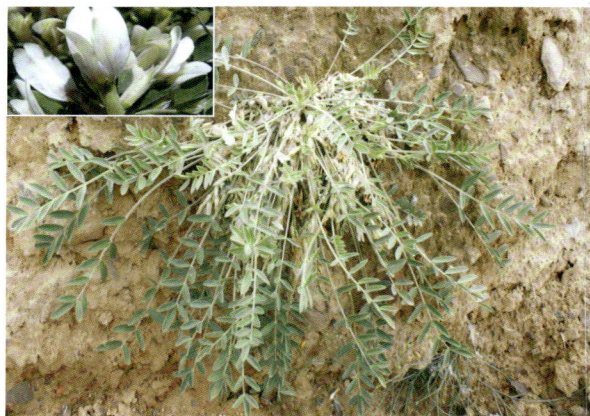

图 2.148　糙叶黄耆（陕西吴起长城）

矮脚锦鸡儿 Caragana brachypoda Pojark. （图 2.149）[黄土高原植物志]

落叶灌木，高15～25cm。树皮黄褐色，剥裂，具光泽。小枝短缩，密集，具条棱；长枝托叶及叶轴硬化成锐针刺，宿存。叶具4片小叶，假掌状簇生，倒披针形，长2～10mm，宽1～3mm，具短尖头，基部楔形，两面均被短柔毛。花梗单生，长2～5mm，每梗1朵花，中部以下或近基部具关节；花萼筒状钟形，长约10mm，污紫色，被粉霜，萼齿三角状，基部偏斜，浅囊状；花冠黄色，长20～25mm，旗瓣中部带橙黄色，旗瓣倒卵圆形，

图 2.149　矮脚锦鸡儿（陕西吴起长城）

先端圆形，基部渐狭成短瓣柄，翼瓣明显短于旗瓣，具长瓣柄和短耳，龙骨瓣与翼瓣近等长，具长短柄，耳短而宽；子房无柄和毛。荚果狭纺锤形，长 22～27mm，先端锐尖。花期 5～6 月，果期 6～7 月。

本区分布于定边、吴起、靖边、神木、府谷、环县、盐池、同心、中宁、中卫、灵武等地；国内分布于内蒙古等地；蒙古也有分布。散生于海拔 1 500～2 000m 的黄土山峁、砾石质荒漠半荒漠、浅沙覆盖的砾石滩地。嫩枝、叶、花为较好的饲草；矮脚锦鸡儿是较好的水土保持植物。

甘肃锦鸡儿 *Caragana kansuensis* Pojark.（图 2.150）[黄土高原植物志]

落叶灌木，高 40～80cm。树皮灰褐色，幼枝疏被白色柔毛。长枝托叶硬化成针刺，宿存，短枝托叶脱落；长枝叶轴长 5～10mm，硬化成针刺，短枝者明显短缩，脱落；小叶 4 片，假掌状，条状倒披针形，长 7～12mm，宽 1～1.5mm，先端钝圆，具短尖头，基部狭窄，无毛或被疏柔毛。花梗单生或簇生，每梗具 1 朵花，中部以上具关节；花萼筒状，长 7～9mm，略带紫红色，基部偏斜呈浅囊状，萼齿三角形，内表面和边缘被短毛；花冠黄色，长 20～24mm，旗瓣倒卵形，中央有土黄色斑块，先端圆形，基部渐狭成瓣柄，翼瓣略短于旗瓣，具长瓣柄，龙骨瓣等于或稍短于翼瓣，瓣柄与瓣片近等长；子房无毛。荚果圆筒形，长 25～35mm。花期 5～6 月，果期 7～8 月。

本区分布于吴起、靖边、定边、环县、海原、原州、盐池等地；国内分布于内蒙古、河北、山西、陕西、甘肃等省区。生于海拔 900～1 400m 的黄土坡麓、沟壑、山峁、梁顶。

图 2.150　甘肃锦鸡儿（陕西吴起五谷城）

柠条锦鸡儿 *Caragana korshinskii* Kom.（图 2.151）[中国高等植物图鉴]

落叶灌木，高 1.5～3m。树皮黄色，有光泽。幼枝有棱，密生绢毛。长枝上的托叶宿存并硬化成针刺状，长 5～11mm；叶轴密生绢毛，长 3～5cm，先端有针尖，全部脱落；小叶 12～16 片，羽状排列，倒披针形或矩圆状倒披针形，长 7～13mm，宽 3～6mm，两面密生绢毛。花单生，长约 25mm；黄色，旗瓣卵圆形或近圆形，翼瓣与旗瓣近等长；

龙骨瓣稍短于翼瓣，瓣片基部截形；子房密生短柔毛。荚果披针形，长20～30mm，宽6～7mm，腹缝线微突出，近无毛，稍扁平。花期4～5月，果期6～7月。

本区分布于神木、榆阳、横山、靖边、定边、吴起、志丹、环县、会宁、原州、海原、同心等地；国内分布于甘肃河西走廊、宁夏、内蒙古西南部等地。生于海拔1 000～2 000m的山坡草地、沟谷、峁顶、梁顶、半沙丘或沙丘地带。是家畜的优良饲用灌木，也是很好的防风固

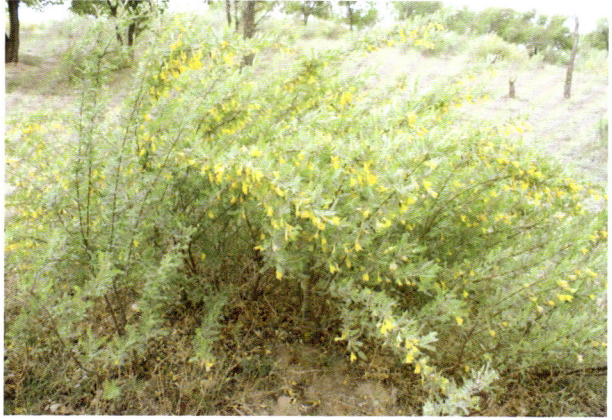

图2.151　柠条锦鸡儿（陕西吴起长城）

沙和水土保持树种，还是很好的蜜源植物和绿肥植物；其根、花、种子均可入药，有滋阴养血、通经、镇静、止痒等效。

白毛锦鸡儿 Caragana licentiana Hand.-Mazz. （图2.152）［黄土高原植物志］

落叶灌木，高40～80cm。树皮绿褐色或红褐色；幼枝密被灰白色柔毛，呈灰白色。托叶硬化成针刺，密被灰白色柔毛；叶轴硬化成针刺，宿存，密被灰白色柔毛；小叶4片，假掌状，长倒卵形，长5～10mm，宽2～4mm，先端圆形，具短尖头，基部楔形，两面密被灰白色短柔毛。花梗单生，每梗具1～2朵花，中部以上具关节，密被灰白色柔毛；花萼管状钟形，长6～7mm，被短柔毛，后变几无毛，萼齿三角形，长约2mm，基部偏斜，

图2.152　白毛锦鸡儿（甘肃会宁韩岔）

稍浅囊状；花冠黄色，长20～23mm，旗瓣宽卵形，先端圆形，基部具短瓣柄，翼瓣与旗瓣近等长或稍长，具长瓣柄，耳牙齿状，长约2mm，龙骨瓣与翼瓣近等长，具狭的瓣柄，具宽而尖的耳；子房密被白色柔毛。荚果圆筒形，长约3cm，先端锐尖，密被灰白色柔毛。花期4～5月，果期6～7月。

本区分布于吴起、志丹、靖边、会宁、定西、榆中、海原、固原等地；系陕西新纪录种。生于海拔1 500～2 000m的山地草地或沟谷。

小叶锦鸡儿 Caragana microphylla Lam. var. microphylla （图2.153）［中国高等植物图鉴］

小叶锦鸡儿亦称猴獠刺，落叶灌木，高50～100cm。长枝上的托叶宿存并硬化成针刺状，长约3～10mm；叶轴长15～55mm，脱落。小叶10～20片，羽状排列，倒卵形或近椭圆形，

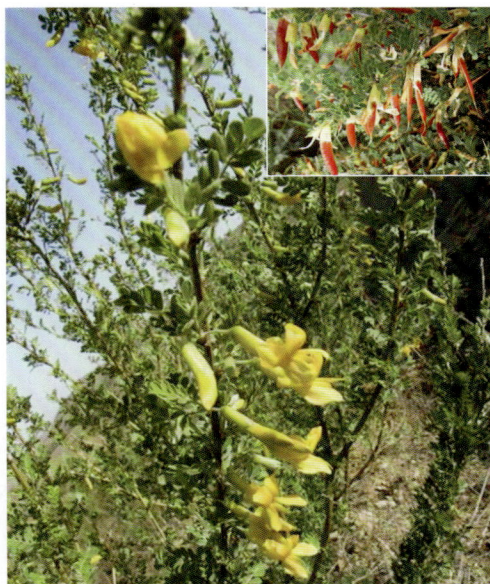

图 2.153　小叶锦鸡儿（www.cvh.ac.cn）

细小，长 3 ～ 10mm，宽 1 ～ 8mm，先端圆或浅凹，有细针尖，幼时两面密生平伏丝质短柔毛。花单生，长 20 ～ 25mm；花梗长 10 ～ 20mm，密生丝质短柔毛，近中部具关节；花萼钟状，长 9 ～ 12mm，宽 5 ～ 7mm，密生短柔毛，基部偏斜，萼齿阔三角形，长约 3mm，边缘密生短柔毛；花冠黄色，旗瓣近圆形，龙骨瓣的耳不明显；子房线形，无毛，荚果圆筒状或稍扁平，长 4 ～ 5cm，宽 5 ～ 7mm，无毛，具急尖头。花期 6 ～ 7 月，果期 9 ～ 10 月。

本区分布于横山、靖边、定边、吴起、环县、会宁、原州、海原、盐池、同心等地；国内分布于内蒙古、山西、河北、山东等省区；蒙古、俄罗斯也有分布。生于海拔 1 800m 以下的山坡、干旱峁顶、沙质草地、沙丘与干燥坡地。系干旱和半干旱区优良的固沙、水土保持和饲料灌木。

短叶锦鸡儿 *Caragana brevifolia* Kom.（图 2.154）

丛生矮灌木，高 1.5m。根粗壮，棕褐色或黑褐色，坚韧。树皮褐灰色，全株无毛。小枝有棱。托叶宿存并硬化成针刺状，长 5 ～ 8mm；叶密集，小叶 4 片，较小，假掌状排列，披针形或倒卵状披针形，长 3 ～ 6mm，宽 1 ～ 3mm，先端急尖，基部楔形，无毛；长枝上的叶轴宿存并硬化成针刺状。花单生于叶腋；花梗长约 5mm，近基部有关节；花萼钟状，长约 5mm，无毛，有白霜，萼齿三角形，边缘白色，有尖头；花冠黄色，长约 1.5cm。荚果条形，稍膨胀，长约 2 ～ 2.5cm，成熟后黑色，无毛。

本区分布于甘肃会宁、榆中、靖远、兰州、海原、同心等地；国内分布于甘肃、宁夏、青海、四川、西藏等省区。生于海拔 1 800 ～ 3 000m 的河岸、山谷、山坡杂木林中。根入药，味辛、苦、寒，可清热散肿、生肌止痛；主治痈疽、疮疖、肿痛。

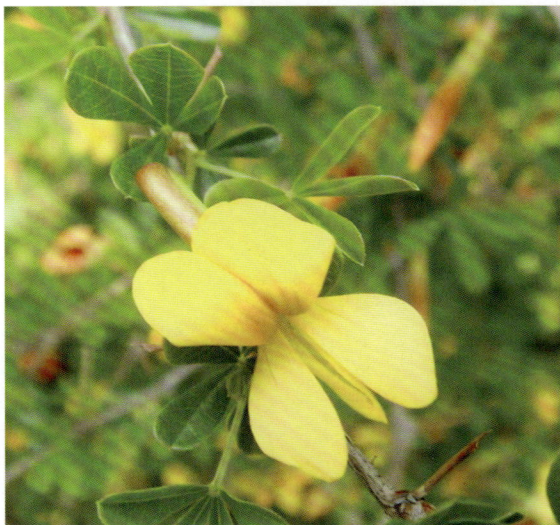

图 2.154　短叶锦鸡儿（甘肃会宁铁木山）

中间锦鸡儿 *Caragana intermedia* Kuang et H. C. Fu.（图 2.155）[黄土高原植物志]

中间锦鸡儿是小叶锦鸡儿的变种，落叶灌木，高 0.7 ～ 1.5m。老枝黄灰色，幼枝被柔毛。

羽状复叶具 3 ～ 10 对小叶；托叶在长枝者硬化成针刺，长 4 ～ 7mm，宿存；叶轴长 1 ～ 5cm，密被白色长柔毛，脱落；小叶椭圆形或倒卵状长椭圆形，长 3 ～ 10mm，宽 3 ～ 6mm，先端钝圆，有短刺尖，基部宽楔形，两面密被长柔毛。花梗多数簇生，每梗具 1 朵花，花梗长 10 ～ 16mm，在中部以上具关节；花萼钟状，长 7 ～ 12mm，宽 5 ～ 6mm，密被短柔毛，萼齿三角状；花冠黄色，长 20 ～ 25mm，旗瓣宽卵形或近圆形，瓣柄为瓣片的 1/4 ～ 1/3，翼瓣长圆形，先端稍尖，瓣柄与瓣片近等长，耳

图 2.155　中间锦鸡儿（甘肃会宁铁木山）

齿状，龙骨瓣约等于翼瓣，瓣柄与瓣片相等，耳不明显；子房无毛。荚果披针形或长圆状披针形，宽扁平，长 2.5 ～ 3.5cm，宽 5 ～ 6mm，先端渐尖。花期 5 ～ 7 月，果期 7 ～ 8 月。

　　本区分布于靖边、定边、吴起、志丹、会宁、榆中、盐池、同心、灵武等地；国内分布于内蒙古、山西、河北、山东、甘肃、陕西等省区；蒙古、俄罗斯（贝加尔草原）遍布。生于半固定和固定沙地，黄土丘陵干旱山坡、峁顶。可用做饲料、绿肥和燃料。中间锦鸡儿是良好的饲用灌木，适口性好；是重要的保水、防风、固沙植物。根系发达，根瘤菌多，可改良土壤。全草、根、花、种均可入药，属补益药类。种子可榨油，出油率达 3% 左右，油渣可作牛、羊饲料，也可作肥料。茎秆可用作编织材料，树皮可以作纤维原料。花是良好的蜜源。

甘蒙锦鸡儿 *Caragana opulens* Kom.（图 2.156）[中国高等植物图鉴]

　　直立落叶灌木，高 40 ～ 120cm。树皮灰褐色，有光泽；小枝细长，灰白色，有棱条。长枝上的托叶宿存并硬化成针刺，短枝上的托叶脱落；叶轴短，长 3 ～ 4.5mm，在长枝上的硬化成针刺；小叶 4 片，假掌状排列，倒卵状披针形，长 3 ～ 12mm，宽 1 ～ 3mm，疏生短柔毛或无毛，先端圆，有短尖头。花梗单生，长约 15mm，每梗具 1 朵花，中部以上具关节，

图 2.156　甘蒙锦鸡儿（陕西吴起五谷城）

无毛；萼筒状钟形，无毛，长 8 ～ 10mm，宽约 6mm，萼齿三角形，有齿尖，边缘有白色短柔毛，基部显著偏斜呈囊状；花冠黄色，旗瓣宽倒卵形，长和宽约 20 ～ 25mm，基部渐狭成瓣柄，翼瓣具长瓣柄和短耳；子房条形，近无毛。荚果圆筒形，无毛，长 25 ～ 30mm，宽 2 ～ 3mm。花期 5 ～ 6 月，果期 6 ～ 7 月。

　　本区分布于横山、靖边、定边、吴起、志丹、环县、会宁、原州、海原等地；国内分布于内蒙古、山西、陕西、甘肃、四川、西藏等省区。生于海拔 1 500m 以下的山坡草地、草原灌丛、

黄土沟壑、次生干旱阳坡或河边灌丛中。

延安锦鸡儿 *Caragana purdomii* Rehd.（图 2.157）[黄土高原植物志]

灌木，高 1.5 ～ 2.5m。树皮灰黄色，幼时被伏生柔毛。羽状复叶，长 3 ～ 5cm；托叶硬化成针刺；小叶 5 ～ 8 对，倒卵形、椭圆形，长 4 ～ 8mm，宽 3 ～ 5mm，先端圆、锐尖和微凹，具短尖头，基部圆楔形，两面疏生柔毛。花单生或 2 ～ 4 朵簇生于叶腋；花梗 1 ～ 2cm，中部以上具关节；花萼筒状钟形，长 8 ～ 10mm，被短柔毛或近无毛，萼齿宽三角形，长为萼筒的 1/4，具缘毛；花冠黄色，长 25 ～ 28mm，旗瓣宽倒卵形，具短瓣柄，翼瓣长圆形，瓣柄长为瓣片的 2/3，耳短，龙骨瓣长圆形，与翼瓣近等长，瓣柄与瓣片近等长；子房明显具柄，疏生短柔毛。荚果狭长圆形，长 4 ～ 5cm，两端渐尖，果颈与萼筒近等长。花期 5 月，果期 6 月。

本区分布于志丹、吴起、靖边等地，在山西中部山地，陕西延安的宝塔、黄龙等地多栽培。生于海拔 700 ～ 1 400m 的草原灌丛。延安锦鸡儿为优良旱生灌木，现已广泛应用

图 2.157　延安锦鸡儿（陕西志丹孙岔河）

于水土保持；是牲畜喜食的灌木饲料植物。

荒漠锦鸡儿 *Caragana roborovskyi* Kom.（图 2.158）[黄土高原植物志]

荒漠锦鸡儿也称洛氏锦鸡儿、猫耳刺、母猪刺，落叶灌木，高 40 ～ 100cm。茎基部多分枝；树皮黄褐色，幼枝密被白色柔毛。羽状复叶，长约 2cm；叶轴硬化成针刺，宿存，托叶膜质，先端具锐尖头；小叶 3 ～ 6 对，宽倒卵形，长 5 ～ 10mm，宽 3 ～ 5mm，先端圆形，具短尖头，基部楔形，两面被白色丝质柔毛。花梗单生，每梗具 1 朵花，中部以下或近基部具关节；花萼筒状，长 11 ～ 12mm，密被白色长柔毛，萼齿披针形，长约为萼筒的 1/3；花冠黄色，长 24 ～ 28mm，旗瓣倒卵圆形，先端钝圆，具短尖头，基部渐狭成长的瓣柄，翼瓣稍短于旗瓣，瓣柄长，与耳近相等，龙骨瓣与翼瓣近相等，具长瓣柄和短耳；子房线形，被柔毛。荚果圆筒形，长 2.5 ～ 3cm，先端锐尖，被白色长柔毛，萼宿存。花期 5 ～ 6 月，果期 7 ～ 8 月。

本区分布于会宁、榆中、兰州、海原、原州等地；国内分布于甘肃、青海、新疆及内蒙古（西部）等省区。生于海拔 1 800m 以下的荒漠和干草原沙地、砂砾质山地或黄土沟坡，深入到典型草原带，在黄土高原的低山丘陵坡脚成片地生长在长

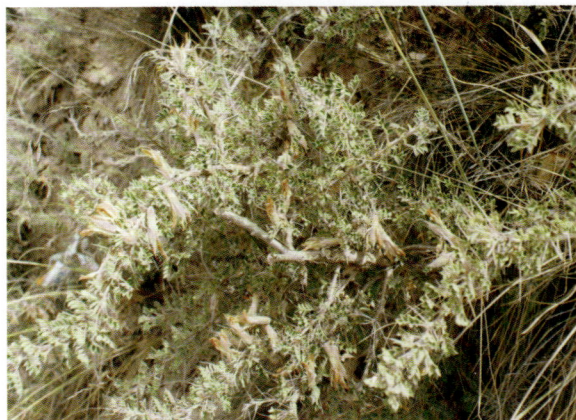

图 2.158　荒漠锦鸡儿（甘肃会宁铁木山）

芒草草原群落内。在灌丛草原群落中，荒漠锦鸡儿为较好的饲草之一，是家畜冬季重要牧草。

狭叶锦鸡儿 *Caragan stenophylla* Pojark.（图 2.159）[黄土高原植物志]

落叶灌木，高 20 ~ 70cm。树皮黄灰色或灰绿色；小枝细长，幼时被短柔毛。长枝托叶硬化成针刺，长达 3mm，宿存，短枝者脱落；长枝叶轴硬化成针刺，宿存，短枝者脱落；长枝小叶 4 片，假掌状，条形或条状披针形，长 4 ~ 10mm，宽 1 ~ 1.5mm，被疏毛或几无毛，短枝小叶簇生，无明显叶柄。花梗单生，每梗具 1 朵花；花萼钟状筒形，长 5 ~ 6mm，萼齿三角形，长为萼筒的 1/4；花冠黄色，长 14 ~ 17mm；旗瓣倒卵形或圆形，先端圆形、微凹，基部具短瓣柄，翼瓣与旗瓣近等长，瓣柄长为瓣片的 1/2，具三角状短耳，龙骨瓣稍短于翼瓣，瓣柄长为瓣片的 3/5，耳短；子房无毛。荚果圆筒形，长 2 ~ 2.5cm，无毛。花期 4 ~ 5 月，果期 5 ~ 7 月。

本区分布于会宁、榆中、海原、原州、同心、中宁、盐池等地；国内分布于山西（北部）、青海（大通）、新疆、内蒙古及东北；蒙古和俄罗斯也有分布。具有广泛的生态幅度，喜生于海拔 600 ~ 2 500m 的砂砾质土壤、覆沙梁地、紧沙质地、黄土及砾质坡地和山丘地。在鄂尔多斯高原，是荒漠草原和草原化荒漠地区的一种建群植物，是荒漠和草原植被中常见的伴生植物。狭叶锦鸡儿是良好的饲用植物，绵羊、山羊均喜食；也是很好的水土保持和荒漠化防治植物。

图 2.158　狭叶锦鸡儿（甘肃会宁铁木山）

甘草 *Glycyrrhiza uralensis* Fisch.（图 2.160）[中国高等植物图鉴]

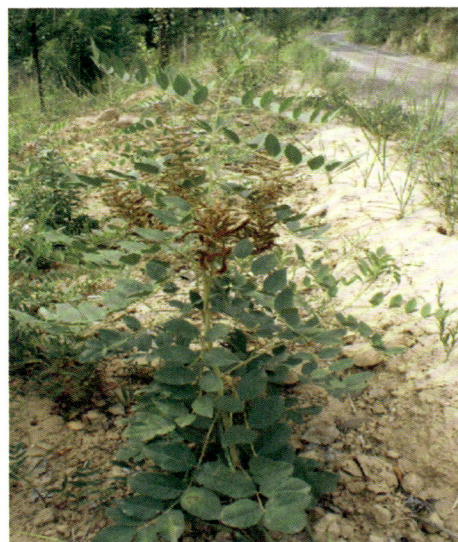
图 2.160　甘草（陕西吴起王洼子）

多年生草本，高 30 ~ 70cm。根和根状茎粗壮，皮红棕色。茎直立，有白色短毛和刺毛状腺体。羽状复叶，托叶宽披针形，早落；小叶 7 ~ 17 片，卵形或宽卵形，长 2 ~ 5cm，宽 1 ~ 3cm，先端急尖或钝，基部圆，两面有短毛和腺体。总状花序腋生；花密集；花萼钟状，外表面有短毛和刺毛状腺体，萼齿披针形，等于或稍长于萼筒；花冠蓝紫色或紫红色，长 1.4 ~ 2.5cm；子房长圆形，无柄。荚果条形，镰刀状或环状弯曲，外表面密生短毛和刺毛状腺体。种子 6 ~ 8 粒，肾形，黑色。花期 6 ~ 8 月，果期 7 ~ 9 月。

本区分布于神木、府谷、榆阳、横山、靖边、定边、吴起、志丹、安塞、环县、会宁、榆中、原州、海原、西吉等地；黄土高原遍布；国内分布于东北以及内蒙古、河北等地，西北遍布；蒙古、前苏联、巴基斯坦、阿富汗也有分布。生于海拔 1 800m 以下向阳干燥的山坡、荒野、崾顶、河滩、沙质草原、山麓等。根状茎供药用，用途十分广泛，能解毒、镇咳、健脾胃、调和诸药；又可作香烟及蜜饯食品的配料。

米口袋 *Gueldenstaedtia multiflora* Bunge（图 2.161）[中国高等植物图鉴]

多年生草本；根圆锥状；茎缩短，在根颈丛生。托叶三角形；小叶 11 ~ 21 片，椭圆形、卵形或长椭圆形，长 6 ~ 22mm，宽 3 ~ 8mm；托叶、萼、花梗均被长柔毛。伞形花序有 4 ~ 6 朵花，腋生；花萼钟状，萼齿披针形或宽披针形，稍短于萼筒；花冠紫红色或蓝紫色，旗瓣卵形，长约 13mm，翼瓣长约 10mm，龙骨瓣短，长 5 ~ 6mm，翼瓣与旗瓣近等长；龙骨瓣不超过旗瓣的 1/2；子房圆筒状，花柱内卷。荚果圆筒状，无假隔膜，长 17 ~ 22mm。种子肾形，具凹陷，有光泽。花期常 4 ~ 5 月，果期 5 ~ 6 月。

本区分布于神木、府谷、榆阳、横山、靖边、定边、吴起、志丹、环县、会宁、榆中、原州、海原等地；国内分布于东北、华北、陕西、甘肃等地；俄罗斯中部、东部西伯利亚和朝鲜北部也有分布。生于海拔 2 000m 以下的山坡、草地、沟谷边、路旁或山坡草丛中。全草作中药"地丁"用，有清热解毒之效；是优良饲料和水土保持植物。

图 2.161　米口袋（陕西吴起庙沟）

狭叶米口袋 *Gueldenstaedtia stenophylla* Bunge（图 2.162）[中国高等植物图鉴]

多年生草本，圆锥状，株高 5 ~ 15cm。根为直根，深而粗壮。茎缩短，在根颈丛生。托叶宽三角形或三角形，外表面被疏长柔毛；小叶 7 ~ 19 片，长椭圆形或条形，长 6 ~ 35mm，宽 1 ~ 6mm。伞形花序，2 ~ 3 朵；总花梗长 5 ~ 10cm；花萼钟状，有密长柔毛，萼齿三角状披针形，上 2 个萼齿较大；花冠粉红色或紫红色，旗瓣小，圆形，长 6 ~ 8mm，翼瓣长 7mm，龙骨瓣短，长 4.5mm。荚果圆筒形，无假隔膜，被长柔毛，长 1.4 ~ 1.8cm。种子肾形，具凹点，有光泽。花期 4 ~ 5 月，果期 5 ~ 6 月。

本区分布于神木、府谷、榆阳、佳县、米脂、横山、子洲、靖边、定边、吴起、志丹、环县、会宁、盐池、同心、原州、海原等地；国内分

图 2.162　狭叶米口袋（陕西吴起长城）

布于东北、华北以及河南、陕西、甘肃、江苏、江西等地。多生于海拔 300 ~ 2 000m 的干旱山坡、草地、荒地、路旁及草原沙地。全草入药，主治各种化脓性炎症、痈疽恶疮、疔肿，并能止泻痢。

细枝岩黄耆 *Hedysarum scoparium* Fisch. et May.（图 2.163）[陕西树木志]

　　细枝岩黄耆亦称花棒，灌木。茎高约 2m，多分枝。羽状复叶；小叶 7 ~ 11 片，植株上部小叶常退化，披针形或条状披针形，长 15 ~ 25mm，宽 2 ~ 6mm，先端尖，基部圆楔形，上面具有腺点，下面被有短柔毛；叶轴被毛，近无小叶柄。总状花序腋生，花疏生；花萼筒状，萼齿三角形，长为萼筒的 1/4，有柔毛；花冠紫红色，旗瓣倒卵形，无爪，长约 1.5cm，翼瓣矩形，有爪和耳，长为旗瓣的 1/2，龙骨瓣与旗瓣等长或稍短；子房有毛。荚果有 1 ~ 4 个荚节，荚节膨胀，近卵球形，有明显网状肋，密生白色长柔毛。

　　本区分布于榆阳、横山、靖边、定边、盐池、灵武等地；有大面积飞机播种所形成的群落，常与蒙古岩黄耆（*Hedysarum fruticosum* var. *mongolicum* Turcz.）、塔落岩黄耆（*Hedysarum leave* Maxim.）等混生在一起；国内分布于内蒙古、甘肃、青海、新疆等省区；蒙古、前苏联也有分布。

图 2.163　细枝岩黄耆（陕西靖边海则滩）

蒙古岩黄耆 *Hedysarum fruticosum* var. *mongolicum* Turcz.（图 2.164）[陕西树木志]

　　蒙古岩黄耆亦称羊柴，多年生半灌木，高 60 ~ 150cm。多分枝。小枝、叶轴几光滑。羽状复叶；叶长 8 ~ 16cm；小叶 13 ~ 21 片，披针形或椭圆状披针形，长 8 ~ 25mm，宽 2 ~ 6mm，先端钝尖，基部圆楔形，上面无毛，下面有短柔毛；托叶三角形，膜质，外表面有柔毛。总状花序腋生，长 6 ~ 12cm，花疏生；花萼钟状，萼齿三角形，短于萼筒，被白色柔毛；花冠粉红色，旗瓣倒卵形，无爪，长约 1.5cm，翼瓣长约 6mm，耳与爪近等长或稍短，龙骨瓣长于翼瓣，而较旗瓣短；子房被密毛，具短柄。果有荚节，荚节椭圆形，较扁，无皮刺，有横肋纹，被密毛。花期 6 ~ 9 月，盛花期 7 ~ 8 月，果实从 8 月陆续成熟。

　　本区分布于北部的神木、榆阳、横山、靖边、定边、盐池、灵武、同心、中宁、沙坡头等地；常与塔落岩黄耆、细枝岩黄耆混生在一起；国内分布于东北以及河北、内蒙古等地；蒙古也有分布。生于沙丘坡地，是优良的饲料，也是良好的防风固沙植物。

图 2.164　蒙古岩黄耆（陕西神木各丑沟）

达乌里胡枝子 *Lespedeza davurica*（Laxm.）Schindl.（图 2.165）[中国高等植物图鉴]

小灌木，高 1m，枝有短柔毛。3 片小叶，顶生小叶披针状矩形，长 2～3cm，宽 0.7～1cm，先端圆钝，有短尖，基部圆形，上面无毛，下面密生短柔毛；托叶条形。总状花序腋生，短于叶，花梗无关节；无瓣花簇生于下部枝条之叶腋，小苞片条形；花萼浅杯状，萼齿 5 个，披针形，几与花瓣等长，有白色柔毛；花冠黄绿色，旗瓣矩圆形，长约 1cm，翼瓣较短，龙骨瓣长于翼瓣；子房有毛。荚果倒卵状矩形，长约 4mm，宽约 2.5mm，有白色柔毛。花期 7～8 月，果期 9～10 月。

本区分布于神木、榆阳、横山、靖边、定边、吴起、环县、会宁、榆中、原州、海原等地；国内分布于东北、华北、西北、华中至云南；朝鲜、日本、俄罗斯也有分布。通常生于地坡草丛中或海滨沙滩上；可作牧草和绿肥。

图 2.165　达乌里胡枝子（陕西榆阳色草湾）

牛枝子 *Lespedeza potaninii* Vass.（图 2.166）[中国植物志]

亦称牛筋子，半灌木。枝条通常伏生或斜倚，黄绿色或绿褐色，具纵棱和柔毛。羽状 3 出复叶，托叶刺芒状；小叶矩圆形或倒卵状矩圆形，先端钝圆，有短刺尖，基部圆形或宽楔形，稍偏斜，全缘，上面绿色，近无毛，下面灰绿色，有短伏毛。总状花序腋生，花稀疏；总花梗茎下部者短于叶或与叶等长，茎上部者较叶长，萼筒杯状，被长柔毛，萼齿 5 个，披针状钻形，先端刺芒状；花冠蝶形，白色或黄白色，略超出萼齿，旗瓣中央和龙骨瓣顶部带蓝紫色。荚果小，倒卵形或长倒卵形，包藏于宿存萼内，先端有刺尖，两面凸出，伏生白色柔毛。花期 7～9 月，果期 9～10 月。

本区分布于神木、府谷、榆阳、横山、靖边、定边、吴起、志丹、安塞、环县、会宁、榆中、原州、海原、西吉等地；国内分布于内蒙古、山西、陕西、甘肃、宁夏等省区。生长在沙质、砾石质的平原、丘陵地，石质山坡和山麓；多分布于荒漠草原及草原化荒漠地带，也见于相邻近的典型草原地带的边缘，生于黄土高原的丘陵、梁坡和塬地。牛枝子是优良牧草。

图 2.166　牛枝子（陕西吴起铁边城）

截叶铁扫帚 *Lespedeza cuneata*（Dum.-Cours.）G. Don（图 2.167）[陕西树木志]

截叶铁扫帚亦称绢毛胡枝子、小叶胡枝子。直立小灌木，高 40～100cm。枝细长，薄被微白柔毛。3 出复叶互生，密集，叶柄极短，长不达 2mm；小叶极小，线状楔形，宽 2～5mm，长 10～30mm，先端钝或截形，在中部以下渐狭，上面无毛，下面密被灰色柔毛；托叶条形。总状花序腋生，具 1～4 朵花，簇生于叶腋，具极短的柄；小苞片 2 枚，卵形；花浅杯状，萼长 3～4mm，深 5 裂，裂片线状锥尖，被白色短柔毛；花冠蝶形，淡乳黄色，具紫斑，生于下部花束的常无花瓣；旗瓣椭圆形，具爪，龙骨瓣不甚弯曲；雄蕊 10 枚，2 体；雌蕊 1 枚，子房上位，花柱内曲，柱头小，顶生。荚果细小，无柄，长约 3mm，薄被丝毛。花期 6～9 月，果期 10 月。

图 2.167　截叶铁扫帚（陕西吴起五谷城）

本区分布于吴起、定边、靖边、横山、榆阳等地；国内分布于东北以及内蒙古、山东、江苏、浙江、江西、湖北、湖南、四川、云南、福建、广东、广西、贵州等地。常生于山坡、荒坡、荒地或路边。截叶铁扫帚具平肝明目、祛风利湿、散瘀消肿之效，可治病毒性肝炎、痢疾、慢性支气管炎、小儿疳积、风湿关节、夜盲、角膜溃疡、乳腺炎等症。

紫花苜蓿 *Medicago sativa* L.（图 2.168）[中国高等植物图鉴]

多年生草本。根系发达，主根粗而长。茎直立或铺散，多分枝，高 30～100cm。3 出复叶；小叶倒卵形或倒披针形，长 1～2cm，宽约 0.5cm，先端圆，中肋稍突出，上部叶缘有锯齿，两面有白色长柔毛；小叶柄长约 1mm，有毛；托叶披针形，先端尖，有柔毛，长约 5mm。总状花序短，有 5～20 朵花，腋生；花萼筒状钟形，有柔毛，萼齿 5 个，锥形或狭披针形，急尖；花冠紫色，长于花萼，旗瓣狭倒卵形，短于翼瓣。荚果螺旋形，有疏毛，先端有缘，有种子数粒。种子肾形，黄褐色。花期 4～7 月，果期 7～8 月。

图 2.168　紫花苜蓿（陕西横山朱家沟）

本区分布于神木、府谷、榆阳、横山、靖边、定边、吴起、志丹、环县、会宁、榆中、靖远、原州、海原、西吉、同心、中宁、盐池、灵武等地；黄土高原遍布；原产亚洲西南高原，我国各地广为栽培；现世界各国栽种。紫花苜蓿为优良饲料植物，又可作绿肥；种子含油 10% 左右。

天蓝苜蓿 *Medicago lupulina* L.（图 2.169）[宁夏植物志]

一年生草本。茎斜升或铺散，高 10～30cm，有棱，疏被长柔毛。羽状 3 出复叶，叶

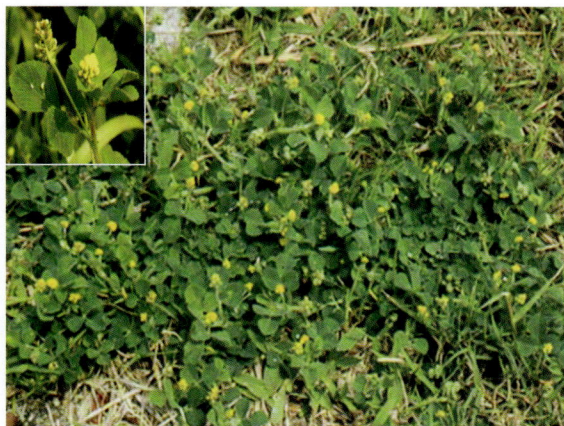

图 2.169　天蓝苜蓿（mstar. zionnet. org. tw）

轴长 4 ～ 10mm，被毛；托叶卵形至卵状披针形，下部与叶轴合生；小叶菱形、菱状倒卵形至宽倒卵形，长 8 ～ 20mm，宽 5 ～ 13mm，先端圆或微凹，常具小尖头，基部楔形，上部边缘具细锯齿，上面几无毛，下面被柔毛。总状花序生于叶腋，总花梗长 2 ～ 4cm，疏被柔毛；花 5 ～ 20 朵，苞片锥形，长约 1mm；花萼钟形，长约 2mm，密被柔毛，萼齿披针形，长于萼筒；花冠黄色，旗瓣宽倒卵形，长 2 ～ 2.5mm，先端微凹，翼瓣短于旗瓣，先端圆，具耳和爪，龙骨瓣与翼瓣等长，先端圆，具短耳和爪，子房椭圆形，被毛。荚果旋卷成肾形，长 2 ～ 3mm，具纵纹，无毛或疏被柔毛。花期 6 ～ 8 月，果期 7 ～ 9 月。

本区分布于府谷、神木、榆阳、横山、靖边、定边、吴起等地，全区普遍分布；黄土高原遍布；国内分布于东北、华北、西北、华中及四川、云南等地。多生于荒地、路边、渠旁及农田；可作饲料和绿肥；全草入药，能舒筋活络、利尿。

白花草木樨 *Melilotus albus* Desr.（图 2.170）[中国高等植物图鉴]

二年生草本。茎直立，高 1 ～ 1.5m，多分枝；无毛或上部稍被毛，全草有香气。叶具 3 片小叶；小叶椭圆形或披针状椭圆形，长 2 ～ 3.5cm，宽 0.5 ～ 1.2cm，先端截形，微凹陷，边缘具细齿；托叶狭三角形，先端尖锐呈尾状，基部宽，长可达 8mm。总状花序腋生；花萼钟状，有微柔毛，萼齿三角形，与萼筒等长；花冠白色，旗瓣椭圆形，旗瓣比翼瓣稍长，子房无毛，披针形，含胚珠 2 ～ 4 粒。荚果小，卵球形，灰黄色至褐色，具凸起脉网，无毛，有种子 1 ～ 2 粒。种子褐黄色，肾形。花期 6 ～ 7 月，果期 7 ～ 9 月。

本区分布于神木、榆阳、横山、靖边、定边、吴起、志丹、环县、会宁、原州、海原、西吉等地；黄土高原遍布；国内在东北，河北、陕西、江苏、福建、四川等地均有栽培；原产亚洲西部。适生于湿润和半干燥气候。为家畜重要饲料，也可作绿肥及护地作物；全草入药，具清热解毒、健胃化湿之效。

图 2.170　白花草木樨（陕西吴起长城）

草木樨 *Melilotus suaveolens* Ledeb. （图 2.171）[中国高等植物图鉴]

一年生或二年生草本。茎高 60 ～ 90cm，直立，多分枝，无毛。叶具 3 片小叶；小叶长椭圆形至倒披针形，长 1 ～ 1.5cm，宽 0.3 ～ 0.6cm，先端截形，中脉突出成短尖头，边缘有疏细齿；托叶条形，长约 5mm。总状花序 7 ～ 10cm，具多数有短花梗的花，腋生，长；花萼钟状，萼齿 5 个，三角状披针形。稍短于萼筒；花冠黄色，旗瓣长于翼瓣；子房卵状长圆形，无柄，花柱细长。荚果倒卵形或近球形，长 3.5mm，无毛，有网脉。种子 1 粒，卵球形，稍扁，褐色。花期 6 ～ 8 月，果期 7 ～ 10 月。

本区分布于神木、府谷、榆阳、横山、靖边、定边、吴起、志丹、环县、会宁、榆中、原州、海原、西吉等地；黄土高原广布；国内分布于内蒙古、河北、东北、西南、华东等地；欧洲、北美和亚洲等地区也有分布。

草木樨耐旱性和抗寒性很强，多生于河谷两岸、湖盆洼地、丘陵山坡。为家畜喜好的饲料；也可作绿肥；全草药用，具芳香化浊之效，主治暑湿胸闷、胃病、疟疾、痢疾、淋病、皮肤疮疡、口臭和头痛等病症。

图 2.171　草木樨（陕西吴起薛岔）

猫头刺 *Oxytropis aciphylla* Ledeb. （图 2.172）[黄土高原植物志]

垫状矮小半灌木，高 8 ～ 20cm。根粗壮，根系发达；分枝多而密，开展，植株呈球状丛。羽状复叶；叶轴宿存，木质化，长 2 ～ 6cm，下部粗壮，先端尖锐，呈硬刺状，老时淡黄色或黄褐色，嫩时灰绿色，密被伏贴绢状柔毛；托叶膜质，下部与叶柄贴生，彼此合生，被伏贴白色柔毛或无毛，边缘具白色长毛；小叶 4 ～ 6 对，线形或长圆状线形，长 5 ～ 18mm，宽 1 ～ 2mm，先端渐尖，具刺尖，基部楔形，边缘常内卷，两面密被伏贴白色绢状柔毛。1 ～ 2 朵花组成腋生总状花序；总花梗长 3 ～ 10mm，密被伏贴白色柔毛；苞片膜质，波针形，小；花萼筒状，长 8 ～ 15mm，宽 3 ～ 5mm，花后稍膨胀，密被伏贴柔毛，萼齿锥状，长约 3mm；花冠蓝紫色、红紫色以至白色。旗瓣倒卵形，长 13 ～ 24mm，宽 7 ～ 10mm，先端钝，基部渐狭成瓣柄，翼瓣长 12 ～ 20mm，宽 3 ～ 4mm，龙骨瓣长 11 ～ 13mm，喙长 1 ～ 1.5mm；子房圆柱形，花柱先端弯曲，光滑无毛。荚果硬革质，长圆形，长 10 ～ 20mm，宽 5 ～ 4mm，腹缝线深陷，

图 2.172　猫头刺（甘肃会宁汉岔）

密被伏贴白色毛，隔膜发达。种子圆肾形，深棕色。花期 5 ～ 6 月，果期 6 ～ 7 月。

　　本区分布于定边、靖边、吴起、环县、会宁、盐池、同心、海原、循化等地；国内分布于内蒙古、河北、陕西、青海、甘肃、宁夏、新疆等省区；俄罗斯（西伯利亚）、蒙古也有分布。生于海拔 1 300 ～ 2 000m 的砂石质山坡、沙丘、盐碱黄土和灌木草丛，也大量生长在山麓石质、砾石坡地和高原、河谷冲积平原的薄层覆沙地。是优良的饲料和防风固沙植物。

二色棘豆 *Oxytropis bicolor* Bunge（图 2.173）[黄土高原植物志]

　　多年生草本。茎高 5 ～ 20cm，密被白色卷状长柔毛。羽状复叶长 4 ～ 20cm；托叶膜质，卵状披针形，密被长柔毛，与叶柄连合；小叶 7 ～ 17 对，4 片轮生，少有 2 片对生，披针形，长 3 ～ 23mm，宽 1.5 ～ 6.5mm，两面有密长柔毛，先端急尖，基部圆形。花多数，排列成或疏或密的总状花序，总花序梗与叶等长或稍长；花萼筒状，长约 9mm，宽约 2.5 ～ 3mm，密生长柔毛，萼齿线状披针形，长为筒部的 1/5；花冠蓝紫色，旗瓣菱状卵形，干后有绿色斑，连同爪长约 16mm；子房有短柄，胚珠 26 ～ 28 粒。荚果几革质，矩圆形，背部稍扁，长 17mm，宽约 5mm，喙长；密生长柔毛，2 室。种子肾形，暗褐色。花、果期 4 ～ 9 月。

　　本区分布于神木、府谷、榆阳、横山、靖边、定边、吴起、志丹、环县、会宁、榆中、原州、海原、西吉等地；国内分布于内蒙古、河北、山西和山东等省区；蒙古亦有分布。生于海拔 700 ～ 2 500m 的河滩沙地、山坡路旁、田边草地、沟地荒坡、沟坡堤坝。为野生牧草植物。

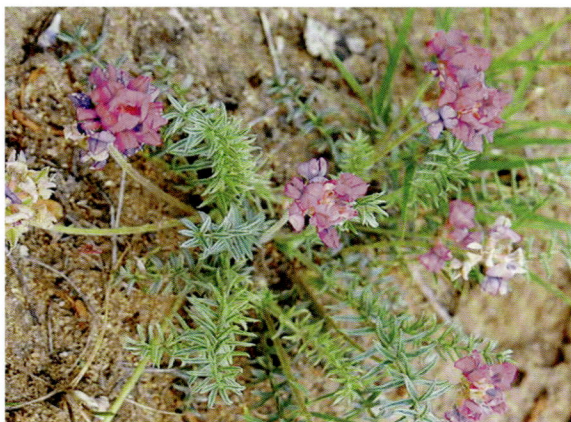
图 2.173　二色棘豆（甘肃环县庙儿沟）

硬毛棘豆 *Oxytropis hirta* Bunge（图 2.174）[黄土高原植物志]

　　多年生草本，地上茎极短，高 20 ～ 50cm，灰绿色，全株被长硬毛。根长，褐色。奇数羽状复叶，长 15 ～ 25cm，坚挺，基生，叶轴粗壮，上面具沟，密被长硬毛，边缘具硬纤毛；小叶 5 ～ 19 片，对生，罕互生，卵状披针形或长椭圆形，长 6 ～ 14mm，宽 5 ～ 15mm，先端锐尖，基部圆形；托叶披针形，与叶柄基部合生；小叶之间有时密生腺点。总状花序呈长穗状，花葶粗壮，长 20 ～ 45cm，花多而密集，密被长硬毛或至无毛，显著比叶长；苞片线形或线状披针形，先端渐尖，疏被长硬毛，花淡紫色或蓝紫色、紫红色、白色，长

图 2.174　硬毛棘豆（www.plant nature-china.net）

15～18mm；花萼筒状或筒状钟形，长10～13mm，密被白色长硬毛，萼齿条形，与萼筒近等长；花冠蝶形，旗瓣椭圆形，翼瓣与旗瓣近等长，龙骨瓣较短，具喙。荚果长卵形，长约12mm，2/3包于萼内，密被白色长硬毛。花期5～8月，果期7～10月。

　　本区分布于榆阳、横山、靖边、吴起、志丹、环县、原州、海原等地；国内分布于东北以及内蒙古、山西、河北、华东、陕西、甘肃、河南等地；蒙古（东部和南部）、俄罗斯（东部西伯利亚）亦有分布。生于海拔1 000～2 100m的山坡、草原、丘陵、山地林缘草甸、草甸草原。地上部分可入药，主治瘟疫、丹毒、腮腺炎、阵刺痛、肠刺痛、脑刺痛、麻疹、创伤、抽筋、鼻出血、月经过多、吐血、咯血等症。

黄花棘豆 *Oxytropis ochrocephala* Bunge（图2.175）[黄土高原植物志]

　　多年生草本，高40cm。根粗壮，圆柱状。茎基部有分枝，密生黄色长柔毛。羽状复叶长10～14cm；叶轴上面有沟，密生长柔毛，脱落；托叶2片，卵形，连合，密生长柔毛，与叶柄分离；小叶17～29片，卵状披针形，长10～22mm，宽5～8mm，先端渐尖，基部圆形，两面有密长柔毛。总状花序腋生，呈圆筒状，花密集，总花梗长14～22cm，密生长柔毛；花萼筒状，长约16mm，宽约5mm，膜质，几透明，密被长柔毛，萼齿条状披针形，与筒部近等长；花冠黄色，长17mm，旗瓣扇形，顶端圆形，爪与瓣片近等长，龙骨瓣先端有喙，较翼瓣稍短。子房密被伏贴黄色和白色肉毛，有短柄；胚珠12～13粒。荚果矩圆形，膨胀，长12～15mm，宽5mm，先端具弯曲的喙，密生短柔毛。花期6～8月，果期7～9月。

　　本区分布于环县、会宁、榆中、兰州、海原、西吉、原州等地；国内分布于甘肃、宁夏、青海、四川、西藏等省区。生于海拔1 700～3 500m的山坡草地、沟谷灌丛、河滩砂地及高山草地。黄花棘豆是有毒植物，危害马和羊。

图2.175　黄花棘豆（宁夏海原月亮山）

砂珍棘豆 *Oxytropis psamocharis* Hance（图2.176）[中国高等植物图鉴]

图2.176　砂珍棘豆（陕西吴起长城）

　　多年生草本。根淡褐色，圆柱形，较长。茎极短，丛生。叶密集，羽状复叶，长5～20cm；叶轴细弱，密生长柔毛；托叶三角形，有长柔毛，大部分与叶柄连合；小叶对生或6片轮生，条形或条状倒披针形，长7～10mm，宽1～2mm，两面有密长柔毛。总状花序近头状，花多数；总花梗与叶近等长，密生长柔毛；花萼圆筒状，长7mm，宽3mm，有密长柔毛，萼齿条形，与筒部近等长；花冠粉红色或紫红色，长约13mm，旗瓣矩圆形，先端微凹，龙骨瓣有长 2.5mm 的喙。荚果卵球形，长 11mm，宽约 6mm，膨胀呈膀胱状，先端具钩状喙，腹缝线内凹，1 室，密生短柔毛。种子肾形，暗褐色。花期 5 ~ 7 月，果期 6 ~ 10 月。

本区分布于神木、府谷、榆阳、横山、靖边、定边、吴起、志丹、同心、海原、盐池等地；国内分布于河北、山西、内蒙古等省区；朝鲜亦有分布。生于海拔 600 ~ 1 800m 的沙滩、沙地、沙丘、河岸、半固定沙丘、山地树林下或山坡草地。全草入药，具消食健胃之效。

刺槐 *Robina pseudoacacia* L.（图 2.177）

刺槐亦称洋槐、德国槐。落叶乔木，高 7 ~ 15m；树皮褐色，深纵裂。嫩枝绿色，二年生小枝褐色，光滑无毛。羽状复叶互生，小叶 7 ~ 19（25）片、椭圆形、矩圆形或卵形，长 2 ~ 5.5cm，宽 1 ~ 2cm，先端圆或微凹，有小尖，基部圆形，无毛或幼时疏生短毛。总状花序腋生，花序轴及花梗有柔毛；花萼钟状，浅裂，有柔毛；花冠白色，芳香，旗瓣圆，有爪，具短柄，基部有黄色斑点；子房无毛。荚果扁平，长矩圆形，长 3 ~ 10cm，宽约 1.5cm，赤褐色。种子 1 ~ 13 粒，肾形，黑色。花期 5 ~ 6 月，果期 8 ~ 9 月。

本区分布于神木、府谷、榆阳、横山、靖边、定边、吴起、志丹、环县、会宁、原州、西吉等地；黄土高原广为引种栽培；全国各地作为引种作行道树，荒山绿化，或庭园栽培，面积大、范围广；北美洲、欧洲、非洲、日本也有分布或引种栽培。种子含油约 12%，可作肥皂及油漆原料；花含芳香油；嫩叶及花可食，是很好的蜜源植物；树皮可造纸及人造棉；木材可制枕木、车、船；茎皮、根、叶供药用，有利尿、止血之效；是农村建房、烧柴和饲料主要来源，矮林经营专供饲料。也是较好的水土保持树种，但耗水量较大。

图 2.177　刺槐（陕西定边新安边）

红花刺槐 *Robinia hisqida* L.（图 2.178）

红花刺槐亦称毛刺槐、江南槐，是刺槐的变种；落叶乔木，高 10 ~ 15m。茎、小枝、花梗均密被红色刺毛。托叶不变成刺状。奇数羽状复叶，小叶 7 ~ 13 片，广椭圆形至近圆形，长 2 ~ 3.5cm，叶端钝圆，有小尖头。花粉红色或紫红色，2 ~ 7 朵成稀疏的总状花序。荚果，具腺状刺毛。花期 5 ~ 6 月，果期 6 ~ 10 月。

本区仅见于吴起、志丹、榆阳、横山、原州等地；国内各地引种广泛，尤以黄河流域最多；原产美国弗吉尼亚州、肯塔基州、佐治亚州及阿拉巴马州等。花大色美，鲜艳夺目，花期长，是园林绿化和庭园草坪良好的观赏树种，宜作行道树，绿色广场丛植或孤植，

图 2.178　红花槐（陕西吴起周湾）

抗烟尘能力强，有利于改善环境。是蜜源植物。繁殖以刺槐作本嫁接。

苦豆子 *Sophora alopecuroides* L.（图 2.179）[中国高等植物图鉴]

半灌木状，株高 30～60cm。根粗壮，坚硬。茎灰绿色，枝条密生灰色平贴绢毛。羽状复叶长 6～15cm；叶轴密生灰色平贴绢毛；小叶 15～25 片，灰绿色，矩圆状披针形或矩圆形，长 1.5～2.8cm，宽 7～10mm，先端渐尖或钝，基部近圆形或楔形，两面密生平贴绢毛。总状花序顶生，长 12～15cm；花密生；花梗较花萼短；花萼钟状或管钟状，长 5～8mm，密生平贴绢毛；花冠黄色，旗瓣倒披针状长圆形，顶端微凹，基部渐狭成瓣柄，与翼瓣和龙骨瓣等长或较长；翼瓣具耳；雄蕊 1/3～1/4 合生，子房被毛。荚果串珠状，长 5～12cm，密生短细而平伏的绢毛，有种子 6～12 粒。种子宽卵形，黄色或淡褐色，味极苦。花期 5～7 月，果期 7～9 月。

本区分布于神木、府谷、榆阳、横山、靖边、定边、吴起、志丹、环县、会宁、榆中、靖远、原州、海原、西吉、同心、盐池、灵武、吴忠等地；国内分布于内蒙古、河北、河南、山西、新疆、西藏等省区；前苏联也有分布。常生于海拔 1 000～1 500m 的阳光充足、排水良好的石灰性土壤或沙丘上，也常侵入农田。苦豆子是有毒植物；全草、种子、根入药，能清热利湿、止痛、杀虫。

图 2.179　苦豆子（陕西定边新安边）

白刺花 *Sophora viciifolia* Hance（图 2.180）[中国高等植物图鉴]

白刺花又称马蹄针、狼牙刺，落叶灌木或小乔木，株高 1～2.5m；枝条棕色，近于无毛，具瘤和锐刺，小枝短而展开。羽状复叶长 4～6cm，具小叶 11～21 片；小叶椭圆形或长卵形，长 5～8mm，宽 4～5mm，先端圆，微凹而具小尖，上面无毛，下面疏生毛；托叶细小，呈针刺状。总状花序生于小枝的顶端，有 6～12 朵疏而下垂的花；花萼钟状，长约 3～4mm，紫蓝色，密生短柔毛；花冠白色或蓝白色，长约 15mm，旗瓣倒卵状匙形，反曲，翼瓣和龙骨瓣均具柄；子房被毛，具短柄。荚果长 2.5～6cm，粗约 5mm，串珠状，密生白色平伏长柔毛，有种子 1～7 粒。花期 5～6 月，果 7～8 月。

本区分布于榆阳、横山、靖边、定边、吴起、志丹、环县、会宁、榆中、原州、海原等地；国内分布于河北、江苏、湖北、

图 2.180　白刺花（陕西吴起吴起镇）

河南、陕西、甘肃等省区。生于海拔1 000～1 500m的干旱山坡、路旁。可作水土保持植物；根和果入药，有清热解毒、利湿消肿之效，果可理气、消肿。

国槐 *Sophora japonica* L.（图2.181）[中国高等植物图鉴]

落叶乔木，高15～25m。小枝绿色，具白色皮孔。羽状复叶长15～25cm；叶轴有毛，基部膨大；小叶9～15片，卵状矩圆形，长2.5～7.5cm，宽1.5～3cm，先端渐尖或具细突尖，基部阔楔形，下面灰白色，疏生短柔毛。圆锥花序顶生；花萼弯钟状，具5小齿，疏被毛；花冠乳白色，旗瓣阔心形，具短爪，有紫脉；雄蕊10枚，不等长。荚果肉质，串珠状，长2.5～5cm，无毛，不裂。种子一般1～6粒，肾形。

本区分布吴起、志丹、靖边、横山、环县、会宁、榆中、原州、海原、同心、盐池、吴忠等地；我国南北各地普遍栽培，尤以黄土高原及华北平原最常见；越南、朝鲜、日本和欧洲也有分布。生于海拔300～1 900m的山谷、路旁和村边。可作行道树，为优良的蜜源植物。槐花花蕾可食，含芳香油，又为清凉性收敛止血药；槐实亦能止血、降压；根皮、枝叶药用，治疮毒；种子含油约11%；木材供建筑、枕木、家具等用。

图2.181 国槐（陕西吴起五谷城）

龙爪槐 *Sophora japonica* L. var. *pendula* Hort.（图2.182）[黄土高原植物志]

龙爪槐系国槐的芽变品种，落叶乔木。树冠如伞，形态优美，枝条构成盘状，上部蟠曲如龙，老树奇特苍古。树势较弱，主侧枝差异性不明显，大枝弯曲扭转，小枝下垂，冠层可达50～70cm厚，层内小枝易干枯。枝条柔软下垂，其萌发力强，生长速度快。小叶9～15片，长椭圆形或卵状矩圆形。圆锥花序顶生，花冠乳白色，花序区其他特征同国槐。用国槐作砧木嫁接繁殖，砧木高2～2.5m，胸径4～5cm，定干后嫁接，二年可成苗。

本区分布于榆阳、神木、靖边、横山、吴起、志丹、定边、兰州市区、原州、同心、海原等地，其分布区基本与国槐相同。树冠盘曲成盘状，观赏价值很高，是优良的园林绿化树种，在北方地区园林绿化中广泛引种栽植。

图2.182 龙爪槐（陕西吴起周湾）

苦马豆 *Swainsona salsula* Taubert.（图2.183）[中国高等植物图鉴]

苦马豆亦称羊卵蛋、羊尿泡，矮小灌木，高20～60cm。茎直立，具多数开展的分枝，全株被灰白色星状毛。奇数羽状复叶，长5～7cm，两面均被短柔毛；托叶披针形，长约2mm；小叶13～19片，常对生，近无柄，倒卵状长圆形或椭圆形，长5～16mm，宽4～7mm，基部近圆形或近楔形，先端钝而微凹，有时具1枚小刺尖，表面疏被贴生的短毛，稀表面毛少或近无毛，背面密被灰白色星状毛。总状花序腋生，具8～12朵花；花冠玫瑰状紫红色，长12～13mm，具长约1mm的钻状苞片；花萼钟状，5齿裂，萼齿三角形，先端锐尖；旗瓣开展，两侧向

图2.183　苦马豆（陕西吴起吴起镇）

外反卷，瓣片近圆形，长约10mm，宽约13mm，顶端圆形、微凹，基部具短柄，翼瓣长圆形，比旗瓣稍短，与龙骨瓣近等长；子房有柄，线状长圆形，密被毛，花柱稍弯，内侧具纵列须毛。荚果，卵圆形或长圆形，膜质，膀胱状，果皮膜质。种子多数，肾形，褐色，长约2mm。花期6～7月，果期7～8月。

　　本区分布于神木、府谷、榆阳、横山、靖边、定边、吴起、志丹、环县、会宁、榆中、原州、海原、西吉等地；国内分布于河北、河南、山西、内蒙古等省区；前苏联、蒙古亦有分布。生于轻度盐化的潮湿河漫滩、山麓和农田旁边。可作绿肥，但对牲畜有毒。

披针叶黄华 *Thermopsis lanceolata* R. Br.（图2.184）[黄土高原植物志]

　　披针叶黄华也称黄花苦豆子、野决明，多年生草本，高10～40cm。具深而长的根状茎。茎直立或基部多分枝，密生平伏长柔毛。托叶2片，基部连合；小叶3片，矩圆状倒卵形至倒披针形，长2.5～8.5cm，宽7～20mm，先端急尖，基部楔形，下面密生平伏短柔毛。总状花序顶生；苞片3枚轮生，基部连合；花轮生，长约3cm；花萼钟状，长约1.6cm，萼齿近披针形，密生平伏短柔毛；花冠黄色。荚果条形，长5～9cm，宽7～12mm，密生短柔毛，扁，有种子6～14粒。种子肾形，黑褐色，有光泽。花期5～6月，果期8～9月。

　　本区分布于神木、府谷、榆阳、横山、靖边、定边、吴起、志丹、环县、会宁、榆中、原州、海原、西吉、同心、灵武、盐池、吴忠等地；黄土高原广布；国内分布于东北、内蒙古、河北、青海、四川、西藏等省区；前苏联、蒙古也有分布。生于海拔500～3 000m的河谷阶地、草地、山坡、砂丘、沟渠边、路旁及田边。全植株药用，有祛痰止咳之效；为牧场有毒植物。

图2.184　披针叶黄华（陕西吴起长城）

白花三叶草 *Trifolium repens* L.（图 2.185）[中国高等植物图鉴]

白花三叶草亦称白车轴草、白三叶、白三草、车轴草。多年生草本；茎匍匐，长30～60cm，无毛。具 3 片小叶；小叶倒卵形至近倒心脏形，长 1.2～2cm，宽 1～1.5cm，先端圆或凹陷，基部楔形，边缘具细锯齿，背面微有毛；几无小叶柄；托叶卵状披针形，先端尖，抱茎。花序呈头状，具多数花，有长总花梗；小苞片卵状披针形；花萼钟状，萼齿 5 个，三角形，较萼筒短，微有毛；花冠白色或淡红色，旗瓣椭圆形，翼瓣较旗瓣短，瓣片长圆形，稍长于瓣柄，龙骨瓣较翼瓣短，与瓣柄近等长；子房线形，花柱长而稍弯。荚果倒卵状长圆形，长约 3mm，包被于膜质、膨大、长约 1cm 的萼内，含种子 2～4 粒。种子褐色，近圆形。花期 5 月，果期 8 月。

图 2.185　白花三叶草（陕西靖边杨家畔）

本区分布于神木、府谷、榆阳、横山、靖边、定边、吴起、志丹、环县、会宁、榆中、原州、海原、西吉等地；黄土高原见于草甸、路旁；国内分布于东北以及内蒙古、河北、西北、华东及西南等地；原产欧洲。为优良的牧草，也可作绿肥；种子含油 11%；全草供药用，有清热、凉血、宁心之功效。

毛苕子 *Vicia villosa* Roth（图 2.186）[中国高等植物图鉴]

一年生草本。高 30～80cm。植株各部有淡黄色长柔毛。羽状复叶，有卷须；小叶 10～16 片，矩圆形或披针形，长 10～30mm，宽 3～6mm，先端钝，有细尖，基部圆形，两面有淡黄色长柔毛；托叶披针形或 2 深裂，有长柔毛。总状花序腋生，花多而密，单向排列，序轴及花梗均密生淡黄色柔毛；萼斜圆筒状，萼齿 5 个，条状披针形，下面 3 齿较长，密生淡黄色长柔毛；花冠紫色或淡红色，长约 17mm；子房无毛，具柄，花枝上部周围有短柔毛。荚果矩形，长约 3cm，宽约 1cm，两侧扁平，含种子 2～8 粒。种子扁圆形，褐色。花期 5～6 月，果期 6～7 月。

本区分布于神木、府谷、榆阳、横山、靖边、定边、吴起、志丹、环县、会宁、榆中、原州、海原、西吉、同心、盐池等地；黄土高原遍布；山西、甘肃、宁夏和陕西等地有人工种植；除华南外，全国各地均有种植；原产欧洲，现西亚、中亚、俄罗斯均广为栽培。毛苕子为优良饲料及绿肥作物。

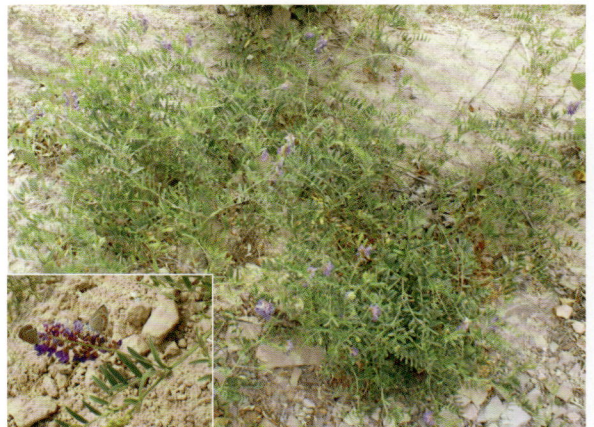

图 2.186　毛苕子（陕西吴起长城）

2.1.23　牻牛儿苗科 Geraniaceae

牻牛儿苗科植物为一年或多年生草本，或亚灌木，常具毛或腺毛。叶互生或对生，羽状深裂或掌状分裂，常有对生托叶。花两性，辐射或稍两侧对称，单生或每花梗上有2朵花，或为复2歧花序或排列成近伞形花序；萼片4～5片，宿存；花瓣4～5枚，下位或周位，常呈覆瓦状排列；雄蕊5枚或2～3倍于萼片数；花丝多于基部稍合生，花药2室，纵裂；雌蕊1枚，3～5裂，常具5个结合心皮；子房上位，3～5室，每室有下垂而倒生于中轴胎座上的1～2粒胚珠；花柱与子房室同数，下半部合生，柱头舌状。蒴果，先端具有长喙，浅裂，室间开裂，顶部与心皮连结，每果瓣具1粒种子。种子垂生；胚多曲生，胚乳稀有或无。

本科我国引进加栽培的共有4属。本区产1属2种。

牻牛儿苗 Erodium stephanianum Willd.（图2.187）[中国高等植物图鉴]

一年生草本，有时二年生，高15～45cm，平铺地面或稍斜伸。根直立，细圆柱状。茎多分枝，有节，具柔毛。叶对生，长卵形或矩圆状三角形，长约6cm，2回羽状深裂；羽片5～9对，基部下延，小羽片条形，全缘或有1～3个粗齿；叶柄长4～6cm。伞形花序腋生，柄长5～15cm，通常有2～5朵花；花柄长2～3cm；萼片矩圆形，先端有长芒；花瓣紫蓝色，长不超过萼片。蒴果长约4cm，顶端有长喙，成熟时5个果瓣与中轴分离，缘部呈螺旋状卷曲。花期5～6月，果期8～9月。

本区分布于神木、府谷、榆阳、横山、靖边、定边、吴起、志丹、环县、会宁、榆中、原州、海原、西吉等地；国内分布于东北、华北、青海、新疆、西南和长江流域等地；朝鲜、前苏联、印度也有分布。生于海拔400～1 600m的草坡、沟边、涧地。全草药用，强筋骨、去风湿，并有清热解毒之效；又可提取栲胶。

图2.187　牻牛儿苗（陕西吴起长城）

鼠掌老鹳草 Geranium sibiricum L.（图2.188）[中国高等植物图鉴]

图2.188　鼠掌老鹳草（陕西吴起长城）

多年生草本，高30～100cm。根直立，分枝或不分枝。茎细长，倒伏，上部斜向上，多分枝，略有倒生毛。叶对生，基生叶和茎生叶同形，宽肾状五角形，基部宽心形，长3～6cm，宽4～8cm，掌状5深裂；裂片卵状披针形，羽状分裂或齿状深缺刻，两面有梳状毛；基生叶和下部茎生叶有长柄，顶部的柄短。花单个腋生，花柄线状，长

4～5cm，近中部有 2 枚披针形苞片，有倒生微柔毛，在果期侧弯；萼片矩圆状披针形，长约 4mm，边缘膜质；花瓣淡红色，长近于萼片。蒴果长 1.5～2cm，有微柔毛。花期 6～7 月，果期 7～9 月。

本区分布于榆阳、横山、靖边、定边、吴起、志丹、环县、会宁、原州、海原、西吉等地；国内分布于东北、华北，青海、新疆、西藏、四川、湖北等地；蒙古、前苏联、欧洲其他各国也有分布。生于海拔 600～4 000m 的山地、草坡、路旁。全草入药、清热解毒、祛风活血，又可治疗无名肿毒。

2.1.24　亚麻科 Linaceae

亚麻科植物为草本或灌木。单叶互生或对生，稀轮生，全缘。花两性，5 朵稀 4 朵，辐射对称，生于枝端，形成 2 歧或蝎尾状聚伞花序，稀呈总状；萼片分离或基部合生，覆瓦状排列；花瓣分离，在芽内旋转排列，常具冠状爪；雄蕊与花瓣互生，若雄蕊多至 10 枚或更多时，花丝结合成外围具腺体的环轮，花药 2 室，纵裂；子房上位，心皮 5 个，3～5 室，中轴胎座，每室有 2 粒倒生胚珠；花柱与子房室同数，分离，柱头头状。蒴果或核果，室间开裂，具宿存萼。种子胚直，胚乳有或无。

本科我国约 5 属 10 种，分布于南北各省区。本区有 1 属 3 种。

宿根亚麻 *Linum perenne* L.（图 2.189）

多年生草本，高 20～60cm。直根，粗壮，根茎处木质化，茎多数，直立或仰卧、斜伸，中部以上分枝，基部木质化，具密集狭条形叶的不育枝。叶互生，披针形或条状披针形；长 8～25mm，宽 3～4（8）mm，先端锐尖，基部渐狭，全缘内卷；1～3 条脉。聚伞花序蓝紫色到淡绿色；花梗细长，1～2.5cm，直立或稍向一侧弯曲；萼片 5 片，卵形，外面 3 片急尖，内面 2 片先端钝，全缘，稍突起；花瓣 5 枚，倒卵形，长 1～1.8cm，顶端圆形，基部楔形；雄蕊 5 枚，长或短于雌蕊、与雌蕊近等长，花丝中部以下略宽，基部合生；退化雄蕊 5 枚，与雄蕊互生；子房 5 室，花柱 5 分离，柱头头状。蒴果近球形，直径 3.5～8mm，草黄色，开裂。种子椭圆形，长 4mm，宽 2mm，褐色。花期 6～7 月，果期 7～8 月。

本区分布于神木、府谷、榆阳、横山、靖边、定边、吴起、志丹、环县、会宁、榆中、原州、海原、西吉等地；国内分布于内蒙古、陕西、河北、甘肃、宁夏、青海、新疆和西南等地；广布于俄罗斯（西伯利亚）至欧洲、西亚。生于海拔 4 000m 以下的干旱草原、山坡草地、峁顶、砂砾质干河滩、灌丛。种子可榨油。

图 2.189　宿根亚麻（www.hua002.com）

野亚麻 *Linum stelleroides* Planch.（图 2.190）[中国高等植物图鉴]

一年或二年生草本，高 40 ~ 60cm。茎直立，基部略木质，上部多分枝，无毛。叶互生，条形至条状披针形，长 1 ~ 3cm，宽 1.5 ~ 2.5mm，顶端锐尖，两面无毛，全缘，无柄，有 1 ~ 3 条叶脉。花单生于枝条顶端，形成聚伞花序；萼片 5 片，卵状披针形，顶端锐尖，边缘有黑色腺体；花瓣 5 枚，长约为萼片长的 3 ~ 4 倍，淡紫色或蓝色；雄蕊 5 枚，退化雄蕊 5 枚，与花柱等长，花丝基部合生；子房 5 室，柱头倒卵形。蒴果球形，直径 3.5 ~ 4mm。

本区分布于志丹、吴起、靖边、定边、横山、榆阳、神木、环县、会宁、原州、西吉、海原、中宁、沙坡头等地；国内分布于东北、华北、青海、甘肃及江苏等地；朝鲜、前苏联、日本也有分布。生于海拔 1 000 ~ 2 700m 的干燥山坡、峁顶或草原。茎皮纤维与亚麻相近，可作人造棉、麻布及造纸原料；种子可榨油。

图 2.190　野亚麻（陕西吴起五谷城）

亚麻 *Linum usitatissimum* L.（图 2.191）[中国高等植物图鉴]

亚麻亦称胡麻、山西胡麻，一年生草本，高 30 ~ 60cm。茎直立，仅上部分枝，基部稍木质，无毛。叶互生，无柄，条形至条状披针形，长 1.8 ~ 3.2cm，顶端锐尖，全缘，通常三出脉。花单生于枝顶端及上部叶腋间，花柄长 2 ~ 3cm；萼片 5 片，卵形，宿存，边缘无黑色腺体；花瓣 5 枚，倒卵形，蓝色，长 7 ~ 10mm，易凋谢；雄蕊 5 枚，花丝基部合生，退化雄蕊 5 枚，仅留齿状痕迹，与雄蕊交互生；子房 5 室，花柱 5 个，分离，柱头条形。蒴果球形，长 6 ~ 8mm，径 6 ~ 7mm，顶端 5 瓣裂开。种子 10 粒，扁平，短圆形。花期 6 ~ 8 月，果期 8 ~ 9 月。

本区分布于志丹、吴起、靖边、定边、横山、环县、会宁、原州、海原等地；我国东北、华北、华东、华中、华南、西南各地均有栽培。生于海拔 400 ~ 2 400m 的山坡、草地、峁顶、涧地、路边。茎皮纤维长而韧，为很好的纺织原料；种子可榨油，为滑润剂；种子入药，补肝养肾、养血祛风。

图 2.191　亚麻（陕西定边新安边）

2.1.25　蒺藜科 Zygophyllaceae

蒺藜科植物为草本或矮灌木，罕乔木。枝常具关节。叶对生或互生，单叶、2 小叶至羽状复叶；托叶 2 片，常硬化成刺状。花两性，辐射对称，稀左右对称，呈白色、红色或黄色，罕蓝色，单生于叶腋，或排成顶生总状花序或圆锥花序；萼片 5 片，稀 4 片，覆瓦状排列，稀镊合状排列；花瓣 4～5 枚；花盘隆起或平压状，罕为环状或全缺；雄蕊与花瓣同数或为其 2～3 倍，着生于花盘基部，花药纵裂；子房上位，无柄或具短柄，4～5 室，每室 2 至多粒胚珠。果革质或角质，2～10 个，分离或合生，果瓣常具刺，蒴果，稀浆果或核果。种子悬垂而单生，罕 2 粒或多粒；种皮膜质、硬壳质或厚而有黏质；胚乳稀少或无。

本科我国有 6 属 16 种，南北均有分布。本区产 2 属 3 种。

骆驼蓬 *Peganum nigellastrum* Bunge（图 2.192）[中国高等植物图鉴]

骆驼蓬亦称骆驼蒿，多年生草本。茎高 10～25cm，多分枝，密生短毛。叶互生，肉质，3～5 全裂；小裂片针状条形，长达 1cm，顶端锐尖，疏生短硬毛；托叶披针形。花单生于枝的上端；萼片 5 片，宿存，披针形，长约 1.5cm，深裂成 5～7 条状裂片；花瓣长 1.2～1.5cm，倒披针形；雄蕊 15 枚，花丝基部宽展；子房 3 室。蒴果近球形，黄褐色，3 瓣裂开。种子纺锤形，黑褐色，表面有小疣状突起。花期 5～7 月，果期 7～9 月。

本区分布于志丹、吴起、靖边、定边、横山、榆阳、环县、会宁、原州、海原等地；国内分布于内蒙古、甘肃、宁夏、青海、新疆等省区；蒙古、前苏联也有分布。多生于沙质或砾质、干旱山坡地、山前平原、丘涧低地、固定及半固定沙地。植株有毒，全草入药，祛湿解毒、活血止痛、润肺止咳；种子能活筋骨，祛风湿。

图 2.192　骆驼蓬（陕西定边新安边）

裂叶骆驼蓬 *Peganum harmala* L.（图 2.193）[中国高等植物图鉴]

多年生草本，高 20～50cm，多分枝，分枝铺地散生，光滑无毛。叶互生，肉质，3～5 全裂，裂片条状披针形，长达 3cm；托叶条形。花单生，与叶对生；萼片 5 片，披针形，有时顶端分裂，长达 2cm；花瓣 5 枚，倒卵状矩圆形，长 1.5～2cm；雄蕊 15 枚，花丝近基部宽展；子房 3 室，花柱 3 个。蒴果近球形，褐色，3 瓣裂开。种子三棱形，黑褐色，表面有小疣状突起。花期 5～7 月，果期 6～9 月。

本区分布于吴起、定边、靖边、横山、

图 2.193　裂叶骆驼蓬（甘肃会宁铁木山）

环县、会宁、靖远、原州、西吉、海原、同心、盐池、中宁、沙坡头等地；国内分布于内蒙古西部、甘肃、宁夏、青海、新疆、西藏等地。多生于干旱草地、半荒漠沙地、盐碱化荒地。种子可作红色染料，榨油可供轻工业用；叶可代肥皂，亦是牧草植物。

蒺藜 *Tribulus terrester* L.（图 2.194）[中国高等植物图鉴]

一年生草本；茎由基部分枝，平卧，淡褐色，长可达 1m；全体被绢丝状柔毛。双数羽状复叶互生，长 1.5～5cm；小叶 6～14 片，对生，短圆形，长 6～15mm，宽 2～5mm，顶端锐尖或钝，基部稍偏斜，近圆形，全缘。花小，黄色，单生叶腋；花梗短；萼片 5 片，宿存；花瓣 5 枚；雄蕊 10 枚，生于花盘基部，基部有鳞片状腺体。果近球形，具瘤状突起，由 5 个分果瓣组成，每果瓣具长短棘刺各 1 对；背面有短硬毛及瘤状突起。花期 5～8 月，果期 6～9 月。

本区分布于志丹、吴起、靖边、定边、横山、环县、会宁、原州、西吉、海原等地；中国分布于全国各地，长江以北最为普遍；全球温带地区均有分布。多生于海拔 400～1 400m 的荒丘、坡底、田边及田间，常为田间杂草。果入药，有散风、平肝、明目之效，嫩茎叶可治皮肤瘙痒症；种子可榨油；茎皮纤维供造纸。

图 2.194　蒺藜（陕西吴起长城）

2.1.26　苦木科 Simarubaceae

苦木科植物为乔木或灌木，稀攀援状。树皮有苦味。羽状复叶，稀单叶；互生，罕对生。花序总状、圆锥状或聚伞状，顶生或腋生；花辐射对称，单性或杂性，罕两性；萼片 3～5 片，常部分合生；花瓣 3～5 枚，覆瓦状或镊合状排列；雄蕊常为花瓣 2 倍或同数，外轮雄蕊与花瓣对生，花丝基部常附生有小鳞片，花药 2 室，纵裂；花盘环状或延伸，全缘或分裂；子房上位，常为花盘所围绕，2～5 裂，1～5 室，每室常含 1 粒胚珠，罕 2 粒或更多；花柱 1～5 个；柱头头状。果呈核果状或浆果状，稀翅果状，不开裂。种子单生；胚直立或弯曲；种皮膜质。

本科我国有 4 属 10 种，南北各省区均有分布。本区有 1 属 1 种。

臭椿 *Ailanthus altissima*（Mill.）Swingle（图 2.195）[中国植物志]

臭椿亦称樗、椿树，为落叶乔木，高达 20m，本区多为 6～7m；树皮平滑，有直的浅裂纹，嫩枝赤褐色，被疏柔毛。单数羽状复叶互生，长 45～90cm；小叶 13～25 片，揉搓后有臭味，具柄，卵状披针形，长 7～12cm，宽 2～4.5cm，基部斜截形，顶端渐尖，全缘，仅在近

图 2.195　臭椿（宁夏海原）

基部通常有 1 ～ 2 对粗锯齿，齿顶端下面有 1 个腺体。圆锥花序顶生；花杂性，白色带绿；雄花有雄蕊 10 枚；子房为 5 个心皮，柱头 5 裂。翅果矩圆状椭圆形，长 3 ～ 5cm。种子扁圆形，直径 5 ～ 7mm。花期 5 ～ 6 月，果期 9 ～ 10 月。

本区分布于志丹、吴起、靖边、定边、横山、榆林、神木、环县、会宁、原州、西吉、海原、同心、盐池、中宁等地；全国各省区几乎都有分布；朝鲜、日本也有分布。主要生于谷地、山坡、村旁，也作行道树。能耐旱及耐碱；木材供制车辆；叶可饲椿蚕；树皮可提栲胶；种子含油约 35%；树皮、根皮、果实均可入药，有清热利湿、收敛止痢等效。

2.1.27　远志科 Polygalaceae

远志科植物为一年或多年生草本，直立或攀援灌木，稀小乔木。单叶互生，稀对生或轮生，全缘。花两性，左右对称，单生或排成总状、穗状或圆锥花序；具苞片及小苞片；萼片 5 片，分离，内里 2 片较大并常呈花瓣状，覆瓦状排列；花瓣 3 ～ 5 枚，不等大，中央的 1 枚呈龙骨瓣状；雄蕊 8 枚，或 4 ～ 5 枚，花丝中部以下常合生成鞘，基部着生在中央的花瓣上；花药顶端孔裂，罕直裂；子房上位，1 ～ 3 室，每室有 1 至多粒垂生胚珠；花柱微弯，柱头头状。蒴果或核果，稀坚果或翅果。种子常被毛或具假种皮，有种阜及胚乳，胚直立。

本科我国产 5 属约 50 种。本区见 1 属 2 种。

远志 *Polygala tenuifolia* Willd.（图 2.196）[中国高等植物图鉴]

多年生草本，高 20cm，微被柔毛。叶条形，长 1 ～ 3cm，宽 1.5 ～ 3mm。总状花序，具较稀疏的花；花序腋外生，最上一个假顶生，通常高出茎的顶端；花蓝紫色，长约 6mm；萼片宿存，外轮 3 片小，内轮 2 片花瓣状；花瓣 3 枚，中间龙骨瓣背面顶部有撕裂成条的鸡冠状附属物，两侧花瓣下部 1/3 与花丝鞘贴生，内表面下部具短柔毛；雄蕊 8 枚，花丝下部 2/3 合生成鞘。蒴果近倒心形，长约 5mm，蒴果无睫毛。种子 2 粒，除假种皮外，密被

图 2.196　远志（陕西吴起长城）

绢状毛。花期 6 ~ 7 月，果期 7 ~ 9 月。

本区分布于志丹、吴起、靖边、定边、横山、环县、会宁、原州等地；国内分布于东北、华北，山东、陕西、甘肃、四川、湖北等地；印度、大洋洲、俄罗斯（西伯利亚）也有分布。多生长在山坡草地或路旁。根供药用，能化痰、安神，对慢性气管炎有一定疗效。

西北利亚远志 *Polygala sibirica* L.（图 2.197）[中国高等植物图鉴]

多年生草本，高 30cm，微被柔毛。叶椭圆形至矩圆状披针形，长 1 ~ 2cm，宽 3 ~ 6mm。花序腋外生，最上一个假顶生，通常高出茎的顶端，具稍稀疏的花；花蓝紫色，长约 6mm；萼片宿存，外轮 3 片小，内轮 2 片花瓣状；花瓣 3 枚，中间龙骨瓣背面顶部有撕裂成条的鸡冠状附属物，两侧花瓣下部 1/3 与花丝鞘贴生，内表面下部具短柔毛；雄蕊 8 枚，花丝下部 2/3 合生成鞘。蒴果近倒心形，长约 6mm，周围具窄翅而疏生短睫毛。种子 2 粒，卵形，除假种皮外，密被绢状毛。花、果期 5 ~ 9 月。

本区分布于志丹、吴起、靖边、定边、横山、环县、会宁、原州、西吉等地；中国分布于东北、华北，陕西、甘肃、青海、河南、湖北、四川、贵州、云南等地；俄罗斯（西伯利亚）也有分布。多生于海拔 400 ~ 1 400m 的山坡草地。根供药用，能化痰、安神，对慢性支气管炎有作用。

与本种近似的种——瓜子金 *Polygala japonica* Houtt.，国内分布于华北、华东、华中、华南、西南，陕西，与本种的主要区别在于最上一个花序低于茎的顶端，蒴果具较宽的翅而无睫毛。根供药用，能活血散瘀、止咳化痰。

图 2.197　西北利亚远志（陕西吴起长城）

2.1.28　大戟科 Euphorbiaceae

大戟科植物为草本、灌木或乔木，罕为木质藤本，常含乳状汁液。单叶，稀复叶；互生，稀对生，具托叶。聚伞状、穗状、总状或圆锥花序；花单性，雌雄同株或异株；花被常单层，镊合状或覆瓦状排列，花萼状；花盘常存或缺；雄蕊常多数，或大部退化仅有 1 枚，花丝分离或合生成柱状，花药 2 室，稀 3 ~ 4 室，纵裂或横裂；具多雄蕊的雄花常有花盘、腺体和退化雌蕊；雌花具花梗，子房上位，3 室，稀 2 或 4 室，每室有 1 ~ 2 粒胚珠，中轴胎座，花柱 3 ~ 6 个，分离或部分连合。蒴果，分离成分果爿，或核果或浆果状。种子常具种阜；胚乳丰富，肉质；胚直，子叶宽而扁。

本科我国约有 60 属 350 多种，主产我国西南各省及台湾。本区有 2 属 5 种。

乳浆大戟 *Euphorbia esula* L.（图 2.198）[中国高等植物图鉴]

多年生草本，高 15 ~ 40cm，有白色乳汁。茎直立，有纵条纹，下部带淡紫色。短枝

图 2.198　乳浆大戟（陕西吴起五谷城）

或营养枝上的叶密生，条形，长 1.5～3cm；长枝或生花的茎上叶互生，倒披针形或条状披针形，顶端圆钝微凹或具凸尖。总花序多歧聚伞状，顶生，通常 5 个伞梗呈伞状，每伞梗再 2～3 回分叉；苞片对生，宽心形，顶端短骤凸。杯状花序；总苞顶端 4 裂；腺体 4 个，位于裂片之间，新月形而两端呈短角状。蒴果无毛。种子长约 2mm，灰褐色或具棕色斑点。花期 5～8 月，果期 7～10 月。

本区分布于志丹、吴起、靖边、定边、横山、榆阳、环县、会宁、原州等地；国内分布于内蒙古、黑龙江、吉林、辽宁、青海、新疆、河北、山西、山东、河南、安徽、江苏、浙江、江西、湖南、湖北、福建、广东、广西、四川等省区；亚洲其他地区和欧洲也有分布。生于海拔 800～1 800m 的山坡草地或沙质地。种子含油约 35%，供工业用油；全草入药，具拔毒止痒之效。

地锦草 *Euphorbia humifusa* Willd.（图 2.199）[中国高等植物图鉴]

一年生草本，茎纤细，匍匐，近基部分枝，带红紫色，光滑无毛。叶通常对生，矩圆形，长 5～10mm，宽 4～6mm，顶端钝圆，基部略偏斜，边缘有细锯齿，绿色或带淡红色，两面均无毛或有时具疏生柔毛。杯状花序单生于叶腋；总苞倒圆锥形，浅红色，顶端 4 裂，裂片长三角形；腺体 4 个，横矩圆形，具白色花瓣状附属物。子房 3 室；花柱 3 个，2 裂。蒴果三棱状球形，无毛。种子卵形，黑褐色，外被白色蜡粉，长约 1.2mm，宽约 0.7mm。花期 7～9 月，果期 8～10 月。

本区分布于志丹、吴起、靖边、定边、横山、榆阳、神木、府谷、环县、会宁、原州、西吉、海原、同心等地；除广东、广西外，分布几遍全国各地；日本、朝鲜、俄罗斯（西伯利亚）也有分布。生于海拔 400～1 700m 的原野、荒地、路旁及田间，为常见杂草。全草入药，清热解毒、利尿、通乳、止血、治痢疾。

图 2.199　地锦草（陕西吴起楼坊坪）

猫眼草 *Euphorbia lunulata* Bunge（图 2.200）[中国高等植物图鉴]

多年生草本，无毛，高 40cm，通常多分枝，基部坚硬。叶狭条形，长 2.5～5cm，宽

2 ~ 3mm，两面无毛。茎、叶均具乳汁。花序基部叶扇状半月形至三角状肾形；总花序顶生，通常有 5 ~ 6 个伞梗，每伞梗又有 2 ~ 3 个分枝；杯状花序的总苞杯状，无毛，顶端 4 ~ 5 裂；裂片间腺体新月形，两端有短角，无花瓣状附属物；子房 3 室；花柱 3 个，分离，顶端 2 浅裂。蒴果扁球形，无毛。种子光滑，无网纹及斑点。花期 6 ~ 7 月，果期 8 ~ 10 月。

本区分布于志丹、吴起、海原等地；国内分布于黑龙江、吉林、辽宁、内蒙古、河北、山东等省区。多生于山坡、沟谷、河岸、林缘田野等。全草入药，具有拔毒止痒之效。

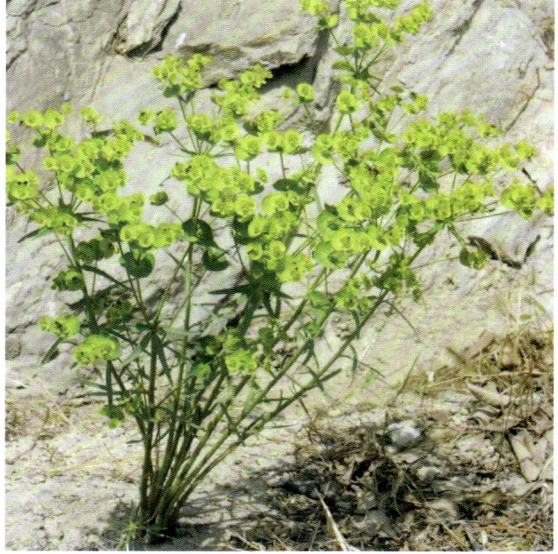

图 2.200　猫眼草（陕西吴起长城）

泽漆 *Euphorbia helioscopia* L.（图 2.201）[中国植物志]

一年生或二年生草本，株高 10 ~ 30cm，含乳汁。茎基部分枝，丛生，基部斜伸，光滑或仅分枝略具疏毛，基部紫红色，上部淡绿色。叶互生，具短柄，倒卵形或匙形，长 1 ~ 3cm，宽 0.7 ~ 1cm，先端微凹，边缘中部以上有细锯齿。基部楔形，叶正面深绿色，背面灰绿色，被疏长毛，下部叶小，开花后渐脱落。杯状聚伞花序顶生，伞梗 5 个，每伞梗再分生 2 ~ 3 个小梗，每小伞梗又三回分裂为 2 叉，伞梗基部具 5 枚轮生叶状苞片，与下部叶同形而较大；总苞杯状，先端 4 浅裂，裂片钝，腺体 4 个，盾形，黄绿色；雄花 10 余朵，每花具雄蕊 1 枚，下有短柄，花药歧出，球形；雌花 1 朵，位于花序中央；子房具有长柄，延伸至花序之外；子房 3 室；花柱 3 个，柱头 2 裂。蒴果球形，无毛，直径约 3mm，3 裂，光滑。种子卵形，暗褐色，长 2mm，具有明显凸起网纹，有白色半圆形种阜。本区花期 5 ~ 6 月，果期 7 ~ 8 月。

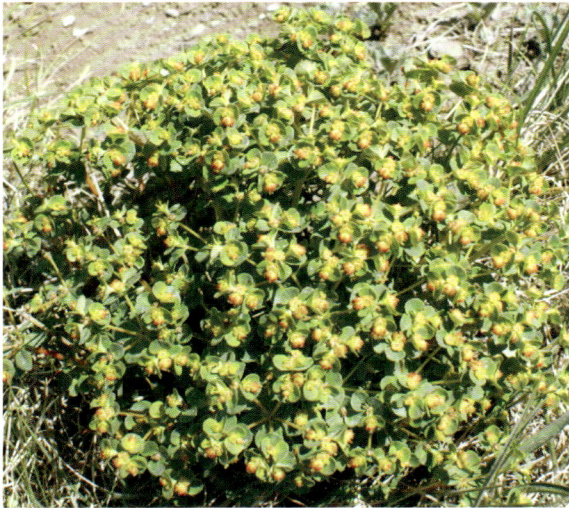

图 2.201　泽漆（宁夏海原南华山）

本区分布于志丹、吴起、定边、环县、会宁、海原、原州、同心等地；国内分布于除新疆、西藏外的各省区。生于沟边、路旁、田野。全株入药，利尿消肿、化痰散结、杀虫止痒，用于腹水、水肿、肺结核、颈淋巴结核、痰多喘咳、癣疮等症。

地构叶 *Speranskia tuberculata*（Bunge）Baill.（图 2.202）[中国高等植物图鉴]

多年生草本，高 15 ~ 40cm，全枝密生柔毛；茎基部常木质，多分枝。叶长椭圆形至

图 2.202 地构叶（陕西吴起长城）

披针形，长 2 ~ 5cm，宽 0.5 ~ 1.5cm，几无柄，边缘具疏而不规则的粗齿。花单性，雌雄同株，顶生总状花序长 5 ~ 12cm，雄花在上，雌花在下；雄花萼片 5 片，镊合状排列，被柔毛，花瓣与萼片互生；花丝在芽内直立，花盘腺体 5 个，与萼片对生；雌花花瓣极小；花盘壶状；子房 3 室，被白色柔毛及疣状突起。蒴果扁球状三角形，被多数疣状突起。花期 6 ~ 7 月，果期 7 ~ 9 月。

本区分布于志丹、吴起、靖边、定边、横山、榆阳、环县、原州、海原、同心、盐池等地；国内分布于黑龙江、吉林、辽宁、内蒙古、山东、江苏、河南、河北、山西、陕西、甘肃、宁夏等省区。多生于干旱沙质山坡草地、山崀及村落附近。全草药用，具活血止痛、通经活络之效。

2.1.29　黄杨科 Buxaceae

黄杨科植物多为常绿灌木或小乔木，稀草本。单叶对生或互生，常革质，全缘或有锯齿。穗状、头状或短总状花序簇生，稀单生；花单性，同株或异株，稀两性，无花盘，具苞片；萼片 4 片或缺；无花瓣；雄花常有雄蕊 4 ~ 6 枚，稀更多，与萼片对生，花丝分离，花药 2 室，纵裂，雌花无退化雄蕊，子房上位，3 室，稀 2 ~ 4 室，每室有 2 粒倒生胚珠，花柱和心皮同数。蒴果室背开裂，或为核果状。种子黑色，有肉质胚乳和直生胚。

本科有 6 属约 60 种，分布于温带至热带。我国有 3 属 18 种。本区有 2 属 2 种。

黄杨 Buxus sinica （Rehd.et Wils.）Cheng（图 2.203）［中国高等植物图鉴］

黄杨亦称千年矮、瓜子黄杨，常绿灌木或小乔木；小枝有短柔毛。叶革质，对生，倒卵形或倒卵状长椭圆形，至宽椭圆形，长 1 ~ 3cm，中部或中部以上最宽，表面基部具微柔毛，背面无毛；叶柄具短柔毛。花簇生于叶腋或枝端，无花瓣；雄花萼片 4 片，长 2 ~ 2.5mm，雄蕊长为萼片的两倍；雌花生于花簇顶部，萼片 6 片，两轮；花柱 3 个，柱头粗厚，子房 3 室。蒴果球形，熟

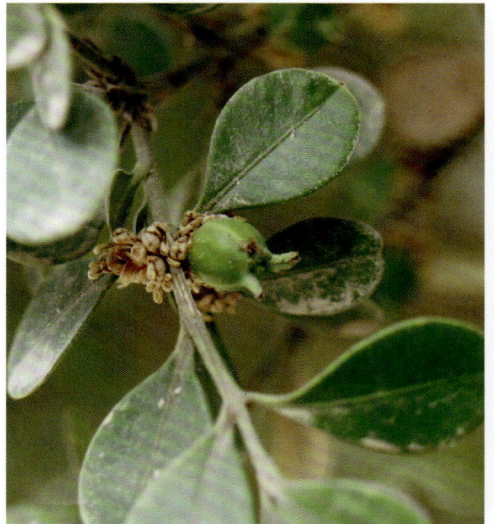

图 2.203 黄杨（杜诚提供）

时沿室背 3 瓣裂。花期 5 月，果期 6 ～ 7 月。

　　本区主要分布于志丹、吴起、靖边、横山、榆林、神木、环县、会宁、原州、西吉等地；原产我国北部及中部，现各地都有栽培。木材坚硬致密，可做美工制品等；是很好的园林绿化和观赏植物。

雀舌黄杨 *Buxus bodinieri* Levl.（图 2.204）[中国高等植物图鉴]

　　常绿灌木；分枝多而密集成丛，小枝纤细并具四棱，无毛。叶对生，革质，倒披针形至狭倒卵形，长 2 ～ 4cm，宽 5 ～ 10mm，顶端圆或微缺，基部狭楔形，全缘，中脉在两面隆起，侧脉表面明显，无毛。花单性，雌雄同序，密集的穗状花序长约 6mm，生于枝顶或叶腋，每花序顶部生 1 朵雌花，其余为雄花，花均无花瓣；雄花萼片 4 片，长约 2mm，雄蕊 4 枚，长约为萼片的两倍，不育雌蕊棒状，为萼片长的一半以上；雌花萼片 6 片，2 轮，子房 3 室，花柱 3 个，柱头小，两裂。蒴果球状，连宿存的角状花柱长 8 ～ 10mm。花期 5 月，果期 6 ～ 8 月。

　　本区分布于志丹、吴起、靖边、横山、榆阳、环县、会宁、原州、西吉等地；国内分布于江西、福建、广东、广西、云南、贵州、湖南、湖北、陕西等省区。喜生于溪流的石缝中或河岸边；目前作为园林树种，引种栽培广泛，分布遍及全国。

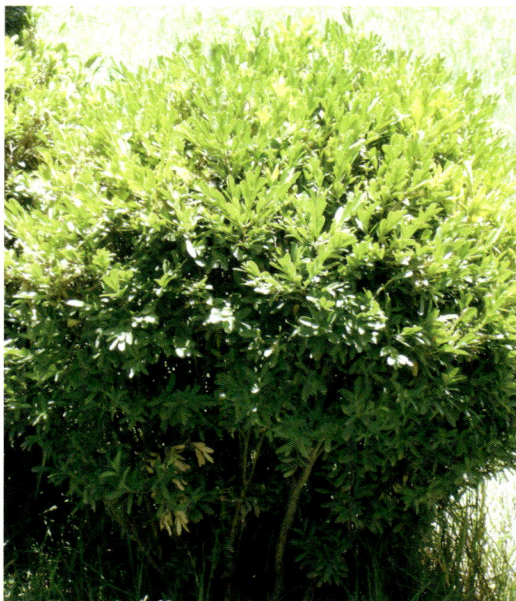
图 2.204　雀舌黄杨（陕西榆阳）

2.1.30　漆树科 Anacardiaceae

　　漆树科植物为落叶或常绿乔木、灌木。树皮多含树脂。复叶，稀单叶；互生，罕对生。花小，整齐，两性或单性、杂性，雌雄异株，组成腋生或顶生圆锥花序；萼片 3 ～ 5 片；花瓣与萼片同数，覆瓦状或镊合状排列；雄蕊着生于花盘的上部或下部，与花瓣同数或为其 2 倍，稀较少或超过 2 倍以上；雌蕊含 1 ～ 5 个常结合或分离的心皮，子房上位，常 1 室，花柱 1 ～ 5 个，常分离，每室含 1 粒倒生的胚珠。核果，罕坚果。种子胚乳无或极少；胚大，肉质；子叶肥厚。

　　本科我国有 16 属约 57 种，主要分布于长江流域以南各省区。本区仅有 1 属 1 引进种。

火炬树 *Rhus typhina* L.（图 2.205）[陕西树木志]

　　灌木或小乔木，高 4 ～ 6m。树皮黑褐色，稍具不规则纵裂。枝具灰色绒毛，幼枝黄褐色，被黄褐色长茸毛。叶互生，奇数羽状复叶，小叶 11 ～ 23 片，先端渐尖，基部圆形或宽楔形，

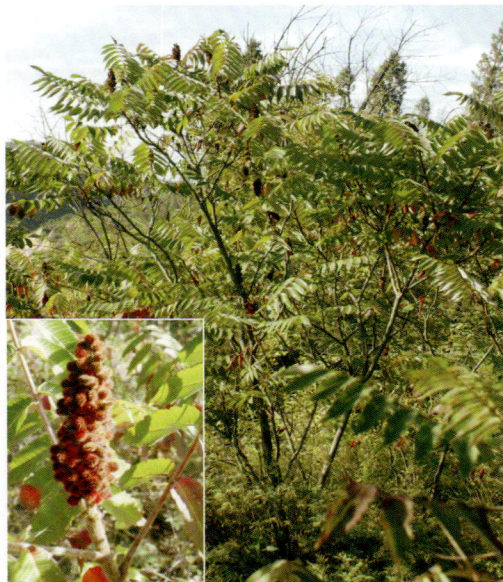

图 2.205　火炬树（陕西志丹）

边缘锯齿，上面深绿色，下面苍白色，有时均被绒毛，老时脱落。雌雄异株，圆锥花序顶生，直立，密被绒毛，长 10～20cm；花小，密生，单绿色，花柱具红色刺毛。小核果扁球形，深红色，被红色短刺毛，聚为紧密火炬形果穗。种子扁球形，黑褐色，种皮坚硬。花期 7～8 月，果期 9～10 月。

本区分布于志丹、吴起、靖边、横山、榆阳等地。原产于北美洲，在河北、山西、辽宁、吉林、内蒙古、甘肃、青海及陕西等省区均有引种栽植。垂直分布于海拔 300～1 800m。是营造水土保持林、防风固沙林及薪炭林的先锋树种，亦为园林风景观赏佳木，也可作雕刻、旋制工艺品等；叶内含单宁酸 13%～17%，是制取鞣酸的原料。

2.1.31　卫矛科 Celastraceae

卫矛科植物为乔木或灌木，或攀援藤本。单叶对生或互生；托叶小形。花常两性，稀单性，辐射对称，常呈淡绿色，排成腋生或顶生聚伞花序或圆锥花序或稀单生；萼片、花瓣各均 4～5 枚，覆瓦状排列；雄蕊与花瓣同数而互生，着生于花盘的边缘或在边缘下；花药 2 室，纵裂，花盘肉质，全缘或分裂；子房上位，与花盘分离或贴生，1～5 室，每室含着 1～2 粒生于室内角上的胚珠，花柱短或缺。蒴果、浆果、核果或翅果。种子具假种皮；子叶叶状，扁平；胚乳丰富。

本科约 38 属 450 种以上，分布于温带、热带和亚热带。我国产 12 属 200 种以上，南北各省区均有分布。本区有 2 属 2 种。

卫矛 *Euonymus alatus*（Thunb.）Sieb.（图 2.206）[中国高等植物图鉴]

卫矛亦称鬼箭羽、四棱树。灌木，高 2～3m；小枝四棱形，棱上常生有扁条状木栓翅，翅宽达 1cm。叶对生，窄倒卵形或椭圆形，长 2～6cm，宽 1.5～5.5cm；叶柄极短或近无柄。聚伞花序有 3～9 朵花，总花梗长 1～1.5cm；花淡绿色，直径 5～7mm，4 数，花盘肥厚方形，雄蕊具短花丝。蒴果 4 深裂，有时仅 1～3 心皮成熟并分离成裂瓣，

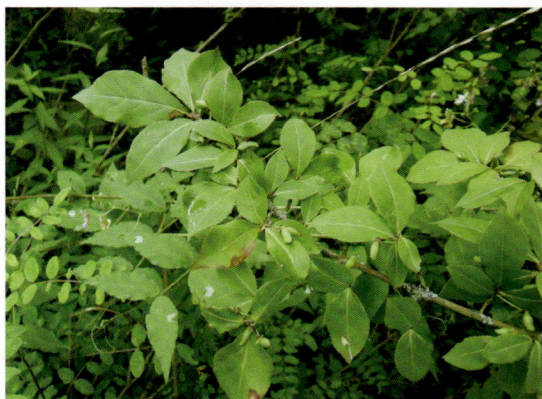

图 2.206　卫矛（杜诚提供）

裂瓣长卵形，棕色带紫。种子每裂瓣 1 ～ 2 粒，紫棕色，具橙红色假种皮。花期 6 ～ 7 月，果期 9 ～ 10 月。

本区仅见定边、吴起、会宁等地；国内分布于陕西、甘肃，自长江中、下游各省至吉林广布。多生于石质山坡，林下灌木丛中；树皮、根、叶等可提取硬橡胶；枝上的木栓翅为活血散瘀药；种子含油 40% 以上，可供工业用。

丝绵木 *Euonymus bungeana* Maxim.（图 2.207）[中国高等植物图鉴]

丝绵木亦称白杜、明开夜合。乔木，高达 8m。叶宽卵形、矩圆状椭圆形或近圆形，长 4.5 ～ 7cm，宽 3 ～ 5cm，先端多为长渐尖，基部近圆形，边缘具细锯齿，有时锯齿深而锐尖；柄细长，长 2 ～ 3.5cm。聚伞花序 1 ～ 2 次分枝，有 3 ～ 7 朵淡绿色花；花直径约 7mm，4 数，花药紫色，花盘肥大。蒴果倒圆锥形，粉红色，直径约 1cm，上部 4 裂；种子淡黄色，有红色假种皮，上端有小圆口，稍露出种子。花期 6 ～ 7 月，果期 8 ～ 9 月。

本区仅见于志丹、吴起、靖边、榆阳等地；国内分布于辽宁、河北、河南、山东、山西、陕西、甘肃、安徽、江苏、浙江、福建、江西、湖北和四川等省区。多生于路边、山坡、林边等处。种子含油 40% 以上；树皮含硬橡胶，与根入药，治腰膝痛；花果充当"合欢"药用；木材可供雕刻，可用作细工用材。

图 2.207　丝绵木（陕西吴起吴起镇）

2.1.32　槭树科 Aceraceae

槭树科植物为落叶乔木或灌木，稀常绿或半常绿。冬芽被多数芽鳞。单叶或羽状复叶对生；单叶或小叶不裂或 3 裂、掌状分裂或 7 ～ 11 裂，叶缘全缘、波状或有锯齿。总状、伞房或圆锥花序，顶生或腋生；花整齐，单性和两性共存，单性花雌雄同株或异株，雄花与两性花同株或异株，黄绿色或淡黄色；萼片与花瓣 4 ～ 5 枚，罕 6 ～ 10 枚，均呈覆瓦状排列；花盘环状，略浅裂或退化成齿状；雄蕊 4 ～ 10 枚，通常 8 枚，着生于花盘的外部或内部，花丝分离；雄花的花丝多向外伸出，子房仅具残迹；两性花或雌花内的子房上位，2 室，每室含 2 粒倒生或半倒生于小轴胎座上的胚珠；花柱 2 个，分离或基部愈合。果实为分果，分裂成两个具 1 粒种子的小坚果，小坚果不裂，一侧具有长翅或周围有宽翅（称翅果）。种子具膜质种皮；胚具长的胚根和扁平或皱曲的子叶。

本科有 3 属，我国 2 属约 200 多种，分布于南北各省区。本区有 1 属 2 种。

元宝槭 *Acer trucatum* Bunge（图 2.208）[中国高等植物图鉴]

元宝槭亦称平基槭，落叶乔木，高 8～10m；树皮纵裂。单叶，对生，纸质，常 5 裂，长 5～10cm，宽 8～12cm，基部截形，稀近心形，全缘，裂片三角形，裂片间缺刻成锐角，背面仅嫩时脉腋有丛毛，主脉 5 条，掌状；叶柄长 3～5cm。伞房花序顶生；花黄绿色，雄花与两性花同株；萼片 5 片，黄绿色；花瓣 5 枚，黄色或白色，矩圆状倒卵形；雄蕊 8 枚，着生于花盘内侧边缘上，花盘微裂；子房扁形。小坚果扁平，翅矩圆形，常与果等长，张开成直角。花期 5 月，果期 9 月。

本区仅见于志丹、吴起，零星分布于 1 100～1 400m 沟谷坡地，无成片林，稀见壮龄植株；国内分布于东北及华北，西至陕西，南至江苏徐州以北。常生于海拔 1 000m 以下的林中。种仁含油率达 50%，供工业用油；木材坚硬，供建筑、家具用；树皮纤维可造纸及代用棉。

图 2.208　元宝槭（陕西吴起楼坊坪）

地锦槭 *Acer mono* Maxim.（图 2.209）[中国高等植物图鉴]

地锦槭亦称色木槭、水色槭、色木，落叶乔木，株高 10m；小枝无毛，棕灰色或灰色。单叶，对生，长达 7cm，宽达 9cm，5 裂达 1/3，基部心形或近心形，裂片宽三角形，长渐尖，全缘，无毛，仅主脉腋间有簇毛，上面光绿色，下面淡绿色，主脉 5 条，掌状，出自基部，网脉两面明显隆起。伞房花序顶生枝端，无毛，多花；花带绿黄色，有长花梗。小坚果扁平，卵圆形，果翅矩圆形，开展成钝角，翅长约为小坚果的 2 倍，长达 2cm，宽约 8mm。花期 5 月，果期 9 月。

本区仅见于志丹、吴起；国内广布于东北、华北，西至陕西、四川，南达江苏、浙江、安徽、江西等省；朝鲜、日本等也有分布。常常散生于林中。嫩叶可代菜和茶；木材坚韧，供制家具、农具用。

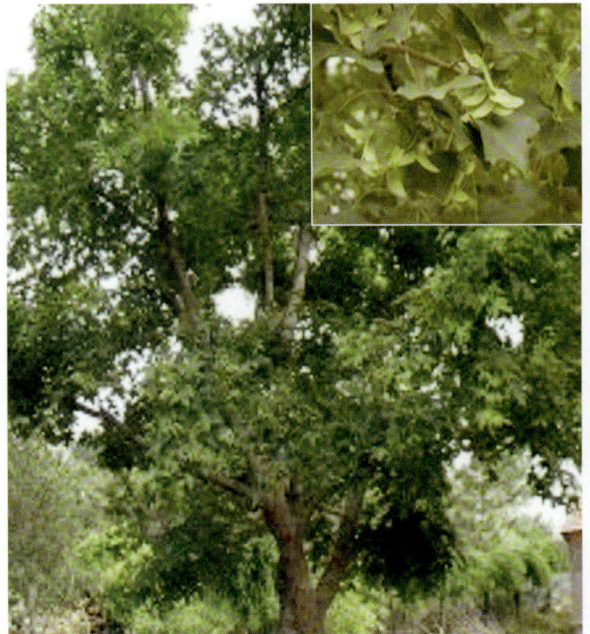

图 2.209　地锦槭（陕西志丹）

2.1.33　无患子科 Sapindaceae

无患子科植物为乔木或灌木，罕草质藤本。3 出复叶或羽状复叶，稀单叶或掌状复叶，互生，罕对生；小叶全缘或有齿缺。具顶生或腋生的总状花序、圆锥花序或聚伞花序；花小，两性、杂性或单性，辐射对称或两侧对称；萼片 4～5 片，覆瓦状或镊合状排列；花瓣 4～6 枚，分离，覆瓦状或镊合状排列，基部内侧有髯毛或小鳞片；花盘肉质，全缘或分裂，环状或偏于一侧；雄蕊 8 枚，罕 10 枚以上，着生于花盘的内表面或外侧，花丝线状，分离，花药内向；子房上位，由 2～3 个心皮组成，常 3 室，每室有胚珠 1～2 粒或稍多；花柱线状，单生或分裂，顶生或生于子房的裂隙处；胚珠倒生、半倒生或侧生于中胚胎座上。蒴果、浆果、核果、坚果或翅果，不分裂或 2～3 分裂。种子具假种皮或裸露，胚弯曲。

本科我国有 22 属 38 种，主要分布于长江以南各省区。本区有 1 属 1 种。

文冠果 *Xanthoceras sorbifolia* Bunge（图 2.210）[中国高等植物图鉴]

文冠果亦称木瓜、文冠树、文官果。落叶灌木或小乔木，高 3～4m；树皮灰褐色；小枝有短茸毛。单数羽状复叶，长 15～30cm；小叶 9～19 片，膜质，狭椭圆形至披针形，几无柄或无柄，长 2～6cm，宽 1～2cm，下面疏生星状柔毛。圆锥花序长 12～30cm；花杂性，花梗纤细，长 12～20mm；萼片 5 片，长椭圆形；花瓣 5 枚，白色，基部红色或黄色，长 1.7cm；花盘 5 裂，裂片背面有一角状橙色的附属体；雄蕊 8 枚。蒴果长 3.5～6cm，室裂为 3 果瓣，果皮厚木栓质。花期 5 月，果期 7～8 月。

本区分布于吴起、志丹、环县、海原等地；国内分布于东北、华北，甘肃、河南等地。根深，抗旱力较强，黄土地区均能生长。多生于海拔 1 000～1 900m 的黄土丘陵山坡、窑洞顶部、谷底。种子含油率达 70%，油可作为生物柴油，又可供食用或制肥皂；种子嫩时白色，可食。

图 2.210　文冠果（陕西吴起铁边城）

2.1.34　鼠李科 Rhamnaceae

鼠李科植物为乔木、灌木或木质藤本，稀草本。单叶互生，稀对生；托叶小，早落或变成刺。具顶生或腋生的总状花序、聚伞花序或圆锥花序，也有簇生；花小，整齐，两性，稀杂性或单性异株，绿色、黄绿色或白色；萼筒杯状，5裂，稀4裂，裂片三角形，镊合状排列；花瓣常5枚，稀4枚，着生于萼筒部；雄蕊5枚，稀4枚，与花瓣对生，且常为花瓣所遮盖，花丝短，着生于花盘边缘，花药背裂，2室，纵裂；花盘发达，肉质，填满萼筒或与萼筒贴生；子房上位，与花盘分离或藏于花盘内，2～4室，每室具1粒胚珠，花柱粗短，2～4个。核果、浆果、坚果或蒴果，基部为宿存萼筒所包围。种子胚乳有或无。

本科我国15属约140种，南北许多省区均产。本区有4属6种1变种。

小叶鼠李 Rhamnus parvifolia Bunge （图2.211）[中国高等植物图鉴]

小叶鼠李亦称琉璃枝、驴子刺，落叶灌木。小枝灰色或灰褐色，互生或几对生，顶端针刺状。叶通常密集丛生于短枝上或在长枝上互生，纸质，菱状卵圆形或倒卵形，长1～3cm，宽0.5～1.5cm，先端圆或急尖，基部楔形，边缘具小钝锯齿，两面光滑无毛，侧脉3对，纤细，不甚凸出；叶柄长达1cm。花单性，成聚伞花序；花萼4裂；花瓣4枚；雄蕊4枚。核果球形，成熟时黑色，直径3～4mm，有2个核。种子卵形，长2.5～3mm，背面有长为种子3/4的纵沟。

本区分布于志丹、吴起、靖边、横山、环县、华池等地；国内分布于辽宁、内蒙古、河北、山西、山东、甘肃等省区；朝鲜、蒙古、前苏联西伯利亚地区也有分布。生于海拔1 000～1 500m的向阳

图2.211 小叶鼠李（陕西横山韩岔）

山坡上或多岩石处。

柳叶鼠李 Rhamnus erythroxylon Pall. （图2.212）[中国高等植物图鉴]

柳叶鼠李亦称红木鼠李、细叶鼠李，落叶灌木，多分枝，高达2m；幼枝红褐色，无毛，顶端针刺状。叶互生或束生于短枝上，纸质，条形或长条形，长3～10cm，宽2～10mm，先端渐尖，基部楔形，边缘具疏生小锯齿，齿端有小尖头；侧脉4对，不明显，中脉在下面明显而凸起；叶基部渐窄成0.5～1.5cm的短叶柄。花单性，黄绿色，10～20朵束生于花枝，宽钟形；花萼5裂；花瓣5枚；雄蕊5枚。核果球形，直径5～6mm，成熟时黑色，通常有2个核，稀3个。种子倒卵形，背面具纵沟。花期5～6月，果期8～9月。

图2.212 柳叶鼠李（陕西志丹孙家河）

本区分布于志丹、吴起、靖边、环县等地；国内分布于内蒙古、山西、河北、陕西、甘肃等省区；前苏联西伯利亚地区和蒙古也有分布。常生于山坡灌丛中。

枣树 *Zizyphus jujuba* Mill.（图 2.213）[中国高等植物图鉴]

枣树亦称大枣、华枣，落叶乔木或小乔木，一般高 5 ~ 6m；小枝有细长的刺或无刺，刺直立或钩状。叶卵圆形到卵状披针形，长 3 ~ 7cm，宽 2 ~ 3.5cm，缘有细锯齿，基生 3 出脉。聚伞花序腋生；花小，黄绿色。核果大，圆形、近圆形、卵形或矩圆形，长 1.5 ~ 5cm，深红色，味甜，核两端锐尖。花期 5 ~ 6 月，果期 6 ~ 10 月。

本区分布于志丹、吴起、横山、榆阳、神木、府谷、环县等地；全国各地均有栽培，性耐干旱；主产河北、河南、山东、山西、陕西、甘肃、内蒙古和新疆等省区；伊朗、前苏联中亚地区、蒙古、日本也有分布。果实味甜，供食用，有滋补强壮的功效；根及树皮亦供药用。无刺枣 *Zizyphus jujuba* Mill var. *inermis*（Bunge） Rehd. 与枣树的区别仅在于枝条上无刺，其他特征同枣树。

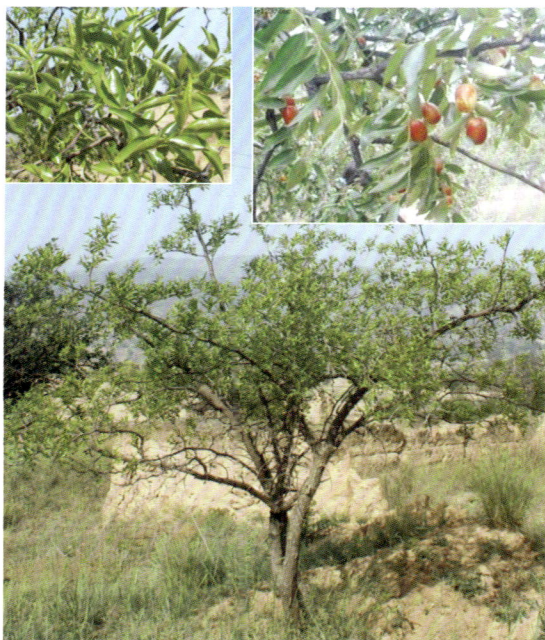

图 2.213　枣树（陕西吴起长城）

酸枣 *Ziziphus jujuba* var.*spinosa*（Bunge）Hu（图 2.214）[中国高等植物图鉴]

酸枣又名棘、棘子、野枣、山枣、葛针等，多为灌木或小乔木，高 1 ~ 3m；小枝有两种刺：一为针状直形的，另一为向下反曲。叶椭圆形至卵状披针形，长 2 ~ 3.5cm，宽 6 ~ 12mm，缘有细锯齿，基生 3 出脉。花黄绿色，2 ~ 3 朵簇生叶腋。核果小，近球形，直径 0.6 ~ 1.8cm，熟时红褐色，味酸，核两端常钝头。花期 5 ~ 6 月，果期 6 ~ 10 月。

本区分布于志丹、吴起、靖边、横山、环县、彭阳等地；国内分布于辽宁西部、内蒙古东南部、陕西北部长城沿线以南、以东、环县北部宁夏彭阳以东和以南地区，即主要分布于河北、山西、陕西、甘肃、河南、湖北、山东、安徽、江苏、四川等省区。生于向阳或干燥山坡、山谷、丘陵、陡岩、平原或路旁等立地条

图 2.214　酸枣（陕西吴起吴起镇）

件较差的地方，极耐干旱，是绿化荒山秃岭、保持水土的先锋树种。果皮能健脾并可提维生素 C 或酿酒，可开发为饮品；种仁或根有镇静安神之功效；为蜜源植物；核壳可制活性炭。

2.1.35　葡萄科 Vitaceae

葡萄科植物为藤本或草本，常借卷须攀援。茎圆柱状或压扁，具棱或有条纹，节常增大或具关节。单叶或复叶，互生；托叶贴生于叶柄。聚伞花序、伞房花序、圆锥花序，稀为总状或穗状花序，腋生、顶生、与叶对生或着生于膨大的节上；花整齐，两性或单性；萼杯状，常具 4 ～ 5 齿裂或近全缘；花瓣 4 ～ 5 枚稀 3 ～ 7 枚，镊合状排列，离生或基部合生；雄蕊 4 ～ 5 枚，着生于花盘基部，与花瓣对生；花盘环形或分裂，位于子房之下；雌蕊由 2 ～ 8 个心皮结合而成，子房上位，2 ～ 8 室，每室含 1 ～ 2 粒倒生胚珠，花柱单一，柱头形状多样。浆果。种子坚硬；胚乳软骨质。

本科我国有 7 属 106 种，南北均有分布。本区有 1 属 1 种。

掌裂草葡萄 *Ampelopsis aconitifolia* Bunge var. *glabra* Diels et Grig（图 2.215）

[中国高等植物图鉴]

木质藤本；根纺锤形或块状；枝条细长，无毛或有细毛。叶宽卵形掌状 3 ～ 5 全裂，长宽均为 6 ～ 10cm，裂片边缘有不规则的粗齿，上面深绿色，光滑，下面淡绿色，无毛，或幼时仅主脉、侧脉上有细毛；中间裂片菱形，顶端渐尖，基部宽楔形，侧生裂片斜卵形，稍短；叶柄长 2 ～ 4cm。聚伞花序小，花序柄长 4 ～ 7cm，伸直或缠绕。果球形至扁球形，直径约 7mm，橙黄色。花期 6 ～ 7 月，果期 7 ～ 8 月。

图 2.215　掌裂草葡萄（陕西吴起吴起镇）

本区分布于志丹、吴起等地；国内分布于吉林、辽宁、内蒙古、河北、山东、江苏、山西、陕西、甘肃、四川等省区。生于海拔 1 500m 以下的山坡、疏林、陡崖、路边。根入药，有消肿之效。

2.1.36　锦葵科 Malvaceae

锦葵科植物为乔木或灌木，草本，常具星状毛。单叶，互生，掌状分裂或不裂；托叶 2 片，早落。花两性，整齐，辐射对称，单生、簇生或聚集成聚伞状圆锥花序；总苞又称副萼，位于萼之基部，苞片 3 ～ 15 枚；萼片 5 片，基部合生，镊合状排列，花瓣 5 枚，覆瓦状或旋转状排列，近基部与雄蕊管基部贴生；雄蕊多数，花丝合生成管状，花药肾形、线形或马蹄形，1 室，纵裂；子房上位，2 至多室，心皮 2 至多个，合生或分离而成轮排列，每室具一至多粒倒生胚珠，中轴胎座，花柱与心皮同数或为其 2 倍，柱头线形、匙形、盾形或头状。蒴果、分果或稀浆果。种子肾形、倒卵形或扁圆形；胚乳有或无；胚弯曲；子叶叶状折叠或卷曲。

本科我国有 16 属 86 种。本区有 3 属 5 种。

苘麻 *Abutilon theophrasti* Medicus（图 2.216）[中国高等植物图鉴]

一年生亚灌木状草本，高 1～1.5m。茎枝被柔毛。叶互生，圆形，叶基心形；叶柄长 3～12cm，被星状细柔毛；托叶早落；叶片圆心形，长 5～10cm，先端长渐尖，基部心形，两面均被星状柔毛，边缘具细圆锯齿。花单生于叶腋，花梗长 1～3cm，被柔毛，近顶端具节；花萼杯状，密被短绒毛，5 裂，卵形；花黄色，花瓣倒卵形，长约 1cm；雄蕊柱平滑无毛；心皮 15～20 个，长 10～15mm，先端平截，具扩展、被毛的长芒 2 个，排列成轮状，密被软毛。蒴果半球形，直径约 2cm，长约 1.2cm，分果片 15～20 个，密被粗毛，顶端有长芒 2 个。种子肾形，褐色，被星状柔毛。花期 7～8 月，果期 9～10 月。

本区分布于志丹、吴起、靖边、定边、横山、榆阳、环县、会宁、原州、西吉等地；中国广布；遍布世界各地。常见于路旁、荒地、田野。茎皮纤维供纺织等；种子油供制皂、油漆等；种子代冬葵子入药，有利尿、通乳之效，根及全草药用，能祛风解毒。

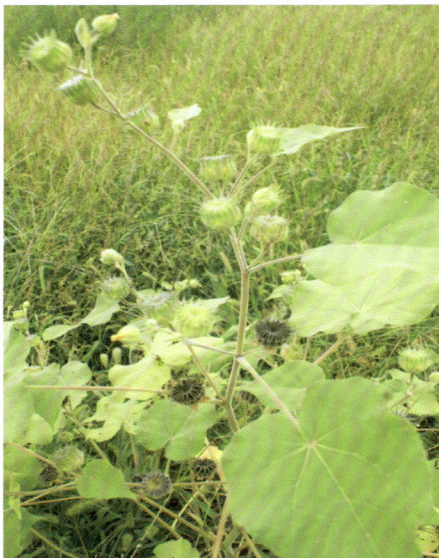

图 2.216　苘麻（陕西吴起吴起镇）

蜀葵 *Althaea rosea*（L.） Cavan.（图 2.217）[中国高等植物图鉴]

蜀葵亦称麻秆红、一丈花、蜀季花，二年生草本。植株高 2.5m；茎直立，不分枝。叶互生，近圆心形，有时呈 5～7 浅裂，直径约 6～15cm，边缘具齿；叶柄长 6～15cm；托叶卵形，顶端具 3 个尖。花大，单生于叶腋，直径约 6～9cm，有红、紫、白、黄及黑紫等各色，单瓣或重瓣；小苞片 6～7 枚，基部合生；萼钟形，5 齿裂；花瓣倒卵状三角形，爪有长髯毛，雄蕊多数，花丝连合成筒；子房多室，每室有胚珠 1 粒。果盘状，成熟时每心皮自中轴分离。花、果期 5～9 月。

本区分布于志丹、吴起、靖边、横山、榆阳、神木、府谷、环县、会宁、原州、西吉等地；原产我国；本区主要为引种栽培。公园、公路两边栽培较多；

图 2.217　蜀葵（陕西吴起吴起镇）

世界各地广泛栽培。茎皮纤维可代麻；种子可榨油；花和种子入药，能利尿通便。

野西瓜苗 *Hibiscus trionum* L.（图 2.218）[中国高等植物图鉴]

一年生草本，高 20～60cm；茎柔软，具白色星状粗毛。下部叶圆形，不分裂，上部

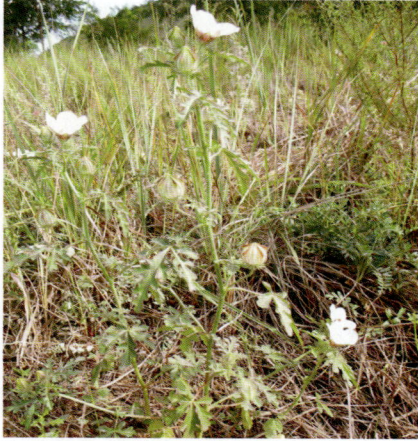

图 2.218　野西瓜苗（陕西吴起周湾）

叶掌状 3 ~ 5 全裂，直径 3 ~ 6cm；裂片倒卵形，通常羽状分裂，两面有星状粗刺毛；叶柄长 2 ~ 4cm。花单生于叶腋；花梗果时延长达 4cm；小苞片 12 枚，条形，长 8mm；萼钟形，淡绿色，长 1.5 ~ 2cm，5 裂，膜质，三角形，有紫色条纹；花冠淡黄色，内表面基部紫色，直径约 2 ~ 3cm。蒴果矩圆状球形，直径约 1cm，有粗毛，果瓣 5 粒。花期 7 ~ 8 月，果期 9 ~ 10 月。

本区主要分布于志丹、吴起、靖边、横山、榆阳、神木、环县、会宁、原州、西吉等地；广布全国各地；世界各地广泛分布。多生于路旁、田埂、荒坡、沟壑、旷野等处。种子含油约 20%，可榨油。

锦葵 *Malva neglecta* Wall.（图 2.219）[中国高等植物图鉴]

二年生草本，高 50 ~ 90cm；茎直立，分枝，有粗毛。叶心状圆形或肾形，直径 7 ~ 13cm，通常 5 ~ 7 钝圆浅裂，边缘有钝齿；叶柄长 8 ~ 18cm。花紫红色，直径 2.5 ~ 4cm，簇生于叶腋，花柄长短不等，长可达 3cm；小苞片卵形；萼裂片宽卵形；花瓣长过花萼 3 倍，顶端略凹。果实扁圆形，直径约 8mm，心皮有明显的皱纹和细毛。花期 6 ~ 7 月，果期 8 ~ 9 月。

本区分布于志丹、吴起、靖边、横山、榆阳、神木、府谷、环县、会宁、原州、西吉等地；分布于全国各地，多栽培；也广布于欧洲、亚洲、美洲各洲；世界各地广为栽培。花或叶入药，利尿通便、清热解毒；富含黏液，为黏滑剂。也用于绿化中的花坛、花境，或作为背景花卉。

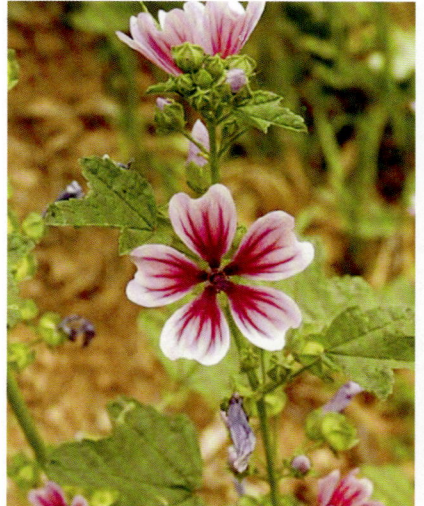

图 2.219　锦葵（陕西吴起吴起镇）

冬葵 *Malva verticillata* L.（图 2.220）[中国高等植物图鉴]

图 2.220　冬葵（陕西吴起周湾）

亦称冬苋菜、冬寒菜，二年生草本。高 30 ~ 60cm；茎直立，被星状长柔毛。叶互生，肾形至圆形，掌状 5 ~ 7 浅裂，两面被极疏糙状毛或几无毛；叶柄长 2 ~ 8cm；托叶有星状柔毛。花小，淡红色，常丛生叶腋间；小苞片 3 枚，有细毛，萼杯状，5 齿裂；花瓣 5 枚，倒卵形，顶端凹入；子房 10 ~ 11 室。果扁圆形，由 10 ~ 11 个心皮组成，成熟时心皮彼此分离并与中轴脱离。花、果期 6 ~ 9 月。

本区分布于志丹、吴起、靖边、横山、榆阳、神木、府谷、环县、会宁、原州、西吉等地；全国广布；印度、欧洲也有分布。常生于平原旷野、村落附近、路旁尤多见。

嫩苗可作蔬菜；茎皮纤维可代麻；种子入药，能利尿解毒，全草药用可治咽喉肿痛等症。

2.1.37　柽柳科 Tamaricaceae

柽柳科植物多为小乔木或灌木，稀草本。叶互生，细小，呈鳞片状。花两性，整齐，单生或集成穗状、总状花序或复集成为顶生圆锥状总状花序；萼片及花瓣均 4 ～ 5 枚，呈覆瓦状排列；雄蕊与花瓣同数而互生，或为其 2 倍，贴生于花盘上；花盘下位或周位，具 5 ～ 10 个腺体；子房上位；1 室，具 2 ～ 5 个侧膜胎座，含 2 粒至多粒倒生胚珠，花柱 3 稀 5 个，离生或合生。蒴果，1 室或为不完全的 3 ～ 4 室。种子直立，通常先端具毛或有翅，胚乳有或无；胚直立；子叶扁平。

本科我国有 4 属约 20 种，主产西北诸省区。本区有 2 属 2 种。

柽柳 *Tamarix chinensis*（L.）Lour.（图 2.221）[中国高等植物图鉴]

柽柳亦称西湖柳、山川柳，灌木或小乔木，高 4 ～ 10m；枝细长，常下垂，红紫色、暗紫色或淡棕色，嫩枝纤细，下垂。叶钻形或卵状披针形，长 1 ～ 3mm，先端急尖或略钝，下面有隆起的脊。总状花序生于绿色幼枝，组成顶生大圆锥花序，通常下弯；花 5 出，密生，粉红色；苞片绿色，条状钻形，短于花梗和萼的总长；萼片卵形；花瓣矩圆形，宿存；雄蕊生于花盘裂片之间，花盘 10 或 5 裂；柱头 3 个，棍棒状。蒴果长 3.5mm。花、果期 7 ～ 10 月。

本区分布于志丹、吴起、定边、靖边、横山、榆阳、神木、府谷、环县、会宁、原州、西吉、海原、中宁、沙坡头、盐池等地；国内分布于华北至长江中下游各省，向南直至广东、广西、云南等省；各地都有栽培，能耐轻度盐碱化土壤。老枝供编制筐篮；嫩枝及叶药用，能疏风散寒、解表止咳、升散透疹、祛风除湿、消痞解酒，治麻疹不透及关节炎，外用治癣湿。

图 2.221　柽柳（陕西吴起五谷城）

图 2.222　水柏枝（陕西吴起长城）

水柏枝 *Myricaria germanica*（L.）Desv.（图 2.222）[中国高等植物图鉴]

灌木，高 2.5m；枝红棕色。叶小，条形或条状矩圆形，长 2 ～ 4（～9）mm，宽 0.5 ～ 1.5mm，顶端急尖或钝。总状花序密，顶生，长 4 ～ 10cm，宽 0.8 ～ 12cm；花梗短于萼；苞片披针状宽卵形，长 5 ～ 7mm，渐尖，有透明膜质宽边，几等于或略长于花梗与萼；萼片 5 片，长 4mm，略短于花瓣，矩圆状卵形，具有白膜质狭边；花瓣 5 枚，粉红、白或紫红色，矩圆状椭圆形，长 5mm，钝头，花后散落；花丝 2/3 合生；子房圆锥形，长 3 ~ 4mm，柱头头状。蒴果狭长圆锥形，长 8mm，光滑。花期 6 ~ 9 月，果期 7 ~ 10 月。

本区分布于志丹、吴起、定边、靖边、横山、榆阳、神木、府谷、环县、会宁、原州、海原、盐池等地；国内分布于青海、甘肃、山西、陕西、四川、云南、西藏等省区；阿富汗、俄罗斯也有分布。多生于河滩，也有人工栽培。幼枝入药，清热解毒。

2.1.38　堇菜科 Violaceae

堇菜科植物多草本、罕为灌木或乔木。单叶，互生或基生，罕对生，全缘或羽状分裂，有托叶。花两侧对称或辐射对称，两性，稀杂性或单性，单生或圆锥花序；花梗具 2 枚苞片；萼片 5 片，宿存，覆瓦状排列；花瓣 5 枚，覆瓦状或回旋状排列，相等或有时最下面一片较大，且基部有距；雄蕊 5 枚，与花瓣互生，花药纵裂；子房上位，1 室，通常有 3 侧膜胎座，每个胎座含有 1 至数粒倒生的胚珠，花柱单生，稀分裂，柱头形状不一。蒴果或浆果，蒴果常 3 瓣裂。种子小，具翅或被绒毛，具肉质胚乳，胚直生。

本科我国有 4 属 130 多种，主要分布于长江流域以南各省区。本区有 1 属 3 种。

紫花地丁 *Viola philippica* ssp. *munda* W. Beck（图 2.223）[中国高等植物图鉴]

有毛或近无毛草本；地下茎短，无匍匐枝。叶基生，矩圆状披针形或卵状披针形，基部近截形或浅心形而稍向下延于叶柄上部，顶端钝，长 3 ~ 5cm，或下部叶三角状卵形，基部浅心形；托叶草质，离生部分全缘。花两侧对称，具长梗；萼片 5 片，卵状披针形，基部附器短，矩形；花瓣 5 枚，淡紫色，距管状，常向顶部渐细，长约 4 ~ 5mm，直或稍下弯。果椭圆形，长约 1.5mm，光滑无毛。花期 5 ~ 6 月，果期 7 ~ 9 月。

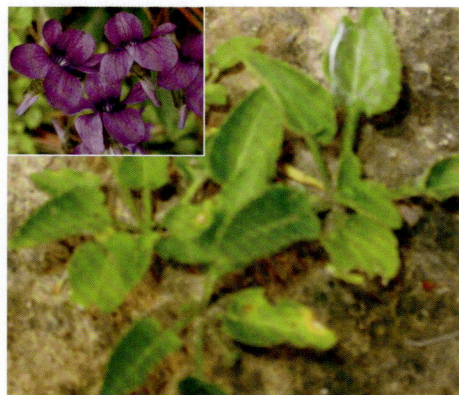

本区分布于志丹、吴起、定边、靖边、环县、原州、西吉等地；国内分布于东北、华北，山东、陕西、甘肃，长江流域以南，西至西藏东部；朝鲜、日本、印度、缅甸也有分布。全株入药，清热解毒，凉血消肿。主治黄疸、痢疾、乳腺炎、目赤肿痛、咽炎；外敷治跌打损伤、痈肿、毒蛇咬伤等。紫花地丁是很好的园林观赏植物。

图 2.223　紫花地丁（陕西吴起周湾）

早开堇菜 *Viola prionantha* Bunge（图 2.224）[中国高等植物图鉴]

草本；根粗壮，带灰白色；地下茎短，粗或较粗；通常无地上茎。叶基生，叶片披针形或卵状披针形，顶端钝圆，基部截形或有时近心形，稍下延，边缘有细圆齿；托叶边缘白色。花大，两侧对称，连距长 1.5 ~ 2cm；萼片 5 片，披针形或卵状披针形，基部附器稍长；

花瓣 5 枚，淡紫色，距长 5 ~ 7mm；子房无毛。花期 4 月下旬 ~ 5 月，果期 7 ~ 8 月。

本区分布于志丹、吴起、定边、靖边、环县、会宁等地；国内分布于东北、华北、陕西、甘肃、湖北等地；朝鲜、俄罗斯也有分布。常生于坡地、涧地。在中药中与紫花地丁不区别，药名亦称为"紫花地丁"。可作为早春的地被植物绿化。

菊叶堇菜 *Viola takahashii* （Nakai）Taken.（图 2.225）[中国植物志]

多年生草本，无地上茎，高 5 ~ 15cm。

图 2.224　早开堇菜（陕西吴起周湾）

根状茎短而粗，密被残存的褐色托叶。叶基生，通常 3 ~ 8 片；叶片卵形或长圆状卵形，长 3 ~ 5cm，宽 1.5 ~ 3cm，先端锐尖，基部浅心形，叶缘常呈不整齐的稀疏浅裂或 3 ~ 5 中裂，侧裂片较短，中裂片较长，中裂片呈披针形，边缘具大而稀疏的齿，上面深绿，下面淡绿；叶柄比叶片短，具不明显的狭翅；托叶约 1/2 与叶柄合生，离生部分狭披针形，边缘具稀疏的牙状细齿。花大，白色；花梗长 4 ~ 6cm，中部以下有 2 枚小苞片；小苞片互生或近对生，线形；萼片长圆状披针形，先端尖，基部具约 4mm 长附属物，末端具 3 ~ 4 个不整齐的牙状细齿，边缘膜质，具 3 条脉；花瓣倒卵形，长约 1.6cm，里面基部一侧疏生须毛，下方花瓣连距长约 2cm；囊状，粗而略弯，末端圆；花药长约 3mm，药隔顶端具约 2mm 长附属物，下方雄蕊有末端细而稍弯的距；子房长约 1.8mm，花柱棍棒状，基部较细并稍向前膝曲，柱头两侧及后方具稍肥厚的缘边，中央部分明显隆起并向前方延伸成短喙，喙端具较细柱头孔。花期为 5 月中、下旬，果期 7 ~ 8 月。

图 2.225　菊叶堇菜（www.plantphoto.cn）

本区分布于志丹、吴起、靖边等地；国内分布于辽宁、陕西等省；朝鲜也有分布。常生于坡地林下。

2.1.39　瑞香科 Thymelaeaceae

瑞香科植物为乔木或灌木，稀草本，具强韧的纤维质内皮。枝条柔软，韧性极强。单叶互生或对生。两性或单性，花辐射对称，排成顶生或腋生头状花序、总状花序或穗状花序，稀单生；萼下位，管状，似花瓣，裂为 4 ~ 5 片，呈覆瓦状排列；花瓣鳞片状或缺；雄蕊与萼片同数或为其 2 倍，常着生于萼管喉部；花盘环状或缺；子房上位，常 1 室稀 2 室，每室有 1 粒悬垂的胚珠；核果、坚果或浆果，罕为蒴果状。

本科约 40 属 500 多种，广布于温带及热带，集中分布于非洲南部、大洋洲及地中海。

我国有 9 属 94 种，主产长江以南各地，北方少见。本区有 3 属 4 种。

黄瑞香 *Daphne giraldii* Nitsche（图 2.226）[中国高等植物图鉴]

黄瑞香亦称纪氏瑞香，落叶灌木，高 40 ～ 80cm；幼枝无毛，浅绿而略带紫色，老枝黄灰色。叶互生，纸质，常集生于小枝梢部，倒披针形，长 3 ～ 6cm，宽 7 ～ 12mm，顶端圆或锐尖，常有一凸尖，基部楔形，上面绿色，下面淡绿带灰白色，两面均光滑无毛。花黄色，具微香，常 3 ～ 8 朵成顶生头状花序，无苞片；花梗短，无毛；花被筒状，长 11 ～ 13mm，裂片 4 片，近卵形，顶端渐尖，长 3 ～ 4mm。核果卵状，红色。花期 5 ～ 6 月，果期 8 ～ 9 月。

本区分布于志丹、吴起、靖边、环县、会宁等地；国内分布于陕西、甘肃、四川、青海等省。多生于海拔 1 600m 的山地。茎皮及根皮入药，能止痛、散血、补血，有麻醉性，有低毒。还可作人造棉。

图 2.226　黄瑞香（甘肃会宁铁木山）

黄荛花 *Wikstroemia canescens* (Wall.) Meisn.（图 2.227）[中国高等植物图鉴]

黄荛花亦称黄芫花，落叶灌木。植株高约 1m，上部分枝；小枝细长，同叶柄、叶下面、花序皆被灰色或淡黄色柔毛。叶常对生、稀互生，宽椭圆形、椭圆形或矩圆状披针形，长 1.5 ～ 2.6cm，宽 0.6 ～ 1.2cm，上面无毛；中脉和 6 ～ 10 对侧脉在下面显著；叶柄短。花黄色，穗状花序，或数个合成圆锥花序，生于小枝顶端或叶腋；总花梗长；花被筒状，长约 8mm，被灰黄色绢状毛，裂片 4 片，近卵形，顶端钝，雄蕊 8 枚；花盘鳞片 1 枚，条形；子房被黄色绢状毛。果狭卵形，包闭在宿存花被内。花期 5 ～ 6 月，果期 8 ～ 9 月。

本区分布于志丹、吴起、定边、靖边、横山、榆阳、神木、环县、会宁、原州、西吉、海原等地；国内分布于湖南、湖北、陕西、江西、云南等省；阿富汗、印度也有分布。习见于海拔 1 500 ～ 2 600m 的山地。花供药用，有毒，有利水、破积、祛痰之效；纤维可造纸。

图 2.227　黄荛花（陕西吴起新寨）

河朔荛花 *Wikstroemia chamaedaphne* Meisn.（图 2.228）[中国高等植物图鉴]

落叶灌木，高 1m 左右，多分枝；枝纤细，幼时淡绿色，具棱，后变深褐色，无毛。叶近革质，无毛，对生，或近对生，披针形至条状披针形，长 2 ～ 5.5cm，宽 0.3 ～ 0.8cm，上面绿色，下面淡绿色，基部渐狭成短柄，侧脉不显。花黄色，穗状花序或圆锥花序顶生或腋生，被灰色短柔毛；花被筒状，长 8～10mm，密被灰黄色绢状毛，裂片 4 片，近圆形，顶端钝；雄蕊 8 枚；花盘鳞片 1 枚，矩形；子房上部被淡黄色短柔毛。果卵状。花期 6～8 月，果期 9～10 月。

本区分布于志丹、吴起、定边、靖边，横山、榆阳、环县、会宁、原州、西吉、盐池等地；国内分布于河北、山西、河南、陕西、甘肃、四川、湖北等省。有毒，可驱虫；纤维是造纸原料。

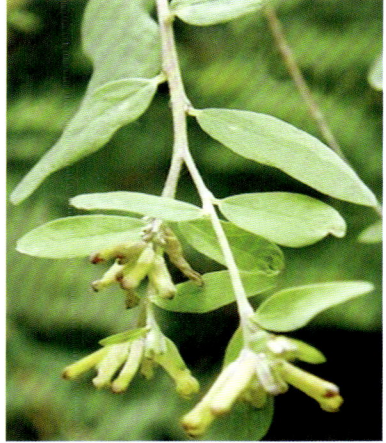

狼毒花 Stellera chamaejasma L.（图 2.229）[中国高等植物图鉴]

图 2.228　河朔荛花（ww.plant.ac.cn）

狼毒花又称瑞香狼毒、断肠草。多年生草本，高 20～40cm。根圆柱形。茎丛生，平滑无毛，下部几木质，呈褐色或淡红色。单叶互生，较密；狭卵形至线形，长 1～3cm，宽 2～10mm，全缘，两面光滑无毛；老时略带革质；叶柄极短。头状花序顶生，直径约 2.5cm，花多数，萼常呈花冠状，白色或黄色带紫红色，或呈紫红色，萼筒呈细管状，先端 5 裂，裂片平展，矩圆形至倒卵形；雄蕊 10 枚，成 2 列着生于喉部，子房上位，上部密被细毛，花柱短，柱头头状。果卵形，为花被萼基部所包。种子 1 粒。花期 5～6 月。

本区分布于吴起、会宁、海原等地；国内分布于东北，内蒙古、西北、青藏高原等地；国外分布于俄罗斯西伯利亚。生于干旱阳坡、干旱草原、半荒漠高原地区。入药具有清热解毒、消肿、泻炎症、止溃疡、祛腐生肌之效。

图 2.229　狼毒花（甘肃会宁汉岔）

2.1.40　胡颓子科 Elaeagnaceae

胡颓子科植物为落叶或常绿乔木、灌木，植株通被银白色、灰褐色星状毛或盾形鳞片。单叶互生或对生，全缘。花两性或单性，1 至数朵腋生，或成总状、穗状花序；雄花的花被片 2～4 枚，花托杯状或近平坦；两性花和雌花的花被管状，在子房上方收缩，果时发育成肉质，先端 2～4 裂；雄蕊与花被片同数而互生，或为其倍数，着生于花被管内；子房上位，1 室，位于杯状花托内，每室含 1 粒倒生胚珠，花柱 1 个，柱头不裂，浆果状或因宿存的花托管发育为核果状果实。种子胚乳有或无。

本科有 3 属，我国产 2 属 21 种，各省区均有分布。本区有 2 属 2 种。

沙棘 Hippophae rhamnoides L.（图 2.230）[中国高等植物图鉴]

沙棘亦称酸刺、醋柳，落叶乔木或灌木，甚至长成高大乔木。高可达 10m 以上，具粗

图 2.230 沙棘（陕西吴起周湾）

壮棘刺；枝幼时密被褐锈色鳞片。叶互生或近对生，条形至条状披针形，长 2 ~ 6cm，宽 0.4 ~ 1.2cm，两端钝尖，背面密被淡白色鳞片；叶柄极短。花先于叶开放，雌雄异株；短总状花序腋生于当年枝上，花小，淡黄色，花被 2 裂；雄花花序轴常脱落，雄蕊 4 枚；雌花比雄花后开放，具短梗，花被筒囊状，顶端 2 裂。果为肉质花被管包围，近于球形，直径 5 ~ 10mm。花期 5 ~ 6 月，果期 8 ~ 9 月。

本区分布于志丹、吴起、定边、靖边、横山、榆阳、神木、府谷、环县、华池、会宁、原州、海原、盐池等地；国内分布于华北、西北及四川、云南、西藏等地。为速生树种，可作水土保持用。果富含维生素 C，供食用及药用，饮品和保健产品开发丰富；种子可榨油，具治疗烧伤奇效；树皮含单宁。

沙枣 *Elaeagnus angustifolia* L.（图 2.231）[中国高等植物图鉴]

沙枣亦称银柳、红豆，落叶灌木或小乔木。高 5 ~ 10m；幼枝被银白色鳞片，老枝栗褐色。叶矩圆状披针形至狭披针形，长 4 ~ 8cm，顶端尖或钝，基部宽楔形，两面均有白色鳞片，背面较密，呈银白色，侧脉不显著；叶柄长 5 ~ 8mm。花银白色，芳香，外侧被鳞片，1 ~ 3 朵花生于小枝下部叶腋；花被筒钟形，长约 5mm，上端 4 裂，裂片长三角形；雄蕊 4 枚；花柱上部扭转，基部为筒状花盘包被。果实矩圆状椭圆形或近圆形，直径 8 ~ 11mm，密被银白色鳞片。花期 5 ~ 6 月，果期 7 ~ 10 月。

本区分布于吴起、定边、靖边，横山、榆阳、神木、会宁、靖远、平川、海原、盐池、灵武、同心等地；国内分布于东北、华北及西北；地中海沿岸地区、俄罗斯、印度等地也有分布。常生于沙漠和典型草原地区。沙枣萌蘗性强，生长迅速，枝叶繁茂，抗风沙力强，极耐干旱和盐碱，可作水土保持、防沙固沙先锋树种；木材是制作农具、家具、矿柱和民用建筑的良材；果实可酿酒、酿醋、制蜜饯、作果酱、酱油等，糟粕是优良的饲料；花味芳香，是理想的蜜源植物；花、果、枝、叶、皮等均可入药，对烧伤、白带、慢性支气管炎、闭合性骨折、消化不良、神经衰弱疗效明显。

图 2.231 沙枣（宁夏海原海城）

2.1.41 柳叶菜科 Onagraceae

柳叶菜科植物大多为草本，稀乔木或灌木。单叶，互生或对生，全缘或具齿。花两性，单生于叶腋，或组成总状花序或穗状花序；萼管状，与子房贴生，且 2 ～ 5 枚裂片呈镊合状排列；花瓣上位，与萼片同数而互生，常具爪；雄蕊与萼片同数或为其 2 倍；子房下位，1 ～ 6 室，常为 4 室，每室含 1 至多粒胚珠，中轴胎座，花柱 1 个，柱头头状，或 2 ～ 4 裂。蒴果、坚果或浆果。种子多粒，稀 1 粒，无胚乳。

本科我国有 8 属 60 余种，南北各省区均有分布。本区有 2 属 2 种。

柳兰 *Chamaenerion angustifolium* （L.） Scop.（图 2.232）[中国高等植物图鉴]

异名 *Epilobium angustifolium* L.

多年生草本，高约 1m；茎直立，通常不分枝。叶互生，披针形，长 7 ～ 15cm，宽 1 ～ 3cm，边缘有细锯齿，两面被微柔毛，具短柄。总状花序顶生，伸长，花序轴被短柔毛；苞片条形，长 1 ～ 2cm。花大，两性，红紫色，具长约 1 ～ 2cm 的花柄；萼筒稍延伸于子房之上，裂片 4 片，条状披针形，长 1 ～ 1.5cm，外表面被短柔毛；花瓣 4 枚，倒卵形，长约 1.5cm，顶端钝圆，基部具短爪；雄蕊 8 枚，向一侧弯曲；子房下位，被毛。蒴果圆柱形，长 7 ～ 10cm；种子多数，顶端具 1 簇长约 1 ～ 1.5cm 白色种缨。

本区分布于横山、榆阳、志丹、会宁、环县、原州、同心、贺兰山及六盘山等地。国内分布于东北、华北、西北及西

图 2.232　柳兰（www.nre.com.cn）

南；北半球温带广布，北美洲、欧洲至日本、小亚细亚以及喜马拉雅等地也有分布。多生于山坡林缘、林下河岸或山谷沼泽地。全草入药，有低毒，能调经活血、消肿止痛，具利水、下乳、润肠等功效；全株含鞣质，可提制栲胶，亦为很好的蜜源植物；也可用作插花。

柳叶菜 *Epilobium hirsutum* L.（图 2.233）[宁夏植物志]

多年生草本。茎直立，高 30 ～ 80cm，密被白色长柔毛。茎下部叶对生，上部叶互生；叶片椭圆状披针形或长椭圆形，长 4 ～ 9cm，宽 7 ～ 17mm，先端急尖，基部楔形，稍抱茎，边缘具细锯齿，两面密被白色长柔毛。花单生于茎上部叶腋；萼裂片披针形，长 7 ～ 10mm，宽 2 ～ 2.5mm，外面密被白色长柔毛；花瓣紫红色，倒卵形，长 1.3 ～ 1.5cm，宽 0.5 ～ 1cm，先端 2 裂；花柱较雄蕊长，柱头 4 裂。蒴果长 4 ～ 10cm，被白色长柔毛。花期 7 ～ 8 月，果期 8 ～ 9 月。

本区分布于定边、靖边、原州、海原、中卫、平罗等地；国内分布于东北及内蒙古、陕西、甘肃等地；亚洲及欧洲、北非也有分布。生池沼水边、沼泽地、河滩或下湿地。以花、根、带根全草入药；根可入药，具消炎止痛、止血生肌、祛风除湿的功效；治急性结膜炎、牙痛、月经不调等症。

图 2.233　柳叶菜（www.CnHua.net）

2.1.42 伞形科 Umbelliferae

伞形科植物为一年至多年生草本，稀小灌木状。茎中空。叶互生，1 至多回 3 出复叶或 1 至多回 3 出式羽状分裂，稀单叶，基生叶常有柄，叶柄基部常膨大成管状或突状的叶鞘，但具序托叶（承托花序的叶）。花序顶生或侧生，单伞或复伞形，常开展，稀聚为头状；总苞（承托一级伞梗即伞辐）有或缺；伞辐（支撑小伞形花序）多或少数；小总苞（承托二级伞梗即花梗）有或缺；花小，两性或杂性，具花梗；花萼管与子房贴生，5 裂齿（称萼齿）或不显；花瓣 5 枚，生于子房上面，顶端常有凹陷及一向内折或内弯的小舌片；雄蕊 5 枚，生于子房上面；子房下位，2 室，每室含 1 粒倒悬胚珠，顶端有圆锥状或垫状花柱基；花柱 2 个，柱头头状。果实多为双悬果，由 2 个不开裂，常背面压扁（称背扁）或侧面压扁（称侧扁）的分果组成，成熟后由合生面分开，各悬垂于一纤细或和果柄相连的心皮柄上；分果具 5 条主棱，外果皮层内的棱与棱之间和合生面处有油管 1 至多条。种子每分果中 1 粒，胚乳软骨质，胚小。

本科我国有 60 多属 600 多种，南北各省区均有分布。本区有 5 属 8 种。

线叶柴胡 *Bupleurum angustissimum*（Franch.）Kitag.（图 2.234）

多年生草本，高 15 ~ 80cm。根细圆锥形，表面红棕色，长可达 14cm，根颈部有残留的丛生叶鞘，呈毛刷状。单茎或 2 至数茎丛生，细圆，有纵槽纹，自下部 1/3 处二歧式分枝，小枝向外开展，光滑。茎下部叶通常无柄线形，长 6 ~ 18cm，宽 8 ~ 10mm，基部与顶端均狭窄，尖锐，质地较硬，乳绿色，叶脉 3 ~ 5 条，边缘卷曲；茎上部叶较短。伞形花序多数，直径 1.5 ~ 2cm；总苞通常缺乏或仅 1 枚，钻形，长 2 ~ 3cm；伞幅不等长，长 1.5 ~ 3cm；小伞形花序直径 5mm；小总苞片 5 枚，线状披针形，顶端尖锐，3 条脉，比果柄长，长约 2.5mm；花瓣黄色；花柄长 1mm。果椭圆形，长约 2mm，宽约 1mm，果棱显著，线形。花期 5 ~ 7 月，果期 6 ~ 9 月。

本区分布于神木、榆阳、横山、靖边、吴起、定边、志丹、会宁、盐池、原州、海原、同心等地；国内分布于内蒙古、山西、陕西、甘肃、青海、宁夏等省区。生于海拔 1 000 ~ 1 800m 的半干旱山坡、半荒漠草原、荒漠干草原。全草入药，根茎可用于伤寒发热、头痛目眩、胆道感染、疟疾、肝炎、脱肛、子宫脱垂等的治疗。

图 2.234 细叶柴胡（陕西定边新安边）

北柴胡 *Bupleurum chinense* DC.（图 2.235）[中国高等植物图鉴]

北柴胡亦称竹叶柴胡、柴胡，多年生草本。株高 40 ~ 90cm。主根粗大，坚硬，有或无侧根。茎丛生或单生，实心，上部多分枝，稍成"之"字形弯曲。基生叶倒披针形或狭椭圆形，早枯；中部叶倒披针形或宽条状披针形，长 3 ~ 11cm，宽 6 ~ 16mm，有平行脉 7 ~ 9

条，下面被粉霜。复伞形花序多数，总花梗细长，水平伸出；无总苞片或2～3枚，狭披针形；伞幅3～8个，不等长；小总苞片5枚，披针形；花梗5～10个；花鲜黄色。双悬果宽椭圆形，具白粉；长3mm，宽2mm，分果棱狭翅状，每棱槽中油管3条，合生面4个。花期8～9月，果期9～10月。

本区分布于吴起、志丹、定边、靖边、横山、榆阳、会宁、环县、西吉、原州等地；国内分布于东北、华北、西北、华东、湖北、四川等地。生于海拔400～2 000m的山坡草地、田野。根入药，能发表祛风、清肝利胆、清心火、通经，主治感冒头痛、月经不调、肝气不舒、黄疸等。

图2.235　北柴胡（陕西吴起庙沟）

页蒿 *Carum carvi* L.（图2.236）[中国高等植物图鉴]

二年或多年生草本，株高30～80cm，全体无毛。直根圆柱状，肉质。茎直立，上部分枝。叶矩圆形或宽椭圆形，长6～15cm，2～3回羽状深裂，最终裂片披针状条形或条形，长2～3mm，宽1～3mm；叶柄长5～8cm，具宽叶鞘，边缘膜质，白色或粉红色。复伞形花序顶生和侧生；总花梗长5～8cm；无总苞及小总苞，或有总苞片1～3枚、小总苞片数枚，都为线形；伞幅8～16个；花梗约15个；花白色或粉红色。双悬果矩圆状卵形，长3～4mm，宽2～2.5mm。

本区分布于吴起、志丹、靖边、定边、横山、会宁、环县、海原、原州、海原、同心等；国内分布于华北、西北以及四川、西藏等地；朝鲜、蒙古、俄罗斯（西伯利亚）、印度、欧洲也有分布。生于海拔400～2 500m的山坡、路旁、草原或林下。种子含油约15%。果实可提取芳香油，为香味料和驱风健胃药。

图2.236　页蒿（宁夏海原韩庄）

田葛缕子 *Carum buriaticum* Turcz.（图2.237）[中国高等植物图鉴]

田葛缕子亦称田页蒿，二年生草本。根圆柱形或近芜菁状，肉质。株高30～60cm，无毛或有柔毛。茎直立，分枝。基生叶矩圆形或宽卵形，长7～15cm，3～4回羽状全裂，最终裂片狭条形，有时近丝形，长5～10mm，宽0.3～0.5mm；叶柄长3～5cm，全为宽叶鞘，边缘狭膜质，白色。复伞形花序顶生和侧生；总花梗长2～8cm；总苞片1～5枚，披针形，边缘白色膜质；伞幅10～15个，开展上升，不等长；

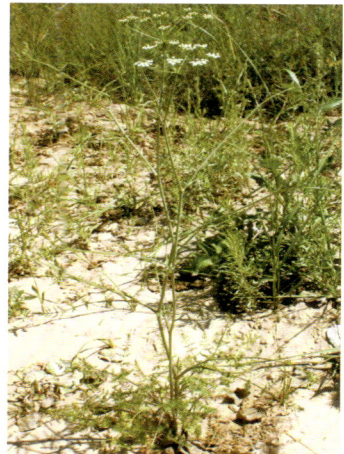

图2.237　田葛缕子（陕西吴起五谷城）

小总苞片多枚，条状披针形，边缘白色膜质；花梗 10 ～ 30 个；花白色。双悬果矩圆形，长 2 ～ 2.5mm，宽 1 ～ 2mm，无毛。花期 6 ～ 7 月，果期 8 ～ 9 月。

本区分布于志丹、吴起、定边、靖边、横山、榆阳、神木、府谷、环县、华池、会宁、原州、西吉、海原等地；国内分布于东北、华北、西北；国外分布于蒙古、俄罗斯等国。生于海拔 400 ～ 2 300m 的山坡下部、沟谷、田间、路旁、丘陵、草地。供药用。

小茴香 *Foeniculum vulgare* Mill.（图 2.238）[中国高等植物图鉴]

多年生草本，本区高 0.5 ～ 0.8m，全体无毛，被粉霜，具强烈香气。茎直立，圆柱形，有细纹，上部有分枝。茎生叶圆卵形至宽三角形，长 20cm，宽 30cm，3 ～ 4 回羽状细裂，最终裂片丝状，长 4 ～ 30mm，宽约 0.5mm；下部叶柄长 7 ～ 15cm，上部的叶柄部分或全部成鞘。复伞形花序大，直径达 15cm；总花梗长 4 ～ 25cm；无总苞和小总苞；伞幅 8 ～ 30 个，长 2 ～ 8cm，不等长，开展伸长；花梗 5 ～ 30 个，开展；花小，金黄色。双悬果矩圆形，长 3.5 ～ 5mm，宽 1.5 ～ 2mm，果棱尖锐。花期 6 ～ 8 月，果期 8 ～ 10 月。

本区分布于定边、靖边、吴起、志丹、横山、环县、会宁、靖远、平川、原州、海原、西吉等地；原产于地中海地区；我国各地栽培。嫩茎叶作蔬菜；果实含芳香油及脂肪油，入药，有驱风祛痰、散寒、健胃和止痛之效。

图 2.238　小茴香（宁夏海原西安镇）

硬阿魏 *Ferula bungeana* Kitagawa（图 2.239）[中国高等植物图鉴]

硬阿魏亦称沙椒、沙茴香，多年生草本。高 20 ～ 70cm。根粗大。茎直立，基部有纤维质鞘，有分枝，苍绿色。叶卵形至三角形，长 4 ～ 20cm，2 ～ 3 回 3 出或羽状分裂，最终裂片楔形至倒卵形，长 1 ～ 3mm，宽 1.5mm，肥厚，极叉开，常 3 裂或 3 尖状，具粗齿或裂片；叶柄长 5 ～ 15cm；基生叶有短柄，具扩张叶鞘。复伞形花序 4.5 ～ 10cm；总花梗长 2.5 ～ 6cm；无总苞或有 1 ～ 2 枚；伞幅 7 ～ 15 个，近等长；小总苞片数枚，条形，与花等长，粗糙，或缺如；花梗多数；花鲜黄色。果实长圆形，长 10 ～ 13mm，宽 3 ～ 6mm，扁平，无毛；果柄长 12 ～ 20mm，分果棱突起，背棱丝形，每棱槽中有油管 1 条，合生面 2 个。花期 5 ～ 6 月，果期 7 ～ 8 月。

本区分布于志丹、吴起、定边、靖边、横山、榆阳、神木、府谷、环县、会宁、原州、海原、西吉、同心、盐池、灵武等地；国内分布于东北、内蒙古、河北、

图 2.239　硬阿魏（陕西吴起长城）

山西、陕西、甘肃、宁夏等地。生于固定沙丘、沙质壤土、涧地、坝地。根药用，具养阴清肺、除虚热、祛痰止咳之功效，主治阴虚肺热、咳嗽多痰、燥咳、肺痿等症。

窃衣 *Torilis scabra* （Thunb.） DC.（图2.240）［中国高等植物图鉴］

一年或多年生草本。株高 10～60cm，全体有贴生短硬毛。茎单生，向上有分枝。叶卵形，2 回羽状分裂，小叶狭披针形至卵形，长 2～10mm，宽 2～5mm，顶端渐尖，边缘有整齐缺刻或分裂；叶柄长 3～4cm。复伞形花序；总花梗长 1～8cm；无总苞片或有 1～2 枚，条形，长 3～5mm；伞幅 2～4 个，长 1～4cm，近等长；小总苞片数枚，钻形，长 2～3mm；花梗 4～10 个，长 2～5mm。双悬果矩圆形，长 5～7mm，有 3～6 个具钩较长而颇开张的皮刺，灰色，分果合生面具浅槽。花期 5～6 月，果期 7～8 月。

本区分布于志丹、吴起、定边、横山、榆阳、神木、府谷、环县、会宁、榆中、原州、海原、同心、盐池等地；国内分布于陕西、甘肃、华东、中南、西南等地；朝鲜、日本也有分布。生于海拔 400～1 400m 的山坡、路旁、河边、林下、荒地和草丛。全草入药，杀虫止泻；主治虫积腹痛、泄痢、疮疡溃烂、阴痒带下、风湿疹。

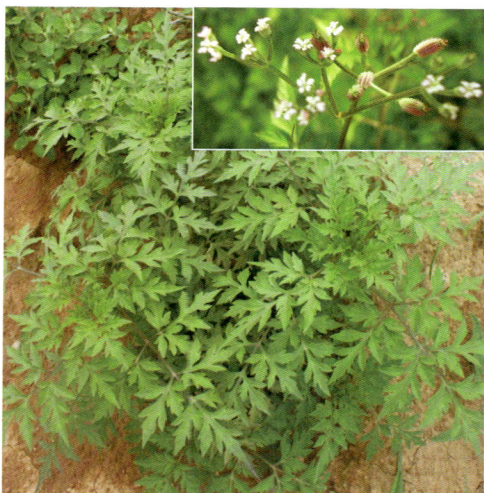

图 2.240　窃衣（陕西吴起吴起镇）

2.1.43　报春花科 Primulaceae

报春花科植物为一年或多年生草本，直立或匍匐，稀小灌木。常为单叶，全缘或浅裂，稀羽状分裂，互生、对生、轮生或全部基生。花两性，常辐射对称，或稀两侧对称，整齐，具苞片，花序顶生或腋生，单生或组成总状花序、圆锥花序、或 1 轮至数轮伞形花序；花萼常 5 裂，稀 4～9 裂；花冠辐状、盆状、钟状、漏斗状或高脚碟状或无，檐部常 5 裂，稀 4～9 裂；雄蕊 5 枚，着生于花冠筒上，与檐部裂片同数且对生，花丝分离或基部连生成筒状，花药 2 室；子房上位，稀半下位，1 室，花柱单一，柱头头状；具有少数或多数着生于特立中央胎座上的胚珠。蒴果。种子多数或少数，具棱或平滑，胚小且直立，含丰富的胚乳。

本科我国有 11 属 500 多种，全国各省区均产，尤以西南和西北高原山区种类丰富。本区有 1 属 1 种。

狼尾花 *Lysimachia barystachys* Bunge（图2.241）［中国高等植物图鉴］

狼尾花亦称狼巴草，多年生草本。根状茎平卧或斜伸。全株密被开展的柔毛，株高 40～80cm，茎直立。叶互生或近对生，稍厚，矩圆状披针形或披针形，无黑色腺点；长 5～13cm，宽 0.6～1.6cm，先端尖，稀钝，基部渐狭，全缘，稍反卷，上面被平伏短

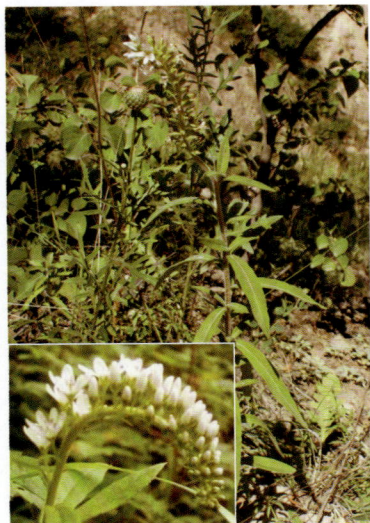

图 2.241　狼尾花（陕西吴起五谷城）

柔毛，背面被多细胞长柔毛，沿脉稍密。总状花序顶生，常向一侧弯曲，长 5～6cm，后渐伸长，花密集，果时达 25～30cm；花梗长，长 4～6mm；苞片线状钻形；花萼钟形，萼裂片 5 片，长卵形，先端钝，边缘膜质，顶端具短缘毛；花冠白色，花冠筒短，花冠裂片 5 片，檐部裂片长圆状披针形，长为花萼的 3～4 倍；雄蕊 5 枚，长为花冠的 1/2 倍，与花冠裂片对生，花丝基部合生成筒，微被毛；花柱稍短于雄蕊，子房卵形。蒴果近球形。花期 6～7 月，果期 8～9 月。

本区分布于志丹、吴起、定边、靖边、横山、榆阳、神木、府谷、环县、花池、会宁、原州、西吉等地；中国分布于东北、华北、西北以及山东、江苏、湖北、四川、云南等地；朝鲜、日本等国也有分布。生于海拔 600～2 000m 的山坡草地、荒野、林缘、路旁较潮湿处。全草入药，活血调经、散瘀消肿、解毒生肌、降血压；可以治疗月经不调、子宫出血、无名肿毒、咽喉疼痛、肺痛、跌打损伤、骨折、水肿、高血压等症；根茎含有 3.63% 的鞣质，可提制栲胶；花色艳丽浓密，可栽培供观赏，选育培养优良品种。

2.1.44　蓝雪科 Plumbaginaceae

蓝雪科植物多为草本或小灌木，有茎或无茎。单叶互生。花两性，辐射对称，常着生于花序的一侧或组成穗状、头状或圆锥状花序，苞片与小苞片干膜质；花萼合生，筒状，具 5 或 10 棱，先端 5 裂；花冠通常合瓣，筒状，稀 5 裂深达基部，呈覆瓦状排列，仅基部合生；雄蕊 5 枚，与花瓣或花冠裂片对生；子房上位，1 室，含 1 粒倒生胚珠，花柱 5 个，柱头近头状。蒴果，常包于膜质的宿萼内，含 1 粒种子。种子胚乳有或无。

本科我国有 7 属 40 余种，南北各省区均产。本区有 1 属 2 种。

金色补血草 *Limonium aureum* （L.）Hill. （图 2.242）［中国高等植物图鉴］

多年生草本，高 10～30cm，全株无毛。基生叶矩圆状匙形至倒圆状披针形，长 1～4cm，宽 0.5～1cm，顶端圆钝而具短尖头，基部楔形下延为扁平的叶柄。花 3～5 (7) 朵组成聚伞花序，排列于花序分枝顶端形成伞房状圆锥花序；花序轴具小疣点，下部无叶，具多数不育小枝；苞片短于花萼，边缘膜质；花萼宽漏斗状，长 5～8mm；萼筒倒圆锥状，长 3～4mm，有长柔毛，裂片 5 片，金黄色，长 2～4mm；花瓣橘黄色，基部合生；雄蕊 5 枚，

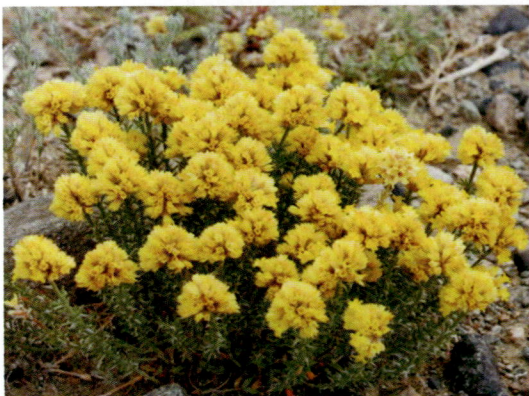

图 2.242　金色补血草（http://image.baidu.com）

着生于花瓣基部；花柱 5 个，离生，无毛，柱头圆柱形，子房倒卵形。果包藏于萼内。

本区分布于靖边、定边、环县、靖远、平川、会宁、榆中、原州、海原、同心等地；国内分布于内蒙古、新疆、青海、甘肃、陕西、山西、河南等省区；蒙古、俄罗斯（西伯利亚）也有分布。生于海拔 400 ~ 1 600m 的山坡草地、沟谷边、路旁、河岸及河滩地盐渍土。全草入药，止血、消炎、活血、补血，治月经不调、高血压、神经痛、牙痛、感冒、耳鸣及疮疖痈肿等。

二色补血草 Limonium bicolor（Bunge）O. Kuntze.（图 2.243）[中国高等植物图鉴]

多年生草本，株高 20 ~ 60cm，茎无毛。基生叶匙形或倒卵状匙形，长 2 ~ 10cm，宽 1 ~ 2.5cm，顶端钝而具短尖头，基部下延成狭叶柄，疏生腺体。花序为具密聚伞花序的圆锥花序；密集于小枝顶端，每 2 花着生在一起，每花有 2 苞；有不育小枝，苞片紫红色；花萼漏斗状，长 6 ~ 8mm，萼筒倒圆锥状，长 2 ~ 3mm，具柔毛，裂片 5 片，白色；花瓣黄色，基部合生，顶端深裂；雄蕊 5 枚，下部 1/4 与花瓣基部合生，花柱 5 个，离生，花柱线形，无毛，柱头圆柱状，子房长圆状倒卵形。胞果，长圆形，具 5 棱。花、果期 5 ~ 10 月。

本区分布于志丹、吴起、定边、靖边、横山、榆阳、神木、府谷、环县、榆中、会宁、原州、西吉、海原、中宁、同心、盐池、灵武等地；国内分布于内蒙古、河北、河南、山西、宁夏、陕西、甘肃等省区；蒙古东部也有分布。生于海拔 500 ~ 2 000m 的滩地、沟谷边、河岸、草地、沙丘。全草药用，能止血、散瘀，又可杀蝇。

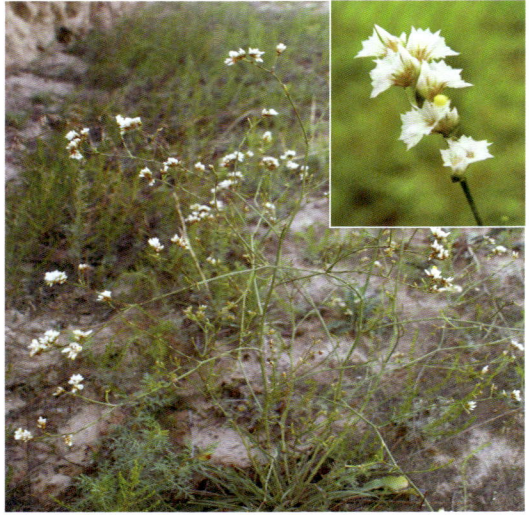

图 2.243　二色补血草（宁夏海原海城）

2.1.45　木犀科 Oleaceae

木犀科的植物为落叶或常绿乔木、灌木或木质藤本。叶对生、稀互生或轮生，单叶、3 出复叶或羽状复叶。花辐射对称，两性稀单性、杂性或雌雄异株，常组成顶生或腋生的圆锥花序或聚伞花序或有时簇生，稀单生，花萼钟状，常 4 裂，或其顶部近平截，稀无花萼；花冠漏斗状或高脚碟状，常 4 裂，稀 6 ~ 12 裂，蕾期裂片呈覆瓦状或镊合状排列；雄蕊 2 枚，稀 3 ~ 5 枚，下位或着生于花冠上；花药 2 室，基底和背部着生；子房上位，2 室，每室常有 2 粒胚珠，稀 1 或 4 ~ 8 粒，花柱单生，柱头头状或 2 裂。浆果、核果、翅果或蒴果。种子胚直立，胚乳有或无。

本科我国有 13 属 200 多种，南北各地均有分布。本区有 3 属 4 种。

小叶白蜡树 *Fraxinus bungeana* DC.（图 2.244）[中国高等植物图鉴]

小叶白蜡树亦称苦枥、秦皮、小叶梣、青冈、欧洲白蜡，小乔木，株高 5m，有时灌木状；枝暗灰色，幼时淡褐色，具微细短柔毛。叶长 4～11cm；小叶 5～7 枚，有柄，卵形或圆卵形，长 2～4cm，先端短渐尖或近于尾尖，基部宽楔形，边缘有钝锯齿，两面均光滑无毛。圆锥花序长 5～8cm，微被短柔毛；雄花萼小，4 裂，裂片尖；花瓣 4 枚，条形，长约 4mm，完全分离；雄蕊与花瓣等长，两性花花萼大，花冠裂片长于雄蕊。翅果狭矩圆形，长 2.5～3cm，顶端钝或微凹。花期 5～6 月，果期 9～10 月。

本区分布于环县、会宁、海原、西吉等地；国内分布于辽宁、吉林、河北、河南、内蒙古、陕西、山西、四川等省区。生于山坡、疏林、沟谷等。木材刚劲而有弹力，能耐久，用途广泛；树皮入药，即"秦皮"，性苦，微寒无毒，有泻热、明目、清肠、止痢之效。

图 2.244 小叶白蜡树（甘肃会宁铁木山）

白蜡 *Fraxinus chinensis* Roxb.（图 2.245）[中国高等植物图鉴]

白蜡亦称梣、白荆树、青榔木，落叶乔木。高 10～15m，小枝灰褐色，无毛或具黄色髯毛，有皮孔。奇数羽状复叶，对生，连叶柄长 13～20cm，小叶 5～9 枚，但以 7 枚为多，无柄或有短柄，椭圆形或椭圆状卵形，长 3～10cm，宽 1～4cm，顶端渐尖或钝，基部狭，边缘具锯齿或波状锯齿；上面无毛，下面沿叶脉具短柔毛。圆锥花序侧生或顶生于当年枝上，长 10～15cm，大而疏松；总花梗无毛；花萼钟状，不规则分裂；无花瓣；雄蕊 2 枚，花药卵形或长圆状卵形，较花丝短；花柱呈棍棒状，柱头 2 裂。翅果倒披针形，长 34cm，宽 46mm，顶端尖，钝或微凹。花期 5～6 月，果期 8～9 月。

本区分布于吴起、志丹、会宁等地；国内分布于东北、黄河流域、长江流域，以及福建、广东；越南、朝鲜也有分布。为行道、护堤树种，也可放养白蜡虫；木材坚韧，供制家具、农具、车辆、胶合板等；枝条可编筐；树皮称"春皮"，可清热。

尖叶白蜡树 *Fraxinus chinensis* var. *acuminata* Lingelsh. 小叶通常 3～5 枚，卵状披针形至披针形，长渐尖，具锐锯齿。大叶白蜡树 *Fraxinus chinensis* var. *rhynchophylla*（Hance）Hemsl. 小叶通常 5 枚，宽卵形或倒卵形，尾渐

图 2.245 白蜡（陕西吴起吴仓堡）

尖或少有钝圆，有钝锯粗齿或稀近全缘，花轴节上常有淡褐色短柔毛；2变种分布同正种。

迎春花 *Jasminum nudiflorum* Lindl.（图 2.246）[中国高等植物图鉴]

迎春花亦称金梅、金腰带、清明花、金腰儿、小黄花，落叶灌木，高 0.4 ~ 1m；枝条直立并弯曲；幼枝有四棱角，无毛。叶对生；小叶 3 枚（幼枝基部有单叶），卵形至矩圆状卵形，长 1 ~ 3cm，顶端凸尖，边缘有短毛，下面无毛，灰绿色。花单生，着生于已落叶的去年生枝的叶腋，先叶开花，有叶状狭窄的绿色苞片；萼片 5 ~ 6 片，条形或矩圆状披针形，和萼筒等长或较长；花冠黄色，直径可达 25mm，筒一般长 10 ~ 15mm，裂片通常为 6 片，倒卵形或椭圆形，约为花冠筒长的 1/2。花期 4 ~ 5 月。

本区分布于榆阳、吴起、志丹、靖边、环县、会宁、原州等地；国内分布于山东、河南、山西、陕西、甘肃、四川、贵州、云南等省；东北乃至福建有栽培。生于海拔 400 ~ 1 500m 的山坡、田埂、灌丛或岩石缝中；本区多为园林引种，多用来布置花坛，点缀庭院，是重要的早春花木。叶、花可入药，有活血败毒、消肿止痒之效；可治跌打损伤、刀伤出血、无名肿毒、恶疮肿痛等。

图 2.246　迎春花（陕西榆阳）

华北紫丁香 *Syringa oblata* Lindl.（图 2.247）[中国高等植物图鉴]

华北紫丁香亦称紫丁香、百结、情客、龙梢子，灌木或小乔木，高 2 ~ 3m；枝条无毛，较粗壮。叶薄革质或厚纸质，圆卵形至肾形，通常宽度大于长度，宽 2 ~ 10cm，无毛，顶端渐尖，基部心形或截形至宽楔形。圆锥花序顶生，长 6 ~ 15cm；总花梗疏被腺状毛或无毛；花冠紫色或淡粉红色，直径约 13mm，筒长 10 ~ 15mm；花梗密被腺状毛，花萼小，钟形，裂片 4 片，裂片三角形，具齿或近楔形；冠筒长 10 ~ 12mm，檐部 4 裂，裂片向外开展或反卷，先端稍尖；花药位于花冠筒中部或中部靠上。蒴果长 1 ~ 2cm，压扁状，顶端尖，光滑。种子长圆形，扁平，周围有翅。花期 5 月，果期 7 ~ 8 月。

本区分布于吴起、志丹、靖边、环县、会宁、海原、同心、中卫及贺兰山等地；国内分布于吉林、辽宁、内蒙古、河北、河南、北京、山东、陕西、甘肃、四川等地；朝鲜也有分布；现广泛栽培于世界各地温带地区。生于海拔 300 ~ 2 600m 的山坡或谷沟。在世界园林中占有重要位置；花可提制芳香油；叶入药，可清热燥湿。

图 2.247　华北紫丁香（陕西吴起周湾）

主要变种白丁香 *Syringa. oblata* var. *alba* Hort. ex Rehd.，花白，叶小而有微柔毛。

2.1.46　马钱科 Loganiaceae

马钱科植物多为灌木、乔木或藤本，稀草本。单叶，通常对生、稀互生或轮生，全缘或有锯齿；托叶分离或连合成鞘或无。花两性，整齐，通常组成 2 ～ 3 歧的聚伞花序，或再排列成聚伞花序、圆锥花序，稀为总状或近穗状花序，也有分布密集为球形的头状花序或无柄的花束；花萼 4 ～ 5 (6) 裂；花冠檐部 4 ～ 5 (6) 裂，裂片在芽中呈覆瓦状、镊合状或旋转状排列；雄蕊着生于冠筒上，常内藏，与花冠裂片同数而互生，花药 2 室，纵裂；子房上位，通常 2 室，稀 1 室（为侧膜胎座）或 3 ～ 5 室（为中轴胎座），花柱常单生，柱头全缘或 2 裂，稀 4 裂；胚珠多数。果为蒴果、浆果或核果。种子胚直生，具肉质或软骨质的胚乳。

本科我国有 9 属 60 多种，分布于华北、西北及长江流域以南。本区有 1 属 1 种。

互叶醉鱼草 *Buddleja alternifolia* Maxim. （图 2.248）[中国高等植物图鉴]

互叶醉鱼草亦称白芨梢，落叶灌木，高不超过 2m；枝开散，细弱，多呈弧状弯垂。叶互生，线状披针形，长 4 ～ 6cm，全缘，顶端短尖或圆钝，基部楔形，上面暗绿色，下面密被灰白色绒毛；叶柄很短。花序为簇生状的圆锥花序，球形至矩圆形，多生于上年生枝条上，基部具少数小叶；花具梗，萼被灰白色柔毛；花芳香；花萼具 4 棱，4 裂，裂片齿状，宽三角形，密被灰白色绒毛；花冠紫蓝色，花冠筒长约 7mm，宽约 1mm；雄蕊 4 枚，无花丝，着生于花冠筒中部；子房无毛。蒴果矩圆形，光滑。种子多数，有短翅。花期 5 ～ 6 月，果期 8 ～ 9 月。

本区分布于吴起、志丹、靖边、定边、横山、环县、会宁、榆中、原州、海原等地；国内分布于内蒙古、山西、陕西、甘肃、宁夏、青海等省区。多生于海拔 1 000 ～ 2 000m 的黄土山坡、沟边、河岸，稀见峁顶。耐旱、耐瘠薄，是水土保持的先锋树种。互叶醉鱼草有毒，具祛风、杀虫、活血之功效。

图 2.248　互叶醉鱼草（陕西吴起吴起镇）

2.1.47　龙胆科 Gentianaceae

龙胆科植物为一年或多年生草本，稀灌木。全株有苦味。茎直立或攀援。单叶对生，稀互生，全缘，基部常合生或为一横线所连结。花序常多为顶生或腋生的聚伞花序或簇生，稀单生；花两性，稀杂性，辐射对称，稀两侧对称；花萼筒状，常 4 ～ 5 裂，呈覆瓦状排列；花漏斗状、辐状、管状、钟状或圆筒状，冠檐裂成 4 ～ 5 片，旋转排列，稀覆瓦状排列；雄蕊与花冠裂片同数，与之互生，着生于花冠筒上，或部分败育；花药 2 室，纵裂；花盘不明显，呈环状或由 5 枚腺体组成；子房上位，1 室，稀 2 室或多室；胚珠多数；柱头全缘或 2 裂。蒴果，膜质，稀肉质或草质，2 瓣开裂。种子多数，细小，具丰富的胚乳和胚。

本科我国有 21 属 360 余种，分布范围广，在西南高山最丰富。本区有 3 属 4 种 1 变种。

扁蕾 Gentianopsis barbata（Fröl.）Ma（图 2.249）[中国高等植物图鉴]

一年生或二年生草本，高 10 ~ 40cm。茎直立，四棱形，分枝。叶对生，茎基部的叶匙形或条状披针形，排列成辐射状，长 1 ~ 4cm，宽 0.5 ~ 1cm，早期枯落；茎上部的叶 4 ~ 10 对，条状披针形，长 1.5 ~ 6cm，宽 0.2 ~ 0.3cm，尖，边缘稍反卷。单花顶生，蓝紫色，长 2 ~ 3.5cm；花萼筒状钟形，具 4 棱，顶端 4 裂，裂片边缘具白色膜质边，外对条状披针形，尾尖，内对披针形，短尖；花冠钟状，顶端 4 裂，裂片椭圆形，具微波状齿，近基部边缘具流苏状毛；雄蕊 4 枚；腺体 4 个，下垂；子房具柄，柱头 2 裂。蒴果。种子卵圆形，具指状突起。花期 6 ~ 8 月，果期 9 ~ 10 月。

本区分布于吴起、志丹、靖边、定边、横山、环县、原州、海原、西吉等地；中国分布于黑龙江、吉林、内蒙古、河北、河南、山西、陕西、甘肃、青海、新疆等省区。生于海拔 1 500 ~ 2 500m 的山坡、草地或林间。全草入药，清热解毒；用于急性黄疸型肝炎、结膜炎、高血压、急性肾盂肾炎、疮疖肿毒的治疗。

图 2.249　扁蕾（陕西吴起庙沟）

中国扁蕾 Gentianopsis barbata var. sinensis Ma（图 2.250）[秦岭植物志]

多年生草本。株高 10 ~ 30cm。茎四棱形，紫褐色，直立或稍微倾斜，有分枝。叶对生，基部叶匙形或线状倒披针形，辐射状排列，长 1 ~ 4cm，宽 0.5 ~ 1cm；茎部叶线状倒披针形，4 ~ 10 对，长 1 ~ 4cm，宽 0.3 ~ 0.7cm，先端尖。花单生于枝端，花萼筒钟形，具 4 棱，端部 4 裂，裂片边缘具白色膜质边，外对条状披针形，内对披针形；花冠钟形，淡蓝紫色，四浅裂，裂片椭圆形，具波状齿，近基部边缘有流苏状毛；雄蕊 4 枚，等长，生于冠筒中部，花丝线形，花药椭圆形；腺体 4 个，生于冠筒基部，近球形，下垂；子房纺锤圆柱形，具柄，柱头 2 裂。蒴果，具长柄。种子卵圆形，密被褐色指状突起。花期 6 ~ 8 月，果期 9 ~ 10 月。

本区分布于吴起、志丹、定边、横山、环县、会宁、榆中等地；国内分布于西南、吉林、山西、北京、内蒙古、河北、河南、甘肃、青海、新疆等地。生于

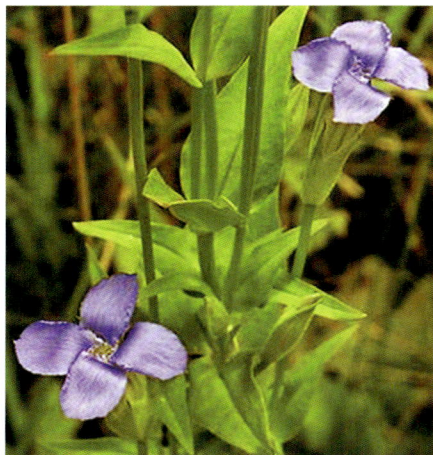

图 2.250　中国扁蕾（www.CnHua.net）

海拔 1 100 ～ 2 300m 的山坡草地或林下。可引种栽培供观赏。

达乌里龙胆 *Gentiana dahurica* Fisch.（图 2.251）[中国高等植物图鉴]

达乌里龙胆亦称小青秦艽，多年生草本，高 10 ～ 25cm，基部为残叶纤维所包围。根长圆锥形，黄褐色。茎常斜升。叶对生，披针形，长 5 ～ 12cm，宽 0.8 ～ 1.2cm，3 出脉，茎基部叶较大，密集成束状。聚伞花序，顶生或腋生，花 1 ～ 3 朵；花萼筒状，稀一侧浅裂，膜质，裂片大小不等，条形；花冠筒状钟形，蓝色，裂片卵形，钝尖，褶三角形，边缘有齿状缺刻；雄蕊 5 枚；子房矩圆形，花柱短。蒴果矩圆形，无柄。种子椭圆形。花期 6 ～ 8 月，果期 9 ～ 10 月。

图 2.251　达乌里龙胆（甘肃会宁铁木山）

本区分布于吴起、志丹、靖边、定边、横山、环县、会宁、原州、海原、同心、沙坡头、中宁、盐池、灵武等地；国内分布于内蒙古、河北、山西、陕西、宁夏、甘肃、四川、青海、新疆等省区；蒙古、前苏联等也有分布。生于海拔 1 300 ～ 3 000m 的山坡草地。根入药，健胃。

秦艽 *Gentiana macrophylla* Pall.（图 2.252）[中国高等植物图鉴]

秦艽亦称大叶龙胆、西秦艽、萝卜艽，多年生草本。茎圆柱形，光滑；高 20 ～ 40cm，基部为残叶纤维所包围。主根粗大，长圆锥形。基生叶莲座状，茎生叶对生，基部连合；叶片披针形或矩圆状披针形，长 10 ～ 25cm，宽 2 ～ 4cm，全缘，有 5 条脉。聚伞花序，簇生茎端，呈头状或腋生轮状；花萼膜质，一侧裂开，呈佛焰苞状，萼齿小，4 ～ 5 裂或缺；花冠筒状钟形，蓝色至蓝紫色，冠檐裂片卵形或椭圆形，褶三角形，啮齿状；雄蕊 5 枚，子房无柄，柱头 2 裂。蒴果短圆形，稍外露。种子椭圆形，深黄色，具光泽，无翅。花期 6 ～ 8 月，果期 9 ～ 10 月。

本区分布于吴起、志丹、靖边、定边、横山、环县、会宁、原州、海原、同心、盐池等地；国内分布于黑龙江、内蒙古、河北、山西、陕西、宁夏、甘肃、青海、四川等省区；前苏联、蒙古也有分布。生于海拔 2 000 ～ 3 000m 的山区草地或林缘。根入药，可清风除湿、清热利尿、舒筋止痛。

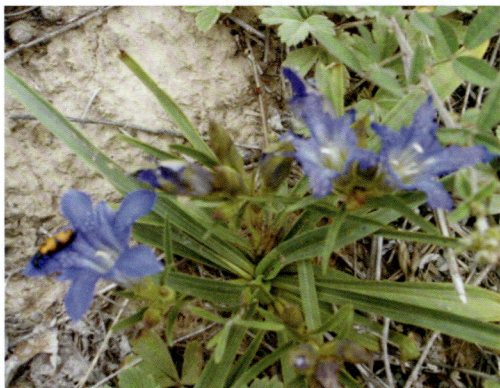

图 2.252　秦艽（陕西吴起五谷城）

北方獐牙菜 *Swertia diluta*（Turcz.）Benth. et Hook. f. var. *diluta*（图 2.253）

[中国植物志]

一年生草本，高 20 ～ 70cm。根黄色。茎直立，四棱形，棱具窄翅，基部直径 2 ～ 4mm，多分枝，枝细瘦，斜升。叶无柄，线状披针形至线形，长 10 ～ 45mm，宽 1.5 ～ 9mm，两端渐狭，下面中脉明显突起。圆锥状复聚伞花序具多数花；花梗直立，四棱形，长至 1.5cm；花 5 朵，直径 1 ~ 1.5cm；花萼绿色，长于或等于花冠，裂片线形，长 6 ~ 12mm，先端锐尖，背面中脉明显；花冠浅蓝色，裂片椭圆状披针形，长 6 ~ 11mm，先端急尖，基部有 2 个腺窝，腺窝窄矩圆形；沟状，周缘具流苏状毛，表面光滑；花丝线形，长 6mm，花药狭短圆形，长 1.6mm；子房无柄，椭圆状卵形至卵状披针形，花柱粗短，柱头 2 裂，裂片半圆形。蒴果卵形，长至 1.2cm。种子深褐色，矩圆形，长 0.6 ~ 0.8mm，表面具小瘤状突起。花、果期 8 ~ 10 月。

图 2.253　北方獐牙菜（陕西吴起长城）

本区分布于吴起、志丹、靖边、定边、横山、环县、会宁、固原、海原等地，常与淡味獐牙菜 *Swertia diluta* (Turcz.) Benth. et Hook. 混生；国内分布于四川、青海、甘肃、陕西、内蒙古、山西、河北、河南、黑龙江、辽宁、吉林等省区；前苏联、蒙古、朝鲜、日本也有分布。生于海拔 500 ~ 2600m 的阴坡下部、沟底、林下、田边、谷地等。主治发烧、瘟疫、流感、胆结石、中暑、头痛、肝胆热、黄疸、伤热、食积胃热。

2.1.48　萝藦科 Asclepiadaceae

萝藦科植物为多年生草本、藤本、直立或攀援灌木，具乳汁；根部木质、肉质成块状。叶对生或轮生，单叶，全缘，羽状脉；叶柄先端常具丛生的腺体。聚伞花序常伞形，有时呈伞房状，稀总状，腋生或顶生；花两性，5 朵，稀 4 朵；花萼筒短，裂片 5 片，双盖覆瓦状或镊合状排列；花冠合瓣，辐状、坛状，稀高脚碟状，檐部 5 裂，裂片旋转，呈覆瓦状或镊合状排列；副花冠常为 5 枚，由离生或基部合生的裂片或鳞片组成；雄蕊 5 枚，与雌蕊黏生成合蕊柱；花丝合生成一个有蜜腺的筒，称合蕊冠，或花丝离生，药隔先端具宽卵形而内弯的膜片；每花药有花粉块 2 或 4 个；或花粉器为匙形，直立，其上部为载粉器；无花盘；雌蕊 1 枚，子房上位，由 2 个离生心皮组成，花柱 2 个，合生，柱头基部具 5 棱；胚珠多粒，数排着生于腹面的侧膜胎座上。蓇葖果双生。种子多数，先端有丛生的白色或黄色的绢质种毛，胚直立，子叶扁平。

本科我国产 44 属 245 种 33 变种，多数分布于西南及东南部，少数分布于西北及东北各省区。本区有 3 属 3 种。

地梢瓜 Cynanchum thesioides（Freyn）K. Schum.（图 2.254）[中国高等植物图鉴]

异名 *Vincetaoxicum thesioides* Freyn

半灌木，具乳汁，地下茎单轴横生。茎柔弱，蔓生，分枝少，顶端常伸长缠绕。叶对

图 2.254　地梢瓜（陕西吴起长城）

生或近对生，线形或线状长圆形，长 3～5cm，宽达 1cm，下面中脉凸起。伞形聚伞花序腋生；花小而多，花萼 5 深裂，外面被柔毛；花冠绿白色，辐状，裂片 5 枚；副花冠杯状，裂片三角状披针形，渐尖，长过药隔的膜片；花粉块矩圆形，下垂。蓇葖果纺锤形，长 5～6cm，直径 2cm。种子扁平，暗褐色，长 8mm，顶端具长 2cm 的白绢质种毛。花期 5～8 月，果期 6～9 月。

本区分布于吴起、志丹、靖边、定边、横山、环县、会宁、榆中、原州、同心、盐池、灵武等地；国内分布于东北、内蒙古、华北、江苏、陕西、甘肃、新疆等地；朝鲜、蒙古、俄罗斯也有分布。多生于海拔 400～1 500m 黄土山坡底部、旷野、梯田边埂、涧地、沟边、农田等。全株含橡胶 1.5%，可作工业原料；幼果可食。

杠柳 *Periploca sepium* Bunge（图 2.255）[陕西树木志]

蔓性灌木，具乳汁，除花外全株光滑无毛。叶对生，膜质，卵状矩圆形，长 5～9cm，宽 1.5～2.5cm，顶端渐尖，基部楔形；侧脉多数，表面深绿色，背面浅绿色。聚伞花序腋生，有花 1 到 5 朵；花冠外面黄紫色，内面紫红色，花张开直径 1.5～2cm，花冠裂片 5 片，中间加厚，反折，内面被疏柔毛；副花冠环状，顶端 5 裂，裂片丝状伸长，被柔毛；花粉颗粒状，藏在直立匙形的载粉器内。蓇葖果双生，纺锤状圆形，长 7～12cm，直径约 5mm，具纵条纹。种子线状长圆形，黑褐色，顶端具长 3cm 的白绢质种毛。花期 5～6 月，果期 7～9 月。

本区分布于吴起、志丹、靖边、定边、横山、榆阳、神木、环县、会宁、原州、海原、西吉、同心、盐池等地；国内分布于吉林、辽宁、内蒙古、山西、河北、山东、河南、江苏、江西、陕西、甘肃、贵州、四川等省区。阳性、耐寒、耐旱、耐瘠薄，生于平原及低山丘的林缘、山坡、沟岸、沙质的河岸与地埂。茎叶乳汁含弹性橡胶；种子可榨油；茎皮、根皮药用，可治关节炎等症，但有毒，宜慎用；根皮可做杀虫药。

图 2.255　杠柳（陕西吴起吴起镇）

华北白前 *Cynanchum hancockianum*（Maxim.）Al.（图 2.256）[中国植物志]

异名 *Pycnostelma lateriflorum* Hemsl.

华北白前又称牛心朴，直立多年生草本，高达 50cm。根须状。单茎或略有分枝，茎除被单列短柔毛及幼嫩部分有微毛外，其余无毛。叶对生，薄纸质，卵状披针形，长 3～7cm，宽

1～3cm，顶端渐狭，基部宽楔形；侧脉每边约4条，近叶缘网结；叶柄顶端有丛生腺体。伞形聚伞花序腋生，长约2cm，较叶短，着花不到10朵；花萼5深裂，内面基部有小腺体5个；花冠紫红色，花冠裂片卵状矩圆形；副花冠肉质，龙骨状，花药贴生；花粉块每室1个，下垂；柱头圆形，略为突起。蓇葖果双生（双玄形），尖刺刀形，长约7cm，直径5mm，顶端长渐尖，基部紧窄，外果皮有细直纹。种子扁平，短圆形，顶端具长2cm的白绢质种毛。花期5～8月，果期6～9月。

图 2.256　华北白前（陕西吴起长城）

本区分布于吴起、志丹、靖边、定边、横山、榆阳、神木、府谷、环县、会宁、盐池、灵武等地；国内分布于内蒙古、甘肃、陕西、河北等省区。多生于沙丘、沙滩，沙质黄土坡、峁顶等干旱环境中。茎叶具毒性，可作为杀虫材料。

2.1.49　旋花科 Convolvulaceae

旋花科植物为草本或灌木，罕为乔木，常有乳汁，稀为无叶绿素，寄生。茎缠绕、匍匐或平卧，稀直立。单叶互生，全缘或分裂。腋生花序，多为聚伞形，1至多花；花两性，辐射对称，稀稍两侧对称，常大而艳丽，常具对生或近对生的苞片；萼片5片，呈覆瓦状排列；花冠钟形、漏斗形、高脚碟形或瓮形，檐部浅5裂或深5裂，芽时旋转或镊合状排列；雄蕊5枚，着生于冠筒上，内藏或外露；子房上位，常为杯状或分裂的花盘所包围，1～4室，每室含1～2粒胚珠，花柱1～2个，柱头不裂或2～4裂。浆果或蒴果。种子2或4粒，被绒毛或无毛。

本科我国有21属约120种，南北各省均有分布。本区有4属6种。

田旋花 *Convolvulus arvensis* L.（图 2.257）[中国高等植物图鉴]

图 2.257　田旋花（陕西吴起周湾）

田旋花亦称小旋花、打碗花，一年生草本，光滑。茎蔓性，缠绕或匍匐分枝。叶互生，具长柄，基部的叶全缘，近椭圆形，长1.5～4.5cm，宽2～3cm，基部心形，茎上部的叶三角状戟形，侧裂片开展，通常2裂，中裂片披针形或卵状三角形，顶端钝尖，基部心形。花单生于叶腋，花梗具棱角，长2.5～5.5cm；苞片2枚，佝偻状，卵圆形，长0.8～1cm，包住花萼，宿存；萼片5片，矩圆形，稍短于苞片，具小尖凸；花冠漏斗状，粉红色，长 2～2.5cm；雄蕊 5 枚，基部膨大，有细鳞毛；子房 2 室，柱头 2 裂。蒴果卵圆形，光滑。种子卵圆形，黑褐色。

本区分布于吴起、志丹、靖边、定边、横山、榆阳、环县、会宁、原州、海原、西吉、同心等地；广布于全国各地；非洲和亚洲其他地区也有分布。多生于田野、撂荒地、路旁及草丛中。全草入药，调经活血，滋阴补虚。

篱打碗花 *Calystegia sepium*（L.）R. Br.（图 2.258）[中国高等植物图鉴]

篱打碗花亦称篱天剑，多年生草本，全株光滑。茎缠绕或匍匐，有棱角，分枝。叶互生，正三角状卵形，长 4～8cm，宽 3～5cm，顶端急尖，基部箭形或戟形，二侧具浅裂片或全缘；叶柄长 3～5cm。花单生于叶腋，具长花梗，具棱角；苞片 2 枚，宽卵状心形，长 2～2.5cm，顶端钝尖或尖；萼片 5 片，卵圆状披针形，顶端尖；花冠漏斗状，粉红色，长 4～6cm，5 浅裂；雄蕊 5 枚，花丝基部有细鳞毛；子房 2 室，柱头 2 裂。蒴果球形，无毛。种子黑褐色，卵圆状三棱形，光滑。花期 5～7 月，果期 7～8 月。

图 2.258　篱打碗花（陕西吴起吴起镇）

本区分布于吴起、志丹、靖边、定边、横山、榆阳、环县、会宁、原州、海原、西吉等地；国内分布于黑龙江、吉林、辽宁、河北、山西、陕西、甘肃、新疆、安徽、浙江、江西、福建、湖北、湖南、贵州、四川、广东、广西等省区；朝鲜、日本、俄罗斯也有分布。生于海拔 300～1 800m 的山坡下部、荒地、田野、地埂或路旁。花能去面部黑色；根能益精气，续筋骨；茎、叶能清热解毒。

银灰旋花 *Convolvulus arvensis* L.（图 2.259）[中国植物志]

多年生矮小草本，全株密被银灰色绢毛。茎少数或多数，平卧或上升，高 5～15cm。叶互生，近无柄，基部的叶倒披针形，长 1～2.5cm，宽 1.5～3mm，上部叶线形或线状披针形，长 3.5～10mm，宽 0.5～1mm，先端锐尖，基部狭。花单生于枝端，具细花梗；萼片 5 片，不等大，外面密被银灰色绢毛，里面仅顶部被毛，外萼片矩圆形或矩圆状椭圆形，长约 4mm，宽约 2.2mm，内萼片较宽，宽卵圆形，先端具尾尖；花冠漏斗形，白色、淡玫瑰色或白色带紫红色条纹，长约 1cm，花冠外瓣中带密被银灰色绢毛，褶内无毛，冠檐 5 浅裂；雄蕊 5 枚，较雌蕊短，花丝基部扩大；雌蕊长约 7.2mm，子房被毛，柱头 2 个，线形，长约 4mm。蒴果球形，2 裂。种子卵圆形，淡红褐色，光滑。花期 6～9 月，果期 9～10 月。

图 2.259　银灰旋花（陕西吴起长城）

本区分布于吴起、靖边、环县、盐池、同心、海原等地；国内分布于东北、华北、西北及河南、西藏等地。生于山坡、草地及沙质地。全草入药，能解毒、止咳。

中国旋花 *Convolvulus sagittifolius* Lisch et Ling （图 2.260）[中国高等植物图鉴]

中国旋花亦称田旋花、箭叶旋花。多年生草本；根状茎横走。茎蔓性或缠绕，具棱角或条纹，上部有疏柔毛。叶互生，戟形或箭形，长 2.5 ~ 5cm，宽 1 ~ 3.5cm，全缘或 3 裂，侧裂片展开，微尖，中裂片卵状椭圆形、狭三角形或披针状长椭圆形，微尖或近圆；叶柄长 1 ~ 2cm。花序腋生，有 1 ~ 3 朵花，花梗细弱，长 3 ~ 8cm；苞片 2 枚，线形，与萼远离；萼片 5 片，光滑或被疏毛，卵圆形，边缘膜质；花冠漏斗状，长约 2cm，粉红色，顶端 5 浅裂；雄蕊 5 枚，基部具鳞毛；子房 2 室，柱头 2 裂。蒴果球形或圆锥形。种子 4 粒，黑褐色，卵圆形，无毛。花期 5 ~ 8 月，果期 7 ~ 9 月。

本区分布于吴起、志丹、靖边、定边、横山、榆阳、环县、会宁、原州、海原、西吉等地；国内分布于吉林、黑龙江、吉林、内蒙古、河北、河南、山西、陕西、甘肃、宁夏、新疆、山东、四川、西藏等省区；世界其他热带和亚热带地区也有分布。多生于耕地、撂荒地及山坡草地，极普遍。全草入药，具调经活血、健脾益胃、利尿、滋阴补虚之效。

图 2.260 中国旋花（陕西吴起周湾）

圆叶牵牛花 *Pharbitis pururea* (L.) Voight（图 2.261） [中国高等植物图鉴]

圆叶牵牛花亦称紫牵牛，一年生草本，全株被粗硬毛。茎缠绕，多分枝。叶互生，心形，长 5 ~ 12cm，具掌状脉，顶端尖，基部心形；叶柄长 4 ~ 9cm。花序有花 1 ~ 5 朵，总花梗与叶柄近等长，小花梗伞形，结果时上部膨大；苞片 2 枚，条形；萼片 5 片，卵状披针形，长 1.2 ~ 1.5cm，顶端钝尖，基部被粗硬毛；花冠漏斗状，紫色、淡红色或白色，长 4 ~ 5cm，顶端 5 浅裂；雄蕊 5 枚，不等长，花丝基部有毛；子房 3 室，柱头头状，3 裂。蒴果球形，光滑。种子卵圆形，无毛。花期 7 ~ 9 月，果期 8 ~ 10 月。

本区分布于吴起、志丹、靖边、定边、横山、米脂、榆阳、环县、会宁、原州、海原、西吉、同心、中宁、灵武等地；原产于美洲，我国各地皆有种植，并常野生于荒地或村旁。

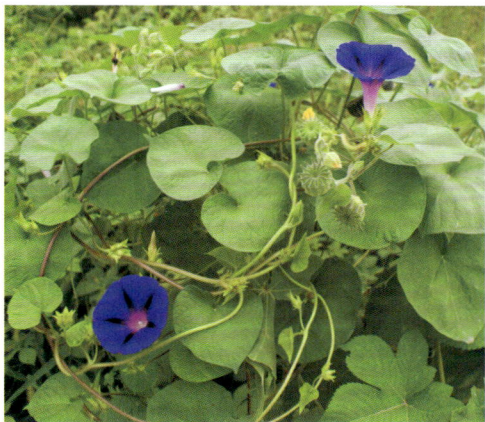

图 2.261 圆叶牵牛花（陕西吴起吴起镇）

菟丝子 *Cuscuta chinensis* Lam. （图 2.262）[中国高等植物图鉴]

菟丝子亦称豆寄生、金丝藤，一年生寄生草本。茎细，缠绕，黄色，无叶。花序侧生，簇生，花多数，球形，花梗短或无；苞片 2 枚，有小苞片；花萼杯状，长约 2mm，5 裂，裂片卵

图 2.262　菟丝子（陕西吴起金佛坪）

圆形或矩圆形；花冠白色，壶状或钟状，长为花萼的 2 倍，包裹蒴果全部，顶端 5 裂，裂片向外反曲；雄蕊 5 枚，花丝短，与花冠裂片互生；鳞片 5 枚，近长圆形，边缘穗形，着生于花冠筒近基部处；子房 2 室，每室含 2 粒胚珠，花柱 2 个，直立，柱头头状，宿存。蒴果近球形，稍扁，盖裂成熟时被花冠全部包住，长约 3mm，盖裂。种子 2 ～ 4 粒，淡褐色，表面粗糙，长约 1mm。花期 7 ～ 8 月，果期 8 ～ 9 月。

本区分布于吴起、志丹、靖边、定边、横山、榆阳、环县、会宁、原州、海原、同心、灵武、盐池等地；国内分布于吉林、辽宁、山西、河北、河南、山东、四川、贵州、广东等省；朝鲜、日本等国也有分布。寄生于海拔 400 ～ 2 000m 的草本植物，多寄生于田边、路旁的委陵菜、亚麻、大豆或菊科植物上。种子入药，有补肝肾、养血、益精、壮阳、止泻、润燥之效。

2.1.50　紫草科 Borraginaceae

紫草科植物多为草本，稀乔木或灌木；常被糙毛或刺毛。叶互生，稀对生或轮生，全缘，常具有硬长毛或刚毛。花两性，整齐，花序为 2 歧或单歧蝎尾状聚伞花序，稀穗状或伞房花序，苞片有或无；花萼离生或基部合生，常 5 裂，稀 6 ～ 8 裂或齿裂；花冠白色、黄色或蓝紫色，辐状、漏斗状或钟状，5 裂，稀 4 ～ 8 裂，呈覆瓦状排列，稀为旋转状排列，喉部常具有 5 个附属物；雄蕊 5 枚，着生于花冠上，花药 2 室；雌蕊 1 枚，由 2 心皮组成，子房上位，2 室，柱头头状或 2 裂。果实分裂成 1 ～ 4 个核果或 4 (2) 个小坚果。

本科我国有 46 属 200 多种，全国均有分布，以西部最多。本区产 6 属 7 种。

狭苞斑种草 Bothriospermum kusnezowii Bunge （图 2.263）[中国高等植物图鉴]

一年生草本，高 15 ～ 30cm，密被硬毛。茎丛生，平卧或斜升，常自下部分枝。基生叶莲座状，叶片倒披针形或匙形，长 4 ～ 7cm，宽 5 ～ 10mm，先端钝圆，基部渐狭成柄，两面被硬短毛和短伏毛，上面较下面密，上面多为具基盘的硬毛，边缘具不规则小牙状齿。花序总状，具线形或狭披针形苞片；花萼长 3 ～ 4mm，5 裂至近基部，密被硬毛和短伏毛；花冠钟形，蓝色或蓝紫色，筒部长约 3mm，檐部 5 裂，裂片近圆形，喉部具 5 个顶端 2 裂

图 2.263　狭苞斑种草（陕西吴起五谷城）

的附属物；花柱长为花冠筒的一半，柱头头状。小坚果肾圆形，密被疣状突起，腹面具1圆形凹陷。花期5～6月，果期8月。

本区分布于吴起、靖边、定边、盐池、灵武及贺兰山等地；国内分布于我国东北、华北，以及陕西、甘肃、青海等地。多生于海拔830～2 500m的干旱农田、山坡道旁、山谷林缘、山坡草地等。

大果琉璃草 *Cynoglossum divaricatum* Steph.(图2.264)[中国高等植物图鉴]

草本，茎高30～50cm，粗1cm，有贴伏的短柔毛。叶互生，基生叶和下部叶具柄，灰绿色，短圆状披针形或披针形，长8～14cm，宽2～4cm，两面密生紧贴的短柔毛，上部叶无柄，向上渐变小，狭披针形。聚伞花序长达10cm，有稀疏的花；苞片狭披针形或条形；花梗长达1cm，结果时长达2.4cm；花萼长约3mm，外表面密生短柔毛，裂片5片，卵形；花冠蓝紫色，檐部直径约5mm，5裂，喉部有5个梯形附属物；雄蕊5枚，子房4裂。小坚果4个，卵形，长约5mm，密生锚状刺。花期5～6月，果期6～7月。

本区分布于横山、榆阳、靖边、定边、吴起、志丹、环县、会宁、原州、海原、同心、盐池等地；国内分布于新疆、甘肃、陕西、华北、东北；蒙古、俄罗斯（西伯利亚）也有分布。生于海拔700～2 000m的干草坡、黄土坡、路边、沙丘或石滩上。果实和根可入药，果实能收敛、止泻，根能清热解毒。

图 2.264　大果琉璃草（陕西吴起周湾）

琉璃草 *Cynoglossum zeylanicum*（Vahl）Thunb. ex Lehm.（图2.265）

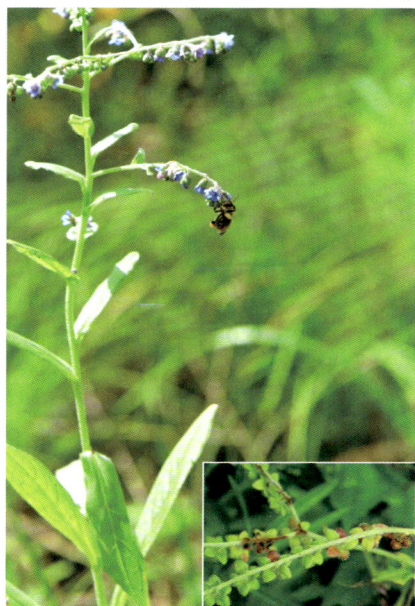

图 2.265　琉璃草（杜诚提供）

草本，高40～60cm。茎单一或数条丛生，密被黄褐色糙伏毛。基生叶及茎下部叶具柄，长圆形或长圆状披针形，长12～20cm（包括叶柄），宽3～5cm，先端钝，基部渐狭，两面密生贴伏的伏毛；茎上部叶无柄，狭小，被密的伏毛。顶生及腋生花序，侧枝钝角叉状分开，果期延长呈总状；花梗长1～2mm，果期较花萼短，密生糙伏毛；花萼长1.5～2mm，果期稍增大，长约3mm，裂片卵状长圆形，外表面密伏短糙毛；花冠蓝色，漏斗状，长3.5～4.5mm，檐部直径5～7mm，裂片长圆形，喉部有5个梯形附属物，附属物长约1mm，边缘密生白柔毛；花药长圆形，长约1mm，宽0.5mm，花丝基部扩张，着生于花冠筒上1/3处；花柱肥厚，略呈四棱形，长约1mm，果期长达2.5mm，较花萼稍短。小坚果卵球形，直径1.5～2.5mm，背面突，密生锚状刺。花、果期5～10月。

本区仅见于定边、吴起、志丹、靖边的白于山区；

国内自西南、华南、华东、台湾至河南、陕西及甘肃南部均有分布；国外分布于阿富汗、巴基斯坦、印度、斯里兰卡、泰国、越南、菲律宾、马来西亚、巴布亚、新几内亚及日本等。生于海拔 300 ~ 3 040m 的林间草地、向阳山坡及路边。根叶入药，可治疮疖痈肿、跌打损伤、毒蛇咬伤及黄胆、痢疾、尿痛及肺结核咳嗽。

东北鹤虱 *Lappula heteracantha* (Ledeb.) Gürke（图 2.266）[中国植物志]

东北鹤虱亦称异刺鹤虱，一年生草本。茎直立，株高 10 ~ 40cm，全株被细糙毛，通常上部多分枝。叶互生，基呈莲座状，长圆形，长 2 ~ 7cm，宽 3 ~ 7mm，先端钝圆，基部楔形，全缘；茎生叶披针形，向上渐小，两面均被紧贴的细糙毛。集散花序疏松，顶生，果时延伸，长达 20cm；苞片披针形；花几无梗或具短梗，花萼近基部 5 裂，花期裂片直立；花冠蓝色，檐部 5 裂，喉部具 5 个长圆形附属物；雄蕊 5 枚，内藏，子房 4 裂。小坚果 4 个，扁三棱形，腹面具疣状突起，边缘有 2 行锚状刺。花期 5 ~ 6 月，果期 6 ~ 7 月。

本区分布于吴起、志丹、靖边、定边、横山、榆阳、环县、会宁、靖远、原州、海原、同心、盐池、灵武等地；国内分布于吉林、辽宁、内蒙古、山西、陕西、甘肃、宁夏、青海新疆等省区；亚洲（西北部）、欧洲也有分布。

生于海拔 500 ~ 1 500m 的河滩、山坡草地、路边、梁峁顶草丛中。果实入药，味苦、性平、有驱虫之效；可治蛔虫、绦虫、虫积腹痛等症，本品有毒，注意用量。

图 2.266　东北鹤虱（陕西吴起长城）

狼紫草 *Lycopsis orientalis* L.（图 2.267）[中国高等植物图鉴]

一年生草本，茎高 10 ~ 40cm，直立或斜升，常自下部分枝，被开展的长硬毛。基生叶具柄，其他叶无柄，匙形、倒披针形或条状矩圆形，长 1.8 ~ 14cm，宽 0.4 ~ 3cm，边缘有微波状小牙齿，两面疏生硬毛；茎上部叶渐小，边缘具微波状小牙齿。聚伞花序腋生，长达 25cm，具苞片；苞片狭卵形至条状披针形，下部的长达 5.5cm；花萼长约 4mm，5 深裂，近基部裂片条状披针形，果期不等地增大，星状开展，长 5 ~ 20mm，被硬毛；花冠紫色，长约 3mm，檐部 5 裂，裂片不等长，萼筒长约 5mm，中部之下弯曲，喉部有 5 个附属物；雄蕊 5 枚，2 枚着生于萼筒基部，3 枚着生于萼筒基部之上；花药先端具短尖；子房 4 裂。小坚果 4 个，狭卵形，长约 3mm，有皱棱和小疣点。花期 5 ~ 6 月，果期 7 月。

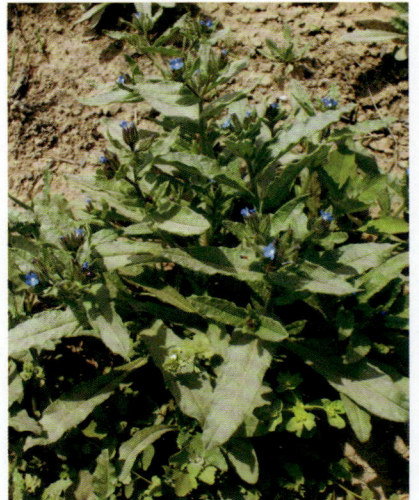

图 2.267　狼紫草（陕西吴起吴起镇）

本区分布于吴起、志丹、靖边、定边、横山、榆阳、环县、会宁、定西、原州、海原、西吉、同心、盐池、中卫等地；国内分布于新疆、青海、甘肃、宁夏、陕西、河南、山西、河北和内蒙古等省区；亚洲（西部）、欧洲也有分布。生于海拔 500～1 500m 的丘陵、山地草场、路旁或田边。叶可入药，能消炎止痛。

紫筒草 Stenosolenium saxatile (Pall.) Turcz. (图 2.268)[中国高等植物图鉴]

多年生草本；根圆柱状，细长，含紫红色物质。茎高 15～25cm，通常数条，直立或斜升，密生开展的白色硬毛，硬毛基部膨大呈乳头状。叶互生，两面密生糙毛，糙毛基部膨大；基生叶和下部叶倒披针状条形，近花序的叶披针状条形，长 2～4.5cm，宽 3～7mm，先端钝，基部渐狭，无柄。聚伞花序顶生，逐渐延长，密生糙毛；苞片叶状，披针形，长约 1cm；花具短梗；花萼长约 7mm，5 裂至近基部，裂片条形，先端渐尖；花冠紫色、黄色或白色，冠圆筒状，外被短柔毛，细长，约 9mm，基部有具毛的环，檐部直径约 6.5mm，5 裂，裂片短而钝圆，向外展开；雄蕊 5 枚，在花冠筒中部之上螺旋状着生；子房 4 裂，花柱细长，顶部短二裂，每分枝有 1 个球形柱头。小坚果 4 个，长约 2mm，卵状长圆形，具疣状突起，腹面基部有短柄。花期 5～6 月，果期 6～7 月。

本区分布于吴起、志丹、靖边、定边、横山、榆阳、环县、平川、灵武、盐池等地；国内分布于内蒙古、辽宁、甘肃、陕西、宁夏、山西、山东、河北等省区；蒙古、俄罗斯（西伯利亚）也有分布。生于海拔 500～1 500m 的山坡下部、草地、丘陵、低山的草地或田边。

图 2.268 紫筒草（陕西吴起长城）

附地菜 Trigonotis peduncularis (Trev.) Benth. ex Baker et Moore（图 2.269）

异 名 *Myosotis Pdluncularis* **Trev.**；*Myosotis chinensis* **DC.**

一年生草本，高 5～30cm。茎基部略呈淡紫色，通常自基部分枝，纤细，直立或斜升，具平伏细毛。单叶互生；下部叶无柄，上部叶具短柄或长柄；叶片匙形、椭圆形或长圆形，长 2～5cm，宽 5～20mm，先端圆钝或尖锐，基部宽楔形或渐狭，两面均具糙伏毛。聚伞花序成总状，顶生，幼时卷曲，后渐次伸长，长 5～20cm；花小，通常生于花序后侧；叶状苞片 2～3 枚；花梗短，花后延长 3～5mm；花萼长 1～2.5mm，

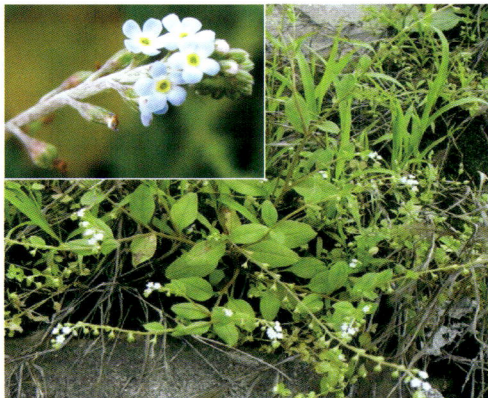

图 2.269 附地菜（www.jiaoxue.edu.cn）

5裂，裂片倒卵形，平展，喉部具5枚白色或带黄色附属物；花冠筒与花冠裂片等长；雄蕊5枚，内藏，着生在花冠筒上部，不伸出花冠外；雌蕊1枚，子房4深裂，花柱基生，柱头头状。小坚果4个，斜三棱锥状四面体形，长0.8～1mm，黑色有光泽，表面具细毛，有短柄，背面具3锐棱。花期4～6月，果期7～9月。

本区分布于吴起、志丹、靖边、定边、环县、盐池等地；国内分布于东北、华北、华东、西南及陕西、新疆、广东、广西、西藏等地。生于田野、路旁、荒草地或丘陵林缘、灌木林间。全草入药，具治手脚麻木、胸肋骨痛之效，主治胃痛、吐酸、吐血、遗尿、手足麻木、跌打损伤、骨折、痈肿疮毒等症。

2.1.51　马鞭草科 Verbenaceae

马鞭草科植物多为草本、灌木，稀乔木。叶对生，稀轮生或互生。花序常为腋生或顶生的穗状或聚伞状，再组成聚伞状、圆锥状、头状或伞房状，稀单生；花两性或杂性，左右对称，稀辐射对称，花萼宿存，杯状、钟状或筒状，4～5深裂或浅裂；花冠合生，常4～5裂，略呈2唇形，稀同形，全缘或下唇中裂片穗状，裂片呈覆瓦状排列；雄蕊4枚，2强，2或5～6枚，着生于花冠筒的上部或基部，与花冠裂片互生，花药背面着生，2室；花盘小；子房上位，常由2个心皮组成，4室，稀2～8室，全缘或4裂，每室含1～2粒胚珠，花柱顶生，柱头2裂或不裂。核果或蒴果状，常分离为数个小坚果，1～4室，每室有1粒种子。种子常无或含少量胚乳。

本科我国有21属170余种，主要分布于长江以南各省区。本区有1属3种。

蒙古莸 Caryopteris mongolica Bunge（图2.270）[中国高等植物图鉴]

蒙古莸亦称白沙蒿、山狼毒。落叶灌木，嫩枝带紫褐色。叶条形或条状披针形，长1～4cm，宽2～7mm，全缘，两面都被有短绒毛，上面深绿色，下面灰白色；叶柄长约3mm。聚伞花序腋生；花萼钟状，外面被灰白色绒毛，顶端5裂，裂片长约1.5mm，花冠蓝紫色，顶端5裂，其中1个较大的裂片上部分裂成纤细的条状，花冠筒内喉部有毛；雄蕊4枚，伸出花冠筒外；子房无毛，柱头2裂。蒴果球形，成熟开裂为4个小坚果。花期5～6月，果期7～8月。

本区分布于吴起、志丹、靖边、定边、横山、榆阳、环县、会宁、靖远、原州、海原、西吉、同心、沙坡头、中宁等地；国内分布于内蒙古、山西、陕西、甘肃等省区。生于海拔1 100～1 800m的沙丘和低山碱质土壤上。叶和花可提取芳香料，又可栽植于庭园供观赏。

图 2.270　蒙古莸（陕西横山朱家河）

金叶莸 *Caryopteris clandonensis* 'Worcester Gold' （图 2.271）

小灌木。株高 0.8 ～ 1.2m，冠幅 0.6 ～ 1m。枝条圆柱形。单叶对生，叶楔形，长 3 ～ 6cm，叶面光滑，鹅黄色或翠绿色，叶先端尖，基部钝圆形，边缘具粗齿。聚伞花序，花冠蓝紫色，高脚碟状腋生于枝条上部，自下而上开放；花萼钟状，二唇形 5 裂，下裂片大而有细条状裂纹，雄蕊 4 枚；花冠、雄蕊、雌蕊均为淡蓝色，花期 7 ～ 9 月。

金叶莸叶色为两种：一种是金黄色或鹅黄色，另一种是翠绿色。当年栽植即可开花。叶色优雅，尤其具有衬托色彩的效果。金叶莸喜光，也耐半荫，耐旱、耐热、耐寒，在 20℃ 以上的地区能够安全地越冬，是优良的园林造景灌木。

本区仅见于榆阳和吴起；国内分布于西北、东北、华北、华中地区。多为引种栽培，是较好的水土保持和园林绿化植物。

图 2.271　金叶莸（陕西吴起吴起镇）

荆条 *Vitex negundo* L. var. *heterophylla* （Franch.） Rehd. （图 2.272）[陕西树木志]

异名 *Vitex insica* Lamk.

落叶灌木或小乔木，高 1 ～ 5m，具有香味。小枝四棱，灰白色，被柔毛。叶对生，掌状复叶，小叶 5 片，间有 3 片；小叶片披针形或椭圆状披针形，基部楔形；小叶边缘有缺刻状锯齿、浅裂以至深裂；边缘有粗锯齿，表面绿色，下面淡绿色或灰白色，无毛或有毛。圆锥花序顶生，长 10 ～ 20cm；花萼钟状，具 5 齿裂，宿存；花冠蓝紫色，较萼片长 2 倍，二唇形，外面被绒毛，内面后部有短毛；雄蕊 4 枚，2 强；雄蕊和花柱稍外伸，花丝、花柱无毛，子房被短毛。核果，黑色，球形或倒卵形。花期 6 ～ 8 月，果期 9 ～ 10 月。

本区分布于吴起、志丹、安塞、靖边、定边、横山、环县、会宁、榆中、同心、原州、海原、贺兰山等地；国内分布于全国各地；亚洲（南部）、非洲（东部）、南美洲，以及日本也有分布。常生于海拔 400 ～ 1 500m 的山地阳坡、沟谷，形成灌丛。资源极丰富，叶、茎、果实和根均可入药，茎叶治疗久痢；种子为清凉性镇静、镇痛药；根可以驱蛲虫；花和枝叶可以提取芳香油；茎皮可以造纸及人造棉；全株可栽培作为观赏植物。

图 2.272　荆条（www.312green.com）

2.1.52　唇形花科 Labiatae

唇形花科植物为一年至多年生草本、半灌木或灌木，稀乔木或藤本。植株常具油腺和腺体，被单毛、节毛、腺毛、星状毛和分歧毛。根纤维状，稀增厚成纺锤状或块根。茎直立，铺散上升或匍匐状，四棱形，稀具地下匍匐茎或气生走茎。叶对生，稀轮生，常为单叶，全缘或具各式锯齿、浅裂或深裂，稀复叶。花序聚伞状，3 至多花，常由两个 2 歧聚伞花序在节上形成轮伞花序，或多分枝为 1 对单歧聚伞花序，由上述花序组成顶生或腋生的总状、穗状或圆锥状的复合花序，稀为头状或花向主轴一面聚集成背腹穗状花序，或单花成对腋生偏向一侧；通常苞片与茎叶同形或向上渐小而变形，每花下常具一对小苞片；花两性或退化成雌花，两性花异株，稀杂性，两侧对称，稀辐射对称；花萼钟状、管状或杯状、球形或壶形，直立或弯曲，二唇形，果期增大、加厚或呈肉质，先端 5 裂，稀 3、2 或 10 裂，裂片具 5、10、15 条脉，稀 8、11、13 ~ 19 条脉，裂片间稀具胼胝体，花萼外表面被毛或腺体；花冠白色、黄色、红色、紫色或蓝紫色，常伸出萼外，花冠管向上宽展，直或弯，罕倒扭，外面被毛或无毛，基部有时膝曲，稀具囊或距，二唇形，稀假单唇形或单唇形，上唇多直立，盔状，先端全缘或微凹，稀扁平，下唇开展，中裂片发达，平展，稀舟状或囊状，先端全缘或凹陷，雄蕊 4 枚，2 强，前对较长，后对较短，分离或药室贴近两两成对，花丝丝状或扁平，着生于花冠筒上，多分离，稀基部结合成鞘状，有时后对花丝基部有各式附属器，花药常为长圆形、卵形至线形，2 室，平行或叉开至平展，纵裂，稀在花后贯通为一室；花盘下位，常肉质，全缘至 2 ~ 4 浅裂或深裂；子房上位，4 深裂，稀浅裂或不裂；胚珠单被，倒生，直立，基生于中轴胎座上；花柱常着生于子房基部，或稀着生于中、上部，柱头 2 裂，稀不裂。4 个小坚果，稀核果状或肉质，倒卵形、卵状球形或球形，基生果脐通常小，稀有超过果轴一半的果脐。种子单生于小坚果内，直立，基生，稀横生而皱曲；子叶与果轴平行或横生，微肉质，扁平或有褶。

本科我国有 98 属 800 多种。本区产 6 属 11 种。

图 2.273　风车草（陕西吴起吴起镇）

风车草 Clinopodium urticifolium(Hance) C. Y. Wu et Hsuan（图 2.273）[中国植物志]

风车草亦称麻叶风轮菜、紫苏，多年生草本。茎高 20 ~ 80cm，被下向的短硬毛，茎上部毛更长、更密。叶多卵形至卵状披针形，长 3 ~ 5.5cm，表面被极疏的短硬毛，深绿色；背面被稀疏贴生的具节柔毛，叶脉上尤密，淡绿色；叶柄长 2 ~ 12mm，向上渐短，被疏柔毛。轮伞状聚伞花序多花，呈半球形，总花梗长 3 ~ 10mm，总花梗上多分枝；苞叶叶状，向上渐变小而呈苞片状；苞片条形，明显具脉，被平展长硬毛，花萼狭筒状，长约 8mm，上部染紫红色，5 裂唇形，上唇裂片三角形，下唇裂针芒状，10 条脉，外被平展的白色纤毛及具腺微柔毛，内面在喉部披疏柔毛，13 条脉；花冠紫红色，长约 1.3cm，二唇形，上唇 2 浅裂，下唇 3 裂；雄蕊 4 枚，内藏或外露；花柱微外露，柱头 2 裂不明显，子房无毛。小坚果倒卵球形，无毛。花期 6 ～ 8 月，果于花后逐渐成熟。

　　本区分布于吴起、志丹、靖边、定边、横山、榆阳、环县、会宁等地；国内分布于黑龙江、吉林、辽宁、内蒙古、河北、山西、陕西、甘肃、山东、江苏、四川等省区；朝鲜、俄罗斯（远东地区）也有分布。生于海拔 500 ～ 2 500m 的山坡、山谷草地、路边、河岸、农田、园地、疏林地或林中空地，适应性强，耐寒。全草入药，治感冒头痛、中暑腹痛、痢疾、乳腺炎、痈疽肿毒、荨麻疹、过敏性皮炎、跌打损伤等症。

香青兰 *Dracocephalum moldavica* L.（图 2.274）[中国高等植物图鉴]

　　一年生草本，直立，高 20 ～ 60cm。根圆柱形。茎下部紫色，上部绿色，常分枝，被倒向的小毛。基生叶卵状三角形，具疏圆齿及长柄；下部叶具与叶片等长之柄；中部以上叶具短柄，叶片披针形至条状披针形，长 1.4 ～ 4cm，两面仅在脉上疏被小毛，余散布黄色小腺点，叶缘具三角形齿或疏锯齿，叶基 2 齿具长刺。轮伞花序 4 花，生于茎或分枝上部；苞片矩圆形，每侧有具长刺的 2 ～ 3 个小齿；花萼长 8 ～ 10mm，15 条脉，外面被毛和金黄色腺点，上唇 3 裂至本身 1/4 ～ 1/3 处，裂片三角状卵形，下唇 2 裂，裂片披针形，齿间有小瘤；花冠淡蓝紫色，长 1.5 ～ 2（3）cm，上唇微凹，下唇中裂片扁，2 裂，有短柄，柄上有 2 突起；雄蕊 4 枚，无毛；花柱无毛，外露，柱头 2 裂相等。小坚果矩圆形，微具棱，果脐白色。花期 6 ～ 7 月，果于花后逐渐成熟。

　　本区分布于横山、榆阳、靖边、定边、吴起、志丹、环县、会宁、同心、盐池、灵武、贺兰山等地；国内分布于东北、华北及西北；自亚洲北部至欧洲广布。生于海拔 500 ～ 1 800m 的山地、林边、干燥山谷或荒草坡上。全株含芳香油；全草入药，治头痛、气管炎。

图 2.274　香青兰（陕西吴起新寨）

图 2.275　刺齿枝子花（陕西吴起吴仓堡）

刺齿枝子花 *Dracocephalum peregrinum* L.（图 2.275）[中国植物志]

　　一年生或二年生直立草本，高 15 ～ 45cm，中部以下分枝，四棱或钝四棱形，被倒向的小毛；分枝长，斜展。茎生叶具短柄，柄长 2 ～ 3mm，叶片干时近革质，卵状披针形或披针形，长 1.5 ～ 2.2cm，宽 3.5 ～ 5.5mm，先端微尖并具小刺尖头，基部楔形，两面疏被小毛，边缘被短睫毛及少数带短刺（刺长 0.4 ～ 0.8mm）的牙状小齿，叶脉极不明显；茎上部叶逐渐变小。轮伞花序生于上部 4～7 对叶腋中，具 4～6 朵花；花具短梗；苞片椭圆状卵形，长度为萼之 1/2 或 1/3，边缘具 1～2 个极小的齿，齿具长几达 1mm 的刺；花萼常为紫色，长 10～13mm，被小毛及短睫毛，明显二唇形，2 裂几达 1/2，上唇 3 裂至本身长度的 1/4，3 齿几等大，三角状卵形，先端具较齿稍短的刺，下唇 2 裂超过本身长度之 1/2，齿披针形，针状渐尖；花冠蓝紫色，长 2.2～2.8cm，外面疏被短柔毛，上唇稍短于下唇；雄蕊无毛。花期 6～8 月，果于花后逐渐成熟。

本区分布于吴起、志丹、靖边、定边、横山、环县、盐池、同心、灵武等地；国内分布于陕西、甘肃、宁夏、新疆等省区；俄罗斯、蒙古也有分布。生于海拔 1 200～2 000m 的山坡草地、涧地、高山草原石缝中。

益母草 Leonurus heterophyllus Sweet（图 2.276）[中国高等植物图鉴]

益母草亦称坤草，一年生或二年生直立草本。主根上密生须根。茎高 30～140cm，粗壮，绿色或紫色，被倒向糙伏毛，在节及枝上部尤为密集。茎下部叶轮廓卵形，掌状 3 裂，长 2.5～6cm，宽 1.5～4cm，基部宽楔形或平截，其上再分裂，中部叶通常 3 裂成矩圆形裂片；花序上的叶呈条形或条状披针形，全缘或具稀少牙状齿，最小裂片宽在 3mm 以上；叶柄长 2～3cm 至近无柄。轮伞花序，轮廓圆形，直径 2～2.5m，腋生，下面间断向上密集；下有刺状小苞片，坚硬，被伏贴糙毛；花萼筒状钟形，长 6～8mm，外面被贴生糙毛，5 脉，5

图 2.276　益母草（陕西吴起周湾）

裂齿，前 2 齿靠合；花冠粉红至淡紫红色，长 1～1.5cm，花冠筒内有毛环，檐部二唇形，上面外被柔毛，下唇 3 裂，中裂片倒心形；雄蕊 4 枚，2 强，藏于上唇中，花丝被长毛，花药 2 室，卵圆形，具 3 棱，先端平截。小坚果矩圆状三棱形。花期 6～9 月，果于花后逐渐成熟。

本区分布于吴起、志丹、靖边、定边、横山、榆阳、环县、会宁、原州、海原、西吉、灵武等地；遍布全国各地；广布于亚洲、非洲、美洲。多生于海拔 1 000～1 600m 的山坡草地、沟谷、路旁、田埂等多种生境。全草入药，多用于治疗妇科病和动脉硬化及高血压等；子名茺蔚，可利尿，治眼疾。

细叶益母草 Leonurus sibiricus L.（图 2.277）[中国高等植物图鉴]

细叶益母草亦称四美草、风胡芦草，一年生或二年生直立草本。株高 20～80cm，具短而贴生的糙伏毛。茎中部叶轮廓为卵形，掌状 3 全裂，裂片再分裂成条状小裂片，花序上的叶明显 3 全裂，中裂片复 3 裂，全部小裂片均条形，宽 1～2mm。轮伞花序轮廓圆形，径 3～3.5cm，下有刺状苞片；花萼筒状钟形，长 8～9mm，5 条脉，齿 5 个，前 2 齿靠合；花冠粉红至紫红，长约 1.8cm，花冠筒上唇外密被长柔毛，下唇 3 裂，中裂片倒心形；内有毛环，檐部2唇形，下唇短于上唇1/4，小坚果矩圆状三棱形。花期6～9月，果于花后逐渐成熟。

本区分布于吴起、志丹、靖边、定边、榆阳、环县、会宁、中卫、海原、灵武、盐池等地；国内分布于内蒙古、河北、山西、陕西、宁夏、甘肃等省区；俄罗斯（西伯利亚）、蒙古也有分布。生于海拔1 000～2 000m的山坡草地，沟谷、路旁。

白花益母草 Leonurus artemisia（Lour.）S. Y. Hu var. *albiflorus*（Migo.）S. Y. Hu（图2.278）

白花益母草亦称玉容草、錾菜、楼台草，一年生草本，全体较粗糙。茎直立，高40～100cm以上，方形，具4棱，有节，密被倒生的粗毛。叶厚，带革质，对生，两面均被灰白色毛；下部叶有长柄，卵圆形或羽状3深裂，先端锐尖，基部楔形，边缘有粗锯齿和缘毛；中部叶具短柄，披针状卵圆形，具粗锯齿；上部枝梢叶无柄，椭圆形至倒披针形，全缘。花多数，腋生成轮状；苞片线形至披针形，或呈刺状，具毛；萼钟状，外面密被细毛，5条脉，萼齿5个，先端刺尖，上3齿相似，呈三角形，下面2齿较大；花冠白色，常略带紫纹，长1.3cm，2唇，上唇匙形，先端微凹，具缘毛，下唇3浅裂，中间裂片倒心脏形；雄蕊4枚，2强；子房4裂，花柱丝状，柱头2裂。小坚果黑色，具3棱，表面光滑。花期7～9月，果期10～11月。

图2.277　细叶益母草（陕西吴起周湾）

本区分布于吴起、志丹、靖边、定边、环县、盐池等地；国内分布于东北、华北、华中、华东及西南等地；国外分布于俄罗斯（西北利亚及远东地区）、朝鲜、日本，亚洲、非洲以及美洲各地也有分布。生于海拔3 400m以下的山坡、路边、荒地上，尤以阳处为多。茎叶入药，主治筋骨痿软、脱阳脱阴、夜多盗汗、跌打损伤、妇人血崩；可用于接骨，亦可捣碎敷疔疮。

图2.278　白花益母草（陕西吴起王洼子）

薄荷 Mentha canadensis L.（图2.279）[中国高等植物图鉴]

多年生草本。茎高30～60cm，上部具倒向微柔毛，下部仅沿棱上具微柔毛。叶具柄，矩圆状披针形至披针状椭圆形，长3～5（7）cm，上面沿脉密生、其余部分疏生微柔毛，或除脉外近无毛，下面常沿脉密生微柔毛。轮伞花序腋生，球形，具梗或无梗；花萼筒状钟形，长约3.5mm，10条脉，齿5个，狭三角状钻形；花冠淡紫，外被毛，内面于喉部下被微柔毛，檐部4裂，上裂片顶端2裂，较大，其余3裂近等大；雄蕊4枚，前对较长，均伸出。小坚果卵球形。花期7～10月，果于花后逐渐成熟。

图 2.279　薄荷（陕西志丹双河）

本区分布于吴起、志丹、靖边、定边、横山、榆阳、环县、会宁、原州、海原、西吉等地；国内广布于各地；朝鲜、前苏联、日本等也有分布。生于海拔 500 ～ 1 800m 的沟旁、渠边、沙滩湿地。薄荷茎叶有特殊香味，具疏散风热、清利头目、利咽、透疹、疏肝解郁之功效；也常用于治疗风热感冒、头痛、咽喉痛、口舌生疮、风疹、麻疹、胸腹胀闷和抗早孕等；另外，还具有消炎止痛的作用。

糙苏 *Phlomis umbrosa* Turcz.（图 2.280）

[中国高等植物图鉴]

糙苏亦称续断、山芝麻、常山，多年生直立草本。根肥粗，须根肉质，略呈纺锤形。茎高 30 ～ 120cm，多分枝，疏被白色下向短硬毛，绿色或紫红色。叶近圆形、圆卵形至卵状矩圆形，长 5.2 ～ 14cm，具长 1 ～ 12cm 的柄；苞叶较小，卵形，具短柄；叶片两面被疏柔毛及星状疏柔毛。轮伞花序多数，生于主茎及分枝上，其下有被毛的条状钻形苞片；花萼管状，长约 10mm，外面被星状微柔毛，萼齿顶端具小刺尖，齿间形成 2 个不十分明显的小齿，边缘被丛毛；花冠通常粉红色或淡紫色，稀白色，长约 1.7cm，上唇盔状，外面密被长硬毛，边缘具不整齐的穗状小齿，下唇 3 圆裂，中裂片较大；雄蕊 4 枚，2 强，花柱无毛，柱头 2 裂不相等。小坚果黑褐色，柱状长圆形，无毛。花期 7 ～ 8 月，果期 9 ～ 10 月。

本区分布于吴起、志丹、靖边、定边、横山、米脂、榆阳、环县、会宁、原州、同心、西吉等地；国内分布于辽宁、内蒙古、河北、山东、山西、陕西、甘肃、四川、贵州、湖北及广东。生于海拔 1 000 ～ 2 400m 的山坡疏林下、山沟岸、沟壑或荒草坡。根入药，具消肿、生肌、续筋、接骨之效，兼有补肝、肾、强腰膝和安胎之效。

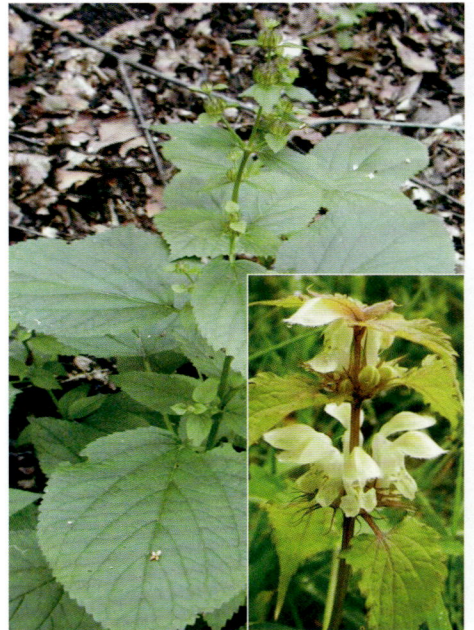

图 2.280　糙苏（www.plant.cqla.cn）

蒙古串铃草 *Phlomis mongolica* Turcz.（图 2.281）[中国高等植物图鉴]

蒙古串铃草亦称蒙古糙苏，多年生草本，高 20 ～ 50cm。根木质，须状根上常膨大形成球形、椭圆形或纺锤形的块根，表面灰棕色。茎直立，四棱形，紫红色，被开展的硬毛，茎上部与节上较密。基生叶狭长三角形或三角状披针形，长 3 ～ 10cm，宽 2 ～ 4.5cm，先端钝，基部深心形，边缘具不规则的圆钝齿，上面绿色，被平伏长毛，脉稍凹陷，无毛，背面灰绿色，脉隆起，被星状毛；叶柄长 3 ～ 15cm，腹凹背突，疏被开展的长硬毛；茎生叶较基生叶狭而小；

苞叶与茎生叶同形，无柄。轮伞花序具多花；苞片线形，长 12 ~ 14mm，与萼等长或稍短，密生开展的刚毛和星状毛；花萼管状，长约 1.4cm，被刚毛及短的星状毛，萼齿先端微凹，凹缺背部生长 1.5 ~ 2mm 的小刺尖；花冠淡紫红色，长约 2cm，花冠筒长约 1.2cm，外面中下部无毛，里面有毛环，冠檐 2 唇形，上唇长 7mm，外面被短星状毛和长柔毛，里面被髯毛，下唇长约 6mm，3 裂，中裂倒三角状卵形，长、宽各约 4mm，顶端微凹，侧裂片椭圆形，边缘均具不整齐牙状小齿；雄蕊 4 枚，后对雄蕊较长，花丝基部在毛环稍上处具附属器，花丝被柔毛，不伸出；花柱与后对雄蕊等长，顶端不等 2 浅裂。

图 2.281　蒙古串铃草（陕西吴起长城）

　　本区分布于吴起、志丹、靖边、海原、西吉、原州、同心等地；国内分布于华北及陕西、甘肃等地。多生于山坡草地、田边地埂等处。为有毒植物；全草入药，味甘、苦、性温，具祛风除湿、活血止痛之效；主治风湿性关节炎、感冒、跌打损伤、体虚发热。

蒙古地椒 *Thymus mongolicus* Ronn.（图 2.282）[黄土高原植物志]

　　蒙古地椒亦称千里香、地椒，半小灌木，花枝高 (1.5) 2 ~ 10cm。不育枝圆柱形，多匍匐，从茎末端或基部长出；节上有根，花枝也从茎节上生出，直立，四棱形，红色。在花序下密被倒向或稍开展的疏柔毛，向下毛变短而疏，具 2 ~ 4 对叶。叶片卵形，长 4 ~ 10mm，侧脉 2 ~ 3 对，腺点多少明显；下部叶柄长约为叶片的 1/2，上部的变短。轮散在枝端密集为头状花序；花梗短，密被白色倒向短柔毛；花萼管状钟形或狭钟状，长 4 ~ 4.5mm，内面在喉部具白色毛环，上唇具 3 齿，齿三角形，下唇较上唇长或近相等，齿钻形，各齿具睫毛或无毛；花冠紫红色至粉红色，长 6.5 ~ 8mm，上唇直伸，微凹，下唇开张，3 裂，中裂片较长。小坚果近圆形或卵圆形，光滑，黄褐色。花期 6 ~ 8 月，果期 9 ~ 10 月。

图 2.282　蒙古地椒（宁夏海原月亮山）

　　本区分布于吴起、志丹、靖边、定边、横山、榆阳、环县、会宁、海原、西吉、同心、盐池等地；国内分布于内蒙古、山西、河北、甘肃、陕西、青海等省区。多生于海拔 1 100 ~ 3 600m 的山地、溪旁、杂草丛中。整株药用，也可提芳香油。

展毛地椒 *Thymus quinquecostatus* Cêlak var. *przewalskii.*（Kom.）　Ronn.（图 2.283）[中国植物志]

　　小灌木，茎匍匐，多分枝，铺伞状。不育枝圆柱形，节上有须根。茎下部木质化，花

图 2.283　展毛地椒（陕西吴起周湾）

枝直立，紫红色，微四棱形，密被倒向的白色短柔毛。叶对生，细小，线状椭圆形至椭圆形或宽卵状披针形，长 10 ~ 12mm，宽 4 ~ 5mm，近革质，先端锐尖，基部渐狭，具短柄，全缘，两面和边缘无毛，侧脉一般 3 对，腺点小且多，明显。轮散花序于花枝顶端聚集成头状花序，着生于枝顶，花序轴密被十分平展的毛；花萼管状钟形或唇形，上唇稍长或近相等于下唇，上唇齿披针形，被缘毛或近无缘毛；花冠紫红色，唇形，下唇 3 裂，长 6.5 ~ 7mm，冠筒比花萼短；雄蕊 4 枚，2 强，雌蕊 1 枚。小坚果椭圆形，位于宿萼的底部。花期 5 ~ 7 月，果期 8 ~ 10 月。

　　本区分布于吴起、志丹、靖边、定边、横山、榆阳、环县、会宁、原州、海原、西吉等地；国内分布于黑龙江、吉林、辽宁、河北、内蒙古、河南、山西、陕西、甘肃等省区；俄罗斯（远东地区）、朝鲜等国也有分布。生于海拔 1 000 ~ 2 000m 的山坡石砾地或草地、河岸沙地、沙滩、石隙、石山上。

2.1.53　茄科 Solanaceae

　　茄科植物多为草本或灌木，稀小乔木，直立、匍匐或攀援状，无刺或具皮刺。单叶或复叶，常互生，全缘、齿裂或羽状分裂。花单生，簇生或组成聚伞花序或总状花序，顶生、侧生、腋生或与叶互生，两性，稀杂性；花萼常 5 裂；花冠漏斗状、钟状或辐射状，5 裂，稀 10 裂，整齐；雄蕊常 5 枚，着生于筒部，与花冠裂片互生；花药卵状长圆形，顶孔或纵缝开裂；子房上位，常 2 心皮结合，2 室，花柱线形，柱头头状，不裂或 2 浅裂。浆果或蒴果，盖裂或瓣裂。种子多数，盘状或肾脏形，扁平，胚直立或环状弯曲，含胚乳。

　　本科我国产 24 属 105 种和 35 变种，分布于全国各省区。本区有 3 属 10 种。

曼陀罗 *Datura stramonium* L.（图 2.284）[中国高等植物图鉴]

　　直立草本或半灌木状，高 1 ~ 2m。全株近无毛或幼嫩部分被短柔毛，茎粗壮，圆柱形，基部木质化。叶宽卵形或卵圆形，长 6 ~ 18cm，宽 3 ~ 12cm，顶端渐尖，基部不对称楔形，边缘有不规则波状浅裂，裂片三角形，有时有疏齿，脉上被疏短柔毛；叶柄长 3 ~ 5cm。花常单生于枝分叉处或叶腋，

图 2.284　曼陀罗（陕西榆阳色草湾）

直立；花萼筒状，有5棱角，5浅裂，长4～5cm；花冠漏斗状，长6～10cm，径3～5cm，檐部5浅裂，下部淡绿色，上部乳黄、白色或紫色；雄蕊5枚，内藏；子房卵形或卵状球形，不完全4室。蒴果直立，卵状，长3～4cm，径2～3.5cm，表面生有坚硬的针刺，或稀粗糙而无针刺，成熟后4瓣裂。种子多数，卵圆形，黑色或淡褐色。花期5～9月，果期6～10月。

　　本区分布于吴起、志丹、靖边、定边、横山、榆阳、米脂、佳县、子洲、环县、会宁、原州、海原、西吉、同心、盐池、灵武等地；我国各省区均产；广布于世界温带至热带地区。花、叶和种子入药，作麻醉剂、镇痛剂和瞳孔放大剂，多用于治疗喘息症。

枸杞 *Lycium chinensis* Mill.（图2.285）[中国高等植物图鉴]

　　枸杞亦称枸杞菜、狗牙子、枸杞子，落叶灌木，高40～120cm。茎多分枝，枝细长，柔弱，常弯曲下垂，有棘刺。叶互生或2～4片簇生于短枝上，卵形、卵状菱形或卵状披针形，长2.5～5cm，宽5～17mm，全缘，先端急尖或钝，基部楔形或狭楔形；叶柄长3～10mm。花单生或常3～5朵簇生于叶腋；花梗细，长5～16mm；花萼钟状，长3～4mm，3～5裂，裂片边缘具缘毛；花冠漏斗状，筒部稍宽但短于檐部裂片，长9～12mm，淡紫色，裂片基部有紫色条纹，具缘毛；雄蕊5枚，较花冠稍短，花丝基部密生绒毛，花柱稍长于雄蕊。浆果卵状或长椭圆状卵形，长5～35mm，红色。种子肾形，黄色。花期7～9月，果期9～11月。

　　本区分布于吴起、志丹、靖边、定边、横山、榆阳、神木、环县、会宁、榆中、原州、海原、西吉、盐池、灵武、吴忠等地；黄土高原遍布；广布于全国各省区；亚洲东部其他地区及欧洲也有分布。常生于海拔300～2 000m的山坡、荒地、沟渠边、路旁及村边宅旁。

图 2.285　枸杞（陕西吴起金佛坪）

宁夏枸杞 *Lycium barbarum* L.（图2.286）[中国高等植物图鉴]

图 2.286　宁夏枸杞（宁夏海原黑河）

　　宁夏枸杞亦称山枸杞、中卫枸杞，粗壮灌木，株高达2.5m。主茎数条，分枝细密，披散或略斜上生，先端通常弯曲下垂，外皮灰白色，具有棘刺。叶互生或数片丛生于短枝上，长椭圆状披针形或卵状矩圆形，长2～5cm，宽2～7mm，先端渐尖，基部楔形并下延成柄，全缘。花腋生，常1～2(6)朵簇生于短枝上，花梗长5～15mm；花萼钟状，长4～5mm，通常2中裂，有2～3、稀4～5个裂片，裂片具小尖头或先端具2～3个齿；花冠漏斗状，花冠筒稍长于檐部裂片，中部以下稍窄狭，长1～1.5cm，粉红色或紫红色，5裂，裂片卵形，边缘无缘毛；雄蕊5枚，花丝基部密生绒毛。浆果宽椭圆形，长10～20mm，直径 5 ~ 10mm，红色，果皮肉质。种子多数，棕黄色，稍成肾形。花、果期 6 ~ 9 月。

本区分布于吴起、志丹、靖边、定边、环县、会宁、原州、海原、同心、盐池等地；国内在西北和华北、华中、华南都有引种栽培；地中海地区和欧洲、前苏联普遍栽培。多生于海拔 1 000 ~ 2 300m 的山坡、沟谷、草地田埂、渠边。果实入药，有滋补、明目之效；根皮（即地骨皮）能清热凉血、退虚热。

黑果枸杞 *Lycium ruthenicum* Murr.（图 2.287）[中国高等植物图鉴]

多棘刺灌木，高 20 ~ 150cm。多分枝，枝条坚硬，常呈之字形弯曲，白色。叶 2 ~ 6 片簇生于短枝上，肉质，无柄，条形、条状披针形或圆柱形，长 5 ~ 30mm，顶端钝而圆。花 1 ~ 2 朵生于棘刺基部两侧的短枝上；花梗细，长 5 ~ 10mm；花萼狭钟状，长 3 ~ 4mm，2 ~ 4 裂；花冠漏斗状，筒部常较檐部裂片长 2 ~ 3 倍，浅紫色，长 1cm；雄蕊不等长。浆果球形，成熟后紫黑色，直径 4 ~ 9mm。种子肾形，褐色。

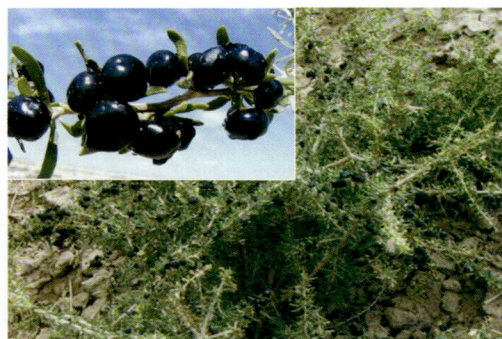

本区分布于靖边、定边、横山、榆阳、环县、会宁、原州、海原、西吉、同心、盐池、灵武及贺兰山等地；国内分布于新疆、西藏、青海、甘肃、陕西等省区；欧洲，前苏联、中亚地区也有分布。耐干旱，常生于盐碱土的荒地或沙地上。

图 2.287　黑果枸杞（www.genobank.org.com）

龙葵 *Solanum nigrum* L.（图 2.288）[中国高等植物图鉴]

一年生草本，高 30 ~ 90cm。茎直立，多分枝，具纵棱，沿棱被微柔毛。叶卵形，长 2.5 ~ 10cm，宽 1.5 ~ 5.5cm，全缘或有不规则的波状粗齿，两面光滑或被疏短柔毛；叶柄长 1 ~ 2cm。花序短蝎尾状，腋外生，有 4 ~ 10 朵花；总花梗长 1 ~ 2.5cm，花梗长约 5mm，下垂；花萼杯状，直径 1 ~ 2mm，绿色，5 浅裂，被柔毛；花冠白色，辐状，裂片卵状三角形，长约 3mm；雄蕊 5 枚；花丝短，子房卵形，花柱中部以下有白色绒毛，柱头头状。浆果球形，直径约 8mm，熟时黑色。种子近卵形，压扁状。花期 6 ~ 9 月，果期 8 ~ 10 月。

本区分布于吴起、志丹、靖边、定边、横山、榆阳、环县、会宁、原州、海原、西吉、盐池等地；国内各地均有分布；广布于世界温带和热带地区。生于海拔 500 ~ 1 500m 的沟谷、山坡下部、路旁、草地。全草药用，具有清热解毒、利水消肿之效。

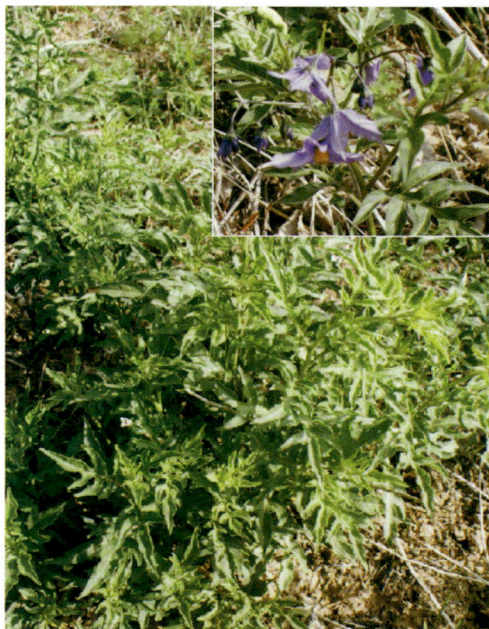

图 2.288　龙葵（陕西吴起长城）

2.1.54　玄参科 Scrophulariaceae

玄参科植物为一年或多年生草本、灌木，稀乔木，木本常具星状毛。单叶多对生，稀互生和轮生，全缘或具裂齿。花两性，单生或集成腋生或顶生的总状花序、穗状花序，有时为聚伞花序或聚伞状圆锥花序，稀为团伞花序；花萼5裂，稀2或2裂，宿存；花冠合生，常二唇形，稀辐射对称，檐部（3）4～5裂、稀6～8裂，裂片近等大，伸展或近直立，蕾时覆瓦状排列，冠筒筒状、钟状；雄蕊常4枚，2强，稀2枚或5枚，着生于冠筒部或喉部；花药2室，分离或先端汇合，或仅1室，或前后方雄蕊的花药各自靠合，或全部靠合；花盘环状；子房上位，无柄，2室，胚珠多粒，稀少数，着生于中轴胎座上，花柱单一，柱头2裂或不裂。蒴果室间或室背开裂为2果瓣或室间或室背均裂为4瓣。蒴果或浆果，常具宿存的花柱。种子多粒，微小，具棱或翅，胚直立或稍弯曲，具胚乳。

本科我国有57属600余种，分布于南北各省区，主产于西南。本区产6属7种。

蒙古芯芭 *Cymbaria mongolica* Maxim.（图 2.289）[中国高等植物图鉴]

蒙古芯芭亦称光药大黄花，多年生草本，丛生，高5～20cm。茎基部为鳞片所覆盖，密被短柔毛。叶无柄，对生，或在茎上部近互生，矩圆状披针形至条状披针形，长23～25（42）mm，宽3～4（6）mm。花少数，生于叶腋，每茎1～4朵；花梗长3～10mm；小苞片2枚，全缘或有1～2个小齿；花萼长15～30mm，萼齿5枚或有时6枚，钻形，齿间有1～2或偶3枚线形小齿；花冠黄色，长25～35mm，上唇略盔状，裂片向前而外侧反卷，下唇3裂，开展；雄蕊2枚，花药长3～3.5mm，顶端无毛或偶被少数长柔毛；子房矩圆形。蒴果长卵状。种子长卵形，周围有一圈狭翅。

本区分布于吴起、志丹、靖边、定边、横山、榆阳、环县、会宁、原州、海原、同心、中卫等地；国内分布于内蒙古、山西、陕西、甘肃、青海等省区。常生于海拔1 000～1 800m的干旱山坡、崀顶、沟谷或疏林下。具有祛风除湿、清热利尿、凉血止血之效。

图 2.289　蒙古芯芭（陕西吴起吴仓堡）

柳穿鱼 *Linaria vulgaris* Mill. subsp. *sinensis*（Bebeaux）Hong（图 2.290）[中国植物志]

多年生草本，茎直立，常分枝，高20～60cm。主根粗壮，伸长，侧根纤细。叶互生或茎下部轮生，线形至线状披针形，长2～7cm，宽2～5mm，先端渐尖，全缘，中脉明显无柄。

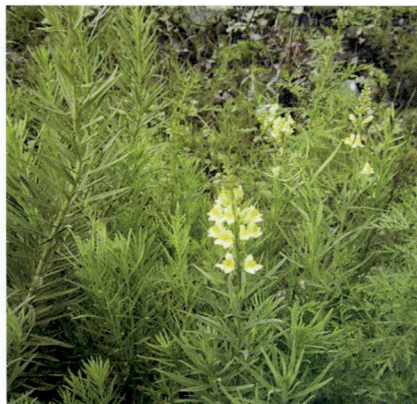

图 2.290　柳穿鱼（www.plant.ac.cn）

总状花序顶生，总花梗和花梗均无毛，或各部疏被腺毛；花萼5深裂，裂片披针形至卵状披针形，长3～5mm，花冠黄色，除距外长12～18mm，距长5～15mm，下唇在喉部向上隆起，檐部呈假面状，喉部密被毛；雄蕊4枚，两两靠近，内藏。蒴果卵圆形，长8～10mm，先端6瓣裂。种子盘状，多粒，暗褐色，有翅，中央有瘤状突起。花期7～8月，果期8～9月。

本区分布于吴起、志丹、靖边、定边、横山、榆阳、环县等地；国内分布于长江以北、陇山以东各省区；欧亚大陆北部广布。生于海拔400～1400m的山坡草地、沙地、沟谷草地及路边。具有清热利湿、解毒消肿之功能。

地黄 *Rehmannia glutinosa*（Gaert.）Libosch. ex Fisch. et Mey.（图 2.291）

[中国植物志]

多年生草本，高25～40cm，全株被灰白色长柔毛和腺毛。根壮茎肥厚肉嫩，呈块状，圆柱形或纺锤形，直径2.5～5.5cm，表面橘黄色，有半月形节及芽痕，茎生叶丛生倒卵形或长椭圆形，长3～10cm，宽1.5～4cm，先端钝，基部渐窄，下延成叶柄，边缘具不整齐钝齿，叶上面多皱纹，下面略带紫色；叶缘及叶脉上腺毛较密；茎生叶远比基生叶小。总状花序顶生，有时自茎基部着花；苞片下部的大，比花梗长；花稍下垂；花萼坛状，先端5裂，裂片反折；花冠紫红色，里面常有黄色带紫的条纹，长约4cm，花冠管稍弯曲，尖端5浅裂，呈二唇形；雄蕊4枚，2强，着生于花冠管的近基部处，子房上位，2室，花柱细长，柱头头状，2浅裂。蒴果卵形或顶端有宿存花柱，基部有宿萼。种子多粒，卵形，淡棕色。花期5～6月，果期7月。

本区分布于横山、靖边、吴起、志丹、环县等地；国内分布于辽宁、内蒙古、河北、河南、山西、陕西、甘肃、山东、江苏、安徽、湖北等省区；日本、朝鲜等国也有分布。多生于海拔50～1500m的山坡草丛、田埂、路旁。野生或栽培。根及根茎入药，具清热凉血、调经、解毒之效；主治小儿发热、月经不调、痛经、崩漏淋症等。依照炮制方法在药材上分为：鲜地黄、干地黄与熟地黄。鲜地黄为清热凉血药；熟地黄则为补血药。此外，地黄初夏开花，花大数朵，淡红紫色，具有较好的观赏性。

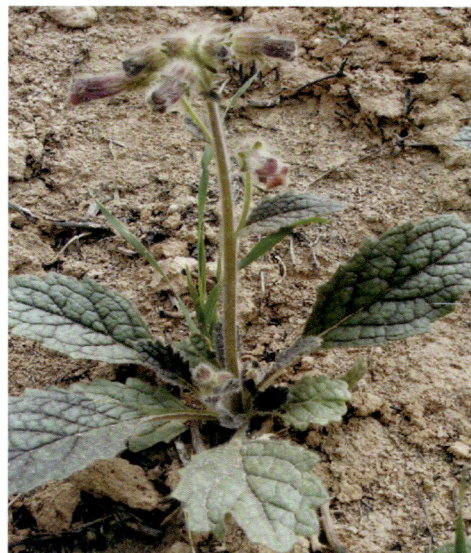

图 2.291　地黄（陕西志丹双河）

细叶婆婆纳 *Veronica linariifolia* Pall. ex Link（图 2.292）[中国高等植物图鉴]

多年生草本。根状茎短，须根伸长。茎直立，圆柱形，常不分枝，高30～80cm，通常被白色柔毛。茎下部的叶常对生，上部的多互生，条形，长（2）3～6cm，宽线形至卵圆形，顶端钝或急尖，基部楔形，渐窄成短柄或无柄，中部以下全缘；上部边缘有三角形锯齿。总状花序顶生，长达 30cm，单生或复出，侧生复出花序短小，长 10cm；花萼 4 深裂，裂片披针形，长 2 ～ 3mm，有缘毛；花冠蓝色或紫色，稀白色，长 5 ～ 6mm，筒部宽，长占花冠全长的 1/3 还多，喉部有柔毛，裂片宽度不等，后方一枚圆形，其余 3 枚卵形；雄蕊 2 枚，外露；花柱细长。蒴果卵球形，稍扁，顶端微凹。花期 6 ～ 8 月，果期 7 ～ 9 月。

本区分布于吴起、志丹、靖边、定边、横山、米脂、榆阳、佳县、环县、会宁、原州、海原、西吉、同心等地；国内分布于东北、河北、山西、陕西、甘肃、山东、河南及华中、华南、西南等地；朝鲜、日本、蒙古、俄罗斯（西伯利亚和远东地区）等国也有分布。生于海拔 800 ～ 1 700m 的山坡草地、河滩草丛、路旁等。全草药用，主治慢性气管炎、肺化脓症、咳血脓血；外用治痔疮、皮肤湿疹、风疹瘙痒、疔痛疮疡；有清肺、化痰、止咳、解毒的作用。

图 2.292　细叶婆婆纳（www.plant.ac.cn）

中国马先蒿 Pedicularis chinensis Marxim.（图 2.293）[宁夏植物志]

一年生草本，株高 10 ～ 30cm。根圆锥形，具分枝；自基部多分枝，直立或外侧的斜升。茎具纵沟棱，光滑。基生叶丛生，茎生叶互生，叶片线状长椭圆形或披针状长椭圆形，长 2 ～ 6cm，宽 12 ～ 15mm，羽状浅裂至中裂，裂片多达 12 对，宽卵形或宽长椭圆形，先端圆钝，边缘具不规则重锯齿；基生叶叶柄长达 4cm，基部略扩展，下部边缘具柔毛，茎生叶叶柄较短，长达 2cm，下部边缘疏被柔毛或无。总状花序顶生，长 5 ～ 10cm；苞片叶状，柄较短，下部边缘密生缘毛；花梗长 2 ～ 3mm；花萼筒状，被白色卷曲长毛，前方开裂约 2/5，脉多达 20 条，其中 2 条较粗，萼裂片 2 片，基部具短柄，上部叶状，缘具缺刻状重锯齿；

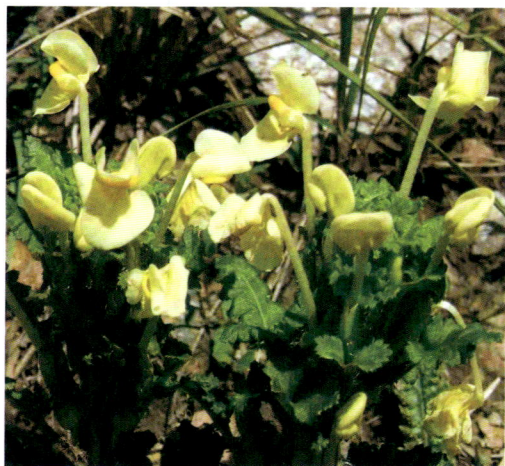

图 2.293　中国马先蒿（www.plant.ac.cn）

花冠黄色，花冠筒细长，长 4.5 ～ 5cm，外面被短柔毛，盔直立，喙长 9 ～ 10mm，半环状指向喉部，下唇宽过于长近 2 倍，宽约 20mm，侧裂片斜心形，长宽均约 1cm，顶端圆，外侧基部耳形，中裂片扁圆形，顶端微凹，不伸出于侧裂片之前，边缘具短睫毛；雄蕊花丝均被密毛。蒴果长圆状披针形，稍偏斜，先端有小凸尖。花期 7 ～ 8 月，果期 8 ～ 9 月。

本区分布于吴起、志丹、靖边、定边、原州、西吉、海原、同心等地；国内分布于华北及陕西、甘肃、青海等地。多生于灌丛或山坡草地。全草药用，祛风利湿，杀虫；用于风湿性关节炎，尿路结石，小便不利；外用治疥疮。

红纹马先蒿 *Pedicularis striata* Pall.（图 2.294）[中国高等植物图鉴]

多年生草本，株高 50 ～ 80cm。根粗壮，有分枝。茎直立，单生，老时木质化，密被短卷毛。基生叶成丛而柄长，茎生叶向上渐小，叶柄短；叶片长达 10cm，宽 3 ～ 4cm，羽状深裂至全裂，中肋有翅，裂片条形，边缘有浅齿。花序穗状，伸长，稠密，长 6 ～ 22cm，轴生密毛；苞片三角形或披针形，上部者全缘而短于花；花萼钟状，长 10 ～ 13mm，薄革质，被疏毛，5 齿中后方 1 枚较短，三角形；花冠黄色，具绛红色脉纹，长 25 ～ 33mm，冠筒长约等于盔，盔向端作镰形弯曲，端部下缘具 2 个齿，下唇稍短于盔，3 浅裂，中裂片叠置于侧裂片之下；花丝 1 对有毛。蒴果卵圆形，两室相等，有短凸尖，基部花萼宿存。种子卵圆形，近扁平，黑色。花期 6 ～ 7 月，果期 7 ～ 8 月。

本区分布于吴起、志丹、靖边、定边、横山、环县、会宁、原州、海原、西吉、同心等地；我国分布于东北、内蒙古、河北、山西、陕西、甘肃、宁夏、河南等地；蒙古、前苏联也有分布。生于海拔 1 000 ～ 2 200m 的山坡草丛、疏林下、草原及灌丛。全草入药，治毒蛇咬伤；蒙药治水肿、遗精、肉毒症、创伤、耳鸣、口干、痈肿。

图 2.294　红纹马先蒿（陕西吴起五谷城）

阴行草 *Siphonostegia chinensis* Benth.（图 2.295）)[中国高等植物图鉴]

一年生直立草本，高 20 ～ 70cm，全体密被锈色短毛。主根不发达或稍伸长，木质化；侧根水平展开，须根多数。茎上部多分枝，稍具棱角，枝对生。叶对生，无柄或有短柄；叶片 2 回羽状全裂，裂片约 3 对，条形或条状披针形，宽 1 ～ 2mm，有小裂片 1 ～ 3 片。花对生于茎枝上部，成疏总状花序；花梗极短，有 1 对小苞片；萼筒长 10 ～ 15mm，有 10 条显著的主脉，先端 5 裂，裂片长为筒部的 1/4 ～ 1/3；花冠上唇红紫色，下唇黄色，长 22 ～ 25mm，筒部伸直，上唇镰状弓曲，额稍圆，背部密被长纤毛，下唇顶端 3 裂，褶襞高隆成瓣状；雄蕊 2 枚或更多，花丝基部被毛。蒴果包于宿存萼内，披针状矩圆形，长 15mm，顶端稍偏斜。种子黑色，具凸起。花期 6 ～ 8 月，果期 9 ～ 10 月。

本区分布于吴起、志丹、靖边、定边、横山、榆阳、环县、会宁、原州、海原、西吉等地；国内遍布各省区；朝鲜、日本、前苏联也有分布。常生于海拔 700 ～ 1 600m 的

图 2.295　阴行草（杜诚提供）

干旱山坡草地丛、沟谷、草地上。全草入药，止痢、止痛，治白痢和痛经。

2.1.55　紫葳科 Bignoniaceae

紫葳科植物为落叶或常绿乔木、灌木或木质藤本、稀草本。单叶或复叶，对生或轮生，稀互生。花两性，稍左右对称，通常大而美丽；有顶生、腋生或稀簇生的聚伞、圆锥或总状花序，或单生，常具苞片和小苞片；花萼钟状、圆锥状或管状，先端5裂或为截形；花冠钟状、漏斗状或管状，檐部5裂，裂片常偏斜，常呈二唇形，在花蕾中常为覆瓦状，稀镊合状排列；雄蕊5枚，着生于花冠基部，与裂片互生，可育雄蕊4枚，2强，具1枚不育雄蕊，或有时可育雄蕊2枚，不育雄蕊3枚，或稀5枚均为可育雄蕊，花丝丝状，基部常粗大，花药2室，纵裂，成对靠合或叉开；花盘垫状、环状或杯状；子房位于花盘之上，1～2室，胚珠多粒，倒生，花柱细长，柱头2裂。蒴果，室背或室轴开裂，肉质则不裂。种子多粒，扁平，翅有或稀无，胚直。

本科我国约产17属40多种，南北各省区均有分布。本区产2属4种。

灰楸 *Catalpa fargesii* Bureau （图2.296）[中国高等植物图鉴]

乔木，高达10m。嫩枝有星状毛。叶对生或3叶轮生，卵形，在幼树上常3浅裂，长6～15cm，顶端长渐尖，基部平截、圆形或略为心形，3～5条主脉，叶背脉腋具紫色腺点，下面密被淡黄色软而分枝的毛，后毛渐脱落。花序圆锥状，有7～15朵花；花萼2裂，裂片外面被分枝毛；花冠粉红色或淡紫色，喉部有紫褐色斑点，长约3.5cm。蒴果条形，长25～55cm，宽5.5mm。种子椭圆状条形，长约9mm，宽约2.5mm，两端生长毛。花期6月，果期9～10月。

本区分布于吴起、志丹、环县等地；国内分布于湖北、四川、甘肃、陕西、山西、河南等省。生于海拔500～1500m的河谷、山麓；路旁亦有栽培。速生用材树种。

图2.296　灰楸（www.plant.ac.cn）

梓树 *Catalpa ovata* G. Don （图2.297）[中国高等植物图鉴]

落叶乔木，高达15m，干直，枝开展，树冠宽，树皮暗灰色至淡灰褐色。嫩枝无毛或具长柔毛。叶对生，有时轮生，宽卵形或近圆形，长10～25cm，宽7～25cm，先端常3～5浅裂，基部圆形或心形，上面尤其是叶脉上疏生长柔毛，3～5条主脉，叶背脉腋具紫色腺点；叶柄长，嫩时有长柔毛。花多数，呈圆锥花序，花序梗稍有毛，长10～25cm；花冠淡黄色，内有黄色线纹和紫色斑点，长约2cm。蒴果，长20～30cm，宽4～7mm，嫩时疏生长柔毛。

西北农牧交错带常见植物图谱

种子长椭圆形，长 8 ~ 10mm，宽约 3mm，两端生长毛。花期 5 ~ 6 月，果期 9 ~ 10 月。

本区仅见于原州、海原等地；国内分布于长江流域及以北地区；日本也有分布。速生树种，常种植路边、屋旁。种子入药，能解毒利尿、止吐、治肾脏病。

红花角蒿 *Incarvillea sinensis* Lam.（图 2.298）[中国高等植物图鉴]

直立草本，高 30 ~ 60cm。根状茎肉质，茎具纵沟纹及棱角。叶基部对生，分枝上互生；叶片 2 ~ 3 回羽状深裂，形态多变，最终裂片狭线形，长 0.5 ~ 1.5cm，宽 2 ~ 3mm，具细齿或全缘。顶生总状花序，疏散，长达 20cm；通常具 3 ~ 5 朵花，有时 1 朵花单生于茎顶；花梗长 1 ~ 5mm；小苞片线形，绿色，长 3 ~ 5mm。花萼钟状，5 深裂，绿色略带紫红色，萼齿钻状；花冠淡玫瑰色或粉红色，钟状漏斗形，基部收缩为细筒，长 4 ~ 5cm；雄蕊 4 枚，2 强，着生于花冠近基部，花药成对靠合；花丝丝状；子房上位，2 室，柱头 2 裂；花柱淡黄色。蒴果淡绿色，细圆柱形，顶端渐尖，长 5 ~ 10cm，粗 4 ~ 5mm。种子细小，扁圆形；具透明的膜质翅，顶端有缺刻。花期 7 ~ 8 月，果期 8 ~ 9 月，9 月下旬果陆续成熟，开裂，种子飞散。

本区分布于吴起、志丹、靖边、定边、横山、榆阳、环县、会宁、原州、海原、盐池、同心等地；国内分布于东北、山东、河南、河北、山西、内蒙古、四川、青海等省区。生长于海拔 700 ~ 1 800m 的山坡、谷底、平缓的峁顶及路旁、沙质土壤，也生长于空旷石砾山坡及草灌丛中。全草入药，清热、鲜毒、燥湿、消食，主发热、黄疸、中耳炎、消化不良、胃痛、腹胀便秘等。

图 2.297 梓树（宁夏海原海城镇）

图 2.298 红花角蒿（陕西吴起长城）

黄花角蒿 *Incarvillea sinensis* Lam. var. *przewalskii*(Batalin) C. Y. Wu et W. C. Yi（图 2.299）[中国高等植物图鉴]

直立草本，高 20 ~ 60cm。根状茎肉质，茎具纵沟纹及棱角。叶互生；叶片 2 ~ 3 回羽状深裂，形态多变，最终裂片狭线形，长 0.5 ~ 1.5cm，宽 2 ~ 3mm，具细齿或全缘。顶生总状花序，疏散，长达 20cm；通常具 3 ~ 5 朵花，有时 1 朵花单生于茎顶；花梗长 1 ~ 5mm；小苞片线形，绿色，长 3 ~ 5mm；花萼钟状，5 深裂，绿色略带紫红色，萼

244

齿钻状；花冠淡黄色，钟状漏斗形，基部收缩为细筒，长 4 ～ 5cm；雄蕊 4 枚，2 强，着生于花冠近基部，花药成对靠合；花丝丝状；子房上位，2 室，柱头 2 裂；花柱淡黄色。蒴果淡绿色，细圆柱形，顶端渐尖，长 5 ～ 10cm，粗 4 ～ 5mm。种子细小，扁圆形；具透明的膜质翅，顶端有缺刻。花期 7 ～ 8 月，果期 8 ～ 9 月，9 月下旬果陆续成熟，开裂，种子飞散。

本区分布于志丹、吴起、靖边、定边、环县、会宁、原州、西吉、海原、同心、沙坡头、中宁等地；国内分布于陕西、甘肃、四川、云南、西藏等省区。生长于海拔 1 200 ～ 2 000m 的山坡、谷底、平缓的峁顶及路旁。根入药，有滋补作用。

图 2.299　黄花角蒿（宁夏海原海城）

2.1.56　列当科 Orobanchaceae

列当科植物为草本，寄生于其他植物根上。茎通常单一，粗壮或纤弱。叶鳞片状。花两性，两侧对称，单生于苞腋、簇生或组成分枝或不分枝的穗状或总状花序；花萼苞状或 4 ～ 5 裂，离生或合生；花冠筒状，弯曲，常二唇形，上唇 2 裂，下唇 3 裂；雄蕊 4 枚，2 强，着生于冠筒的中部以下，与花冠裂片互生；子房上位，1 室，稀 2 室，花柱细长，柱头头状或 2 裂，胚珠多粒。果实为宿存的花萼所包被，2 稀 3 瓣开裂。种子多粒，细小，具肉质的胚乳。

本科约 13 属 180 多种，主产于旧大陆北温带，少数产于美洲及热带。我国有 10 属 40 种，分布于全国各省区，尤以西南为多。本区产 1 属 2 种。

紫花列当 Orobanche coerulescens Stephan（图 2.300）[中国高等植物图鉴]

寄生草本，高 10 ～ 35cm，全株被蛛丝状毛和白色绒毛。根状茎肥厚。茎直立，单一，肉质，粗壮，黄褐色。叶鳞片状，互生，卵状披针形，长 8 ～ 15mm，黄褐色。穗状花序顶生，长 5 ～ 10cm，密被蛛丝状毛和白色绒毛；苞片卵状披针形，顶端锐尖，稍短于花冠；花萼 2 深裂至基部，膜质，每一裂片顶端 2 裂；花冠唇形，淡紫色，长约 2cm，筒部稍弯曲，上唇宽，顶端微凹，下唇 3 裂，裂片近圆形，边缘具微锯齿；雄蕊 4 枚，2 强，着生于筒中部；侧膜胎座，花柱长。蒴果卵状椭圆形，长约 1cm。种子黑色，多粒。花期 6 ～ 7 月，果期 9 ～ 10 月。

本区分布于神木、府谷、横山、榆阳、靖边、定边、吴起、志丹、环县、会宁、原州、同心、海原、盐池、灵武等地；

图 2.300　紫花列当（陕西志丹顺宁）

国内分布于辽宁、吉林、黑龙江、山东、四川、内蒙古等省区；朝鲜、前苏联也有分布。寄生于海拔1 000～1 500m的菊科蒿属*Artemisia*植物的根部。药用，补肝肾。

黄花列当 *Orobanche pycnostachya* Hance（图2.301）[中国高等植物图鉴]

图2.301　黄花列当（陕西吴起五谷城）

寄生草本，高10～30cm，全株密生腺毛。茎单一，直立，黄褐色。叶鳞片状，卵状披针形或披针形，黄褐色，长1～2cm，先端尾尖。穗状花序，长5～10cm，密生腺毛；苞片卵状披针形，与花冠等长或稍长，顶端尾尖；花萼2深裂至基部，每一裂片顶端又2裂；花冠唇形，淡黄色，长1.5～2cm，花冠筒状，上唇2裂，裂片短，下唇3裂，裂片不等大，边缘生有腺毛；雄蕊2强，花药裂缝边缘生有长柔毛；子房上位，侧膜胎座，花柱比花冠长，伸出。蒴果成熟后2裂。种子小，多数。花期6～7月，果期9～10月。

本区分布于榆阳、横山、吴起、志丹、靖边、定边、米脂、环县、会宁、原州、海原、同心、盐池、中卫等地；国内分布于东北、河北、河南、山东、陕西、内蒙古等地；朝鲜、日本、蒙古、前苏联也有分布。全草入药，功效同紫花列当。

本种与紫花列当*O. coerulescens* Stephan的区别是本种花冠为乳黄色。

2.1.57　车前科 Plantaginaceae

车前科植物为一年或多年生草本。单叶，常基生，基部呈鞘状，全缘或具齿；叶脉近平行。穗状花序；花小，两性，辐射对称；花萼草质，4浅裂或深裂，覆瓦状排列，有1龙骨状突起，内、外侧两片常异常，宿存；花冠干膜质，3～4裂，呈覆瓦状排列；雄蕊4枚，着生于冠筒内，与花冠裂片互生，花丝细长，花药纵裂，2室；子房上位，1～4室，每室有1至多粒胚珠，中轴或基底胎座，花柱单生。蒴果，稀坚果，盖裂或不裂。种子1至多粒，胚直立，稀弯曲。

本科约3属370余种，广布于全世界。我国有1属16种，本区有1属4种。

车前 *Plantago asiatica* L.（图2.302）[中国高等植物图鉴]

多年生草本，高20～40cm，有须根。基生叶直立，卵形或宽卵形，长4～12cm，宽4～9cm，顶端圆钝，边缘近全缘、波状，或有疏钝齿，两面无毛或有短柔毛；叶柄长

图2.302　车前（陕西吴起周湾）

5 ～ 22cm。花葶数个，直立，长 20 ～ 45cm，有短柔毛；穗状花序占上端 1/3 ～ 1/2 处，具绿白色疏生花；苞片宽三角形，较萼裂片短，二者均有绿色宽龙骨状突起；花萼有短柄，裂片倒卵状椭圆形至椭圆形，长 2 ～ 2.5mm；花冠裂片披针形，长 1mm。蒴果椭圆形，长约 3mm，周裂。种子 5 ～ 6 粒，稀 7 ～ 8 粒，矩圆形，长约 1.5mm，黑棕色。花期 6 ～ 8 月，果期 7 ～ 9 月。

本区分布于横山、榆阳、志丹、吴起、靖边、定边、环县、会宁、原州、海原、西吉、同心、盐池、灵武等地；黄土高原遍布；分布几遍全国；俄罗斯、日本、印度尼西亚也有分布。多生于海拔 400 ～ 2 300m 的山谷、洼地、路边、沟渠、田埂等潮湿处。全草和种子药用，具清热利尿、镇咳祛痰、平喘、止泻等功效。

平车前 *Plantago depressa* Willd.（图 2.303）[黄土高原植物志]

一年生草本，高 5 ～ 20cm。有圆柱状直根。基生叶直立或平铺，椭圆形、椭圆状披针形或卵状披针形，长 4 ～ 10cm，宽 1 ～ 3cm，边缘有远离小齿或不整齐锯齿，有柔毛或无毛，纵脉 5 ～ 7 条；叶柄长 1.5 ～ 3cm，基部有宽叶鞘及叶鞘残余。花葶少数，弧曲，长 4 ～ 17cm，疏生柔毛；穗状花序长 4 ～ 10cm，顶端花密生，下部花较疏；苞片三角状卵形，长 2mm，和萼裂片均有绿色突起；萼裂片椭圆形，长约 2mm；花冠裂片椭圆形或卵形，顶端有浅齿；雄蕊稍超出花冠。蒴果圆锥状，长 3mm，周裂。种子 5 粒，矩圆形，长 1.5mm，黑棕色。花期 6 ～ 8 月，果期 8 ～ 10 月。

本区分布于横山、榆阳、志丹、吴起、靖边、定边、环县、会宁、原州、海原、西吉、盐池、同心等地；分布几遍全国；前苏联（亚洲所属地区）、蒙古、日本、印度也有分布。生于海拔 400 ～ 2 300m 的山坡、草地、路旁、田埂及河边。种子入药，有利水清热、止泻、明目之效。

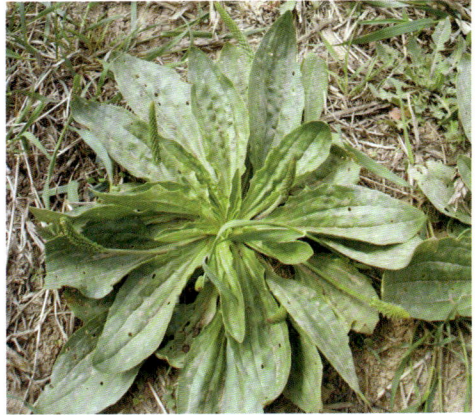

图 2.303　平车前（陕西吴起周湾）

条叶车前 *Plantago lessingii* Fisch. et Mey.（图 2.304）[黄土高原植物志]

图 2.304　条叶车前（陕西吴起长城）

一年生矮小草本，高 4 ～ 13cm，全株密被褐色柔毛，有时较稀疏。直根细长，黑褐色。叶基生，平铺地面，无柄，线形或狭披针形，长 4 ～ 13cm，宽 1 ～ 4mm，全缘，两面被柔毛，有时近无毛或仅脉上有毛，平行脉 3 条，中脉明显。花葶斜升或直立，与叶等长或较短，密被柔毛；穗状花序卵形、长圆形或椭圆形，长 5 ～ 15mm，穗轴上密被黄褐色长柔毛；苞片卵圆形或三角状卵形，背面中央具黑棕色龙骨状凸起；花萼裂片宽卵形或椭圆形，被柔毛，黑色龙骨状凸起明显；花冠裂片狭卵形或三角形，边缘具细锯齿；花丝细长，花药心形；花柱被柔毛。果实卵圆形，长约 4mm，周裂，花冠宿存，套在蒴果上随蒴果的开裂而撕裂或断裂。种子 2 粒，卵圆形或长圆形，长约 3mm，黑棕色。花期 6 ～ 8 月，果期 7 ～ 9 月。

本区分布于定边、吴起、靖边、环县、原州、中卫、灵武、盐池等地；国内分布于甘肃、青海、新疆等省区；俄罗斯、蒙古也有分布。生于海拔 1 020 ～ 2 230m 的山坡、路边、田坎、荒滩等半干旱环境中。可作牧草。

大车前 *Plantago major* L.（图 2.305）[黄土高原植物志]

多年生草本，高 15 ～ 20cm。根状茎短粗，有须根。基生叶直立，密生，纸质，卵形或宽卵形，长 3 ～ 10cm，宽 2.5 ～ 6cm，顶端圆钝，边缘波状或有不整齐锯齿，两面有短或长柔毛；叶柄长 3 ～ 9cm。花葶数个，近直立，长 8 ～ 20cm；穗状花序长 4 ～ 9cm，花密生；苞片卵形，较萼裂片短，二者均有绿色龙骨状突起；花萼无柄，裂片椭圆形，长 2mm；花冠裂片椭圆形或卵形，长 1mm。蒴果圆锥状，长 3 ～ 4mm，周裂。种子 6 ～ 10 粒，短圆形，长约 1.5mm，黑棕色。花期 6 ～ 8 月，果期 7 ～ 9 月。

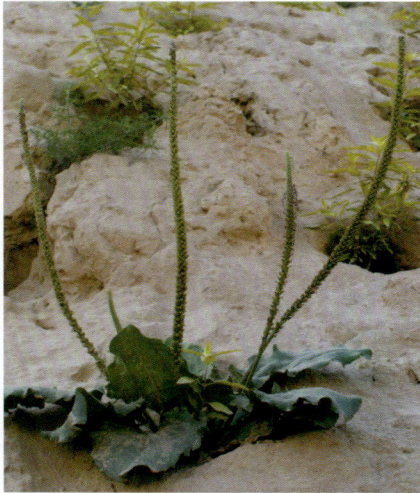

图 2.305　大车前（陕西吴起吴起镇）

本区分布于横山、榆阳、神木、佳县、米脂、志丹、吴起、靖边、定边、环县、会宁、原州、海原、西吉、同心、盐池及贺兰山等地；国内分布于新疆、陕西、浙江、江西、湖南、湖北、四川、云南、贵州、广西、广东、福建、台湾等省区；欧洲、亚洲、北美洲都有分布。多生于路边、沟旁、田埂潮湿处。全草、种子药用，有清热利尿的作用。大车前与车前、平车前的主要区别：大车前是须根系，而车前和平车前是直根系。

2.1.58　茜草科 Rubiaceae

茜草科植物为乔木、灌木或草本，直立、匍匐状或攀援状；枝稀具刺。叶为单叶，具柄，对生或轮生，全缘；托叶变异大。花两性，稀单性，常辐射对称，稀两侧对称，单生或组成各种花序；花萼筒与子房合生，檐部杯形或筒形，先端全缘或 5 裂；花冠筒状、漏斗状、高脚碟状或辐射状，常 4 ～ 6 裂，裂片呈镊合状或覆瓦状排列；雄蕊与花冠裂片同数而互生，着生于花冠筒部或喉部，花药长圆形，2 室，纵裂；子房下位，1 ～ 10 室，2 室居多；花柱丝状，柱头 1 ～ 10 裂，每室含一至多粒胚珠。蒴果、浆果或核果。种子无翅稀有翅，多数具胚乳，胚直立或弯曲。

我国产 70 属 450 多种，南北均有分布，但以中南、西南居多。本区已知产 3 属 4 种。

蓬子菜 *Galium verum* L.（图 2.306）[黄土高原植物志]

多年生草本。茎近直立，基部稍木质；地下茎横走，根紫红色；枝具 4 棱角，被短柔毛。

叶 6 ～ 10 片轮生，无柄，条形，长达 3cm，顶端急尖，边缘反卷，上面稍有光泽，仅下面沿中脉二侧被柔毛，叶片干时常变黑色。聚伞花序顶生和腋生，通常在茎顶结成带叶的圆锥花序，稍紧密；花小，黄色，4 朵，有短梗；花萼小，无毛；花冠辐状，裂片卵形。果小，果爿双生，近球状，直径约 2mm，无毛。花期 6 ～ 9 月。

本区分布于神木、横山、榆阳、靖边、定边、志丹、吴起、米脂、环县、会宁、榆中、原州、西吉、海原、同心、盐池、中卫及贺兰山等地；国内分布于东北、华北、西北至长江流域；亚洲温带其他地区，欧洲和北美洲也有分布。生于旷地或路边。广布种，多型，变种较多，常不易鉴别。茎可提取红色染料，全草入药，具活血祛瘀、解毒止痒、利尿通经之效。

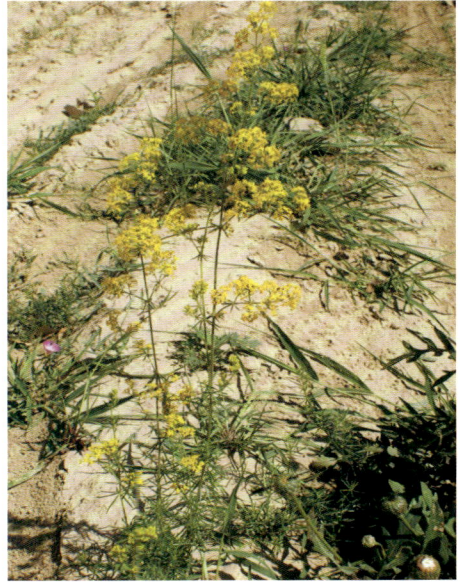

图 2.306　篷子菜（陕西吴起五谷城）

茜草 *Rubia cordifolia* L.（图 2.307）[黄土高原植物志]

茜草亦称红丝线，草质攀援藤本。根紫红色或橙红色；小枝有明显的四棱角，棱上有倒生小刺。叶 4 片轮生，纸质，卵形至卵状披针形，长 2 ～ 9cm，宽可达 4cm，顶端渐尖，基部圆形至心形，上面粗糙，下面脉上和叶柄常具倒生小刺，基出脉 3 或 5 条；叶柄长短不齐，长的达 10cm，短的仅 1cm。聚伞花序，通常排成大而疏松的圆锥花序，腋生和顶生；花小，黄白色，5 朵，有短梗；花冠辐状。浆果近球状，直径 5 ～ 6mm，黑色或紫黑色，有 1 粒种子。花期 6 ～ 7 月，果期 9 ～ 10 月。

本区分布于横山、榆阳、靖边、定边、志丹、吴起、环县、会宁、原州、西吉、海原、同心、盐池、灵武、中卫及贺兰山等地；国内分布于东北、华北、西北、华东、中南、西南等地；广布于亚洲北部至澳大利亚。生于海拔 400 ～ 2 500m 的山坡林下、灌丛、荒坡草场以及山谷中。根药用，具凉血止血、散瘀之效。

图 2.307　茜草（陕西吴起五谷城）

披针叶茜草 *Rubia lanceolata* Hayata（图 2.308）[黄土高原植物志]

多年生草本，缠绕或披散状，长达 1m。枝具狭翅，被倒向刺状糙毛，节间较长，节部膨大。叶 4 片轮生，革质，叶柄长 1 ～ 9cm，被倒向小刺状糙毛；叶片披针形或卵状披针形，长 2 ～ 9cm，宽 0.5 ～ 2cm，先端渐尖，基部浅心形或近圆形，全缘，边缘反卷，被倒向小刺状糙毛，表面绿色，有光泽，背面淡绿色，两面脉上均被糙毛或短硬毛，基出脉 3 条，

图 2.308　披针茜草（陕西吴起金佛坪）

在表面凹下，背面凸起。聚伞花序排成大而疏散的圆锥花序，顶生或腋生；总花梗长而直立；花梗直而纤细，长约 5mm；小苞片披针形，长 3 ～ 5mm；花萼筒近球形，无毛；花冠辐射状，黄绿色，筒部极短，檐部裂片宽三角形；雄蕊着生于花冠喉部，伸出；花柱 2 裂，柱头头状。果实直径 4 ～ 5mm，成熟后黑色，通常 2 室发育，呈双球形，无毛。种子 2 粒。花期 5 ～ 6 月，果期 8 ～ 9 月。

本区分布于靖边、定边、志丹、吴起、环县、原州、海原等地；国内分布于陕西、甘肃、河南、湖北、台湾、广东、广西、四川、贵州、云南等省区。生于海拔 1 000 ～ 25 00m 的沟谷林下、山坡灌丛和草丛、河滩草地或农田边。根去皮入药，可治牙痛；叶汁可治白癣。

猪殃殃 *Galium aparine* var. *tenerum*（Gren. et Godr.）Rebb.（图 2.309）[中国高等植物图鉴]

多枝、蔓生或攀援状草本。茎有四棱角，棱上、叶缘及叶下面中脉上均有倒生小刺毛。叶 4 ～ 8 片轮生，近无柄；叶片纸质或近膜质，条状倒披针形，长 1 ～ 3cm，顶端有凸尖头，1 条脉，干时常卷缩。聚伞花序腋生或顶生，单生或 2 ～ 3 个簇生，有花数朵；花小，黄绿色，4 朵，有纤细梗；花萼被钩毛，檐近截平；花冠辐状，裂片矩圆形，长不及 1mm，镊合状排列。果干燥，有 1 或 2 个近球状的果爿，密被钩毛，果梗直，每果爿另有 1 粒平凸的种子。

本区分布于志丹、吴起、环县、原州、海原、西吉等地；国内分布于陕西、甘肃、河南、湖北、台湾、广东、广西、四川、贵州、云南等省区，自华南、西南至东北广布；日本也有分布。生于海拔 350 ～ 4 300m 的山坡、路边或草地上。全草药用，能清热解毒、利尿消肿、止血、抗癌等。

麦仁殊 *Galium tricorne* Stokes 近本种，但果有小瘤状凸起，果梗粗壮，拱形下弯。广泛分布于华东、华北至西北。

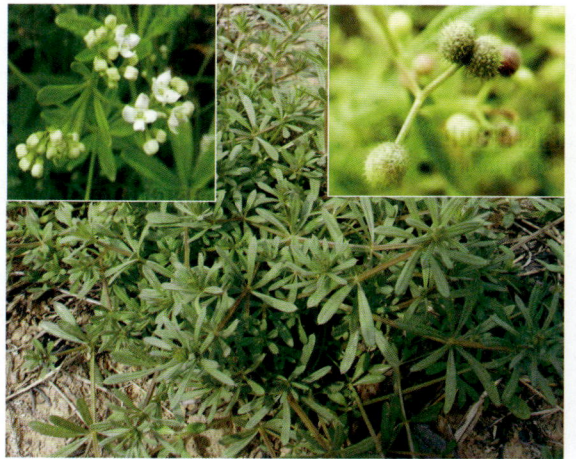

图 2.309　猪殃殃（陕西吴起吴起镇）

2.1.59　忍冬科 Caprifoliaceae

忍冬科植物为直立或缠绕灌木，稀小乔木或草本，常具颇柔软的木质部和大而明显的髓心。叶对生，稀互生，单叶或羽状复叶。花两性，辐射对称或两侧对称；聚伞花序或由聚伞花序排列成各种复式花序，稀数花簇生，或稀单生；苞片和小苞片有或无；花萼筒与子房合生，先端3～5裂；花冠辐状，漏斗状、钟状或筒状，檐部4～5裂，稀成二唇形，呈覆瓦状排列，或镊合状排列；雄蕊4～5枚，着生于花冠筒上，并与花冠裂片互生，花药分离，1～2室，纵裂；子房下位，2～6室，每室含1至多粒倒生的胚珠；花柱单一，柱头头状，或先端2～5浅裂。浆果或核果，稀蒴果。种子呈玉扁状或具沟槽或角棱，种皮骨质，胚直，常小或线形，胚乳丰富。

本科我国有12属200多种，南北均有分布。本区产2属4种。

金银花 *Lonicera japonica* Thunb. （图2.310）[中国高等植物图鉴]

金银花也称忍冬、忍冬花、金银藤，攀援灌木。幼枝密生柔毛和腺毛。叶宽，披针形至卵状椭圆形，长3～8cm，顶端短渐尖至钝，基部圆形至近心形，幼时两面有毛，后上面无毛。总花梗单生于上部叶腋；苞片叶状，长达2cm；萼筒无毛；花冠长3～4cm，先白色略带紫色后转黄色，芳香，外面被柔毛和腺毛，唇形，上唇具4裂片而直立，下唇反转，约等长于花冠筒；雄蕊5枚，和花柱均稍超过花冠。浆果球形，黑色。花期5～6月，果期8～10月。

本区分布于横山、榆阳、靖边、定边、志丹、吴起、环县、会宁、原州等地；黄土高原遍布；国内分布北起辽宁，西至陕西，南达湖南，西南至云南、贵州；朝鲜、日本也有分布。生于路旁、山坡灌丛或疏林中，也有栽培。花药用，能解热、消炎。

图2.310　金银花（陕西吴起吴起镇）

葱皮忍冬 *Lonicera ferdinandii* Franch. （图2.311）[黄土高原植物志]

葱皮忍冬也称波叶忍冬、秦岭忍冬、秦岭金银花、千层皮、大葱皮木，落叶灌木，高达3m。幼枝常具刺刚毛，老枝茎皮成条状剥落，冬芽具2枚舟形外鳞片，壮枝叶柄间具盘状托叶。叶卵形至矩圆状披针形，长2.5～8cm，边缘具睫毛，通常两面疏生刚伏毛或上面近无毛，稀下面生毡毛。总花梗极短；苞片披针形至卵形；小苞片合生成坛状壳斗，包围全部子房，内外均有柔毛；总花梗极短，被红色刚伏毛和红褐色腺点；花冠黄色，长1.5～2cm，外面生柔毛并杂有腺毛或倒生小刺刚毛，唇形，上唇具4裂片。浆果红色，包以撕裂的壳斗。种子具小凹孔。花期5～6月，果期8～9月。

本区分布于志丹、会宁、原州、西吉、海源、同心等地；黄土高原遍布；国内分布于辽宁、河北、河南、山西、内蒙古、陕西、甘肃等省区。生于海拔600～2 000m的山坡灌丛、荒草坡中。枝条韧皮纤维可制绳索、麻袋，亦可作造纸原料。

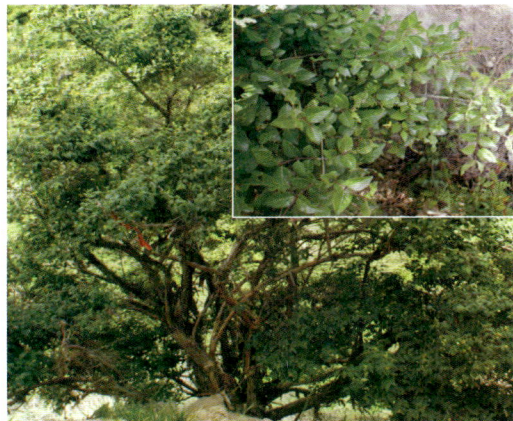

图2.311　葱皮忍冬（甘肃会宁铁木山）

四川忍冬 *Lonicera szechuanica* Batal.（图 2.312）[黄土高原植物志]

灌木，高达 3m。一年生小枝纤细状，紫红色，老枝灰黑色或灰褐色，无毛，有时具纵列短糙毛；冬芽卵形，先端钝或稍尖，无毛。叶纸质，叶柄长 1～3mm；叶片倒卵形或长圆形，长 0.5～3cm，宽 0.5～1.5cm，先端钝圆或具小尖头，基部楔形，两面无毛，表面黄绿色，背面绿白色，下面脉腋有时具趾蹼状鳞腺，叶脉纤细，在背面明显。总花梗生于幼枝基部叶腋，较粗壮，长 2～5（20）mm；苞片通常较短，卵形、卵状披针形或线状披针形，长为萼筒的 1/3～2/3，有时等长或略长，小苞片无或极小；相邻 2 萼筒 2/3 或全部合生，长 1.5～2mm，无毛，萼檐甚短，环状，先端平截或浅波状；花冠白色、淡黄绿色或黄色，有时带紫色，筒状或筒状漏头形，长 8～13mm，基部一侧具囊或稍偏肿，檐部裂片卵形或卵圆形，长 1.5～2.5mm；花药与裂片近等长；花柱伸出，无毛或中下部疏被糙毛。果实球形，直径 5～6mm，红色。种子长圆形，长 3mm，淡褐色。花期 5～6 月，果期 7～9 月。

本区仅见会宁；国内分布于河北、山西、陕西、宁夏、青海、甘肃、湖北、四川、云南、西藏等省区。生于海拔 1 800～2 600m 的山坡林下或灌丛中。

图 2.312 四川忍冬（甘肃会宁铁木山）

陕西荚蒾 *Viburnum schensianum* Maxim.（图 2.313）[黄土高原植物志]

灌木，高达 3m。幼枝具星状毛，老枝灰黑色，冬芽不具鳞片。叶卵状椭圆形，长 3～6cm，顶端钝或略尖，边有浅齿；上面或疏生短毛，下面疏生星状毛，侧脉 5～6 对，侧脉近叶缘前部网结或部分伸至齿端。花序有多花，直径 5～8cm，第一级辐枝通常 5 条；萼筒长约 3mm，萼檐长约 1mm，具 5 微齿；花冠白色，辐状，长约 4mm，花冠筒长约 1mm；雄蕊 5 枚，着生于近花冠筒基部，稍长于花冠。核果短椭圆形，长约 8mm，先红熟黑；核背部略隆起，腹具 3 浅槽。花期 6～7 月，果期 7～9 月。

本区分布于会宁、原州、海原等地；黄土高原遍布；国内分布于河北、陕西、甘肃、山东、江苏、河南、四川等省区。生于海拔 600～2 000m 的山坡林下或灌丛中。

图 2.313 陕西荚蒾（www.plant.ac.cn）

2.1.60 败酱科 Valerianaceae

败酱科植物为多年生草本，稀为灌木。叶对生或基生，全缘，羽状分裂或羽状复叶。

花小，两性，稀单性，略左右对称，常组成密集或疏松的聚伞圆锥花序；苞片小或无；花萼小，花期不明显，常在果期明显增大或呈冠毛状；花冠筒状，基部稍有偏突囊距或整齐，檐部具 3 ~ 5 片裂片，上部分离，在花蕾中呈覆瓦状排列；雄蕊 3 或 4 枚，着生于花冠筒部；子房下位，2 室，仅 1 室发育，胚珠 1 粒，悬垂；花柱线形，柱头不裂或 2 ~ 3 裂。瘦果，稀先端具冠毛状宿存花萼或有增大苞片而呈翅果状。种子 1 粒，胚乳少量或无。

本科我国有 3 属近 40 种，分布于全国各省区。本区产 1 属 2 种。

岩败酱 Patrinia rupestris（Pall.） Juss.（图 2.314）[中国高等植物图鉴]

多年生草本，高达 50cm。根状茎稍斜升，顶端不分枝。茎 1 至数枝丛生，幼时被短毛。基生叶开花时枯落；茎生叶对生，窄长方形，长 3 ~ 7cm，3 ~ 6 对羽状深裂至全裂，裂片窄椭圆状披针形；叶柄短，上部叶渐无柄。密花聚伞花序 3 ~ 7 枝在枝端排成伞房状，轴、梗均被粗白毛和腺毛；花萼小；花冠黄色，漏斗状，基部呈短细筒，筒基一侧有偏突，上端分裂，裂片近圆形；雄蕊 4 枚；子房下位，圆柱状，基部有小苞片。瘦果倒卵圆柱状，背部贴生有椭圆形大膜质苞片。花、果期 9 ~ 10 月。

本区分布于环县、会宁、榆中、原州、盐池等地；国内分布于东北，河北、内蒙古、甘肃、山西、四川等地；俄罗斯也有分布。生于海拔 1000 ~ 2200m 的干燥山坡草地及路旁、沟谷。全草和根含挥发油；种子也含生物碱，具清热解毒、活血排脓之效。

图 2.314　岩败酱（www.plant.ac.cn）

图 2.315　糙叶败酱（陕西吴起吴起镇）

糙叶败酱 Patrinia scabra Bunge（图 2.315）

[中国高等植物图鉴]

多年生草本，高 30 ~ 60cm。根圆柱形，稍木质化，顶端常较粗厚。茎 1 至数枝，被细密短毛。基生叶倒披针形，2 ~ 4 回羽状浅裂，开花时枯萎；茎生叶对生，窄卵形至披针形，长 4 ~ 10cm，宽 1 ~ 2cm，1 ~ 3 对羽状深裂至全裂，中央裂片较大，倒披针形，两侧裂片镰状条形，全缘，两面被毛，上面常粗糙；叶柄长 1 ~ 2cm。圆锥聚伞花序多枝在枝顶集成伞房状；苞片对生，条形，不裂，少 2 ~ 3 裂；花黄色，直径 5 ~ 7mm，基部有 1 枚小苞片；花萼不明显；花冠筒状，筒基一侧稍大成短距状，顶端 5 裂；雄蕊 4 枚；子房下位，1 室发育，2 不发育室稍长。瘦果长圆柱状，背贴圆形膜质苞片；苞片直径约 1cm，常带紫色。

本区分布于神木、榆阳、靖边、横山、志丹、吴起、环县、海原、原州、盐池等地；国内分布于河北、河南、山西、内蒙古、甘肃等省区。生于海拔 500 ~ 1 500m 的山坡草丛中较干燥的向阳处、路旁。全草入药，具有清热解毒、活血、排脓的功效；治肠炎、痢疾、阑尾炎、肝炎。

2.1.61　桔梗科 Campanulaceae

桔梗科植物为一年或多年生草本，稀半灌木、木本。常含乳状液汁。茎直立或攀援。单叶互生、对生或轮生；叶片全缘或具齿，稀羽状分裂。花序为 2 歧或单歧的聚伞花序，有时单生、总状或圆锥状；常具苞片。花两性，辐射对称或两侧对称，腋生或顶生；花萼筒常与子房合生，裂片 3 ~ 10 片，通常 5 片，呈镊合状或覆瓦状排列；花冠钟状、筒状、辐射状或二唇形，檐部常 5 裂，裂片镊合状或覆瓦状排列；雄蕊与花冠裂片同数，着生于花冠筒基部，合生或离生，花药分离，纵裂；子房下位或半下位，稀上位，通常 2 ~ 5 室，中轴胎座，胚珠多粒，花柱 1 个，柱头裂片与子房室同数。蒴果，稀浆果，瓣裂、孔裂或不开裂。种子小而多粒，胚直，胚乳丰富。

全世界约 60 属 1500 多种，遍布全球，温带和亚热带较多。我国有 19 属约 160 种。本区产 1 属 4 种。

细叶沙参 *Adenophora paniculata* Nannf.（图 2.316）[黄土高原植物志]

多年生草本，有乳汁。根圆柱形，长约 15cm，直径约 1cm，淡黄色。茎高 40 ~ 100cm，无毛或疏生柔毛。茎生叶互生，无柄或下部叶有长达 3cm 的柄；叶片线形、线状披针形、菱状卵圆形或椭圆形，长 5 ~ 15cm，宽 0.3 ~ 6cm，先端渐尖，基部宽楔形，全缘或具不整齐的锯齿，叶脉羽状，中脉在背面凸起。花序通常狭圆锥状，有时具多而细长的分枝，组成大而疏散的圆锥花序，仅数花组成假总状花序；花梗长 6 ~ 10mm，小苞片 1 ~ 2 枚；花萼无毛，萼筒卵圆形，长 3 ~ 4mm，宽 1.5 ~ 2.5mm，裂片丝状，长 2 ~ 7mm；花冠淡蓝色、蓝紫色，筒状钟形，口部收缩，长 10 ~ 14mm，裂片三角形，先端尖；花丝长 7 ~ 8mm，花药长 3 ~ 4mm，花盘长 3 ~ 4mm，直径约 1mm，无毛或上部有柔毛；花柱长 16 ~ 22mm，明显伸出花冠。果实卵圆形或长圆形，长约 7mm，直径 3mm。种子椭圆形，褐色，长约 1mm。花期 7 ~ 9 月，果期 9 ~ 10 月。

本区分布于横山、定边、靖边、志丹、吴起、会宁、环县、原州、西吉、同

图 2.316　细叶沙参（陕西吴起周湾）

心、盐池等地；国内分布于河北、山西、河南、陕西、内蒙古、山东等省区。生于海拔 1 200 ~ 3 000m 的山坡草地或林缘。根入药，具有清热养阴、润肺止咳之效。

无柄沙参 *Adenophora stricta* subsp. *sessilifoli* Hong（图 2.317）[黄土高原植物志]

多年生草本，有乳汁。根圆柱形，长 15cm，直径 1cm，淡黄色。茎高 35 ~ 90cm，被短硬毛。基生叶柄长约 8cm；叶片肾状心形，长 2cm，宽 3.5cm，先端钝圆，基部心形，边缘具不整齐锯齿，被短硬毛；茎生叶互生，无柄或具极短柄；叶片椭圆形或狭卵形，长 2.5 ~ 8cm，宽 1 ~ 3.5cm，先端渐尖或急尖，基部楔形，边缘具不整齐的锯齿，两面被白色短毛，叶脉羽状，中脉在背面凸起。花序不分枝呈总状，或在下部具较短分枝，呈狭圆锥状；花梗短，长 5mm，密被白色短毛；花萼被短硬毛，萼筒倒圆锥形，长 2 ~ 4mm，裂片线状披针形，长 5 ~ 8mm，宽 1 ~ 1.5mm，先端尾状渐尖，全缘；花冠蓝色，宽钟形，长 1.5 ~ 2cm，裂片宽三角形；花丝长约 7mm，花药长约 4mm；花盘短，长约 1mm，无毛；花柱与花冠近等长或稍伸出，被微柔毛。果实卵圆形，长 5 ~ 8mm，果皮膜质，先端具宿存萼片。种子椭圆形，长约 1.5mm，黄褐色，有 1 条翼棱。花期 8 ~ 9 月，果期 9 ~ 10 月。

本区分布于志丹、吴起、靖边、定边、横山、环县、会宁等地；国内分布于陕西、河南、甘肃、湖北、湖南、四川、云南等省区。生于海拔 500 ~ 1 700m 的山坡草地或疏林下，为林下常见植物。根具清热养阴、润肺止咳之效。

图 2.317　无柄沙参（陕西吴起吴起镇）

图 2.318　长柱沙参（陕西吴起五谷城）

长柱沙参 *Adenophora stenanthina*（Ledeb.）Kitag.（图 2.318）[黄土高原植物志]

多年生草本，有白色乳汁。根圆柱形，长约 20cm，直径约 1cm。茎有时数枝丛生，高 30 ~ 80cm，密被灰色短糙毛。基生叶柄长约 8cm；叶片心形，长 2 ~ 5cm，宽 3 ~ 5cm，边缘具深裂而不规则的锯齿，两面疏被白色小硬毛；茎生叶互生；叶片线形、线状披针形或椭圆形，长 2 ~ 6cm，宽 1 ~ 12mm，先端尾尖，基部楔形，全缘或有不整齐的刺状齿；叶脉羽状，中脉在背面凸起。花序圆锥状，或无分枝呈总状花序；花梗纤细，长约 1cm，小苞片 2 枚，钻状；花萼无毛，萼筒倒卵形，长约 3mm，直径约 2mm，裂片钻状，长 1.5 ~ 2.5mm；

花冠蓝紫色，钟状，5浅裂，裂片狭三角形，先端尖；雄蕊与花冠近等长；花盘长4～6mm，直径约1mm，无毛或上部具柔毛；花柱明显伸出花冠。果实椭圆状，长7～9mm，直径4～5mm，先端具宿存萼片。种子黄褐色，椭圆形，长约1mm。花期7～9月，果期8～10月。

本区分布于横山、靖边、定边、安塞、志丹、吴起、环县、会宁、靖远、定西、榆中、盐池、海原、原州、同心等地；国内分布于东北及内蒙古、河北、山西等地；蒙古、前苏联也有分布。生于海拔1 100～2 500m的山坡草地或荒滩上。根可入药。

泡沙参 *Adenophora potaninii* Korsh. （图2.319）[宁夏植物志]

图2.319　泡沙参（陕西吴起五谷城）

多年生草本，高70～100cm。根粗壮，肉质，圆柱形，长达20cm。茎直立，单一，不分枝，无毛。茎生叶互生，较密，卵状椭圆形、椭圆形、长椭圆形或线状长椭圆形，长2～8cm，宽0.5～3cm，先端渐尖或急尖，基部楔形至近圆形，边缘具少数不规则的粗锯齿，上面疏被短糙毛，背面沿脉被短糙毛；无柄。圆锥花序顶生，长30～40cm；花梗短，长2～5mm；花萼无毛，萼裂片三角状披针形，长约5mm，每侧具1～2个狭长齿；花冠钟形，蓝紫色，长2～2.6cm，无毛，5浅裂，裂片卵状三角形，长7～8mm，先端尖；雄蕊5枚，花丝下部加宽，花药长5mm；花盘筒状，长3mm，顶端疏被毛；花柱较花冠短，长约2cm。蒴果椭圆形，长约8mm，直径4～5mm。花期8～9月，果期9～10月。

本区分布于志丹、吴起、平川、环县、原州、海原等地；国内分布于山西、陕西、甘肃、青海、四川等省区。生于山坡草地、灌丛或林下。根入药，清肺化痰、养阴生津。

2.1.62　菊科 Compositae

菊科植物为草本、半灌木或灌木，罕乔木。茎直立或匍匐；具乳汁管或树脂道或无。叶互生，稀对生或轮生，单叶或复叶，全缘，具齿或分裂。花两性或单性，稀单性异株，整齐或不整齐，聚集成头状花序或短缩的穗状花序；头状花序单生或数个至多数排列成总状、聚伞状、伞房状或圆锥状；总苞片1层至多层，等长或外层短，向内层渐伸长，叶质或膜质；苞片无，或苞片退化成膜质鳞片或小刺；萼片常变成鳞片状、刺毛状或毛状的冠毛。花冠辐射对称，筒状或细管状，或两侧对称，二唇形、舌状或漏斗状；舌状花的舌片伸长，先端具2～5个齿，筒状花檐部4～5裂，裂片在蕾中镊合状排列；头状花序中有同形的小花（全为筒状花或舌状花），或有异形的小花（外围为舌状花，中央为筒状花），或具多形的小花；舌状花雌性或无性（放射花），筒状花两性、雌性或无性；雄蕊4～5枚，着生于花冠筒上，花药合生成筒状，基部钝或尖，戟形或具尾，花丝分离；子房下位，1 室，具 1 粒直立而倒生的胚珠；花柱先端 2 裂，有附器或无。瘦果，具纵肋或棱，有喙或无喙，被毛或无毛；冠毛糙毛状、鳞片状、刺芒状或冠状。种子无胚乳，具 2 片子叶稀 1 片子叶。

我国有 230 属 2300 多种，南北各地均产。本区见 31 属 49 种。菊科植物用途很广，多药用，部分食用或庭园绿化。

顶羽菊 Acroptilon repens（L.） DC.（图 2.320）[中国高等植物图鉴]

多年生草本。茎直立，高约 60cm，多分枝，有纵棱，被淡灰色绒毛，地下部分黑褐色。叶无柄，披针形至条形，长 2～10cm，顶端锐尖，全缘或有稀锐齿或裂片，两面被灰色绒毛，有腺点，叶脉纤细，不明显；上部叶小。头状花序，单生于茎枝顶端，直径 1～15cm；总苞卵形或矩圆状卵形，苞片数层，覆瓦状排列，外层宽卵形，长约 5mm，上半部透明膜质，具柔毛，下半部绿色，质厚，内层披针形或宽披针形，长约 1cm，顶端狭尖，密被长柔毛；花冠红紫色，长 15～20mm，筒部与檐部等长。瘦果矩圆形，长约 4mm，略扁平；冠毛白色，长 8～10mm。花期 6～8 月，果期 7～9 月。

本区分布于榆阳、定边、靖边、志丹、吴起、环县、会宁、榆中、原州、西吉、海原、同心、盐池等地；黄土高原北部遍布；国内分布于新疆、甘肃、青海、内蒙古、山西、河北等省区；伊朗、前苏联、蒙古也有分布。生于海拔 900～2 400m 的山坡、丘陵、平原、农田和荒地。全草入药，可清热解毒、活血消肿，用于治疗疮疡痈疽、无名肿毒、关节肿痛等。

图 2.320 顶羽菊（宁夏海原韩庄）

灌木亚菊 Ajania fruticulosa (Ledeb.) Poljak.（图 2.321）[中国高等植物图鉴]

图 2.321 灌木亚菊（宁夏海原韩庄）

半灌木，高 10～30cm。茎灰绿色或灰白色，基部麦秆黄色或淡红色，被稠密或稀疏的白色短柔毛，上部和花序梗的毛较密。叶柄长 3～10mm；中部叶圆形、扁圆形、三角状卵形、宽卵形或肾形，2 回掌状或掌式羽状全裂，1 回侧裂片 1 对或不明显 2 对，通常 3 出，变异幅度在 2～5 出之间；末回裂片线形、宽线形或倒披针形，宽 0.5～2mm，先端尖或钝圆，两面灰白色或淡绿色，被贴伏短柔毛。头状花序小，多数在茎端排成伞房状或复伞房花序；总苞钟状，总苞片 4 层，黄色，有光泽，边缘具白色膜质，先端圆或钝，外层

257

卵形或披针形，被短毛，中、内层的椭圆形，长 2～3mm，无毛；雌花约 6 条，花冠细筒状，先端 3～4 裂；两性，花约 21 朵，花冠长 2～2.5mm。果实卵形。花、果期 7～9 月。

本区分布于定边、靖边、横山、吴起、海原、同心、盐池、环县、会宁、靖远、平川等地；国内分布于内蒙古、甘肃、青海、新疆、西藏等省区；前苏联、中亚等地区也有分布。生于海拔 550～4 400m 的荒漠、荒漠草原，以及砾石山坡。中等饲用植物，骆驼和羊乐食，马不喜食，仅在冬季采食。

乳白香青 *Anaphalis lactea* Maxim.（图 2.322）[中国高等植物图鉴]

乳白香青亦称大香艾，多年生草本。根状茎粗壮，灌木状，上端有枯叶残片，有顶生莲座状叶丛或花茎。茎高 10～40cm，不分枝。莲座状叶披针形或匙状矩圆形，长 6～13cm，宽 0.5～2cm，下部渐狭成具翅的基部鞘状长柄；中部茎叶矩椭圆形、条状披针形或条形，长 2～10cm，宽 0.8～1.3cm，沿茎下延成狭翅，全部叶被白色或灰白色密绵毛，有离基 3 出脉或 1 条脉。头状花序多数排成复伞房状；总苞钟状，长 6mm，稀 5 或 7mm；内层苞片乳白色；雄株头状花序全部有雄花。瘦果黄褐色，圆柱形，冠毛白色，较花微稍长。花期 7～9 月。

本区分布于志丹、吴起、定西、会宁、榆中、西吉、海原、原州等地；国内分布于甘肃南部、青海东部及四川西北部。生于海拔 2 000～3 400m 的亚高山、低山草地及针叶林下、沟边、田边等。全草药用，有活血散瘀、平肝潜阳、祛痰及外用止血等功效。

图 2.322　乳白香青（宁夏海原月亮山）

香青 *Anaphalis sinica* Hance（图 2.323）[中国高等植物图鉴]

多年生草本，高 20～50cm，通常不分枝。根状茎木质。节间长 0.2～2cm。中部叶矩圆形、倒披针状矩圆形或条形，长 2.5～9cm，宽 0.2～1.5cm，沿茎下延成翅，边缘平，上面被蛛丝状绵毛或下面、两面被白色、黄白色绵毛，并杂有腺毛。头状花序多数排成复伞房状或多次复伞房状；总苞钟状或近倒圆锥状，长 4～5mm；苞片乳白色或污白色，冠毛较花冠稍长。瘦果具小腺点。花期 6～8 月，果期 8～10 月。

本区分布于定边、靖边、志丹、吴起、环县、会宁、原州、西吉、海原、同心、盐池等地；广布于我国的北部、中部、东部及南部；朝鲜、日本也有分布。多生于海拔 600～2 500m 的山坡地、

图 2.323　香青（www.genobank.org.）

灌丛、林下、沟谷和溪流两岸。全草入药，用于解表祛风、消肿止痛、镇咳平喘，治疗感冒头痛、咳嗽、咳嗽痰喘、泄泻、吐泻等。

牛蒡 *Arctium lappa* L.（图 2.324）[中国高等植物图鉴]

牛蒡亦称粘娃娃、牛爬叶，二年生草本。根肉质。茎粗壮，高 1 ~ 2m，带紫色，有微毛，上部多分枝。基生叶丛生，茎生叶互生，宽卵形或心形，长 40 ~ 50cm，宽 30 ~ 40cm，上面绿色，无毛，下面密被灰白色绒毛，全缘，波状或有细锯齿，顶端圆钝，基部心形，有柄，上部叶渐小。头状花序丛生或排成伞房状，直径 3 ~ 4cm，有梗；总苞球形；总苞片披针形，长 1 ~ 2cm，顶端钩状内弯；花全部筒状，淡紫色，顶端 5 齿裂，裂片狭。瘦果椭圆形或倒卵形，长约 5mm，宽约 3mm，灰黑色；冠毛短刚毛状。

本区分布于横山、榆阳、定边、靖边、吴起、志丹、环县、会宁、原州、西吉、海原、同心、盐池、灵武等地；黄土高原遍布；我国东北至西南广布；欧亚大陆广布。生于海拔 500 ~ 2 300m 的草地、沟谷、林缘、山坡、村落、路旁，常有人工栽培。根、茎、叶、种子均可入药，具疏散风热、利咽散结、解毒透疹之效。

图 2.324　牛蒡（甘肃会宁铁木山）

碱蒿 *Artemisia anethifolia* Web. ex Stechm.（图 2.325）[中国植物志]

一年或二年生草本，株高 20 ~ 60cm。主根伸长，粗壮。茎自基部强烈分枝，具纵条棱，通常红褐色，疏被红色柔毛，分枝及花序枝上柔毛较密集。基生叶花期枯萎，中下部叶柄长 5 ~ 15mm，叶片椭圆形或卵状椭圆形，长 3 ~ 4cm，宽 2 ~ 3cm，2 ~ 3 回羽状全裂，小裂片丝状条形，长 3 ~ 8mm，先端钝，两面疏被白色短柔毛，叶脉不明显。上部叶羽状全裂，3 裂或不裂，深灰绿色。头状花序多数在茎顶或枝端排列成疏的圆锥花序，苞叶线形；花序梗纤细，密被白色蛛丝状毛，弯垂，后渐直立；总苞半球形，直径 3 ~ 4mm；总苞 4 层外面被蛛丝状毛，外层草质，披针形，先端渐尖，边缘膜质，中、内层膜质，中肋绿色，椭圆形或卵状长圆形，先端急尖或钝圆；花序托凸起，圆锥状，密被白色绢毛状长托毛。花黄色，花冠筒状；雌花 5 ~ 9 朵，长 1.2 ~ 1.5mm，花柱伸出，先端 2 裂，两性花 26 ~ 32 朵，长 1.5 ~ 2mm，

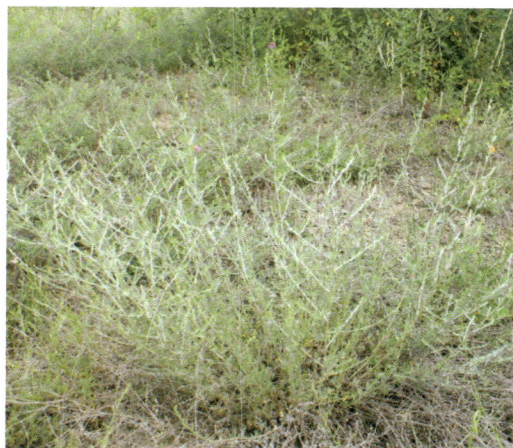

图 2.325　碱蒿（陕西吴起长城）

先端 5 裂齿；盘花两性。瘦果长圆状倒卵形，长不及 1mm。花期 8～9 月，果期 9～10 月。

本区分布于横山、定边、靖边、吴起、志丹、环县、会宁、原州、西吉、海原、同心、盐池等地；黄土高原北部遍布；国内东北、内蒙古、西北干旱地区分布；国外分布于俄罗斯（西伯利亚及远东地区）、蒙古等。碱蒿是蒿属最耐盐碱的盐生植物，在 pH8.5～9.5 的碱土上生长良好，可耐 pH10 以上的生境。在草甸草原及干草原的碱斑地，外围、成圈生长，在固定沙丘群的低湿、盐碱滩上形成小片群落。这种蒿类增加，往往是过度放牧或草场退化的标志。全草入药，具清热利湿、清肝利胆之效。

黄花蒿 Artemisia annua L.（图 2.326）[中国高等植物图鉴]

一年生草本。茎直立，高 50～150cm，多分枝，直径达 6mm，无毛。基部及下部叶在花期枯萎，中部叶卵形，3 回羽状深裂，长 4～7cm，宽 1.5～3cm，裂片及小裂片矩圆形或倒卵形，开展，顶端尖，基部裂片常抱茎，下面色较浅，两面被短微毛；上部叶小，常 1 回羽状细裂。头状花序，球形，长及宽约 1.5mm，有短梗，排列成复总状或总状，常有条形苞叶；总苞无毛；总苞片 2～3 层，外层狭矩圆形，绿色，内层椭圆形，除中脉外边缘宽膜质；花托长圆形；花筒状，长不超过 1mm，外层雌性，内层两性。瘦果矩圆形，长 0.7mm，无毛。花期 8～9 月，果期 9～10 月。

本区分布于神木、榆阳、靖边、横山、定边、吴起、志丹、环县、会宁、原州、海原、西吉、同心、盐池、灵武等地；广布于我国各地；亚洲其他地区、欧洲东部及北美洲也有分布。生于海拔 500～2 350m 的山坡、林缘、荒地、路旁和田边。全草供药用，有消暑退热、抗疟之功效，主治肺结核、疟疾、中暑，外用可根治皮肤瘙痒、荨麻疹、溢脂性皮炎等症。

图 2.326 黄花蒿（陕西吴起长城）

艾蒿 Artemisia argyi Levl. et Vant.（图 2.327）

[中国高等植物图鉴]

多年生草本，高 50～120cm，被密茸毛，中部以上或仅上部有开展及斜升的花序枝。叶互生，下部叶在花期枯萎；中部叶长 6～9cm，宽 4～8cm，基部急狭，或渐狭成短或稍长的柄，或稍扩大而成托叶状；叶片羽状深裂或浅裂，侧裂片约 2 对，常楔形，中裂片又常 3 裂，裂片边缘有齿，上面被蛛丝状毛，有白色密或疏腺点，下面被白色或灰色密茸毛；上部叶渐小，3 裂或全缘，无梗。头状花序多数，排列成复总状，长 3mm，直径 2～3mm，花后下倾，总苞卵形；

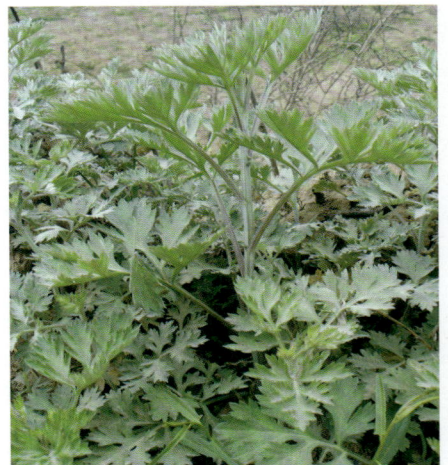

图 2.327 艾蒿（陕西吴起长城）

总苞片 4～5 层，边缘膜质，背面被绵毛；花带红色，多数，外层雌性，内层两性。瘦果，长几达 1mm，无毛。

　　本区分布于榆阳、靖边、横山、定边、吴起、志丹、环县、会宁、原州、海原、西吉、同心等地；广布我国东北、北部、西部至南部。生于海拔 700～2 200m 的山坡、沟谷、林缘、农田、路旁。叶药用，具散寒、止痛、止血之效；艾叶油有平喘、镇咳、祛痰、消炎之效。

茵陈蒿 Artemisia capillaris Thunb.（图 2.328）[黄土高原植物志]

　　茵陈蒿亦称白蒿，半灌木，有垂直或歪斜的根。茎直立，高 50～100cm，基部直径 5～8mm，多分枝，当年枝顶端有叶丛，被密绢毛，花茎初有毛，后近无毛，有或多或少开展的分枝。叶 2 回羽状分裂，下部叶裂片较宽短，常被短绢毛；中部以上叶长达 2～3cm，裂片细，宽仅 0.3～1mm，条形，近无毛，顶端微尖；上部叶羽状分裂，3 裂或不裂。头状花序极多数，在枝端排列成复总状，有短梗及线形苞叶；总苞球形，长宽各约 1.5～2mm，无毛；总苞片 3～4 层，卵形，顶端尖，边缘膜质，背面稍绿色，无毛；花黄色，外层雌性，6～10 枚，能育，内层较少，不育。瘦果矩圆形，长约 0.8mm，无毛。花期 8～9 月，果期 9～10 月。

　　本区分布于府谷、神木、榆阳、定边、靖边、横山、吴起、志丹、环县、会宁、榆中、靖远、原州、西吉等地；黄土高原较为普遍；我国南北各地均有分布；日本、朝鲜、俄罗斯（西北利亚）亦有分布。植物变异大，生于海拔 850～1 800m 的荒坡、路旁或田边。全草治黄疸型或无黄疸型传染性肝炎。

图 2.328　茵陈蒿（陕西吴起长城）

冷蒿 Artemisia frigida Willd.（图 2.329）[中国高等植物图鉴]

图 2.329　冷蒿（陕西吴起长城）

　　多年生草本，高 20～40cm。茎基部木质，丛生，基部以上少分枝，被短茸毛。叶 2～3 回羽状全裂，长 1cm，稀达 2cm，宽达 1cm，下部裂片常 2～3 裂，顶部裂片又常羽状或掌状全裂，小裂片又常 3～5 裂，裂片多少条形，顶端稍尖，基部的裂片抱茎成托叶状；上部叶小，3～5 裂。头状花序较少数，排列成狭长的总状或复总状花序，有短梗及数个条形苞叶，下垂，总苞球形，直径 2.5～3mm 而花黄色，或有时直径 3～3.5mm 而花深紫色（黑紫变种 A. var. atropurpurea Pamp.）或黄色；总苞片约 3 层，卵形，被茸毛，具绿色中脉，边缘膜质；花序托有白色托毛；

花筒状，内层两性，外层雌性。瘦果矩圆形，长近1mm，无毛。花期8～9月，果期9～10月。

本区分布于定边、靖边、横山、榆阳、神木、吴起、志丹、环县、会宁、平川、榆中、靖远、原州、海原、同心、盐池等地；广布于新疆、青海、内蒙古、华北、东北等地。生于海拔1 200～2 600m的山坡草地、梁峁顶部草原。全草供药用，具杀虫之功效。茎叶蛋白含量高，可作各类饲料。

茭蒿 *Artemisia giraldii* Pamp.（图 2.330）[黄土高原植物志]

多年生草本，半灌木状草本，喜暖性旱生、中旱生环境。根粗壮，垂直或斜伸，多须根。茎直立，单生，高20～80cm，具纵条棱，紫红色，被灰色短柔毛，上部具多数花序枝。基生叶与下部叶在花期枯萎；中部叶具短柄或近无柄，基部具1～2对线形假托叶；叶片长椭圆形，长2～5cm，宽1～2cm，羽状全裂，侧裂片1～2对，线状披针形或线形，长1～2cm，宽1～2mm，先端急尖或渐尖，边缘反卷，全缘，两面均被贴伏的灰色柔毛，或表面近无毛，叶脉羽状，明显，上部叶小，3全裂或不裂。头状花序多数，下垂，在茎枝端排列成扩展的圆锥状；花序梗短，具线形苞叶；总苞长圆形，长约2mm，直径1～1.5mm；总苞片4层，无毛，有光泽，外层的较短，卵形，先端尖，中、内层的长圆形或椭圆形，先端钝圆，中肋绿色，边缘宽膜质；花序托凸起，裸露；花黄色；雌花4～6朵，细筒状，长约1mm；两性花5～7朵，筒状钟形，长约1.5mm。果实倒卵形，长约0.8mm，黑褐色，光滑。花期8～9月，果期10～11月。

本区分布于定边、靖边、横山、吴起、志丹、环县、靖远、榆中、原州、海原、同心、中卫等地；黄土高原遍布；国内分布于华北、西北地区。生于海拔900～2 100m的山坡草地或田边、路旁。是良好的饲用植物，也是良好的水土保持植物，尤其在黄土高原丘陵区。

图 2.330　茭蒿（陕西吴起周湾）

野艾蒿 *Artemisia lavandulaefolia* DC.（图 2.331）[中国高等植物图鉴]

多年生草本。茎直立，高50～100cm，直径4～6mm，上部有斜升的花序枝，被密短毛。下部叶有长柄，2回羽状分裂，裂片常有齿；中部叶长达8cm，宽达5cm，基部渐狭成短柄，具假托叶，羽状深裂，裂片1～2对，条状披针形，或无裂片，顶端尖，上面被短微毛，密生白腺点，下面有灰白色密短毛，中脉无毛；上部叶渐小，条形，全缘。头状花序极多数，常下倾，在上部的分枝上排列成复总状，有短梗及细长苞叶；总苞矩圆形，长

图 2.331　野艾蒿（陕西吴起楼坊坪）

约 4mm，直径约 2mm；总苞片矩圆形，约 4 层，外层渐短，边缘膜质，背面被密毛；花红褐色，外层雌性，内层两性。瘦果长不及 1mm，无毛。

本区分布于定边、靖边、横山、榆阳、神木、府谷、吴起、志丹、环县、会宁、原州、海原、同心、灵武等地；黄土高原遍布；国内分布于东北，内蒙古东部、河北、山西、陕西、甘肃等地；朝鲜、俄罗斯远东地区也有分布。常生于海拔 800 ～ 1600m 的山坡、山谷、河边、灌丛、农田及路旁。叶供药用，有散寒、止痛、止血之效，具平喘、镇咳、祛痰、消炎的作用。

蒙古蒿 Artemisia mongolica (Fisch. ex Bess.) Nakai （图 2.332）[中国高等植物图鉴]

多年生草本。茎直立，高 50 ～ 120cm，直径达 6mm，被蛛丝状毛，上部有斜升的花序枝。中部叶长 6 ～ 10cm，宽 4 ～ 6cm，羽状深裂，侧裂片通常 2 对，常羽状浅裂或不裂，顶裂片常 3 裂，裂片披针形至条形，渐尖，下部渐狭成短柄，或发育成 3 ～ 4 对渐短的条状披针形的侧裂片及假托叶，上面近无毛，下面除中脉外被白色短茸毛；上部叶 3 裂或不裂。头状花序无梗，或多或少直立，多数密集成狭长的复总状花序，有条形苞叶；总苞矩圆形，长约 3mm，宽约 2mm；总苞片约 3 ～ 4 层，矩圆形，被密茸毛，边缘宽膜质；花黄色，外层雌性，内层两性。瘦果微小，无毛。

本区分布于靖边、横山、榆阳、吴起、志丹、定边、环县、会宁、靖远、平川、原州、海原、西吉、同心、盐池、灵武等地；广布于我国的东北、华北、西北等地；朝鲜、蒙古、俄罗斯（西伯利亚）也有分布。该种植物多变异。

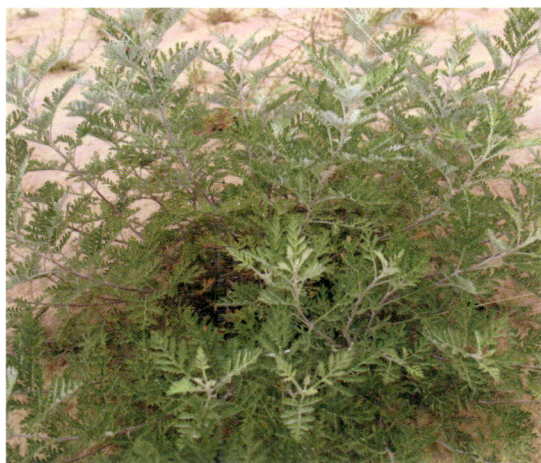

图 2.332　蒙古蒿（陕西吴起铁边城）

黑沙蒿 Artemisia ordosica Kraschen （图 2.333）[中国高等植物图鉴]

黑沙蒿亦称油蒿，半灌木，高 50 ～ 100cm，多分枝，多年枝外皮灰黑色，缝裂，当年枝外皮灰黄色或不育枝紫红色。叶黄绿色，多少肉质，无毛，长 3 ～ 7cm，宽 2 ～ 4cm，有基部扩大的长柄，羽状全裂，裂片 2 ～ 3 对，狭条形，长 1.5 ～ 3cm，宽约 1mm，有时具 1 ～ 2 个小裂片；上部叶短小，3 裂或不裂。头状花序多数，在茎及枝上排列成复总状花序，有短梗及条形苞叶；总苞卵形，长 3mm；总苞片 3 ～ 4 层，宽卵形，边缘宽膜质；花 10 余朵，黄色，外层雌性，能育，内层两性，不育。

图 2.333　黑沙蒿丛（陕西神木各丑沟）

瘦果微细，无毛。花期 8 ～ 9 月，果期 9 ～ 10 月。

　　本区分布于吴起、定边、靖边、横山、榆阳、神木、府谷、佳县、米脂、环县、靖远、平川、同心、盐池、灵武等地；国内分布于内蒙古、甘肃（西部）、新疆等省区。多生于海拔 1 000 ～ 1 700m 的沙地或固定沙丘上。根、茎、叶、种子均可入药，根能止血；茎、叶能祛风湿、清热消肿；种子可利尿；叶、茎可作饲料。固沙性能良好，是优良的固沙植物。

　　另有白沙蒿 Artemisia sphaerocephala Krasck.，头状花序球形，花紫红色，直径 2 ～ 3mm，生长较慢，也有很好的固沙作用。

铁杆蒿 *Artemisia gmelinii* Web.（图 2.334）[黄土高原植物志]

　　铁杆蒿又称万年蒿，半灌木。具根状茎，多须根。茎直立，高 20 ～ 60cm，基部木质，具纵条棱，多分枝、丛生，被蛛丝状短毛。基生叶及下部叶在花期枯萎；中部叶具短柄和假托叶；叶片卵形或宽卵形，长 2 ～ 3cm，宽 1.5 ～ 2cm；2 回羽状深裂，侧裂片 3 ～ 4 对，倒披针形或长圆状线形，羽轴具栉齿状小裂片，表面淡绿色，疏被蛛丝状绵毛，有窝孔状腺点，背面灰白色，密被白色绵毛，叶脉羽状，明显；上部叶小，羽状深裂或浅裂。头状花序极多数，在茎枝端排列成稍扩展的圆锥状；花序梗短，基部具线形苞叶；总苞近球形，直径约 2.5mm；总苞片 3 层，被白色蛛丝状毛，外层的卵形，长约 1mm，内层的椭圆形，长约 2mm，边缘膜质；花序托凸起，裸露；花黄色；雌花 5 ～ 7 朵；两性花 5 ～ 8 朵，长约 1.3mm；柱头 2 裂，先端呈画笔状。果实长圆形，长约 1mm，褐色，无毛。花期 8 ～ 9 月，果期 10 月。

　　本区分布于吴起、志丹、定边、靖边、横山、榆阳、环县、会宁、原州、海原、西吉等地；黄土高原遍布；国内分布于东北、华北、西南及新疆、西藏等地；朝鲜、蒙古、巴基斯坦也有分布。生于海拔 800 ～ 2600m 的干燥石砾山坡、丘陵或草地。茎、叶药用，具清虚热、健胃、驱风止痒之效。

图 2.334　铁杆蒿（陕西吴起铁边城）

猪毛蒿 *Artemisia scoparia* Waldst. et Kit.（图 2.335）[黄土高原植物志]

　　一年生或二年生草本。茎直立，高 40 ～ 90cm，直径达 4mm，下部分枝开展，上部分枝多斜上展，被微柔毛或近无毛，有时具叶较大而密集的不育枝。叶密集，下部叶与不育茎的叶同形，有长柄，叶片矩圆形，长 1.5 ～ 3.5cm，2 或 3 回羽状全裂，裂片狭长或细条形，常被密绢毛或上面无毛，顶端尖；中部叶长 1 ～ 2cm，1 或 2 回羽状全裂，裂片极细，无毛；上部叶 3 裂或不裂。头状花序极多数，有梗或无梗，有线形苞叶，在茎及侧枝上排列成复总状花序；总苞近球形，直径 1 ～ 1.2mm；总苞片 2 ～ 3 层，卵形，边缘宽膜质，背面绿色，近无毛；花外层 5 ～ 7 朵，雌性，能育，内层约 4 朵，不育。瘦果矩圆形，长 0.5 ～ 0.7mm，无毛。

本区分布于吴起、志丹、定边、靖边、横山、榆阳、环县、会宁、原州、海原、西吉、同心、盐池、灵武等地；黄土高原遍布；广布于我国各地。生于海拔 1 500 ～ 2 500m 的山坡草地或农田。幼苗供药用，具清湿热、利胆退黄之效。

大籽蒿 *Artemisia sieversiana* Ehrhart ex Willd.（图 2.336）[中国植物志]

一年生或二年生草本，高 50 ～ 150cm。主根单一，垂直。茎直立，单一，具纵棱，被灰白色微柔毛。茎下部叶与中部叶片宽卵形或宽卵圆形，长 4 ～ 8cm，宽 3 ～ 6cm，2 ～ 3 回羽状全裂，稀深裂，每侧裂片 2 ～ 3 个，再呈不规则羽状全裂或深裂，叶中部裂片再第 3 次分裂，小裂片线形或线状披针形，长 2 ～ 10mm，宽 1 ～ 2mm，有时小裂片有缺齿，两面被微柔毛；叶柄长 2 ～ 4cm，基部具小的羽状分裂的假托叶；茎上部叶与苞叶羽状全裂或不分裂，无柄。头状花序大，半球形或近球形，直径 4 ～ 6mm，具梗，稀近无梗或无梗，在分枝上排列成总状花序或复总状花序，在茎顶组成宽展或略狭窄的圆锥花序；总苞片 3 ～ 4 层，近等长，外、中层总苞片长卵形或椭圆形，背面被灰白色微柔毛或近无毛，中肋绿色，边缘狭膜质，内层长椭圆形，膜质；边花雌性，2 层，20 ～ 30 朵，花冠狭圆锥形，先端 3 ～ 4 齿裂，黄色，盘花两性，80 ～ 120 朵，花冠管状。瘦果长圆形。花果期 7 ～ 9 月。

本区分布于定边、靖边、横山、榆阳、志丹、吴起、环县、原州、海原、西吉等地；国内分布于东北、华北、西北及西南地区。多生于河谷、涧地、山坡。全株药用，能消炎止血、消肿止痛。

图 2.335　猪毛蒿（陕西吴起长城）

图 2.336　大籽蒿（陕西定边新安边）

三脉紫菀 *Aster ageratoides* Turcz.（图 2.337）[黄土高原植物志]

多年生草本。茎高约 40 ～ 60m，圆柱形，有细纵沟，绿色或有时下部紫红色，被短柔毛或下部脱落近无毛。叶柄长或短，有翅，上部叶近无柄；基生叶和下部叶在花期枯落，宽卵形或有时近圆形，基部急狭下延至叶柄；中上部叶通常椭圆形、卵状披针形、披针形至狭披针形，长 5 ～ 15cm，宽 0.7 ～ 4cm，先端渐尖，基部圆形至楔形，下延至叶柄，边缘具粗缺刻状锯齿，表面暗绿色，被粗短伏毛或沟状，背面淡绿色，被疏短毛，仅脉上有毛或近无毛，离基 3 出脉明显，侧脉 3 ～ 4 对。头状花序多数，直径 1.5 ～ 2cm，排列成圆

图 2.337 三脉紫菀（榆阳区色草湾）

锥伞房状；总苞倒锥状或半球形；总苞片 3 层，外层较短，长圆形，先端通常紫红色，钝圆或啮蚀状，有白色膜质边缘，被短柔毛；舌状花约 10 朵，舌片淡蓝紫色、淡紫红色或有时近白色；筒状花黄色；雄蕊和花柱均外露。果实稍扁平，有肋，被毛；冠毛红褐色或污白色，与筒状花等长。花期 8～9 月，果期 10 月。

本区分布于定边、靖边、横山、榆阳、米脂、佳县、神木、府谷、志丹、吴起、环县、会宁、原州、西吉、海原等地；国内分布于河北、山西、河南、陕西、宁夏、甘肃、青海、四川、云南、西藏、新疆等省区；朝鲜、俄罗斯（远东地区）、印度（东部）也有分布。生于海拔 800～2 500m 的山坡林下、山谷灌丛和路旁、沟岸草丛等阴湿场所。

紫菀 *Aster tataricus* L. f. （图 2.338）[黄土高原植物志]

多年生草本，高 20～60cm。茎直立，粗壮，有疏粗毛，基部有纤维状残叶片和不定根。基部叶花期枯落，矩圆状或椭圆状匙形，长 20～40cm，宽 3～19cm；上部叶狭小；厚纸质，两面被粗短毛，中脉粗壮，有 6～10 对羽状侧脉。头状花序直径 2.5～4.5cm，排列成复伞房状；总苞半球形，宽 10～25mm，总苞片 3 层，外层渐短，全部或上部草质，顶端尖或圆形，边缘宽膜质，紫红色；舌状花 20 多朵，蓝紫色，中央有多朵两性筒状花。瘦果倒卵状矩圆形，紫褐色，长 2.5～3mm，两面各有 1 条或少有 3 条脉，具疏粗毛；冠毛污白色或带红色。花期 7～9 月，果于花后渐次成熟。

本区分布于定边、靖边、横山、榆阳、神木、府谷、志丹、吴起、环县、会宁、榆中、原州、西吉、海原、同心等地；国内分布于东北、华北、西北地区；朝鲜、日本、俄罗斯（西伯利亚东部）也有分布。根入药，能润肺、化痰、止咳。

图 2.338 紫菀（陕西吴起长城）

飞廉 *Carduus cripus* L. （图 2.339）[中国高等植物图鉴]

二年生草本，主根直或偏斜。茎直立，高 40～70cm，具条棱，有绿色翅，翅有齿刺。下部叶椭圆状披针形，长 5～20cm，羽状深裂，裂片边缘具刺，长 3～10mm，上面绿色具微毛或无毛，下面初时有蛛丝状毛，后渐变无毛；上部叶渐小。头状花序 2～3 个，生于枝端，直径 1.5～2.5cm；总苞钟状，长约 2cm，宽 1.5～3cm；总苞片多层，外层较内层逐渐变短，中层条状披针形，顶端长尖，成刺状，向外反曲，内层条形，膜质，稍带紫色；花冠紫红色，长约 1.5cm，筒部与檐部近等长，檐部裂片线形。瘦果长椭圆形，顶端平截，基部收缩；冠毛白色或灰白色，刺毛状，稍粗糙。花期 5 ~ 7 月，果期 6 ~ 8 月。

本区分布于定边、靖边、横山、榆阳、神木、府谷、志丹、吴起、盐池、环县、会宁、原州、西吉、海原、同心、灵武等地；黄土高原遍布；我国各地均有分布；欧洲、伊朗及北美洲也有分布。多生于海拔 500 ~ 2 800m 的荒地、河滩、路旁、田边、沟谷。全草供药用，具清热解毒、散瘀止血、消炎退肿、清尿利湿之功效。

图 2.339　飞廉（陕西吴起长城）

刺儿菜 Cephalanoplos segetum（Bunge）　Kitam.（图 2.340）[中国高等植物图鉴]

多年生草本。根状茎长，直立，高 20 ~ 50cm，无毛或被蛛丝状毛。叶椭圆形或长椭圆状披针形，长 7 ~ 10cm，宽 1.5 ~ 2.5cm，顶端钝尖，基部狭或钝圆，全缘或有齿裂，具刺，两面被疏或密蛛丝状毛，无柄。头状花序，单生于茎端，雌雄异株，雄株头状花序较雌株花序小，雄株总苞长 18mm，雌株总苞长 23mm；总苞片多层，外层较短，矩圆状披针形，内层波针形，顶端长尖，具刺；雄花花冠长 17 ~ 20mm，雌花 26mm，均紫红色。瘦果椭圆形或长卵形，略扁平；冠毛羽状，先端稍肥厚而弯曲。花期 5 ~ 6 月，果期 7 ~ 8 月。

图 2.340　刺儿菜（陕西吴起吴起镇）

本区分布于定边、靖边、横山、榆阳、神木、府谷、志丹、吴起、环县、会宁、榆中、原州、西吉、海原、同心、盐池、灵武等地；我国各地广布；朝鲜、日本也有分布。生于海拔 400 ~ 1 800m 的荒地、田野、路旁，为最常见的田间杂草。嫩茎叶可作猪饲料。全草入药，为利尿及止血剂，有冰血、消肿、散瘀之效，又能治痈疮，催透乳汁。

大刺儿菜 Cephalanoplos setosum（Willd.）　MB.（图 2.341）[中国高等植物图鉴]

多年生草本。根状茎长，茎直立，高 30 ~ 60cm，被蛛丝状毛，上部分枝。叶矩圆形，

图 2.341　大剌儿菜（陕西吴起五谷城）

长 5 ~ 12cm，宽 2 ~ 6cm，顶端钝，具刺尖，基部渐狭，边缘有缺刻状齿或羽状浅裂，具细刺，上面绿色，无毛或被疏蛛丝状毛，下面毛较密，有短柄或无柄。头状花序小，多数集生于枝端，单性，雄花序较小，总苞长约 1.3cm，雌花序总苞长 1.6 ~ 2cm；外层总苞片短，披针形，顶端尖锐，内层总苞片条状披针形，顶端略扩大；花冠紫红色。瘦果倒卵形，无毛；冠毛白色或基部褐色，长 7 ~ 9mm，果期长于花冠。

本区分布于定边、靖边、横山、榆阳、神木、府谷、志丹、吴起、环县、会宁、原州、西吉、海原、同心、盐池等地；黄土高原遍布；国内分布于华北、东北、西北等地；前苏联、蒙古、日本也有分布。生于海拔 450 ~ 2 900m 的山坡草地、荒地、田间、路旁。全草入药，为利尿及止血剂，有凉血、消肿、散瘀之效，又能治痈疮，催透乳汁。

大蓟 Cirsium japonicum Fisch.ex DC.（图 2.342）[中国高等植物图鉴]

大蓟又称刺蓟菜，多年生草本。有纺锤状宿根。茎直立，高 50 ~ 100cm，有分枝，被灰黄色膜质长毛。基生叶有柄，矩圆形或披针状长椭圆形，长 15 ~ 30cm，宽 5 ~ 8cm，中部叶无柄，基部抱茎，羽状深裂，边缘具刺，上面绿色，被疏膜质长毛，下面脉上有长毛，上部叶渐小。头状花序单生，苞下常有退化的叶 1 ~ 2 枚；总苞长 1.5 ~ 2cm，宽 2.5 ~ 4cm，有蛛丝状毛；总苞片多层，条状披针形，外层较小，顶端有短刺，最内层的较长，无刺，花紫红色，长达 1.5 ~ 2cm。瘦果，长椭圆形，稍扁，长 4mm；冠毛暗灰色，比花冠稍短，羽毛状，顶端扩展。

本区分布于定边、靖边、榆中、民和、乐都、平安等地；国内分布于吉林、河北、山东、安徽、浙江、江西、福建、广东、湖南、湖北、广东、广西、贵州、云南、四川、陕西等省区；朝鲜、日本也有分布。生于海拔 1 200 ~ 2 600m 的山谷、路旁、旷野草丛。根、叶药用，治热性出血；叶还可治腹脏瘀血，外用治恶疮、疥疮。

图 2.342　大蓟（陕西吴起长城）

秋英 Cosmos bipinnatus Cav.（图 2.343）[黄土高原植物志]

秋英也称大波斯菊，一年生草本，高 50 ~ 150cm。茎多分枝，具纵棱，被数毛。叶柄长 1 ~ 9cm；叶 2 ~ 3 回羽状深裂，裂片披针形，先端急尖，表面深绿，背面浅绿，两面光滑无毛，中脉和侧脉在两面均突起。头状花序单生于叶腋或顶生，直径 2.5 ~ 4.5（7.5）cm；总苞片外层 8 枚，披针形或卵状披针形，长 4 ~ 8mm，宽 1 ~ 2mm，先端渐尖，基部联合，内层 8 枚，长椭圆形，比外层大，长约 11mm，宽 2 ~ 3mm，边缘膜质；花序托平，托片宽线形；舌状花 2 层，橘红色或金黄色，长 1.5～2.5cm，宽 3～9mm，先端 2～4 个浅齿；筒状花黄色，花冠裂片内侧被毛；花丝分离，密被柔毛，花药棕色，先端有三角状附属物；花柱线形，柱头深裂为 2 歧状。果实纺锤形被短毛，具 4 条纵沟，先端具长喙，喙先端具 2 个芒刺。花期 6～10 月，果期 8～10 月。

本区分布于靖边、定边、横山、榆阳、吴起、志丹、环县、会宁、原州、西吉、海原等地；黄土高原及国内栽培广泛；原产于墨西哥。多生于山坡下部，栽于国内公路两旁、庭前院后、公园等。花色艳丽，用于园林绿化，具观赏价值。

图 2.343　秋英（陕西吴起周湾）

野菊花 Dendranthema indicum (L.) Des Monl. (图 2.344)［黄土高原植物志］

多年生草本；有特殊香味。根状茎粗壮，匍匐，须根纤维状。茎直立或基部铺散，高 50～90cm，上部多分枝，具纵条棱，疏被柔毛。基生叶和下部叶于花期枯萎；中部叶柄长 1～2cm，基部无叶耳或具分裂的叶耳；叶片卵形、长卵形或椭圆状卵形，长 3～5cm，宽 2～3cm，先端渐尖，基部截形或稍心形，羽状深裂、半裂或浅裂，裂片边缘有不规则的浅锯齿，或边缘具粗齿，表面疏被柔毛及腺体，背面毛稍多，叶脉较细；上部叶渐小。头状花序多数，在茎枝端排列成伞房状圆锥花序或不规则伞房花序；总苞浅杯形；总苞片 4 层，边缘白色或褐色宽膜质，先端钝或圆，外层的较小，卵形或椭圆形，长 2～3mm，被柔毛，中层的卵形，内层的长椭圆形，长 8～11mm；舌状花，舌片长 6～12mm，先端全缘或 2～3 个裂齿；筒状花长 5mm，花柱及雄蕊伸出。果实倒狭卵形，长约 1.5mm，黑褐色，先端斜截，基部狭窄，具 5 条纵棱。花期 9～10 月，果期 10～11 月。

本区分布于定边、靖边、横山、榆阳、神木、府谷、志丹、吴起、环县、会宁、原州、海原、西吉等地；黄土高原各地均产；国内广布于东北、华北、华中、华东、华南及西南各地；印度、俄罗斯、朝鲜、日本也有分布。生于海拔 850～2 100m 的山坡草地、灌丛或田边。叶、花或全草入药，有清热解毒、疏风散热、明目、降血压之效；用于预防流行性感冒，防治流行性脑脊髓膜炎，可治感冒、肝炎、高血压、痢疾、痈疖疔疮、毒蛇咬伤等症。

图 2.344　野菊花（陕西吴起白豹）

甘菊 *Dendranthema lavandulifolium*（Fisch. ex Trautv.） Kitam.（图2.345）
[中国高等植物图鉴]

多年生草本，高20～90cm，有横走的短或长匍匐枝。茎簇生，直立，上部分枝被白色疏柔毛。叶卵形或椭圆状卵形，长5～7cm，宽4～6cm，羽状深裂，裂片卵形或椭圆状卵形，边缘有缺刻状锯齿，侧裂片2～3对，两面被疏毛，基部稍心形或截形，骤狭成窄叶柄；叶柄长1～2cm，柄基无托叶。头状花序小，直径1.5～2cm，在茎枝顶端排成伞房状；总苞片边缘宽膜质，褐色；舌状花黄色，雌性；盘花两性，筒状。瘦果全部同型，长1.2～1.5mm，具5～6条不明显的细肋；无冠状冠毛。花期8～9月，果期9～10月。

本区分布于定边、靖边、横山、榆阳、神木、府谷、志丹、吴起、环县、会宁、榆中、原州、海原、同心、盐池等地；国内广布于东北、华北、华东、华中及西南各地；朝鲜、日本、印度也有分布。生于海拔630～2400m的山坡荒野、草地、岩石、河岸或杂木林下。叶、花或全草入药，功效同野菊花。

图2.345 甘菊（陕西吴起长城）

菊花 *Dendranthema morifolium*（Ramat.） Tzvel.（图2.346）[中国高等植物图鉴]

多年生草本，高40～120cm。根状茎发达，有鳞芽。茎直立，被灰色短柔毛，上部多分枝或不分枝，基部木质化，具纵沟棱。叶卵形至披针形，长5～6cm，宽3～5cm，边缘有粗大锯齿或深裂，裂片边缘具缺刻状齿，基部楔形，表面深绿，无毛，背面淡绿，被白丝绒短柔毛，有叶柄。头状花序直径2.5～20cm，单生或数个集生于茎枝顶端；总苞片浅杯状，多层，外层线状披针形，绿色，被白色柔毛，内层长椭圆形，边缘膜质；舌状花白色、红色、紫色或黄色。瘦果不发育。花期9～10月。

本区分布于定边、靖边、横山、榆阳、神木、府谷、志丹、吴起、环县、会宁、榆中、原州、海原、西吉、同心等地；原产我国

图2.346 菊花（www.plant.ac.cn）

及日本，为观赏栽培种。培育品种极多，头状花序多变化，形色奇异，品种繁多。本种与野菊 *D. indicum*（L.） Des Monl. 不同，无野生类型，全部类型均是人工杂交产生的。菊花，归肺肝，有散风清热、平肝明目之功效；用于风热感冒、头痛眩晕、目赤肿痛、眼目昏花的治疗。

楔叶菊 *Dendranthema naktongense*（Nakai） Tzvel.（图 2.347）［黄土高原植物志］

多年生草本；根状茎匍匐。茎直立，高 10 ~ 60cm，不分枝或中部以上有分枝，疏被柔毛。基生叶和下部叶柄长 1.5 ~ 4.5cm，有狭翅；叶片长椭圆形、椭圆形或卵形，长 1.5 ~ 4.5cm，宽 1 ~ 3.5cm，基部楔形或宽楔形，边缘掌状或羽状 3 ~ 7 浅裂、半裂或深裂，或不分裂而有缺刻状锯齿，裂片及齿端具小尖头，两面疏被柔毛或无毛，有腺点，叶脉羽状；上部叶渐小，倒披针形或长倒披针形，3 ~ 5 裂或不裂，具短柄或无柄。头状花序 2 ~ 26 个排列于茎枝端，组成疏伞房状花序，少有单生于茎端；总苞浅杯状，直径 1 ~ 1.5cm，外面疏被柔毛或近无毛。总苞片 5 层，外层的线形或线状披针形，长 3 ~ 6mm，宽约 1mm，先端膜质圆形扩大，中、内层的椭圆形或长圆形，稍长于外层，边缘及先端褐色或白色膜质。舌状花粉红色、淡紫色或白色，舌片长 1 ~ 2.5cm，宽 2 ~ 6mm，先端全缘或具 2 个齿；筒状花长约 3mm。果实黑褐色，长约 2mm，先端斜截。花期 7 ~ 10 月，果期 10 ~ 11 月。

本区分布于环县、会宁、原州、西吉等地；国内分布于黑龙江、吉林、辽宁、内蒙古、河北、山西等省区；朝鲜、日本、前苏联也有分布。生于海拔 1 400 ~ 2 400m 的山坡草地、林缘或沟谷。

图 2.347　楔叶菊（www.plant.ac.cn）

图 2.348　砂蓝刺头（陕西横山朱家沟）

砂蓝刺头 *Echinops gmelinii* Turcz.

（图 2.348）［中国高等植物图鉴］

一年生草本，茎高 20 ~ 50cm，白色或淡黄色，不分枝或下部分枝，具腺毛。叶互生，无柄，条状披针形，长 2 ~ 5cm，宽 0.3 ~ 0.5cm，顶端锐尖，基部半抱茎，边缘具白色硬刺，两面淡黄绿色，上部叶有腺毛，下部叶被绵毛。复头状花序单生于枝端，球形，直径约 3cm，白色或淡蓝色；外层总苞片较短，倒披针形，先端尖，背部被短柔毛，中层的长椭圆形，先端尖成芒刺状，内层长椭圆形，先端尖成芒状，背部被蛛丝状长柔毛，上部边缘均有羽状睫毛，花冠筒白色，长约3mm，檐部裂片5片，条形，淡蓝色，与筒近等长。瘦果倒圆锥形，长5～6mm，密生淡黄色长毛；冠毛长约1mm，下部联合。花期6月，果期7～8月。

本区分布于靖边、横山、榆阳、神木、吴起、定边、环县、会宁、榆中、原州、灵武、盐池、同心等地；黄土高原较为普遍；国内分布于东北，河北、河南、山西、陕西、甘肃、青海、内蒙古等地；蒙古、前苏联也有分布。多生于海拔750～1 600m的丘陵、砂地、砂质撂荒地，系喜沙的旱生植物。全草药用，具清热解毒、排脓、通乳之效。

阿尔泰狗娃花 *Heteropappus altaicus*（Willd.） Novopokr.（图2.349）[黄土高原植物志]

多年生草本。茎高20～60cm，圆柱形，从基部分枝，被向上伏贴的毛和腺体。基生叶在花期枯萎；茎生叶长圆状披针形、倒披针形至线状披针形，长1.5～6(10)cm，宽0.1～0.7(1.5)cm，先端钝圆或微尖，基部渐狭，全缘，微反卷，两面均被伏贴短毛，背面有时有腺点，中脉在背面稍凸起；上部叶渐小，线形。头状花序直径2～3.5cm，单生于枝端或排裂成伞房状；总苞片2～3层，线状披针形，草质，外面被伏毛和腺点，舌状花约20枚舌片，淡蓝紫色或淡蓝色，长10～15mm；两性花筒状。果实倒卵状长圆形，上部有腺点；

图2.349 阿尔泰狗娃花（www.plant.ac.cn）

舌状花与筒状花的冠毛均较长，红褐色或有时污白色，有不等长的糙毛。花期6～10月，果于花后渐次成熟。

本区分布于定边、靖边、横山、榆阳、神木、府谷、志丹、吴起、环县、会宁、榆中、原州、海原、同心、盐池、灵武等地；黄土高原遍布；国内分布于东北、华北、西北，河南、湖北、四川等地；蒙古、俄罗斯（西伯利亚）及中亚地区也有分布。生于海拔500～3 300m的平地、高山、沟谷、河滩、荒山坡、公路旁，草原、荒漠地、沙地及干旱山地常见。根入药，润肺止咳，主治肺虚咳嗽、咯血、慢性支气管炎、淋病、小便不利等。

菊芋 *Helianthus tuberosus* L.（图2.350）[中国高等植物图鉴]

多年生草本，本区高1～2.5m，具块状地下茎。茎直立，上部分枝，被短糙毛或刚毛。基部叶对生，上部叶互生，矩卵形至卵状椭圆形，长10～15cm，宽3～9cm，3条脉，上面粗糙，下面有柔毛，边缘有锯齿，顶端急尖或渐尖，基部宽楔形，叶柄上部有狭翅。头状花序数个，生于枝端，直径约5～9cm；总苞片披针形，开展；舌状花淡黄色；筒状花黄色。瘦果楔形，具毛，上端常有2～4个具毛的扁芒。花期8～9月，果期10～11月。

本区分布于定边、靖边、横山、榆阳、神木、府谷、志丹、吴起、环县、会宁、原州、西吉、海原、同心、盐池、灵武等地；原产于北美洲，我国各地常有栽培。块茎形如生姜，故名"洋姜"，富含淀粉，加工后可制酱菜；叶为优良的饲料，又可制菊糖（在医药上供治糖尿病用）及酒精。

蓼子朴 Inula salsoloides（Turcz.）Ostenf.

（图 2.351）［中国高等植物图鉴］

多年生草本。地下茎横走；茎圆柱形，高45cm，多分枝。叶披针状或矩圆状条形，长5～10mm，宽1～3mm，全缘，基部较宽，心形或有小耳，半抱茎，稍肉质，上面无毛，下面有腺点及短毛。头状花序直径1～1.5cm，单生于枝端；总苞片4～5层，外层渐小，黄绿色，干膜质，有睫毛；舌状花淡黄色，顶端有3枚小齿；筒状花与冠毛等长或长于冠毛。瘦

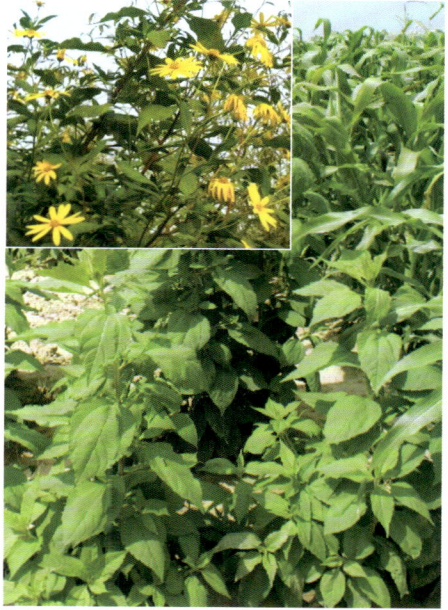

图 2.350　菊芋（陕西吴起周湾）

果长1.5mm，多数具细沟，被腺点和疏粗毛，上端有较长的毛；冠毛白色，约有70条细毛。花期6～8月，果于花后渐次成熟。

本区分布于定边、靖边、横山、榆阳、神木、府谷、吴起、环县、海原、同心、盐池、灵武等地；国内分布于新疆、甘肃、青海、内蒙古、山西、河北、辽宁等省区；蒙古和前苏联（中亚地区）也有分布。生于海拔400～2 000m的干旱草原、半荒漠、荒漠、戈壁滩地、流沙、沙丘及河湖沿岸冲积地；耐旱而且容易繁殖，是良好的固沙植物。全株入药，主治外感发热、痢疾、泄泻、小便不利、痈疮肿毒、黄水疮、湿疹；并可灭蛆，兽医用作除虫剂。

图 2.351　蓼子朴（陕西神木各丑沟）

山苦荬 Ixeris chinensis（Thunb.）Nakai（图 2.352）［中国高等植物图鉴］

山苦荬亦称黄鼠草、苦菜、小苦苣，多年生草本，高10～40cm，无毛。基生叶莲座状，条状披针形或倒披针形，长7～15cm，宽1～2cm，顶端钝或急尖，基部下延成窄叶柄，全缘或具疏小齿或不规则羽裂；茎生叶1～2枚，无叶柄，稍抱茎。头状花序排成疏伞房状聚伞花序；总苞长7～9mm；外层总苞片卵形，内层总苞片条状披针形；舌状花黄色或白色，稀淡紫色，长10～12mm；柱头裂瓣卷曲，顶端5齿裂。瘦果狭披针形，稍扁平，红棕色，长4～5mm，喙长约2mm；冠毛白色。花期5～7月，果期6～8月。

图 2.352　山苦荬（陕西吴起庙沟）

本区分布于定边、靖边、横山、榆阳、神木、府谷、志丹、吴起、环县、会宁、榆中、原州、海原、西吉、同心、盐池、灵武等地；黄土高原遍布；也分布于我国的北部、东部、南部；越南、朝鲜、前苏联、日本也有分布。生于海拔 500～1 300m 的山地荒野、田间路旁，为田间杂草。嫩茎及叶可食用或作饲料；全草可供药用，具清热利湿、排脓解毒、活血化瘀之功效。

抱茎苦荬菜 *Ixeris sonchifolia*(Bunge) Hance（图 2.353）[中国高等植物图鉴]

多年生草本，高 20～50cm，无毛。基生叶多数，矩圆形，长 3.5～8cm，宽 1～2cm，顶端急尖或圆钝，基部下延成柄，边缘具锯齿或不整齐的羽状深裂；茎生叶较小，卵状矩圆形，长 2.5～6cm，宽 0.7～1.5cm，顶端急尖，基部耳形或戟形抱茎，全缘或羽状分裂。头状花序密集成伞房状，有细梗；总苞长 5～6mm；外层总苞片 5 枚，极小，内层总苞片 8 枚，披针形，长约 5mm；舌状花黄色，长 7～8mm，先端截形，5 齿裂。瘦果黑色，纺锤形，长 2～3mm，有细条纹及粒状小刺；冠毛白色。

本区分布于定边、靖边、横山、榆阳、神木、府谷、志丹、吴起、环县、会宁、榆中、原州、海原、同心等地；黄土高原遍布；国内分布于东北、华北等地；朝鲜、俄罗斯（远东地区）也有分布。生于海拔 400～2 000m 的荒野、山坡、路旁、河边及山坡疏林下。全草入药，具清热解毒、去腐化脓、止血生机之功效；也可治疗疮、无名肿毒、子宫出血等症。

图 2.353　抱茎苦荬菜（陕西志丹双河）

马兰 *Kalimeris indica*（L.）　Sch.-Bip.（图 2.354）[中国高等植物图鉴]

多年生草本，高 30～60cm。茎直立。叶互生，薄质，倒披针形或倒卵状矩圆形，长 3～10cm，宽 0.8～5cm，顶端钝或尖，基部渐狭无叶柄，边缘有疏粗齿或羽状浅裂，上部叶小，全缘。头状花序直径约 2.5cm，单生于枝顶排成疏伞房状；总苞片 2～3 层，倒披针形或倒披针状矩圆形，上部草质，有疏短毛，边缘膜质，有睫毛；舌状花 1 层，舌片淡紫色；筒状花多数，筒部被短毛。瘦果倒卵状矩圆形，极扁，长 1.5～2mm，褐色，边缘色浅而具厚肋，上部被腺及短柔毛；冠毛长 0.1 ~ 0.3mm，易脱落，不等长。花期 6 ~ 9 月，果于花后渐次成熟。

本区分布于定边、靖边、横山、榆阳、神木、府谷、志丹、吴起、环县、会宁、榆中、原州、海原、西吉等地；黄土高原遍布，也分布于全国各省区；亚洲南部及东部广布。生于海拔 1 800m 以下的山坡草地、林缘、沟谷、河岸、路旁草丛中。全草入药，能消食积、除湿热、利尿、退热止咳、解毒，治外感风热、肝炎、消化不良、中耳炎等。本种的总苞片及叶形多变异，常被分为许多变种。

图 2.354　马兰（www.plant.ac.cn）

蒙山莴苣 *Lactuca tatarica* C. A. Mey.（图 2.355）[中国高等植物图鉴]

多年生草本，高 30 ~ 70cm。茎分枝。下部叶矩圆形，灰绿色，质厚，稍肉质，基部收窄，下部叶基部半抱茎，羽状或倒向羽状深裂或浅裂；茎中部叶与茎下部叶同形，但不分裂，全缘，披针形或狭披针形；茎上部叶全缘，抱茎，有时全部叶全缘而不分裂。头状花序多数，有小花 20 朵，在茎枝顶端排成开展的圆锥状花序；舌状花紫色或淡紫色。瘦果矩圆状条形，稍压扁或不扁，灰色至黑色，有不明显的狭窄边缘或元边缘，具 5 ~ 7 条纵肋，沿全部果面排列；果颈渐窄，较长，灰白色；冠毛白色，全部同形。

本区分布于定边、靖边、志丹、吴起、环县、会宁、靖远、榆中、景泰、海原、同心、盐池等地；国内分布于东北、华北各地，青海、内蒙古、新疆、河南等省区；前苏联、蒙古也有分布。生于海拔 1 100 ~ 2 300m 的沟谷、田间、盐碱地，常见于河边、湖边。茎、叶可作猪饲料，根、茎、叶含橡胶，可做工业原料。

图 2.355　蒙山莴苣（陕西吴起铁边城）

火绒草 *Leontopodium leontopodioides*（Willd.）　Beauv.（图 2.356）[中国高等植物图鉴]

火绒草亦称火绒蒿、大头毛香，多年生草本。地下茎粗壮，为短叶鞘包裹，有多数簇

图 2.356　火绒草（陕西吴起长城）

生的花茎和与花茎同形的根出条，无莲座状叶丛。茎高 5～45m，被长柔毛或绢状毛。叶直立，条形或条状披针形，长 2～4.5cm，宽 0.2～0.5cm，无鞘，无柄，上面的刺绿色，被柔毛，下面被白色或灰白色密绵毛；苞叶少数，矩圆形或条形，两面或下面被白色或灰白色厚茸毛，多少开展成苞叶群或不排列成苞叶群。头状花序大，直径 7～10mm，3～7 个密集，稀 1 个或较多，或有总花梗而排列成伞房状；总苞半球形，长 4～6mm，被白色绵毛；冠毛基部稍黄色。瘦果有乳突或密绵毛。花期 6～7 月，果期 8～10 月。

本区分布于定边、靖边、横山、榆阳、神木、志丹、吴起、环县、会宁、原州、海原、同心、盐池等地；国内广布于新疆、青海、甘肃、内蒙古、黑龙江、吉林、辽宁、河北、山东等省区；朝鲜、前苏联、蒙古也有分布。生于海拔 900～2 500m 的山坡、沟谷、河岸及河滩石砾、黄土旱坡及草地。全草可入药，清热凉血，利尿；用于急性肾炎的治疗。

长叶火绒草 *Leontopodium longifolium* Ling （图 2.357）[黄土高原植物志]

多年生草本。根状茎横生，须根多数，纤细。不育枝叶呈莲座状；花茎高 12～45cm，基部稍膝曲，斜升或直立，单生或丛生，不分枝，密被蛛丝状白色绵毛，后下部脱落而稀薄。基生叶莲座状丛生，通常狭匙形，或披针形，先端钝圆，具急尖头，基部鞘状，全缘；茎生叶向上渐狭，匙状披针形、披针形至舌状线形，长 2～10（13）cm，宽 0.2～0.6cm，先端近圆形或急尖，基部无柄而半抱茎，全缘，表面绿色，干后多黑褐色，无毛或被稀薄的蛛丝状绵毛，背面密被白色茸毛；苞叶多数，较茎上部叶短而宽，卵圆状披针形，先端渐尖，边缘反卷，两面均密被淡绿白色或黄绿色的厚茸毛，聚集成直径 2～6cm 不整齐而辐射状的苞叶群。头状花序多数，密集于苞叶群中央；总苞长约 5mm，被长柔毛；总苞片约 3 层，卵状披针形，先端钝，或有时啮蚀状，褐色，无毛，通常露于茸毛之外；雌雄异株；雄花漏斗状，长 3mm，雄蕊和花柱外露；雌花细管形丝状，檐部 4 裂；花柱外露，柱头 2 裂。果实圆柱形，细小，有乳头状凸起或粗短毛；冠毛白色，较花长，雄花冠毛上部增粗，雌花

图 2.357　长叶火绒草（陕西吴起长城）

冠毛细线形，均有锯齿。花期 7 ～ 8 月，果期 9 ～ 10 月。

本区分布于会宁、榆中、原州、西吉、海原等地；国内分布于内蒙古、河北、陕西、甘肃、青海、宁夏、四川、西藏等省区；克什米尔地区也有分布。生于海拔 2 000 ～ 4 800m 的高山、亚高山的湿润草地、洼地、灌丛或岩石上。

青海鳍蓟 *Olgaea tangutica* Iljin（图 2.358）[中国高等植物图鉴]

多年生草本，高 40 ～ 80cm。茎多分枝，几无毛。叶近革质，基生叶宽条形，长 15 ～ 35cm，宽 2 ～ 3cm；茎生叶向上渐小，基部沿茎下延成翼，羽状浅裂，裂片具不等长的刺齿，上面绿色，几无毛，下面被灰白色绒毛。头状花序单生于枝顶；总苞宽卵形，直径 2 ～ 3cm；总苞片多层，条状披针形，革质，顶端针刺状，稍外翻，外侧被微柔毛；花冠紫色。瘦果长 5 ～ 6mm，稍扁；冠毛污黄色，刚毛状，不等长，基部结合。花期 7 ～ 8 月，果期 8 ～ 9 月。

本区分布于定边、靖边、横山、榆阳、神木、府谷、志丹、吴起、环县、华池、会宁、原州、西吉、海原、同心、盐池等地的干旱或半干旱荒漠草原地带；国内分布于青海、甘肃、陕西、山西、河北等省区。生于海拔 600 ～ 2 300m 的山坡、砂滩、撂荒地、峁顶。主治外伤、出血、吐血、鼻出血和子宫功能性出血；外用治疮毒痈肿。

图 2.358　青海鳍蓟（陕西吴起长城）

图 2.359　日本毛连菜（陕西吴起金佛坪）

日本毛连菜 *Picris japonica* Thunb.（图 2.359）[中国植物志]

二年生草本。根多分枝，长 6 ～ 14cm，淡黄色。植株高 30 ～ 150cm，具有乳汁。茎直立，茎基部紫红色，上部分枝，具棱及钩状硬毛。基生叶花期枯萎；茎生叶互生，下部叶具短柄，中上部叶较小且较狭，无柄，基部稍抱茎；上部叶披针形至条状披针形，长 4 ～ 17cm，宽 0.5 ～ 2.5cm，边缘具疏细锯齿，先端渐尖，基部楔形，叶脉羽状，中脉显著，侧脉纤细。头状花序多数，在茎顶排列成疏伞房花序，花序梗长 1 ～ 5cm，基部具线形苞叶；总苞筒状钟形，长 1 ～ 1.4cm，直径长 0.7 ～ 1cm；总苞片 3 层，外层线形，长 2 ～ 4mm，内层线状披针形，长 10 ~ 14mm，宽约 1.5mm，先端渐尖，边缘膜质，全缘，背面被长硬毛和短柔毛，外层者较短，内层者较长。舌状花，黄色，舌片长 7mm，筒部长约 6mm；雄蕊 5 枚，花丝长约 1mm，花药长 3mm，花柱长约 9mm，柱头 2 裂，裂瓣卷曲。瘦果纺锤形，稍呈镰刀状弯曲，红褐色或黑褐色，具横纹和纵棱，无喙；冠毛 1 层，羽毛状，淡黄白色，长 6 ~ 8mm，易凋落。花期 6 ~ 9 月，果期 7 ~ 10 月。

本区分布于定边、靖边、横山、志丹、吴起、环县、会宁、原州、海原、同心等地；黄土高原北部普遍；国内分布于东北，内蒙古、河北、华东、华中和西南各地；日本、蒙古、俄罗斯也有分布。生于海拔 500 ~ 2 500m 的山坡、草地、田间、路旁等。全草入药，泻火解毒，祛瘀止痛、利尿；中药用治痈疮肿毒、跌打损伤、泄泻和小便不利。

蚤草 *Pulicaria prostrata*（Gilib.）Ascher.（图 2.360）[中国植物志]

一年生草本，高 10 ~ 25cm。茎直平卧而上部斜升，径 0.5 ~ 2.5mm，柔弱，常弯曲，被柔毛，上部被较密的开展的长柔毛，下部常脱毛，具细沟，从下部或中部起多分枝，全部有叶，节间长 5 ~ 25mm。叶长圆形、披针形或倒披针形，长 1 ~ 3cm，宽 0.2 ~ 0.8cm，全缘，顶端钝，基部渐狭，或有小耳，半抱茎，下部叶渐狭成长柄，质薄，两面被柔毛，后下面常脱毛，中脉在下面稍凸起，侧脉纤细，不明显。头状花序小，长约 5mm，宽 5 ~ 7mm，单生于叉状或伞房状分枝的顶端；总苞半球形，长 4 ~ 4.5mm；总苞片 4 层，线状披针形或线形，顶端渐尖，背面有长柔毛，边缘膜质，具缘毛，内层较外层长 2 倍，长 4mm，宽 0.5mm；舌状花 1 层，较总苞稍长，花冠长 2.5 ~ 3.5mm，舌片直立，短，

长圆形，顶端有 3 个齿，黄色；花柱分枝顶端稍尖。两性花，花冠黄色，管状，上部狭漏斗状，长约 2.5mm，有 5 片短裂片；花药有细尖的尾部；花柱分枝顶端稍扁，钝形。冠毛白色，外层冠圈状，长 0.3mm，有多数膜片，内层长 1 ~ 1.5mm，有 6 ~ 12 个具微齿的毛。瘦果圆柱形，稍扁，长约 2mm，被密毛。花期 8 ~ 9 月。

本区分布于海原、西吉等地；国内分布于新疆西部和北部（阿勒泰）；国外分布于蒙古、俄罗斯（西伯利亚东部至西部、中亚）、伊朗和欧洲各地。生于草地、沙地、沟渠沿岸和路旁。用作治赤痢的草药。

图 2.360 蚤草（宁夏海原月亮山）

祁州漏芦 *Rhaponticum uniflorum*（L.）DC.（图 2.361）[中国高等植物图鉴]

多年生草本。主根圆柱形，直径 1 ~ 2cm，上部密被残存的叶柄。茎直立，高 30 ~ 80cm，不分枝，单生或数个同生于一根上，有条纹，具白色绵毛或短毛。叶羽状深裂

或浅裂，长 10 ~ 20cm，叶柄被厚绵毛，裂片矩圆形，长 2 ~ 3cm，具不规则齿，两面被软毛。头状花序单生于茎顶，直径约 5cm；总苞宽钟状，基部凹，总苞片多层，具干膜质的附片，外层短，卵形，中层附片宽，呈掌状分裂，内层披针形，顶端尖锐；花冠淡紫色，长约 2.5cm，下部条形，上部稍扩张成圆筒形。瘦果倒圆锥形，棕褐色，具四棱；冠毛刚毛状，具羽状短毛。

　　本区分布于定边、靖边、横山、榆阳、神木、志丹、吴起、环县、会宁、榆中、靖远、原州、海原、同心、盐池等地；国内分布于东北、华北、陕西、甘肃、四川等地；朝鲜、俄罗斯、蒙古也有分布。生于海拔 600 ~ 2 400m 的向阳地、干山坡、草地、路边。根为排脓止血药，治恶疮、肠出血、跌打损伤，又能通乳、驱虫。

图 2.361　祁州漏芦（陕西吴起铁边城）

风毛菊 *Saussurea japonica* (Thunb.) DC.（图 2.362）[中国高等植物图鉴]

　　二年生草本，高 50 ~ 150cm。根纺锤状。茎直立，粗壮，上部分枝，被短微毛和腺点。基生叶和下部叶有长柄，矩圆形或椭圆形，长 20 ~ 30cm，羽状分裂，裂片 7 ~ 8 对，中裂片矩圆状披针形，侧裂片狭矩圆形，顶端钝，两面具短微毛和腺点；茎上部叶渐小，椭圆形、披针形或条状披针形，羽状分裂或全缘。头状花序多数，排成聚伞房状，直径 1 ~ 1.5cm；总苞筒状，长 8 ~ 12mm，宽 5 ~ 8mm，被蛛丝状毛，总苞片 6 层，外层短小，卵形，先端钝，中层至内层条状披针形，先端有膜质、圆形、具小齿的附片，紫红色；小花紫色，花冠长 10 ~ 14mm。瘦果长 3 ~ 4mm；冠毛淡褐色，外层短，糙毛状，内层羽毛状。

　　本区分布于定边、靖边、横山、榆阳、神木、府谷、志丹、吴起、环县、华池、会宁、原州、西吉、海原、盐池等地；黄土高原广布；国内分布于东北、华北、西北、华东及华南各地；朝鲜、日本也有分布。常生于海拔 1 300 ~ 1 800m 的山坡草地、沟边、路旁、田埂。主治风湿筋骨疼痛。

图 2.362　风毛菊（www.plantphoto.cn）

华北鸦葱 *Scorzonera albicaulis* Bunge（图 2.363）[中国高等植物图鉴]

华北鸦葱亦称白茎鸦葱，为多年生草本。根圆锥状，颈部有少数上年残叶。茎直立，高 40～80cm，中空，有沟纹，密被蛛丝状毛，后脱落几无毛。叶条形或宽条形，有 5～7 条脉，无毛或微被蛛丝状毛，基生叶长 30～40cm，宽 0.7～1.8（2）cm，茎生叶与基生叶类似，基部微扩大，抱茎，上部叶渐小。头状花序在茎顶和侧生花梗顶端排成伞房状花序；总苞圆柱状，长 2～3cm，宽 0.6～2cm，总苞片 3～5 层，有霉状蛛丝状毛或几无毛，外层三角状卵形，很小，中层倒卵形，内层条状披针形，很长，边缘膜质，被蛛丝状毛；全部花舌状，黄色。瘦果长 2.5cm，上部狭窄成喙，有多数纵肋；冠毛污黄色，羽状，基部连合成环状。花期 5～7 月，果期 6～9 月。

本区分布于定边、靖边、横山、榆阳、神木、志丹、吴起、环县、原州、同心等地；国内分布于吉林、辽宁、河北、山西、山东、河南、陕西、甘肃、江苏、安徽等省区；朝鲜、俄罗斯（西伯利亚东部和远东地区）也有分布。生于海拔 600～2 000m 的山坡、沟谷、荒地、路旁、灌丛中或干燥的草坡。根含橡胶和树脂，可作工业原料；根供药用，具清热解毒之功效。

图 2.363　华北鸦葱（www.plant.ac.cn）

帚状鸦葱 *Scorzonera pseudokivaricata* Lipsch.（图 2.364）[黄土高原植物志]

多年生草本，高 7～50cm。根垂直延伸，直径约 9mm。茎自中部以上分枝，分枝纤细或较粗而长，呈帚状；全部茎枝被尘状短柔毛，茎基被纤维状撕裂的残鞘，极少残鞘全缘，不裂。叶互生，或植株含有对生的叶序，线形，长达 16cm，宽 0.5～5mm，向上斜生的茎生叶渐短或全部茎生叶短小几成针刺状或鳞片状，基生叶的基部鞘状略扩大，半抱茎；茎生叶的基部扩大半抱茎或略扩大并贴茎，全部叶顶端渐尖，稀外弯成钩状；两面均被白色短柔毛，稀疏或无。头状花序多个，单生于茎枝顶端，形成疏松的聚伞圆锥状花序，含多朵（7～12 朵）舌状小花；总苞狭圆柱状，直径 5～7mm；总苞片 5 层，外层卵状三角形，长 1.5～4mm，宽 1～4mm，中、内层

图 2.364　帚状鸦葱（陕西吴起周湾）

椭圆状披针形、线状长椭圆形或宽线形；全部总苞片顶端急尖或钝，外侧被白色尘状短柔毛；舌状小花黄色。瘦果圆柱状，长约 8mm，初淡黄色，成熟后黑绿色，具多数突起的纵肋，肋上具脊瘤状突起或无；冠毛污白色，长 1.3cm，多为羽毛状，羽枝蛛丝毛状，顶端为锯齿状，冠毛与瘦果连接处具蛛丝状毛环。花、果期 5 ~ 8（10）月。

本区分布于靖边、定边、横山、吴起、志丹、平川、靖远、白银、兰州、盐池、中宁等地；国内分布于陕西、宁夏、甘肃、青海、新疆、内蒙古等省区；国外分布于中亚、蒙古。生于海拔 1 600 ~ 3 000m 的荒漠砾石地、干山坡、石质残丘、戈壁和沙地。与帚状鸦葱相近似的鸦葱 Scorzonera rugulosa Changin，茎基被鞘状残遗物及稀疏的绵毛，叶边缘有细齿，瘦果黑色，具有脊瘤。

麻花头 Serratula centauroides L.（图 2.365）[中国高等植物图鉴]

多年生草本。茎直立，高 30 ~ 60cm，不分枝或上部少分枝，有棱，下部具皱曲柔毛，较上部密。基生叶有长柄，常残存于茎基部，叶片椭圆形，长 8 ~ 12cm，宽 3 ~ 5cm，羽状深裂，裂片全缘或具疏齿，仅下面脉上及边缘被疏软毛，上部叶无柄，裂片狭细。头状花序数个，单生于茎及枝端，具长花序梗；总苞卵形，直径 2 ~ 3cm；总苞片 5 层，外层较短，卵状三角形，锐尖，内层披针形，顶端有膜质附属物；花冠淡紫色，长约 25mm，筒部与檐部近等长。瘦果长圆形，有棱，长约 5mm，淡黄色；冠毛数层，刚毛状，不等长，长 5 ~ 6mm，亦淡黄色。花期 6 ~ 8 月，果期 7 ~ 9 月。

本区分布于定边、靖边、横山、榆阳、神木、府谷、志丹、吴起、环县、华池、会宁、原州、西吉、海原、同心等地；黄土高原遍布；国内分布于河北、陕西、甘肃、内蒙古、山东等省区；前苏联、蒙古也有分布。多生于海拔 600 ~ 2 400m 的山坡、路旁、荒野草地或田埂。

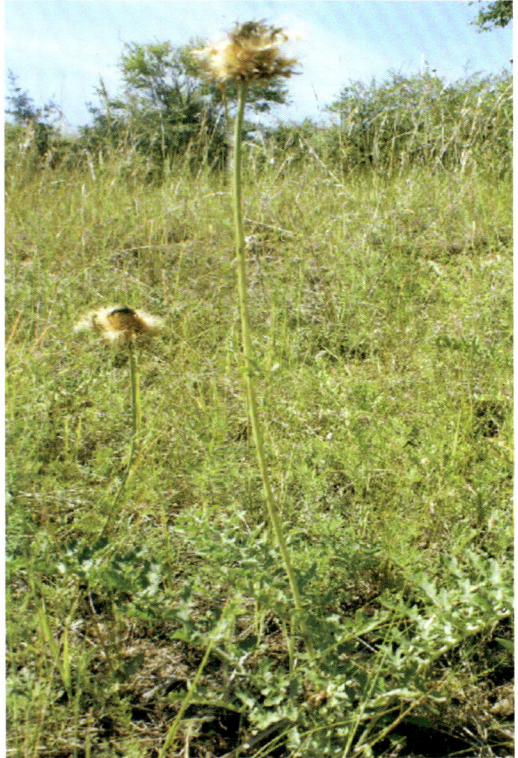

图 2.365　麻花头（陕西吴起五谷城）

蕴苞麻花头 Serratula strangulata Iljin（图 2.366）[中国高等植物图鉴]

多年生草本。茎直立，高 40 ~ 80cm，具棱，上部多分枝，下部有软毛。基生叶有短柄，大头状羽裂，两面密被短柔毛；花期凋落，茎生叶有短柄或无柄，卵形至长椭圆形，长 6 ~ 8cm，宽 4 ~ 5cm，羽状深裂，裂片条状锐尖，边缘粗糙，两面无毛，上部叶渐小，条形。头状花序多个，排列成伞房状；总苞筒状，上部渐收缩，基部宽楔形，宽 7 ~ 8mm；总苞片 7 层，外层短，卵状锐尖头，内层条形，顶端渐变成直立的附属物；花冠淡紫红色，

图 2.366 蕴苞麻花头（陕西定边新安边）

状尖齿，叶脉网状，中脉明显，表面稍凹下，背面凸起；最上部叶小，线形，表面绿色，背面略呈灰白色。头状花序排列成伞房状；花序梗密被蛛丝状毛或无毛；总苞钟状，长 10 ～ 15mm，宽 10 ～ 18mm；总苞片 3 ～ 4 层，外层短小，卵圆形，内层狭长，披针形，被腺毛或基部被白色绒毛，先端钝；舌状花长约 2cm，被长柔毛，舌片长 6 ～ 7mm。果实纺锤形，长 2 ～ 3.5mm，稍扁，具 3 ～ 4 条肋，微粗糙，淡褐色；冠毛白色，长约 10mm，易脱落。花期 4 ～ 8 月，果期 8 ～ 10 月。

本区分布于定边、靖边、靖远、吴起、志丹、会宁、榆中、平川、皋兰、盐池、同心、海原、原州等地；国内分布于东北，内蒙古、河北、山西、陕西、甘肃、青海、新疆、江苏、湖北、江西、广东、广西、四川、云南等地；为世界广布种。生于海拔 1 000 ～ 2 100m 的山坡、沟谷草地、路旁、盐碱地中。全草入药，具清热解毒之功效；茎叶煮汁，喷洒施用，可防治、杀灭蚜虫，幼嫩茎可作牛、羊、猪的饲料。

长 1.8 ～ 2cm，筒部比檐部短或近等长。瘦果倒长卵形，苍白色或带褐色，长 3.5mm，冠毛淡黄色或带褐色，不等长，长达 7mm。花期 7 ～ 8 月，果期 8 ～ 9 月。

本区分布于定边、靖边、靖远、会宁、榆中、西吉、海原、盐池、原州等地；国内分布于东北，河北、山西、青海、四川等地。生于海拔 900 ～ 2 400m 的山坡、路边、干燥草地和田埂。

苣荬菜 Sonchus arvensis L.（图 2.367）[黄土高原植物志]

多年生草本。根状茎匍匐。茎高 30 ～ 70cm，圆柱状，具纵沟纹，不分枝，无毛。叶互生，下部叶柄具狭翅；叶片长圆状倒披针形，长 10 ～ 20cm，宽 1.7 ～ 3cm，先端钝圆或渐尖，基部渐狭；基生叶无柄，基部呈圆形耳状抱茎，边缘具不规则波状或刺

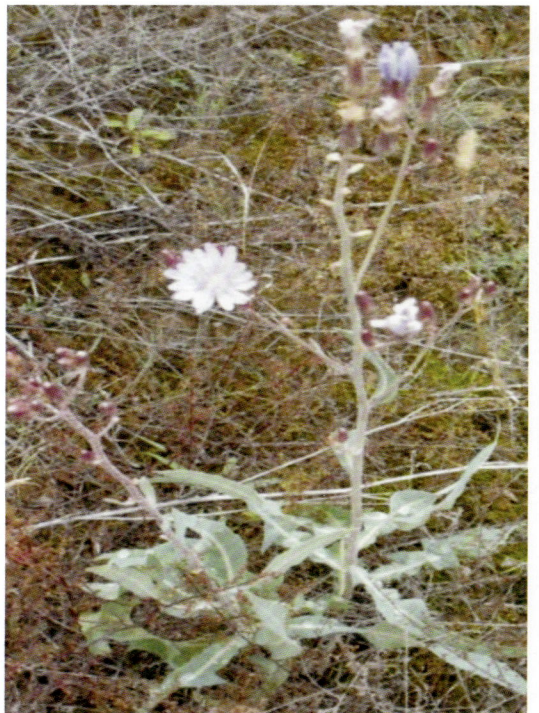

图 2.367 苣荬菜（陕西吴起周湾）

苦菜 *Sonchus oleraceus* L.（图 2.368）[中国高等植物图鉴]

苦菜亦称山苦荬、苦苣菜，一年生草本，高 30～100cm。根纺锤状。茎不分枝或上部分枝，无毛或上部有腺毛。叶柔软无毛，长 10～18（22）cm，宽 5～7（12）cm，羽状深裂，大头状羽状全裂或羽状半裂，顶裂片大或顶端裂片与侧生裂片等大，少有叶不分裂的，边缘有刺状尖齿；下部的叶柄有翅，基部扩大抱茎，中上部的叶无柄，基部宽大呈戟耳形。头状花序在茎端排成伞房状；梗或总苞下部初期有蛛丝状毛，有时有疏腺毛；总苞钟状，长 10～12mm，宽 6～10（25）mm，暗绿色；总苞片 2～3 列；舌状花黄色，两性。瘦果长椭圆状倒卵形，压扁，亮褐色、褐色或肉色，边缘有微齿，两面各具 3 条隆起的纵肋，肋间有细皱纹；冠毛白色，毛状。花、果期 5～8 月。

本区分布于定边、靖边、横山、榆阳、神木、府谷、志丹、吴起、环县、会宁、靖远、平川、原州、西吉、海原、同心、盐池、灵武等地；广布于黄土高原；全国各地广布；为世界广布种。苦菜清热、凉血、解毒、明目、和胃、止咳，可治痢疾、黄疸、血淋、痔瘘、疔肿、蛇咬伤、咳嗽、支气管炎、疳积等。

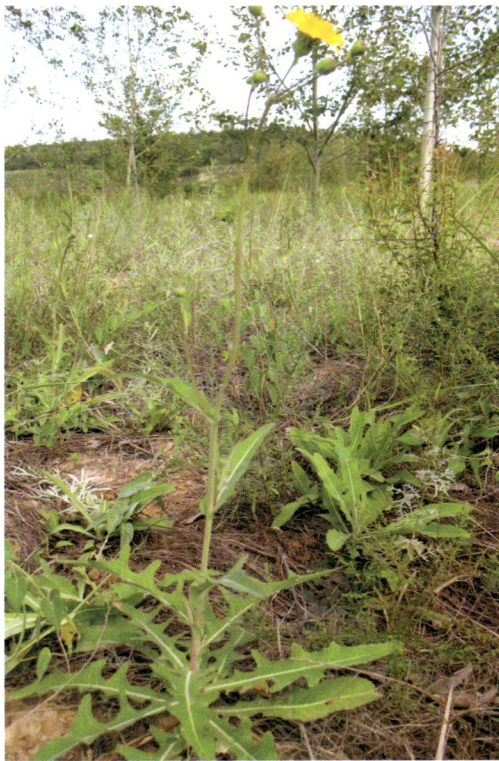

图 2.368　苦菜（陕西吴起吴起镇）

裂叶蒲公英 *Taraxacum dissectum*（Ledeb.）Ledeb.（图 2.369）[黄土高原植物志]

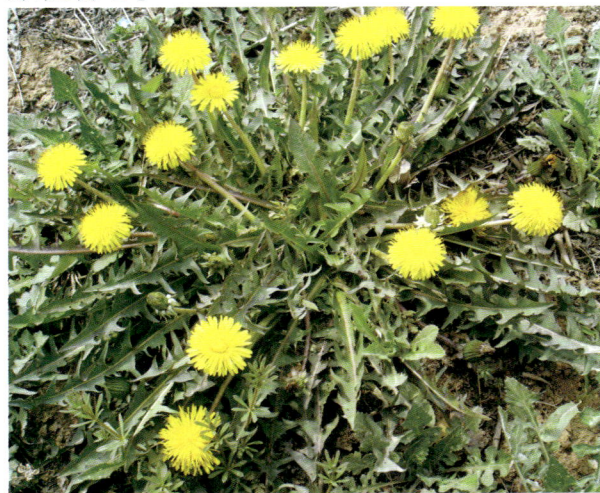

图 2.369　裂叶蒲公英（陕西吴起周湾）

根圆柱状，黑褐色，根颈部具残叶柄。叶柄长 1～3cm；叶片线状披针形，长 3～7cm，宽 1～1.5cm，先端急尖，基部楔形下延，边缘羽状全裂，顶生裂片长戟形，全缘，侧生裂片 3～5 对，线形，平展或下倾，通常全缘，裂片间通常无夹生小裂片或齿，两面无毛，叶脉羽状，中脉粗壮，侧脉纤细不明显。花葶数个，与叶近等长或稍长，紫红色，上端密被蛛丝状白色长柔毛；头状花序较小，着生于花葶顶端；总苞钟状，淡绿色，长 8～12mm，直径 5～8mm；

总苞片 2～3 层，外层的卵形或卵状披针形，有时线形，长 4～6mm，宽 1～3mm，先端淡红色，渐尖，无小角或有较明显的小角，边缘白色膜质，内层的线状披针形，长为外层的 2 倍，先端尖或钝，无小角或有不明显的小角，边缘膜质；舌状花黄色，舌片长 8～9mm，宽约 1.5mm，外围舌片背面具绿色宽带，筒部长约 3mm，在喉部疏被白色柔毛；花药黄色；花柱细长，柱头裂瓣卷曲，暗绿色。果实淡褐色，长约 4mm，上部具小刺，喙基长约 1mm，喙纤细，长约 6mm；冠毛白色，长约 6mm，刚毛状。花期 5～8 月，果期 6～9 月。

本区分布于定边、靖边、会宁、榆中、靖远、吴起、盐池、同心、盐池等地；国内分布于河北、内蒙古、甘肃、青海、新疆、四川、云南等省区；蒙古、俄罗斯（西伯利亚）也有分布。生于海拔 1 000～1 600m 的山坡草地或路旁。

蒲公英 *Taraxacum mongolicum* Hand.-Mazz.（图 2.370）[中国高等植物图鉴]

多年生草本。根垂直。叶莲座状平展，矩圆状倒披针形或倒披针形，长 5～15cm，宽 1～5.5cm，羽状深裂，侧裂片 4～5 对，矩圆状披针形或三角形，具齿，顶裂片较大，戟状矩圆形，羽状浅裂或仅具波状齿，基部狭成短叶柄，被疏蛛丝状毛或几无毛。花葶数个，与叶多少等长，上端密被蛛丝状毛；总苞淡绿色，外层总苞片卵状披针形至披针形，边缘膜质，被白色长柔毛，顶端有或无小角，内层条状披针形，长于外层的 1.5～2 倍，顶端有小角；舌状花黄色。瘦果褐色，长 4mm，上半部有小尖瘤，喙长 6～8mm；冠毛白色。花期 4～9 月，果期 5～10 月。

图 2.370　蒲公英（陕西吴起长城）

本区分布于志丹、吴起、定边、靖边、横山、榆阳、神木、佳县、米脂、府谷、环县、华池、会宁、原州、西吉、海原、同心、盐池、灵武等地；黄土高原遍布；广布于我国的东北、华北、华东、华中、西北、西南各地；朝鲜、前苏联也有分布。生于海拔 400～1 500m 的田野、路边、山坡荒野。全草药用，有清热解毒、消肿散结之功效。

华蒲公英 *Taraxacum sinicum* Kitag.（图 2.371）[中国高等植物图鉴]

多年生草本。根颈部有褐色残叶基。叶莲座状，倒卵状披针形或狭披针形，长 4～12cm，宽 6～20mm，无毛，羽状深裂，侧裂片 3～7 对，下倾，狭披针形或条状披针形，全缘，顶裂片大，长三角形或戟状三角形；外围叶羽状浅裂或全缘，具波状齿，叶柄和下面叶脉常紫色。花葶 1 至数个，长于叶，头状花序被蛛丝状毛或无毛；总苞小，长 8～12mm，淡绿色；总苞片 3 层，无小角，外层披针状卵形或宽披针形，内层矩圆状条形，长于外层的 2 倍；舌状花黄色。瘦果淡褐色，长约 3～4mm，上部有刺状突起，下部有短而钝的小瘤，喙长 3 ~ 4.5mm；冠毛淡白色。花期 5 ~ 9 月，果期 6 ~ 10 月。

本区分布于志丹、吴起、定边、靖边、横山、榆阳、神木、府谷、环县、华池、会宁、榆中、靖远、原州、西吉、海原等地；黄土高原遍布；国内分布于东北、华北、西北、西南各地；蒙古、俄罗斯（西伯利亚东部）也有分布。生于海拔 400 ~ 2 500m 的山坡草甸、草坡或田间。

碱菀 *Tripolium vulgare* Nees.（图 2.372）[中国高等植物图鉴]

一年生直立草本，高 30 ~ 50cm。叶互生，条状或矩圆状披针形，长 5 ~ 10cm，宽 0.5 ~ 1.2cm，上部叶渐小，苞叶状，无叶柄。头状花序直径 2 ~ 2.5cm，在茎或枝

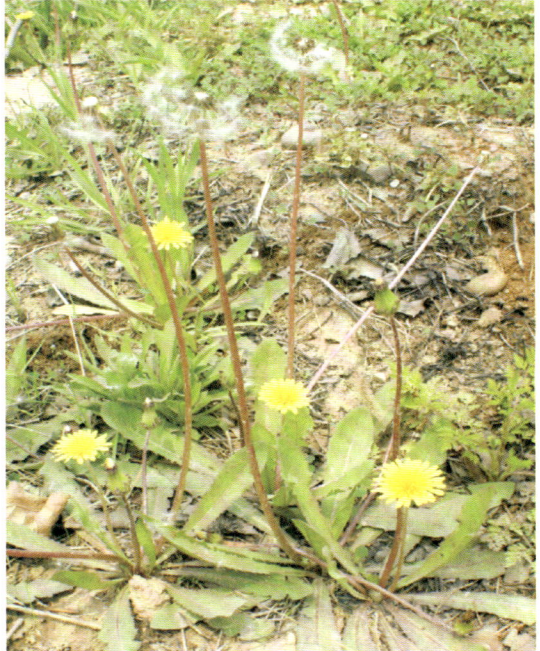

图 2.371 华蒲公英（陕西吴起长城）

端排成伞房状；总苞片 2 ~ 3 层，肉质，边缘常红色，膜质；外围有 1 层雌花，舌状，舌片蓝紫色或浅红色；中央有多朵两性花，花冠筒状，檐部狭漏斗状，有不等长的 5 片裂片。瘦果狭矩圆形，扁，有厚边肋，两面各有 1 条细肋，无毛或有疏毛；冠毛多层，稍不等长，白色或浅红色，花后增长。

本区分布于志丹、吴起、定边、靖边、横山、榆阳、神木、府谷、环县、会宁、原州、西吉等地；国内分布于辽宁、吉林、内蒙古、山西、甘肃、新疆、山东、江苏、浙江等省区；朝鲜、日本、俄罗斯（西伯利亚），中亚地区、欧洲、非洲（北部）、北美洲也有分布。生于海岸、湖滨、沼泽、盐碱地。

图 2.372 碱菀（www.plant.ac.cn）

苍耳 *Xanthium sibiricum* Patrin ex Widder（图 2.373）[中国高等植物图鉴]

一年生草本，高 80cm。叶三角状卵形或心形，长 4 ~ 9cm，宽 5 ~ 10cm，基出 3 脉，两面被贴生的糙伏毛；叶柄长 3 ~ 11cm。雄头状花序球形，密生柔毛；雌头状花序椭圆形，内层总苞片结成囊状。成熟的具瘦果的总苞变坚硬，绿色、淡黄色或红褐色，外面疏生具钩的总苞刺，苞刺长 1 ~ 1.5mm，喙长 1.5 ~ 2.5mm；瘦果 2 粒，倒卵形。花期 7 ~ 8 月，

果期 9 ～ 10 月。

　　本区分布于吴起、志丹、靖边、横山、榆阳、神木、府谷、环县、会宁、原州、西吉、海原、同心、灵武等地；广布于全国各地；朝鲜、日本、前苏联、伊朗、印度也有分布。生于海拔 1 900m 以下的山坡、荒野、路旁田边、河滩、平原或低山丘陵。苍耳子油可掺和桐油制油漆，又可作油墨及肥皂的原料；果可作药用。

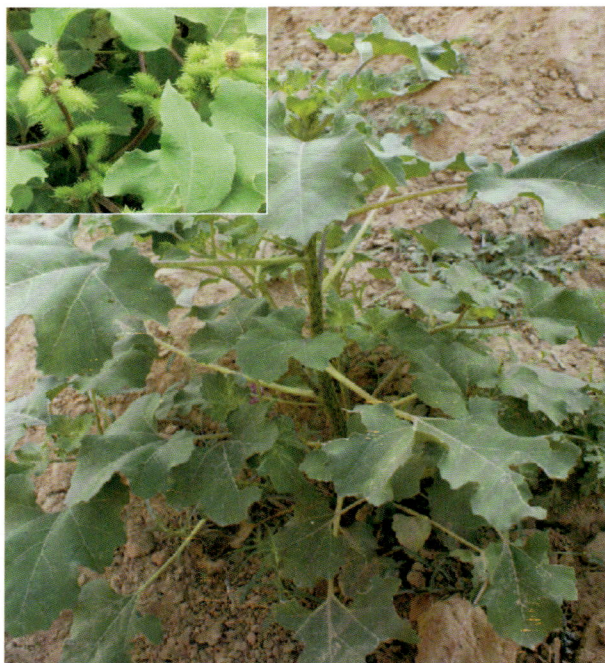

图 2.373　苍耳（陕西吴起周湾）

2.2　单子叶植物纲 Monocotyledoneae

2.2.1　禾本科 Gramineae（Poaceae）

　　禾本科植物为一年、越年或多年生草本，稀灌木或乔木（竹类）。多具纤维状的须根系。茎有埋藏于地下部分的根状茎；秆直立、倾斜或平卧式匍匐于地面，通常中空，具髓者为实心茎，于节处闭塞，较膨胀。叶生于节处，成两行排列，分叶鞘和叶片两部分：叶鞘包秆，通常于边缘具 1 条纵缝；叶片扁平，线形、披针形或卵形等，全缘，具并行叶脉；在叶鞘与叶片交接处有少数收缩成柄，叶鞘顶端的内表皮向上延伸，形成不同形状的附属物（称叶舌）。花序由许多小穗构成，排成穗形或圆锥形；小穗包含 1 至数朵无柄的小花，及 1 枚延续或具节的小穗轴，其基部有 2 枚不含花的苞片，称为颖，其下部的为第一颖，上部的为第二颖，形状多变化；在颖的上部为小花，两性或单性，标准的小花包含基部具基盘及顶端或背部具芒的外稃、具两脉或两脊的内稃，另有 2 枚鳞被（或 3 枚，稀 6 枚）；雄蕊 3 枚轮生或 6 枚排为两轮，花丝线状，着生于花药基部，由药室基部深裂，外形呈丁字着生；雌蕊 1 枚，子房上位，1 室，由 3 个心皮构成，内含 1 粒胚珠，花柱 2 个，稀 3 或 1 个，柱头毛刷状或乳突状。常为颖果，稀浆果、坚果或胞果。种子具丰富的胚乳，基部外侧为胚，内侧为种脐。

我国约有 190 余属 800 余种。本区已知有 23 属 40 种。

醉马草 Achnatherum inebrians（Hance）Keng.（图 2.374）[中国高等植物图鉴]

异名 Stipa inebrians Hance

多年生草本。秆高 60 ～ 100cm，节下贴生微毛。叶片较硬，卷折，宽 2 ～ 7mm。圆锥花序紧缩呈穗状，长 10 ～ 25cm，宽 10 ～ 15mm，小穗灰绿色，成熟后变为褐铜色或带紫色，长 5 ～ 6mm，含 1 朵小花；颖几等长，膜质，具 3 条脉；外稃长约 4mm，顶端具 2 个微齿，背部遍生柔毛，3 条脉，于顶端汇合，基盘钝而有毛；芒长约 10mm，中部以下稍扭转。花、果期 7 ～ 9 月。

本区分布于吴起、志丹、榆阳、府谷、神木、横山、靖边、定边、环县、会宁、榆中、靖远、同心、盐池、海原及贺兰山等地；国内分布于内蒙古、宁夏、甘肃、青海一带。多生于山坡、干旱草原上。植株有毒，对牲畜有危害。

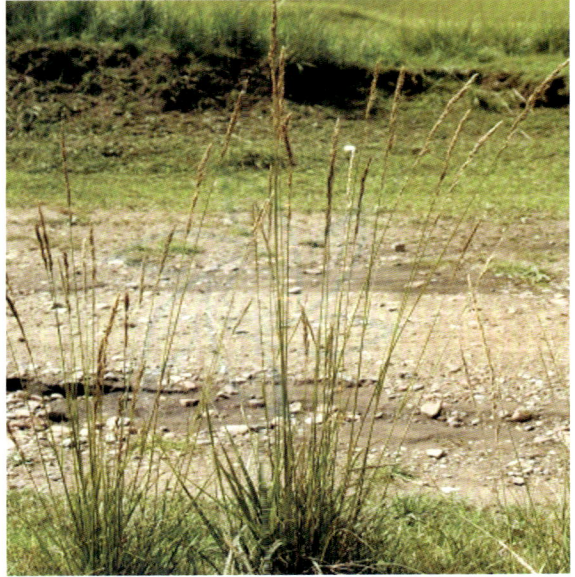

图 2.374　醉马草（www.plantphoto.cn）

芨芨草 Achnatherum splendens（Trin.）Nevski（图 2.375）[中国高等植物图鉴]

异名 Stipa splendens Trin.

图 2.375　芨芨草（甘肃会宁汉岔）

多年生，须根具沙套。秆丛生；坚硬，高 0.5 ～ 2.5m，粗 3 ～ 5mm。叶片坚韧，卷折，长 30 ～ 60cm。圆锥花序开展，长 40 ～ 60cm；小穗长 4.5 ～ 6.5mm（芒不计），灰绿或带紫色，含 1 朵小花；颖膜质，第一颖较第二颖短 1/3，外稃厚纸质，长 4 ～ 5mm，背部密生柔毛，顶端 2 裂齿；基盘钝圆，具柔毛；芒自外稃齿间伸出，直立或微曲，但不扭转，长 5 ～ 10mm，易落；内稃 2 条脉而无脊，脉间有毛，成熟后多少露出。花、果期 7～9 月。

本区分布于吴起、志丹、神木、榆阳、横山、靖边、定边、环县、会宁、海原、西吉、原州、同心、盐池、灵武、吴忠等地；国内分布于西北、内蒙古等地；亚洲北部和中部也有分布。多生于荒滩、沙质地、田埂畔、半固定沙丘上、路旁等处，常形成所谓的芨芨草滩。在早春幼嫩时，为牲畜的重要饲料；秆、叶供造纸及人造丝；可改良田地、保护渠道、保持水土。

远东芨芨草 Achnatherum extremiorientale（Hara） Keng（图 2.376）[中国高等植物图鉴]

图 2.376　远东芨芨草（陕西吴起周湾）

异名 *Stipa extremiorientale* Hara

多年生草本。秆高 150cm，光滑，具 3～4 节，基部具有鳞芽。叶鞘松弛，长或短于（上部者）节间；叶舌截平，常具裂齿；叶片扁平或边缘稍内卷，长 20～40（50）cm，宽 5～10mm。圆锥花序开展，长 30～40cm，分枝 2～6 条簇生，平展，小穗长 7～9mm，草绿色或成熟时变紫色，含 1 朵小花；颖膜质，长圆状披针形，几等长，具 3 条脉；外稃长 5.5～7mm，厚纸质，顶端 2 微齿，背部具白柔毛，3 条脉于顶端汇合；基盘长约 0.5mm，较钝，密生短柔毛；芒长约 2cm；1 回膝曲，中下部扭转；内稃背部圆形，2 条脉，无脊，脉间被柔毛；成熟时背部露出。花、果期 7～9 月。

本区分布于志丹、吴起、横山、靖边、定边、榆阳、神木、环县、会宁、榆中、原州、西吉、海原等地；国内分布自东北至陕西、甘肃；朝鲜、俄罗斯（西伯利亚）地区也有分布。生于低矮山坡草地、崖边、梯田边埂、道旁等。属于中等品质的牧草，幼嫩时各种家畜均喜食，随着植株粗老，纤维素含量增加，采食率则下降；秋霜后，又为家畜所采食。以远东芨芨草为主的草地，作为家畜的冬春放牧地和夏秋打草地较适宜。

冰　草 Agropyron cristatum（L.） Gaertn（图 2.377）[中国高等植物图鉴]

冰草亦称扁穗鹅观草，多年生。高 20～55cm。须状根，密生，外具沙套；疏丛

图 2.377　冰草（陕西吴起五谷城）

型。秆直立，基部的节微呈膝曲状，叶片宽 2～5mm，边缘内卷。穗状花序长 2.5～5.5cm，宽 8～15mm，顶生小穗不孕或退化；小穗水平排列紧密呈蓖齿状，长 7～13mm；颖舟形，具脊，被刺毛；外稃舟形，被刺毛，长 6～7mm，芒长 2～4mm；内稃与外稃等长；子房上端有毛。花期 6 月，果期 7 月。

　　本区分布于吴起、志丹、靖边、定边、榆阳、横山、府谷、神木、环县、会宁、海原、同心、原州、盐池、灵武、沙坡头等地。国内分布于东北至新疆各地；欧洲和俄罗斯（西伯利亚）及中亚地区也有分布。为干燥草原中的重要成员，是优良牧草。

沙芦草 Agropyron mongolicum Keng（图 2.378）[宁夏植物志]

　　多年生草本，秆直立，高 20～60cm。具根状茎，须根长而密集，具沙套。秆直立或基部节膝曲，具 2～3 节，有时可达 6 节。叶鞘紧密裹茎，短于节间，无毛；叶舌干膜质，先端截平，具小纤毛，长约 0.5mm；叶片内卷或扁平，长 5～22cm，宽 2～3mm，先端渐尖，上面及边缘粗糙，背面光滑。穗状花序长 5～10cm，宽 10～15mm；穗轴节间长 5～15mm，有时基部节间长可达 20mm，光滑；小穗长 10～17mm；具 5～8 朵花，小穗轴节间长 0.5～2mm，无毛；两颖不等长，先端尖，边缘膜质，具 3～5 条脉，第一颖长 4～6mm，第二颖长 5～7mm；外稃光滑或上部边缘微被毛，先端尖或具小尖头，具 5 条脉，第一外稃长 6～7mm，内稃等长或略长于外稃，先端钝，脊上具短纤毛；花药黄色，线形，长 3.5～4mm。花、果期 7～8 月。

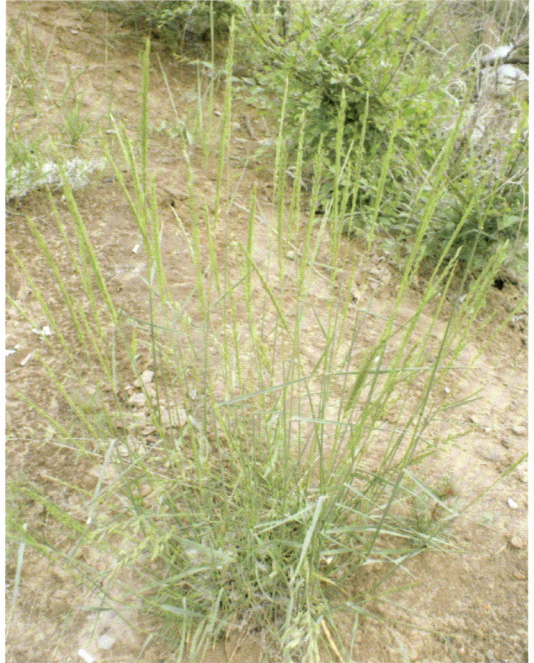

图 2.378　沙芦草（陕西吴起长城）

　　本区分布于府谷、榆阳、神木、佳县、米脂、横山、靖边、定边、贺兰山、盐池、灵武、同心等地；国内分布于内蒙古、山西、陕西、宁夏、甘肃、新疆等省区。生于干旱山坡、荒坡、草原或沙地。是干旱草原区的优良牧用禾草之一。早春鲜草为羊、牛、马等牲畜所喜食，抽穗之后适口性降低，牲畜不太喜食，秋季牲畜喜食再生草，冬季牧草干枯时牛和羊也喜食。

看麦娘 Alopecurus aequalis Sobol.（图 2.379）[中国高等植物图鉴]

　　一年生草本。秆高 15～40cm，光滑，软，弱。叶鞘通常短于节间，其内常具分枝而松弛；叶片宽 2～5mm，长 3～10cm。圆锥花序狭圆柱形，淡绿色，长 2～7cm，宽 3～6mm，小穗长 2～3mm，含 1 朵小花，脱节颖下；颖膜质，几相等，基部互相合生，具 3 条脉，脊上生纤毛，侧脉下部具短毛；外稃先端钝，等长或稍长于颖，下部边线互相合生；芒细

图 2.379　看麦娘（www. CnHua. Net）

弱，长 2 ～ 3mm，约于稃体下部 1/4 处伸出，隐藏或稍伸出颖外；花药呈黄色。颖果长约 1mm。早春开花。

本区分布于志丹、吴起、靖边、定边、榆阳、神木、横山、环县、会宁等地；广布于中国南北各省区；欧亚大陆寒温地带和北美洲都有分布。生于潮湿地方及田边。鲜时，各种牲畜均爱吃。

赖草 *Aneurolepidium dasystachys* (Trin.) Nevski（图 2.380）[中国高等植物图鉴]

异名 *Leymus secalium*（Georgi）Tzvel.; *Tritiicum secalianum*（Georgi）Bemerk.

赖草亦称宾草，多年生，具下伸根状茎。秆高 45 ～ 90cm，上部密生柔毛。基部叶鞘残留呈纤维状，叶片宽 4 ～ 7mm。穗状花序直立，长 10 ～ 15cm，宽 8 ～ 10mm，穗轴被短柔毛；小穗（1）2 ～ 3（4）枚，长 10 ～ 15mm，含 4 ～ 7 朵小花，小穗轴具短柔毛；颖锥状，长 8 ～ 12mm，具 1 条脉，不正覆盖小穗；外稃披针形，被短柔毛，顶端渐尖或具 1 ～ 3mm 的短芒，第一外稃长 8 ～ 10mm，子房上端具毛。花期 5 ～ 6 月，果期 7 ～ 8 月。

本区分布于志丹、吴起、靖边、定边、横山、榆阳、府谷、神木、环县、会宁、榆中、原州、西吉、海原、同心、盐池、灵武等地；国内广泛分布；国外分布于朝鲜、前苏联、日本。多生于山坡、峁顶、沟谷、沙质草地。赖草为一般牧草，但适应性强。

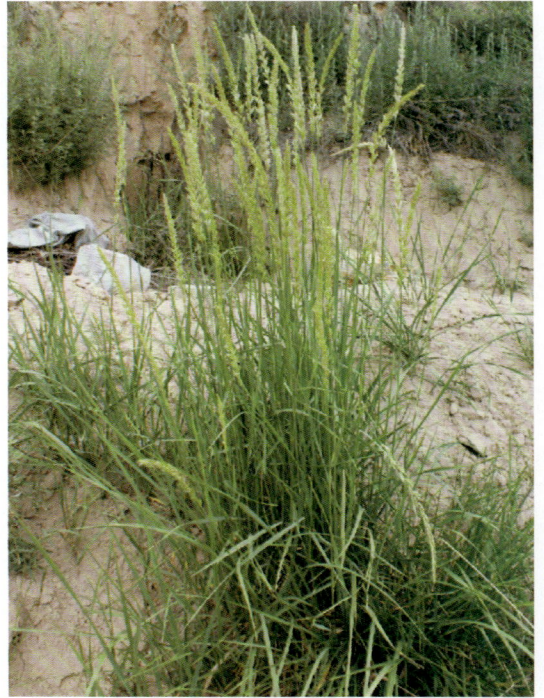

图 2.380　赖草（陕西吴起吴起镇）

莜麦 *Avena nuda* L.（图 2.381）[中国高等植物图鉴]

一年生。秆高 60 ～ 80cm；通常具 2 ～ 3 节。叶鞘松弛，基生者常被微毛。叶舌透明膜质，长 15mm；叶片宽 3 ～ 9mm。圆锥花序开展，金字塔形，长 15 ～ 20cm，分枝具角棱，刺状粗糙；小穗含 3 ～ 6 朵花，长 2 ～ 4cm；小穗轴坚韧，无毛，常弯曲，第一节间长达 1cm；颖草质，几相等，长 1.5 ～ 2.5cm，具 7 ～ 11 条脉；外稃草质而较柔软，无毛，具 9 ~ 11 条脉，顶端常 2 裂，第一外稃长 20 ~ 25mm，无芒或在其上部 1/4 以上具有 1 个长 1 ~ 2cm、直立或反曲的细芒。颖果长 8mm，与稃体分离。花期 5 ~ 6 月。

本区分布于志丹、吴起、靖边、定边、横山、榆阳、神木、环县、会宁、原州、西吉、海原、同心、盐池、灵武、吴忠、中宁、沙坡头等地；国内在内蒙古、华北、西北均有栽培。多生于田边、涧地、坡底；半荒漠地有栽培。籽粒可磨粉供食用；全株可作牲畜饲料。

野燕麦 Avena fatua L. （图 2.382）[中国高等植物图鉴]

一年生草本。秆高 30 ~ 100cm，具 2 ~ 4 节。叶鞘松弛，光滑或基部者被微毛；叶舌透明，长 1 ~ 5mm；叶片膜质，长 10 ~ 25cm，宽 4 ~ 12mm。圆锥花序开展，长 10 ~ 25cm，分枝具角棱，粗糙；小穗含 2 ~ 3 朵小花，长 18 ~ 25mm，柄弯曲下垂，顶端膨胀；小穗轴节间长约 3mm，密生淡棕色或白色硬毛，其节脆硬易断落；颖草质，几相等，通常具 9 条脉；外稃质地硬，下半部与小穗轴均有淡棕色或白色硬毛，第一外稃长 15 ~ 20mm；芒自外稃中部稍下处伸出，长 2 ~ 4cm，膝曲。颖果被淡棕色长毛。花、果期 5 ~ 9 月。

本区分布于靖边、定边、榆阳、神木、府谷、横山、志丹、吴起、环县、会宁、榆中、原州、西吉、海原、盐池、同心、灵武等地；广布于我国南北各省区；欧洲、亚洲的温寒地带都有分布。生于荒芜田野，山麓、涧地、农田、路边等。常与小麦混生而为有害杂草；也可作牛马的青饲料。

图 2.381　莜麦（陕西吴起吴起镇）

图 2.382　野燕麦（www.cnhua.net）

燕麦 Avena sativa L. （图 2.383）[中国高等植物图鉴]

燕麦亦称铃当麦、香麦，一年生草本。本种近似野燕麦（A. fatua）。秆高 100cm 左右，有 2 ~ 4 节；叶鞘松弛，光滑；叶舌透明膜质，长约 3mm；叶片长 20 ~ 30cm，宽约 10mm。顶生圆锥花序大，开展；小穗含 1 ~ 2 朵花；小穗轴近无毛，不易断落；两颖近等长，长 2cm 左右，草质，有 7 ~ 9 条脉；外稃质地较硬，背部无毛，仅基盘有短毛，芒自第一

图 2.383　燕麦（陕西吴起吴起镇）

外稃近中部伸出，通常较直；第二外稃无芒。花、果期 5～9 月。

本区分布于榆阳、神木、府谷、横山、靖边、定边、志丹、吴起、环县、会宁、原州、西吉、海原、同心、灵武、盐池等地；国内分布于华北、东北，内蒙古、甘肃、青海、宁夏、新疆及其他高寒地区。干旱半荒漠地区常见的栽培谷类作物。谷粒供磨面食用，或作饲料。

无芒雀麦 *Bromus inermis* Leyss.

（图 2.384）[中国高等植物图鉴]

多年生草本。有根状茎，秆高 40～80cm，无毛或在节下具倒毛。叶鞘紧密包茎，闭合，于近鞘口处开裂；叶舌质硬，通常无毛；叶片质地较硬，光滑，长 7～15cm，宽 5～8mm。圆锥花序长 10～20cm，每节具 3～5 枝；分枝细而较硬，每枝着生 3～7 枚小穗；小穗含 5～10 朵小花，近圆柱形，长 1.2～2.5cm；颖披针形，第一颖长 4～7mm，1 条脉；第二颖长 6～9mm，3 条脉；外稃具 5～7 条脉，无毛或基部微粗糙，顶端微缺，具短尖头或有 1～2mm 的短芒，第一外稃长 8～11mm；内稃短于外稃，脊具纤毛。子房上端具毛，花柱生于其前下方。颖果约等长于内稃。6～8 月抽穗。

本区分布于榆阳、神木、横山、靖边、定边、吴起、志丹、环县、会宁、原州、西吉、海原、同心、贺兰山等地；国内分布于东北、西北、内蒙古等地；欧亚大陆温带也有分布。生于山坡、草地、道旁、河岸；为优良牧草，营养价值高，牲畜爱吃；是固沙的先锋植物。

图 2.384　无芒雀麦（陕西吴起楼坊坪）

白羊草 *Bothriochloa ischaemum* (L.) Keng （图 2.385）[中国高等植物图鉴]

多年生草本。秆高 22～80cm，3 至多节，节无毛或有白色髯毛；叶鞘无毛，多麝集于基部而相互跨复，茎生者短于节间。叶片狭条形，宽 2～3mm，两面疏生柔疣毛或下面无毛。总状花序多节，4 个至多个簇生于茎顶，下部的长于主轴；穗轴逐节断落，节间与小穗柄都具纵沟；小穗成对生于各节；无柄小穗长 4 ～ 5mm，基盘钝；第一颖草质，中部稍下陷，两侧上部具脊；第二颖舟形，脊上粗糙；第一外稃长圆状披针形；稃芒自细小的第二外稃顶端伸出，长 10 ～ 15mm，膝曲；有柄小穗不孕，色较无柄小穗深，无芒。花、果期 6 ～ 8 月。

本区分布于榆阳、神木、府谷、横山、靖边、定边、吴起、志丹、环县、会宁、原州、西吉等地；分布几乎遍及全国；全球温带均有分布。生于山坡草地及路边。茎秆叶嫩时可作饲料。

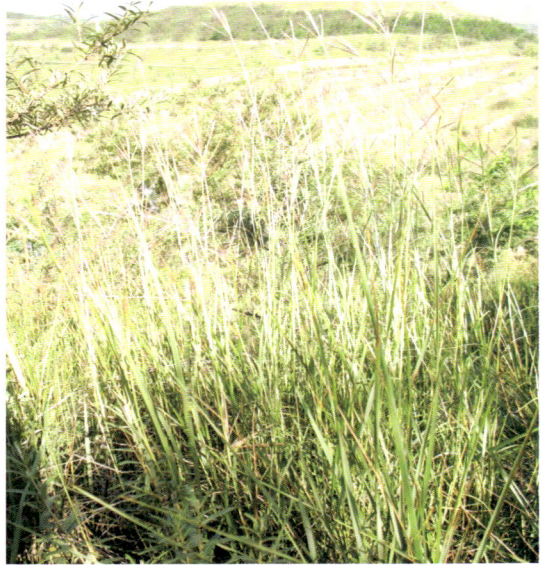

图 2.385　白羊草（陕西吴起吴起镇）

苇拂子茅 *Calamagrostis epigejos*（L.）Roth（图 2.386）[中国高等植物图鉴]

多年生草本。具根状茎，秆高 40 ～ 100cm，径 2 ～ 3mm。叶鞘短于或基部者长于节间；叶舌先端尖而易破碎；叶片宽 4 ～ 8（13）mm，长 15 ～ 27cm，粗糙。圆锥花紧缩成圆筒形，较密而窄，长 10 ～ 20cm，分枝粗糙；小穗长 5 ～ 7mm；颖近等长，草质，长 5 ～ 7mm；外稃长约为颖的 1/2，顶端 2 个齿，基盘毛几与颖等长，脊中部或稍上伸出 1 个细芒，其长约与外稃以至与颖等长；内稃长为外稃的 2/3；小穗轴不延伸；雄蕊 3 枚；花药黄色。花、果期 5 ～ 9 月。

本区分布于榆阳、神木、府谷、横山、靖边、定边、吴起、志丹、环县、会宁、靖远、平川、原州、西吉、同心、盐池、灵武、吴忠、沙坡头等地；分布几遍全国；欧亚大陆温带也有分布。多生于山坡中下部、谷沟地部较低湿处、路边排水沟等。为牲畜喜食的牧草；秆可编织革垫及盖房顶；根状茎强健，可保护河岸。

图 2.386　苇拂子茅（陕西吴起周湾）

假苇拂子茅 *Calamagrostis pseudophragmites*（Hall. F.）Koel.（图 2.387）[中国高等植物图鉴]

多年生草本。秆直立，高 40 ～ 60cm。叶鞘、秆平滑无毛或稍粗糙。叶舌先端钝而易破碎，长 4 ～ 9mm；叶长 10 ～ 28cm，宽 1.5 ～ 5mm，叶片常内卷，上面及边缘粗糙，下面较平

图 2.387 假苇拂子茅（陕西吴起长城）

滑。圆锥花序稍开展，长 10 ～ 20cm，分枝簇生，斜向上升；小穗绿色，成熟时常带褐色，长 5 ～ 7mm；颖线状披针形，第二颖较第一颖短 1/4 ～ 1/3，具 1 条脉或第二颖具 3 条脉，主脉粗糙；外稃透明膜质，长 2 ～ 4mm，3 条脉，基盘长柔毛等长或稍短于小穗；芒自外稃顶端伸出，细弱，长 1 ～ 3mm；内稃长为外稃的 1/3 ～ 2/3；雄蕊 3 枚，花药长 1 ～ 2mm。花、果期 7 ～ 9 月。

本区分布于榆阳、神木、横山、靖边、定边、吴起、志丹、环县、会宁、原州、西吉、海原、同心、盐池、灵武等地；国内广布于东北、华北、西北、四川、云南等地；欧亚大陆温带都有分布。多生于山坡草地、河岸低湿处。可作饲料；为防沙固堤植物。

虎尾草 Chloris virgata Swartz（图 2.388）[中国高等植物图鉴]

一年生草本。秆高 20 ～ 60cm，光滑无毛。叶鞘背部具脊，最上者常肿胀而包藏花序；叶舌具微纤毛，长 1mm；叶片条状披针形，宽 3 ～ 6mm。穗状花序 4 ～ 10 余个簇生于茎顶；小穗紧密地覆瓦状排列于穗轴的一侧，长 3 ～ 4mm，含 2 朵小花，第二小花不孕并较小；颖膜质，长 3 ～ 4mm，具 1 条脉，第二颖有短芒；外稃顶端以下生芒；第一外稃具 3 条脉，两侧脉生长柔毛，而生于上部的毛约与外稃等长；不孕外稃顶端平截。颖果长 2mm。花、果期 6 ～ 10 月。

本区分布于榆阳、神木、府谷、横山、靖边、定边、吴起、志丹、环县、会宁、原州、海原、同心、盐池、灵武、吴忠等地；全球温带、热带都有分布。多生路边、荒野和沙地。为一般性牧草。

图 2.388 虎尾草（陕西吴起吴起镇）

丛生隐子草 Cleistogenes caespitosa Keng（图 2.389）[秦岭植物志]

多年生草本。丛生，秆细，高 20 ～ 45cm，直径约 1mm，黄绿色或紫褐色，基部常具短小鳞芽。叶鞘仅鞘口具长柔毛，下部者短于节间，上部者长于节间；叶舌具短纤毛，叶片条形，长 3 ～ 6cm，宽 2 ～ 4mm，扁平或内卷。圆锥花序长 7 ～ 12cm，宽 2 ～ 4cm，分枝常斜上升，长1～3cm，小穗长5～11mm，含（1）3～5朵小花，颖卵状披针形，颖膜质稍透明，先端钝，具1条脉，第一颖长1～2mm，第二颖长2～2.5mm，外稃披针形，5条脉，边缘具柔毛，第一外稃长4～5.5mm，先端具长0.5～1mm的短芒，内稃与外稃近等长，脊上部糙涩；花药黄色，长约3mm。花期7月，果期8～9月。

本区分布于定边、靖边、横山、榆阳、吴起、志丹、环县、会宁、盐池、同心、贺兰山等地；黄土高原遍布；国内分布于河北、内蒙古、陕西、宁夏、甘肃等省区。多生于干燥的山坡路旁，为旱中生植物；

图 2.389　丛生隐子草（陕西吴起长城）

分布区土壤瘠薄，多砾石，水土流失严重。为灌丛被破坏后的灌草丛演替类型。草质柔软，适口性较好，牛、马、羊均喜食，是干旱、贫瘠地区的较好牧草。根系发达，是水土保持或矿山绿化的优良植物。

中华隐子草 Cleistogenes chinensis（Maxim.）　Keng（图2.390）[中国高等植物图鉴]

多年生草本。秆高15～35cm。叶鞘无毛，鞘口有或无毛，上部叶鞘内有隐藏的小穗；叶舌边缘具纤毛；叶片条状披针形，宽1～2mm，常内卷，易自叶鞘脱落。圆锥花序开展，

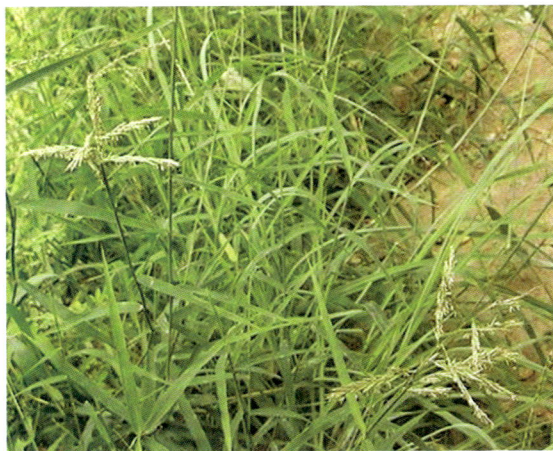

长5～8cm；小穗长7～9mm，含3～5朵小花；颖具1条脉或第二颖具3条脉；外稃具5条脉，顶端有1～2（3）mm的短芒；第一外稃长5～6mm；内稃顶端微凹。

本区分布于吴起、志丹、定边、靖边、横山、榆阳、环县、会宁、盐池等地；国内分布于内蒙古、华北、青海、新疆等地。生于山坡或路边。可作家畜饲料。

长花隐子草 Cleistogenes longiflora Keng 与本种近似，但小穗具1～3朵小花；第一外稃长6～7mm；内稃二脊延伸成小尖头。分布于内蒙古、河北等地。多生于山坡。

图 2.390　中华隐子草（陕西吴起楼坊坪）

马唐 Digitaria sanguinalis（L.）　Scop.（图2.391）[秦岭植物志]

一年生草本。秆基开始倾斜，着地后节处易生根，株高40～80cm。叶鞘疏松，大都短于节间，多少疏生有疣基的软毛或无毛，叶舌钝圆，膜质，长1～3mm；叶片条状披针

图 2.391 马唐（陕西吴起楼坊坪）

形，宽 3 ~ 10mm，两面疏生软毛或无毛。总状花序 3 ~ 10 个，长 5 ~ 18cm，上部者互生或呈指状排列于秆顶，基部者近于轮生；穗轴宽约 1mm，中肋白色，约占其宽的 1/3，两侧绿色，边缘粗糙且具细齿；小穗长 3 ~ 3.5mm，通常孪生，一具长柄，另一具极短柄或几无柄；第一颖微小，长约 0.2mm，薄膜质；第二颖长为小穗的 1/2 ~ 3/4，狭窄，具很不明显的 3 条脉，边缘具纤毛；第一外稃与小穗等长，具明显的 5 ~ 7 条脉，中部 3 条脉明显，脉间距离较宽而无毛，侧脉甚接近或不明显，无毛或于脉间贴生柔毛，边缘或具纤毛。谷粒几等长于小穗。花、果期 6 ~ 10 月。

本区分布于定边、靖边、横山、榆阳、吴起、志丹、环县、会宁、原州、西吉等地；黄土高原遍布；我国北方省区都有；广布全球温带或热带。多生于缓坡荒野草地、田野、路旁。可做牧草，但也是田间有害杂草。

止血马唐 *Digitaria ischaemum*（Schreb.） Schreb. ex Muhl.（图 2.392）[秦岭植物志]

一年生草本，秆直立或基部开始倾斜，着地后节处易生根，光滑，株高 30 ~ 50cm。叶鞘疏松，具脊，较节间短，多生具疣基的软毛；叶片披针形条状，两面疏生软毛或无毛；叶舌钝圆，膜质。总状花序 2 ~ 4 个，长 2 ~ 8cm，着生于秆顶，彼此接近或最下一个较离开；穗轴宽 0.8 ~ 1.2mm，两侧绿色部分稍宽于白色的中肋，边缘粗糙；小穗长 1.8 ~ 2.3mm，灰绿色或带紫色，穗轴每节着生 2 ~ 3 个小穗，小穗柄无毛或微粗糙；第一颖微小或几缺如，透明膜质，无脉；第二颖与小穗等长或稍短，较狭窄，具 3 条脉，脉间及边缘具棒状柔毛；第一外稃具 5 条脉，脉间及边缘亦具棒状柔毛。谷粒成熟后黑褐色，与小穗等长。颖果椭圆形，透明。种子繁殖。花、果期 7 ~ 10 月。

本区分布于靖边、定边、横山、榆阳、志丹、吴起、环县、会宁、同心、海原、灵武、吴忠等地；国内广布于南北各省区；欧洲、北美洲、亚洲温带均产。多生于缓坡、山坡底部、田间、渠边等。可凉血止血，用于血热妄行的出血症，如鼻衄、咯血、呕血、便血、尿血、痔血、崩漏等。

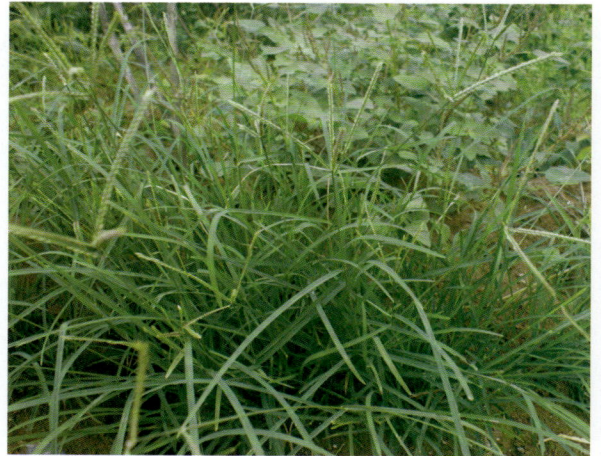

图 2.392 止血马唐（陕西吴起楼坊坪）

小画眉草 *Eragrostis minor* Host（图 2.393）［中国高等植物图鉴］

一年生草本，新鲜时具臭味，有疣状腺体。秆高 20 ～ 40cm，茎秆较细小，节下有一圈腺体。叶鞘口具须毛，其脉间及边缘也具稀疏柔毛；叶舌为一圈纤毛；叶片条形，宽 3 ～ 5mm，边缘常有腺体，于主脉尤明显。圆锥花序开展，分枝单生，腋间无毛，小穗柄具腺体；小穗长 3 ～ 9mm，宽 1.5 ～ 2mm，含 4 至多朵花；颖锐尖，近等长或第一颖稍短，长 1 ～ 2mm，通常具 1 条脉，脉上常具腺体；外稃宽卵圆形，先端钝，侧脉明显，光滑无毛，主脉上亦常具腺体。颖果近球形，直径 0.5mm；花期 6 ～ 8 月，果期 7 ～ 9 月。

本区分布于定边、靖边、横山、榆阳、神木、吴起、志丹、环县、会宁、榆中、原州、西吉、海原、同心、盐池、灵武及贺兰山等地；黄土高原遍布；分布几遍全国；全球温暖地带广布。为常见的杂草，多生于荒芜田野、草地与路边。可作牲畜饲料，尤以马最喜食。

图 2.393　小画眉草（陕西吴起吴起镇）

画眉草 *Eragrostis pilosa*（L.）Beauv.（图 2.394）［中国高等植物图鉴］

画眉草亦称星星草、蚊子草。一年生草本。秆高 20 ～ 50cm。秆丛生，基部节可膝曲。叶鞘疏松苞裹茎，多长于或短于节间，压扁，光滑或鞘口具柔毛；叶舌为一圈纤毛；叶片狭条形，宽 2 ～ 3mm。圆锥花序长 15 ～ 25cm，分枝近于轮生，枝腋有长柔毛；小穗暗绿或略带紫色，长 2 ～ 7mm，宽约 1mm，含 3 ～ 14 朵小花；第一颖常无脉；第二颖具 1 条脉；外稃侧脉不明显，长 1.5 ～ 2mm，自下而上脱落，内稃作弓形弯曲。颖果长 0.6 ～ 1mm，直径 0.3 ～ 0.5mm。花、果期 6 ～ 9 月。

图 2.394　画眉草（陕西吴起吴起镇）

本区分布于定边、靖边、横山、榆阳、神木、吴起、志丹、环县、会宁、榆中、原州、西吉、海原等地；分布几遍及全国温带地区；全球温暖地区广布。画眉草多生于荒山、荒芜田野、道旁；为优质饲草和水土保持兼用型植物。作饲草适口性好，营养价值高，可与豆科牧草混播，也可进行草场补播改良。全草入药，具有利尿通淋、清热活血之功效。此外，亦可用于花带、花镜配置。

画眉草的变种无毛画眉草 *Eragrostis pilosa* var. *imberbis* Franch. 花序枝腋无毛，分布于我国东北至华南。

白茅 *Imperata cylnddrica* var. *major*（Nees.）C. E Hubb.（图 2.395）[中国高等植物图鉴]

多年生草本，具长根状茎。秆高 20～60cm，具 2～3 节，节具 4～10mm 之柔毛。叶多麕集基部，叶鞘无毛，或边缘和鞘口具纤毛；叶片条形或条状披针形，长 5～40cm，宽 2～8mm，叶面具明显的主脉。圆锥花序紧缩呈穗状，长 5～20cm，有白色丝状柔毛；总状花序短而密；穗轴不断落；小穗长 3～4mm，基部密生 10～15mm 丝状柔毛，成对生于各节，一柄长，另一柄短，均结实且同形，含 2 朵小花，仅第二小花结实；第一颖两侧具脊，有 3～4 条脉，第二颖具 4～6 条脉；第一外稃卵状长圆形，内稃缺如；第二外稃披针形；内稃长 1.2mm，先端截平，有数个不整齐齿；柱头 2 个，深紫色。花期 5～7 月。

本区分布于定边、靖边、横山、榆阳、神木、吴起、志丹、环县、会宁、榆中、原州、西吉、海原、盐池等地；分布几遍全国各地；亚洲热带与亚热带其他地区、东非和大洋洲也有分布。白茅系常见的阳性禾草，常布满于撂荒地、火烧后的林地、田边、沟边、河岸。可用以造纸、盖屋、制蓑衣；根状茎入药，作利尿、清凉剂；因其蔓延甚广、生活力强，可用作固沙，也因此是难除的杂草。

图 2.395　白茅（陕西吴起长城）

落草 *Koeleria cristata*（L.）Pers.（图 2.396）[中国高等植物图鉴]

多年生草本。秆高 20～40cm，秆具 1～3 节，在花序下密生绒毛。叶舌膜质，长 0.5～2mm；叶片扁平或内卷，宽 1～2mm，被短柔毛或上面无毛。穗形圆锥花序直立，有光泽，长 4～12mm，宽 5～20mm，主轴及分枝都具毛，小穗长 4～5mm，含 2～3 稀 4 或 5 朵小花；小穗轴几无毛或略有微毛；颖长 2.5～4.5mm，边缘宽膜质，1～3 条脉；外稃 3 条脉，边缘膜质，有或无小尖头，第一外稃长约 4mm；内稃透明膜质，稍短于外稃，顶端 2 裂。花药 1.5～2mm。花期 5～8 月，果期 6～9 月。

本区分布于榆阳、神木、府谷、横山、

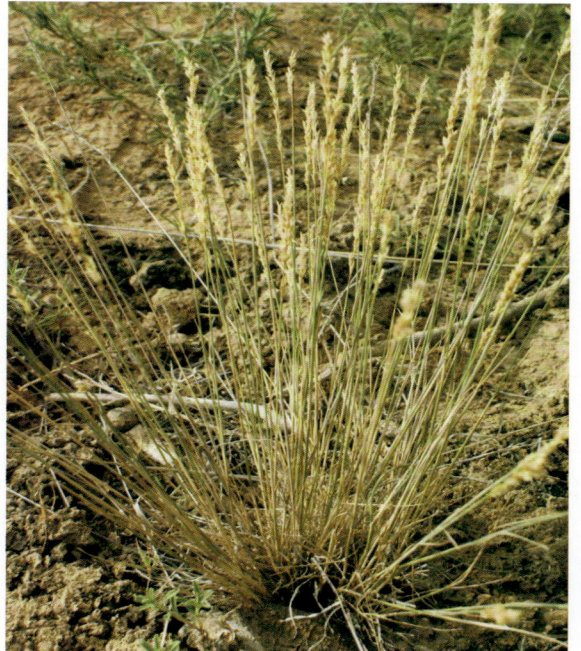

图 2.396　落草（甘肃会宁铁木山）

靖边、定边、吴起、志丹、环县、原州、同心、盐池等地；国内广布于东北、内蒙古、华北、西北、华东各地；旧大陆温带都有分布。生于海拔 1 000 ～ 1 500m 的山坡、草地、路边等地。幼嫩时可作牧草，多生于牧场草地。

狼尾草 *Pennisetum alopecuroides*（L.）　Spreng.（图 2.397）[中国高等植物图鉴]

多年生草本。秆高 30 ～ 80cm，花序以下常密生柔毛。叶鞘光滑，扁压具脊，基部者相互跨生，秆上部者长于节间；叶片条形，长 15 ～ 20cm，宽 2 ～ 6mm，顶端长渐尖。穗状圆锥花序长 5 ～ 15cm，主轴密生柔毛，分枝长 2 ～ 3mm，密生柔毛；刚毛状小枝常呈紫色，长 1 ～ 1.5cm；小穗长 6 ～ 8mm，通常单生于由多数刚毛状小枝组成的总苞内，并于成熟时一起脱落；第一颖微小；第二颖长为小穗的 1/2 ～ 2/3；第一外稃与小穗等长，具 7 ～ 11 条脉；边缘常包卷第二外稃；第二外稃软骨质，边缘薄，卷抱内稃。颖果扁平，长圆形，长约 3.5mm。

图 2.397　狼尾草（www.plant.ac.cn）

本区分布于定边、靖边、横山、榆阳、神木、吴起、志丹、环县、会宁、榆中、原州、西吉、海原、盐池等地；国内广布于南北各省区；亚洲温带其他地区及大洋洲也有分布。多生于海拔 50 ～ 3 200m 的田岸、荒地、道旁及小山坡上，对土壤适应性较强，耐轻微碱性，亦耐干旱贫瘠土壤。生性强健、萌发力强、容易栽培，对水肥要求不高，少有病虫害。根系较发达，具有良好的固土护坡功能。全草入药，可清热、凉血、止血；也是优良的饲用植物和观赏植物。

图 2.398　白草（陕西吴起金佛坪）

白草 *Pennisetum flaccidum* Griseb.（图 2.398）[中国高等植物图鉴]

多年生草本，有长根状茎。秆高 20 ～ 70cm。叶鞘于基部者多密集跨生，茎秆上者多松弛，无毛或于鞘口和边缘具纤毛。叶舌具 1 ～ 3mm 长纤毛；叶片条形，宽 3 ～ 15mm。圆锥花序穗状，呈圆柱形，长 5 ～ 20cm，宽约 15mm（连同刚毛），主轴有角棱，无毛或有微毛；总梗极短，长0.5mm；刚毛长1～2cm，粗糙，灰白色或带紫褐色；小穗单生或2～3枚簇生于刚毛状小枝组成的总苞内，成熟时一起脱落；第一颖长0.5～2mm，先端钝圆，脉不明显，第二颖长约为小穗的1/2～3/4，先端尖或渐尖，具3～5条脉；第一外稃与第二外稃等长，具7～9条脉，内稃膜质或退化；雄蕊3枚或退化，花药长2.8～3.8mm，顶端无毛。花果期6～9月。

　　本区分布于定边、靖边、横山、榆阳、神木、吴起、志丹、环县、会宁、靖远、原州、西吉、海原、盐池、灵武、青铜峡、中卫及贺兰山等地；国内分布于东北、华北、西北、西南各地；印度北部亦有分布。多生于山坡、路旁、梯田边缘和干燥的地方。为良好牧草；果实可供榨油。

芦苇 *Phragmitas communis*（L.）Trin.（图2.399）[中国高等植物图鉴]

　　多年生草本，地下具粗壮的根状茎。秆高0.5～1.5m，沟谷湿地可达3m，茎粗2～10mm，节下通常具白粉。叶鞘无毛或具细毛，叶舌有毛，叶长15～40cm，宽1～3.5cm，光滑或边缘粗糙。圆锥花序卵状长椭圆形或卵状披针形，长10～40cm，分枝斜升或稍开展，下部分枝腋间具白色长柔毛；小穗通常含3～7朵花，长12～16mm；颖不等长，具3条脉，第一小花常为雄性；颖及外稃均有3条脉；外稃无毛，孕性外稃的基盘具长6～12mm的柔毛；第二小花两性，外稃长9～16mm，顶端长渐尖，基盘密生白色长柔毛，毛长6～12mm，内稃长约3～5mm，具脊，脊上粗糙。花、果期7～10月。

图2.399　芦苇（陕西吴起周湾）

　　本区分布于定边、靖边、横山、榆阳、吴起、志丹、环县、会宁、原州、西吉、海原、同心、盐池、灵武等地；黄土高原遍布；分布几遍全国及全球温带。多生于池沼、河旁、湖边、库区、河滩，常以大片形成所谓的芦苇荡，但干旱沙丘也能生长，高度仅为河滩、库区的1/3左右。嫩时可作饲料；秆供造纸、编织、织帘；也是固堤植物。

细叶早熟禾 *Poa angustifolia* L.（图2.400）
[中国高等植物图鉴]

　　多年生草本，具细根状茎。秆丛生，较瘦弱，光滑无毛，高20～50cm。叶鞘短于节间，叶舌膜质，截平，长0.5～1mm；叶片于茎上者长2～7cm，

图2.400　细叶早熟禾（陕西吴起长城）

狭披针形，宽约 2mm，对折或扁平，基生叶片内卷，宽 1mm，针状。圆锥花序较狭窄，长圆形，长 4 ~ 10cm；分枝每节 3 ~ 5 个；小穗长 3.5 ~ 5mm，含 3 ~ 5 朵小花；颖不等长，长 2 ~ 3mm，具 1 ~ 3 条脉，脊上粗糙，外稃顶端狭膜质，脊与边脉在中部以下有长柔毛，间脉明显，基盘具稠密的白色绵毛，第一外稃长约 3mm；内稃等长于外稃，脊上粗糙，具纤毛；花药长约 1.2mm。颖果纺锤形，扁平，长约 2mm。花期 6 ~ 7 月，果期 7 ~ 8 月。

本区分布于定边、靖边、横山、子洲、榆阳、吴起、志丹、环县、原州、西吉、同心、灵武、盐池及贺兰山等地；国内分布于黄河流域、东北、西南各地；蒙古、日本等北温带国家广布。生于干燥草原或山坡。饲用价值高，叶量大，细软，柔嫩，适口性好，再生快，各种家畜均喜食，为良等牧草。

早熟禾 *Poa annua* L.（图 2.401）

[中国高等植物图鉴]

一年生或越年生草本。秆细弱，丛生，高 8 ~ 30cm。叶鞘自中部以下闭合；叶舌膜质，钝圆，长 1 ~ 2mm；叶片柔软，宽 1 ~ 5mm。圆锥花序开展，长 2 ~ 7cm，分枝每节 1 ~ 2（3）个，小穗长 3 ~ 6mm，含 3 ~ 6 朵花；颖边缘宽膜质，第一颖长 1.5 ~ 2mm，具 1 条脉，第二颖长 2 ~ 3mm，具 3 条脉；外稃边缘及顶端呈宽膜质，5 条脉明显，

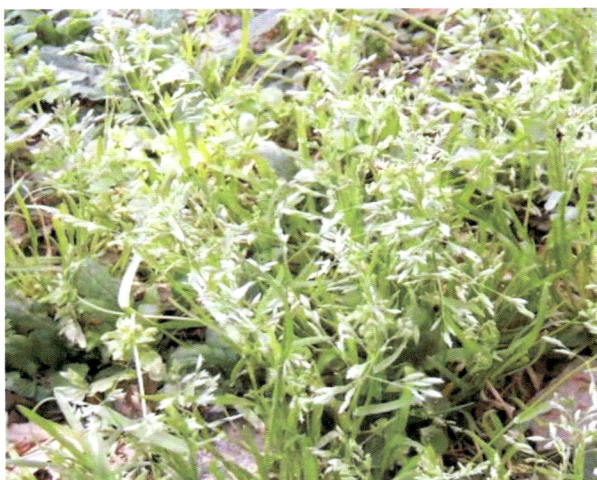
图 2.401　早熟禾（www. Plant. ac. cn）

脊 2/3 以下和边脉 1/2 以下具柔毛，间脉基部具柔毛，基盘无绵毛；第一外稃长 3 ~ 4mm，内稃与外稃等长或稍短，脊上具长柔毛，花药长 0.5 ~ 1mm，淡黄色。颖果纺锤形，长约 2mm。花期 5 ~ 6 月，果期 6 ~ 7 月。

本区分布于吴起、志丹、定边、靖边、横山、榆阳、神木、环县、会宁、榆中、原州、西吉、海原、盐池等地；黄土高原广布；国内多数省区都有分布；亚洲、欧洲和美洲广布。常生于荒山草地、路边、田野或阴湿处。

林地早熟禾 *Poa nemoralis* L.（图 2.402）[中国高等植物图鉴]

多年生草本。秆丛生，高 40 ~ 50cm。叶鞘平滑，基部者稍带紫色，顶生者长约 9.5cm，长约为其叶片的 1/2，叶舌

图 2.402　林地早熟禾（陕西吴起长城）

长约 0.5 ～ 1mm，膜质，平截或半圆形；叶片质薄，长 10 ～ 18cm；宽 2 ～ 2.5mm。圆锥花序较开展，长 13 ～ 15cm，宽 0.5 ～ 1cm；每节具 1 ～ 3 个分枝；小穗长 3 ～ 5mm，含 2 ～ 5 朵小花，其轴稍具微毛；颖稍不等长，披针形，长 3.5 ～ 4.2mm，3 条脉；外稃顶端呈较宽的膜质，间脉不明显，脊中部以下与边脉下部具较长的柔毛，基盘生少量绵毛；第一外稃长 3 ～ 4mm；内稃较短而窄；花药长 1.5mm，黄色。花期 5 ～ 6 月，果期 6 ～ 7 月。

本区分布于定边、靖边、横山、榆阳、吴起、志丹、环县、会宁、原州、西吉等地；国内分布于华北广大地区；欧洲也有分布。生于山坡草地、路边树荫下；是牲畜喜食的饲料。

草地早熟禾 *Poa pratense* L.（图 2.403）[中国高等植物图鉴]

多年生，具细根状匍匐茎。秆丛生，光滑，高 40 ～ 70cm，具 2 ～ 3 节，上部节间长 10 ～ 18cm。叶鞘疏松裹茎，均较叶片为长；叶舌膜质，长 1 ～ 2mm；叶片条形，柔软，宽 2 ～ 4mm。圆锥花序开展，长 10 ～ 16cm，先端稍下垂，分枝下部裸露；小穗长 4 ～ 6mm；含 3 ～ 5 朵小花。颖卵圆形或卵圆状披针形；第一颖长 2.5 ～ 3mm，具 1 条脉，第二颖宽披针形，长 3 ～ 4mm，具 3 条脉；外稃纸质，顶端钝而或多或少有些膜质，脊与边缘在中部以下有长柔毛，间脉明显隆起，基盘具稠密的白色绵毛；第一外稃长 3 ～ 3.5mm，内稃较短于外稃，脊上粗糙具小纤毛；花药长 1.2 ～ 2mm。颖果纺锤形，长 2mm。花、果期 6 ～ 7 月。

本区分布于定边、靖边、横山、榆阳、吴起、志丹、环县、会宁、原州、西吉等地；国内分布于东北，内蒙古、陕西、山西、河北、山东、甘肃、江西、四川等地；北半球温带广布。生于山坡、路边或草地，为主要优良牧草。

图 2.403　草地早熟禾（陕西吴起长城）

硬质早熟禾 *Poa sphondylodes* Trin. ex Bunge（图 2.404）[中国高等植物图鉴]

多年生草本。秆丛生，细硬，高 20 ～ 60cm，具 3 ～ 4 节，顶节位于下部 1/3 或 1/2 处，上部常裸露。叶鞘无毛，长于其叶片，花序以下稍粗糙；叶舌先端尖锐，膜质，长约 4mm；叶片狭长，宽约 1mm。圆锥花序紧缩呈条形，长 3 ～ 10cm，宽约 1cm，分枝基部即着生小穗；小穗长 5 ～ 7mm，含 4 ～ 6 朵小花；颖顶端尖锐，长 2.5 ～ 3mm，3 条脉，外稃披针形，坚纸质，顶端呈极狭的膜质，膜质下常带黄铜色，间脉不明显，脊下部2/3和边脉下部1/2有长柔毛，基盘具绵毛，第一外稃长约3mm；内稃等长于外稃；花药长1～1.5mm。颖果纺锤状，腹面具洼沟。花期6～7月，果期7～9月。

本区分布于定边、靖边、横山、榆阳、神木、府谷、吴起、志丹、环县、会宁、原州、西吉、海原、同心等地；国内分布于东北、华北、西北、山东、河南、江苏等地。多生于草地、路旁及山坡。可作牧草。

少叶早熟禾 Poa paucifolia Keng

（图2.405）[内蒙古植物志]

多年生草本。高20～60cm，秆直立，密丛生，多具2节，顶节位于秆下部1/4或1/3处，紧接花序以下糙涩。叶鞘大都长于节间，稀短于节间，微糙涩，顶生叶鞘长4.5～7cm，长于其叶片；叶舌膜质，长2～4mm，长圆形，先端尖或呈撕裂状；

图2.404　硬质早熟禾（陕西吴起长城）

叶片质地较硬，长3.2～5.5cm，宽约1mm，两面糙涩或背面较光滑，大都对折。圆锥花序紧密，长4～7cm，宽5～12mm，分枝通常孪生，直立，下部1/2～2/3裸露，上部密生多枚小穗，基部主枝长1.5～3cm；小穗长4.5～6mm，含3～5朵小花，绿色或部分带紫色，小穗轴无毛；颖披针形，先端尖，具3条脉，脊上糙涩，第一颖长2～3mm，第二颖长3～4mm；外稃长圆形，先端有少许膜质，间脉不明显，脊下部以及边脉基部1/3具短或稍长的柔毛，基盘具少量的绵毛，第一外稃长约3～5mm；内稃与外稃等长或稍短，脊上稍糙涩。花、果期大约在6～8月。

本区分布于定边、靖边、横山、吴起、志丹、同心、盐池和六盘山；国内分布于陕西、甘肃、宁夏、内蒙古等省区。常生于干旱山坡、河岸干沟、涧地、草地。

图2.405　少叶早熟禾（陕西吴起长城）

鹅观草 *Roegneria kamoji* Ohwi（图 2.406）[中国植物志]

图 2.406　鹅观草（www.cnak.net）

异名 *Agropyron kamoji* Ohwi

多年生草本。秆丛生，高 30 ～ 100cm。叶鞘光滑，长于节间或上部，较短，外侧边缘常具纤毛；叶舌长 0.5mm，纸质，截平；叶长 5 ～ 40cm，宽 3 ～ 13mm。穗状花序长 7 ～ 20cm，下垂，穗轴节间 8 ～ 16mm，基部 1 节达 25mm，边缘粗糙或具小纤毛。小穗绿色或带紫色，长 13 ～ 25mm，（芒除外），含 3 ～ 10 朵小花；小穗轴节间长 2 ～ 2.5mm，被微小短毛；颖卵状披针形，先端渐尖至具短芒（芒长 2 ～ 7mm，具 3 ～ 5 朵明显而粗壮的脉，具白色膜质边缘，第一颖长 4 ～ 6mm，第二颖长 5 ～ 9mm（芒除外）；外稃披针形，具较宽的膜质边缘，背部以及基盘均近无毛，或仅基部两侧具有极微小的短毛，上部具明显的 5 条脉，第一外稃长 8 ～ 11mm；芒针劲直或稍上部弯，长 20 ～ 40mm；内稃稍长或稍短于外稃，顶端钝，脊显著具翼，翼缘具细小纤毛，子房上端有毛。5 ～ 6 月抽穗。

本区分布于神木、榆阳、横山、靖边、定边、志丹、吴起、环县、会宁、原州、西吉、海原、中宁等地；国内除新疆、青海、西藏外分布于南北各省区；朝鲜、日本等亦有分布。多生于荒坡、沟谷、农田边塄、路边、涧地、山坡底部；生态幅比较宽，适应降水量为 400 ～ 1 700mm；既可生长在砂质土上，也可定居在黏质土上，土壤 pH4.5 ～ 8；适应绝对最低温 -30℃、绝对最高温 35℃。孕穗前，茎叶柔嫩，马、牛、羊、兔、鹅均喜食；也可调制成干草；是良好的水土保持植物。

金色狗尾草 *Setaria glauca*（L.） Beauv.

（图 2.407）[中国高等植物图鉴]

异名 *Panicum glauca* L.

一年生草本。秆高 20 ～ 60cm。叶鞘下部者扁压具脊，上部者圆形，光滑；叶舌为一圈长 1mm 的柔毛；叶片条形，宽 2 ～ 8mm。圆锥花序紧密，

图 2.407　金色狗尾草（陕西吴起庙沟）

圆柱形，长 3 ~ 8cm，直径 4 ~ 8mm（刚毛除外），通常直立，主轴被微毛；刚毛金黄色或稍带褐色，粗糙，长达 8mm；小穗长 3 ~ 4mm，椭圆形，先端尖，通常在 1 簇中仅 1 枚发育；第一颖长为小穗的 1/3，具 3 条脉；第二颖长约为小穗的 1/2，具 5 ~ 7 条脉；第一外稃与小穗等长，具 5 条脉，第二外稃成熟时有明显的横皱纹，背部强烈隆起，黄色或灰色。花、果期 7 ~ 9 月。

本区分布于神木、榆阳、横山、靖边、定边、吴起、志丹、环县、会宁、原州、西吉、海原、同心、盐池、灵武、中卫等地；国内分布于全国各地；欧亚大陆的温带和热带广布。多生于田野、路边、山坡底部；为田间杂草；秆、叶可作饲料。

绿毛莠 *Setaria viridis*（L.）　Beauv.（图 2.408）[中国高等植物图鉴]

异名 *Panicum viridis*（L.）

一年生草本。秆高 30 ~ 60cm，茎细弱。叶鞘较松弛；叶舌具 1 ~ 2mm 长的纤毛；叶片条状披针形，扁平，宽 2 ~ 20mm，无毛。圆锥花序紧密呈柱状，长 2 ~ 15cm；刚毛长 4 ~ 12mm，粗糙，黄绿色或紫色。小穗长 2 ~ 2.5mm，2 至数枚成簇生于缩短的分枝上，基部有刚毛状小枝 1 ~ 6 条，成熟后与刚毛分离而脱落；第一颖长为小穗的 1/3，具 3 条脉；第二颖与小穗等长，具 5 ~ 7 条脉；第一外稃与小穗等长；第二外稃有细点状皱纹，成熟时背部稍隆起，边缘卷抱内稃。花、果期 6 ~ 7 月。

本区分布于神木、榆阳、横山、靖边、定边、吴起、志丹、环县、会宁、靖远、原州、西吉、海原、盐池、同心、灵武等地；广布于世界各地，我国南北都有分布。生于低山荒野、草坡、田间、路旁、林缘。是田间杂草，也可作饲料。

大狗尾草 *Setaria faberi* Herrm. 近似本种，但小穗长 3mm，顶端较尖，成熟后第二外稃背部强烈膨胀隆起。分布于东北到长江流域各地。

图 2.408　绿毛莠（陕西吴起吴起镇）

大油芒 *Spodiopogon sibiricus* Trin.（图 2.409）[中国高等植物图鉴]

多年生草本。秆高 60 ~ 90cm，通常不分枝，具 7 ~ 9 节。叶鞘除顶端者外均大于节间。叶舌干膜质，叶片阔条形，长 15 ~ 30cm，宽 6 ~ 14mm。圆锥花序顶生，长 9 ~ 20cm，主轴无毛或分枝腋处疏被髯毛；分枝近于轮生，下部常裸露，上部具 1 ~ 2 个小分枝，小枝具 2 ~ 4 个节，节上具长髯毛，每节具 2 枚小穗，1 有柄，1 无柄；穗轴节间及小穗柄两侧具较长的纤毛，先端膨大；小穗长 5 ~ 5.5mm，基部具长为小穗的 1/5 ~ 1/4 的短毛；两颖等长，第一颖背部遍布长毛，先端较钝或具小尖头，具 6 ~ 9 条脉，第二颖两侧压扁，背部具脊，先端具小尖头，无柄者 3 条脉，有柄者 5 ~ 7 条脉；芒自第二外稃 2 深裂齿间

图 2.409　大油芒（www. songshan. org. cn）

伸出，中部膝曲；雄蕊 3 枚，子房光滑，花柱 2 裂，柱头羽毛状紫色。花、果期秋季。

本区分布于神木、榆阳、横山、靖边、定边、吴起、志丹、环县、会宁、原州、西吉、海原、同心等地；国内分布于东北、华北、西北、华东各地；亚洲北部和温带其他地区也有分布。多生于海拔 1 300 ～ 1 900m 的山坡草地、路边、林下。幼嫩时为良好的牧草。

长芒草 Stipa bungeana Trin.（图 2.410）[中国高等植物图鉴]

长芒草亦称本氏针茅，多年生草本。秆密丛生，高 20 ～ 60cm。须根外具沙套。叶片纵卷呈针状，长 3 ～ 15cm。圆锥花序基部常为叶鞘所包，长 10 ～ 20cm；分枝 2 ～ 4 个簇生，上部疏生小穗；颖长 9 ～ 15mm，具 3 ～ 5 条脉和膜质边缘，顶端延伸成细芒；外稃长 4.5 ～ 6mm，背部有成纵行的短毛，顶端关节处生 1 圈短毛，其下还有微刺毛；芒 2 回膝曲边缘扭转微粗糙，第一芒柱 10 ～ 15mm，第二芒柱 5 ～ 10mm；芒针长 3 ～ 5cm。内、外稃等长。颖果细长圆柱形，但隐藏在小穗中者，则为卵形。花、果期春末夏初。

本区分布于神木、榆阳、横山、靖边、定边、吴起、志丹、环县、会宁、原州、海原、同心、盐池、灵武、中卫等地；国内主要分布于华北、西北；亚洲北部和中部地区也有分布。生长于路边、黄土山坡、峁梁顶、干燥石质山坡等各种立地条件。长芒草为下繁禾草，耐践踏，是温带、暖温带家畜重要的优良放牧型野生牧草。

甘青针茅 Stipa przewalskyi Roshev. 似本种，但外稃长 8 ～ 9mm；芒针劲直，长 1.2 ～ 3.5mm，分布于内蒙古、山西、陕西、甘肃、青海等省区，多生长于山坡草地。

图 2.410　长芒草（陕西吴起长城）

大针茅 Stipa grandis P. Smirn.（图 2.411）[中国高等植物图鉴]

多年生草本。秆高 60 ～ 100cm。叶片纵卷成细线形，茎生叶片长 20 ～ 25cm。圆锥花序稍开展，基部常为叶鞘所包被，长 20 ～ 50cm，分枝细弱，向上伸；小穗淡绿色或成熟后呈紫色；颖近等长，膜质，狭披针形，先端丝状，长 3 ~ 4cm，第一颖具 3 条脉，第二颖具 5 条脉；外稃长 1 ~ 1.7cm（连同基盘），具 5 条脉，顶端关节处周围生 1 圈短毛，其下无刺毛，背部具成纵行分布的贴生短毛，基盘长约 4mm，尖锐，密生柔毛，芒 2 回膝曲，扭转，无毛，边缘微粗糙，第一芒柱长 7 ~ 10cm，第二芒柱长 2 ~ 2.5cm，芒针长 11 ~ 18cm，丝状，卷曲。花期 6 ~ 8 月。

图 2.411　大针茅（陕西吴起长城）

本区分布于府谷、神木、榆阳、佳县、米脂、横山、靖边、定边、吴起、志丹、环县、会宁、原州、同心、海原、盐池、中宁等地；国内分布于内蒙古、陕西、甘肃、宁夏、青海。生于干旱干燥草原和黄土山坡、梁峁顶部；甚至可以在年降水量低于 300mm 的半干旱区生长；可为牲畜提供大量有价值的饲草。

2.2.2　莎草科 Cyperaceae

莎草科植物为多年生、稀一年生草本。多具根状茎，稀具块茎。秆呈三棱形，中实。叶基生和秆生，具狭长的叶片和闭合的叶鞘，稀仅有叶鞘而无叶片，通常略粗糙。小穗单生或多枚形成穗状、总状、圆锥状、头状或聚伞状花序。雌雄同株，稀异株，花两性或单性，单生于小穗上的鳞片腋间；鳞片在小穗上两行排列或螺旋状排列；花被不存或退化成刚毛状；雄蕊 1 ~ 3 枚，稀更多，花药底着生，2 室，花丝线形；子房上位，1 室，含 1 粒基生胚珠。花柱单个顶生，柱头 2 ~ 3 个。小坚果，不开裂，有的为先出叶所形成的果囊（称囊包）所包裹，球形、扁平、三棱状、双凸状、平凸状或凹凸状，含粉质或肉质的胚乳。

本科约 80 属 3 500 余种，分布于世界各地。本区有 3 属 6 种。

华扁穗草 *Blysmus sinocompressus* Tang et Wang（图 2.412）[中国高等植物图鉴]

异名 *Scirpum caricis* Clarke

多年生草本。株高 10 ~ 25cm。匍匐根状茎长，具节，节上生根。秆扁三棱状，具槽，散生，高 5 ~ 20cm；中部以下生叶，基部有褐色的宿存叶鞘。叶条形，边缘微

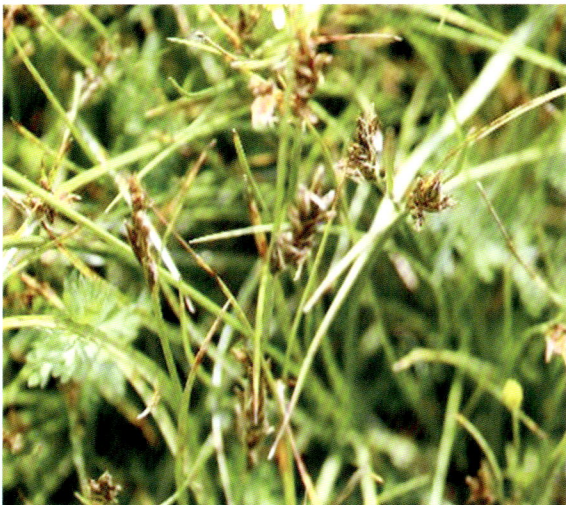

图 2.412　华扁穗草（www.plant.ac.cn）

内卷，具细齿，顶端近三棱形，宽 1 ~ 3.5mm；苞片叶状，通常高出花序；小苞片鳞片状，膜质；穗状花序，单一，顶生，长圆形或狭长圆形，长 1.5 ~ 2.5cm，宽 8 ~ 11mm，扁形；小穗 3 ~ 10 余枚，排列成两行或近两行密集，最下部 1 ~ 3 枚小穗较疏远，卵状披针形、卵形或长椭圆形，长 5 ~ 9mm；鳞片近两行排列，长卵圆形，先端急尖，锈褐色，膜质，长 3.5 ~ 4.5mm，背部具 3 ~ 5 条脉，中脉龙骨状突起，绿色；下位刚毛 3 ~ 6 条，卷曲，比小坚果长约两倍，具倒刺；雄蕊 3 枚；柱头 2 个，比花柱长 1 倍。小坚果宽倒卵形，平凸状，长约 2mm。花期 6 ~ 9 月，果期 8 ~ 10 月。

本区分布于神木、榆阳、横山、靖边、定边、吴起、志丹、环县、会宁、罗山、贺兰山等地；国内分布于内蒙古、河北、山西、陕西、甘肃、青海、四川、云南、西藏等省区。多生于海拔 1 000 ~ 2 200m 的山谷溪边、沼泽地、草地、山谷底或林缘。在天然草地中，饲用价值比高。

大披针薹草 *Carex lanceolata* Boott（图 2.413）[中国高等植物图鉴]

多年生草本。根状茎粗短，斜丛生。秆高 10 ~ 30cm，纤细，扁三棱状，上部粗糙，下部生叶，基部为深褐色、丝状分裂的旧叶鞘所包。叶初较秆短，宽 1 ~ 2.5mm，花后延伸则超出秆。小穗 3 ~ 6 枚，疏远，具总梗；雄小穗顶生，矩圆形，长 9 ~ 10mm；雌小穗侧生，矩圆形，长 1 ~ 1.7cm，花疏生；基部小穗梗长 2.5 ~ 3.5cm；穗轴曲折；苞鞘淡绿色，边缘膜质，苞片针状；雌花鳞片状披针形或倒卵状披针形，长 5 ~ 6mm，顶端锐尖，中间淡绿色，两侧紫褐色，具宽白色膜质边缘。果囊倒卵状椭圆形，有 3 条棱，长约 3mm，密被短柔毛，脉明显隆起，顶端具极短的喙，喙口近截形。小坚果倒卵状椭圆形，长约 2.5mm，有 3 条棱，棱面凹，顶端具喙；花柱短，柱头 3 个。花期 5 ~ 6 月，果期 7 月。

图 2.413　大披针薹草（陕西横山朱家河）

本区分布于榆阳、横山、靖边、定边、吴起、志丹、环县、会宁、罗山、贺兰山等地；国内分布于东北、河北、山西、江苏、浙江、河南、陕西、甘肃、四川、贵州等地；朝鲜、前苏联、日本也有分布。生于海拔 110 ~ 2 300m 的林下、林缘草地、阳坡干燥草地、路旁等。茎、叶可造纸，嫩叶可作饲料。全草烧灰加菜油调敷患处，可以收敛、止痒；主治湿疹和黄水疮。

白颖薹草 *Carex stenophylla* Wahl. var. *rigescens* Franch（图 2.414）[中国植物志]

异名 *Carex rigescens*（Franch.）V. Krecz

多年生草本。株高 10 ~ 15cm，具细长匍匐的根状茎。秆三棱形，基部生叶。叶线形，长 5 ～ 15cm，宽约 2mm，光滑，质地较硬。花序穗状，单生，卵圆形，由数枚至十余枚小穗组成，长 1 ～ 1.5cm；小穗雄雌顺序排列，卵形至狭卵形；鳞片卵形，先端钝，通常锈色，具白色膜质宽边缘，背面中肋绿色且常突出呈短尖；囊包卵圆形，长 3 ～ 3.5mm，几直立，较鳞片稍短，先端渐狭为短喙，平凸伏，初带黄绿色，后变褐色，有光泽，具多条脉；喙的口部稍呈 2 齿。小坚果卵形，具短梗；柱头 2 个。花期 5 月，果期 6 月。

　　本区分布于靖边、定边、吴起、志丹、环县、会宁、原州等地；国内广泛分布于东北、西北、华北等地；蒙古、中亚也有分布。生于海拔 800 ～ 1 500m 的山麓、河道、道旁、田边、村边、荒地和干燥山坡，耐干旱，生活力强，常自成单一纯群丛。全株入药，具清热、利尿、通淋之效。

图 2.414　白颖薹草（陕西吴起周湾）

褐穗莎草 *Cyperus fuscus* L.（图 2.415）[中国高等植物图鉴]

　　一年生草本。秆丛生，高 6 ～ 30cm，无毛。扁锐三棱形，叶基生，短于秆或与秆近等长，宽 2 ～ 4mm，前缘略粗糙；叶鞘紫红色。苞片 2 ～ 3 枚，叶状，长于花序；长侧枝聚伞花序复出，有时简单，第一次辐射枝 3 ～ 5 个，最长达 3cm，常短而不明显。小穗 5 ～ 10 个密集成近头状的穗状花序，条状披针形，长 3 ～ 6mm，宽约 2.5mm，稍扁，有 8 ～ 24 朵花；小穗轴无翅；鳞片膜质；宽卵形，长约 1mm，顶端钝，中间黄绿色，两侧深紫褐色或褐色，有 3 条脉；雄蕊 2 枚，花药长圆形；花柱短，柱头 3 个。小坚果椭圆形，有三棱，长约为鳞片的 2/3，淡黄色。花期 6 ～ 8 月，果期 8 ～ 10 月。

　　本区分布于神木、榆阳、横山、靖边、定边、吴起、志丹、环县、会宁、原州、同心、中宁、灵武、吴忠等地；国内分布于黑龙江、辽宁、河北、山西、内蒙古、陕西、甘肃、新疆等省区；越南、印度，欧洲也有分布。生于海拔 500 ～ 1 500m 的山谷、川地田埂、山坡湿地、滩地、山坡下部或沟边等。莎草类可行气、开郁、祛风，治胸闷不舒、皮肤风痒、痈肿。

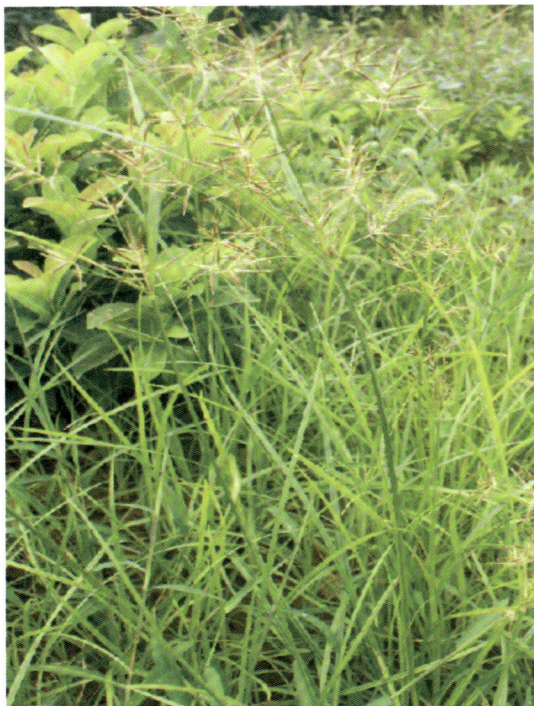

图 2.415　褐穗莎草（陕西吴起楼坊坪）

北莎草 *Cyperus fuscus* L. f. *virescens* （Hoffm.） Vahl （图 2.416） ［中国植物志］

一年生草本，具须根。秆丛生，细弱，高 8～35cm，扁锐三棱形，平滑，基部具少数叶。苞片叶状，2～3 枚，长于花序；长侧枝聚伞花序复出，第一次辐射枝 3～5 个，最长达 3cm；5～10 枚小穗密集成近头状的穗状花序，条状披针形，长 10mm，宽 2.5mm，略扁，具 8～24 朵小花；小穗轴无翅；膜质鳞片，宽卵形，长 1mm，顶端钝，鳞片淡棕色或棕色，具 3 条脉；雄蕊 2 枚；花柱短，柱头 3 个。小坚果具三棱，椭圆形，长约为鳞片的 2/3，淡黄色。花期 6～8 月，花果期 8～10 月。

本区分布于神木、榆阳、横山、靖边、定边、吴起、志丹、环县、会宁等地；国内分布于黑龙江、河北、山西、陕西、甘肃等省；欧洲中部、南部、非洲北部及中亚也有分布。多生长于山坡下部、沟谷底部、湿地、水库边、沟旁的近水处。

图 2.416　北莎草（甘肃会宁铁木山）

头状穗莎草 *Cyperus glomeratus* L. （图 2.417）［中国高等植物图鉴］

头状穗莎草亦称聚穗莎草，多年生草本。秆散生，粗壮，高 30～70cm，有 3 条钝棱，无毛，无根状茎。叶短于秆，宽 4～8mm；叶鞘长，红棕色，苞片 3～4 枚，叶状，长于花序。长侧枝聚伞花序复出，有 3～8 个长短不等的辐射枝，最长达 12cm；小穗极多数，条形，稍扁，长 5～10mm，宽 1.5～2mm，聚成近圆形或矩圆形的穗状花序，花序长 1～3cm，宽 6～17mm，无总梗；小穗轴具翅；鳞片排列疏松，膜质，近矩圆形，长约 2mm，棕红色，背面无龙骨突，脉不显著，边缘内卷；雄蕊 3 枚；花柱长，柱头 3 个。小坚果狭长圆形，有三棱，长为鳞片的 1/2，黑灰色，具明显网纹。花期 7～9 月，果期 9～10 月。

本区分布于神木、榆阳、横山、靖边、定边、吴起、志丹、环县、会宁等地；国内分布于东北、山西、河北、河南、陕西、甘肃等地；朝鲜、日本、俄罗斯（远东地区）、印度、欧洲也有分布。生于海拔 400～1 500m 的山谷底部、川坝地边、滩地、水边沙土、路旁草丛中。

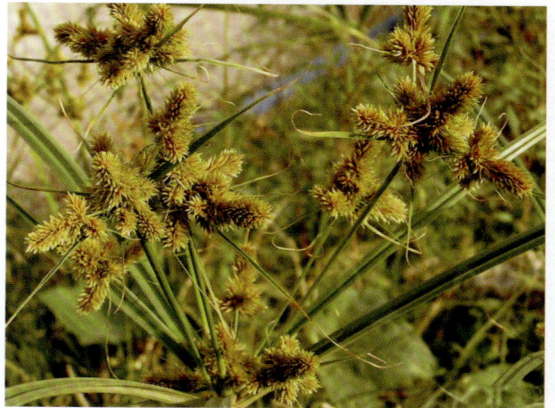

图 2.417　头状穗莎草（www.CVH.ac.cn）

沙竹 *Psammochloa villosa* （Trin.） Bor. （图 2.418）［中国植物志］

沙竹也称沙鞭，多年生草本。根状茎，横走，长 2～3m；秆直立，高 80～150cm。

秆基部叶鞭黄褐色，残留呈纤维状。叶鞘光滑，叶舌膜质，叶片质地坚韧，通常席卷整个植株，长 50cm，宽 1cm。圆锥花序直立，长 25～50cm；小穗具短柄，含 1 朵花，草黄色或灰白色，长 10～16mm；两颖近等长或第一颖较短，具 3～5 条脉，被微毛，先端渐尖至稍钝；内稃与外稃等长，均 10～12mm；内稃被柔毛；外稃背部被长柔毛，具 5～7 条脉，基盘无毛；芒直立，易脱落，长 7～10mm；鳞片 3 枚，卵状椭圆形，雄蕊 3 枚，花药长 7mm。颖果，长 5～8mm，棕黑色。花果期 5～8 月。

图 2.418　沙竹（内蒙古巴丹吉林）

　　沙竹是典型的荒漠和半荒漠沙生植物，主要分布于内蒙古巴丹吉林沙漠、马兰布和沙漠、腾格里沙漠、库布齐沙漠、毛乌素沙地及其毗邻的沙区，如甘肃河西走廊沙区、宁夏中北部和陕北沙区；蒙古也有分布。沙竹在草原带、荒漠草原带及荒漠地区的流动沙丘上成片生长，常与白沙蒿形成流沙上特有的先锋植物群落，在半固定和固定沙地上可混生在黑沙蒿、甘草、苦豆子、白刺、骆驼蓬、沙蓬等群落沙地植被中。利用根状茎呈线状向外延伸，纵横交织如网。在流动沙丘上生长高大，在固定沙丘上生长瘦弱。

　　沙竹十分耐干旱、沙埋和风蚀，是治沙先锋植物之一；秆是编织业原材料，可编织农用簸箕、工艺品小筐、安全帽、锅盖等；也是中等质量的牧草，可作牛羊冬季饲料。沙竹子实可加工成粉，人、畜均可食。

2.2.3　百合科 Liliaceae

　　百合科植物为多年生草本，稀木本，具根状茎、球茎、鳞茎或块茎。茎直立或攀援，常变形为地下的储藏器官或叶状枝。叶互生或轮生，稀对生，聚生于茎的基部或茎生，具叶片，有时叶退化成鳞片或带纤维的叶鞘，具并行脉或弧状并行脉。花序变化大，花两性，稀单性，雌雄同株，稀异株；花被常呈花冠状，大而鲜艳，两轮排列，每轮 3 片，稀 4～6 片，呈覆瓦状排列或外轮为镊合状，稀合生成管状；雄蕊常 6 枚，稀 3～4 或 12 枚，着生于花被上，花药 2 室，稀 1 室，内向或外向开裂，基部着生或丁字形着生；雌蕊 1 枚，子房上位，罕有下位或半下位，3 室具中轴胎座，稀 1 室有 3 个侧膜胎座，胚珠常多粒成两行排列于胎座上，花柱 1 个，稀 3 个，柱头完整或 3 裂。具室间或室背开裂的蒴果或浆果。种子胚乳丰富。

　　本科本区分布 7 属 10 种。

知母 *Anemarrhena asphodeloides* Bunge（图 2.419）[中国高等植物图鉴]

　　多年生草本。根状茎横生，粗壮，被黄褐色纤维。叶基生，条形，长 30～50cm，宽 3～6mm。花葶圆柱形，连同花序长 50～120cm 或更长；苞片状退化叶丛自花葶下部向

图 2.419 知母（陕西吴起长城）

上部很稀疏地散生，下部的卵状三角形，顶端长狭尖，上部的逐渐变短；总状花序顶生，长 15～30cm，2～6 朵花成一簇散生在花序轴上，每簇花下具 1 枚苞片；花梗长短不等；花被片 6 枚，线状长椭圆形，淡紫红色，长 7～8mm，宽 1～1.5mm，内轮 3 枚稍宽；雄蕊 3 枚，与内轮花被片对生，花丝长为花被片的 3/5～2/3，与内轮花被片贴生；仅有极短的顶端分离；子房卵形，长约 1.5mm，宽约 1mm，向上渐狭成花柱。蒴果长卵形，具 6 纵棱。花期 5～6 月，果期 7～8 月。

本区分布于定边、靖边、横山、榆阳、神木、志丹、吴起、环县、会宁、原州、同心、盐池等地；国内分布于东北、华北、陕西、甘肃、宁夏（中南部）。生于干旱的山坡草地、梁峁顶和沙地上。根状茎药用。

野蒜 *Allium macrostemon* Bunge（图 2.420）[中国高等植物图鉴]

野蒜亦称薤白、小根蒜，多年生草本。鳞茎近球形，粗 1～2cm；鳞茎外皮灰黑色，纸质。叶半圆柱状或为三棱状半圆筒形，中空，较花葶短，长 20～45cm，直径 1.5～2mm。花葶圆柱状，高 30～80cm，下部近 1/3 被叶鞘；总苞 2 裂；伞形花序半球形至球形，具多而密集的花；花梗近等长，基部具小苞片；花被片淡红色或紫红色，内轮花被片卵状椭圆形，长 4～4.5mm，宽 2～2.5mm，先端尖，外轮花被片狭卵形至卵状长椭圆形，较内轮花被片稍狭，先端尖；花丝等长，锥形，基部稍扩展，内轮花丝基部较外轮稍宽，长约 6mm，为花被片长度的 1.5 倍；花柱伸出花被。花期 6～8 月，果期 7～9 月。

本区分布于榆阳、横山、靖边、定边、吴起、志丹、环县、会宁、海原、同心、贺兰山等地；国内分布于长江流域和北部各省区；俄罗斯（远东地区）、朝鲜、日本也有分布。常生于山坡草地、坝地、农田、湿地、河滩、山坡下部。鳞茎药用。

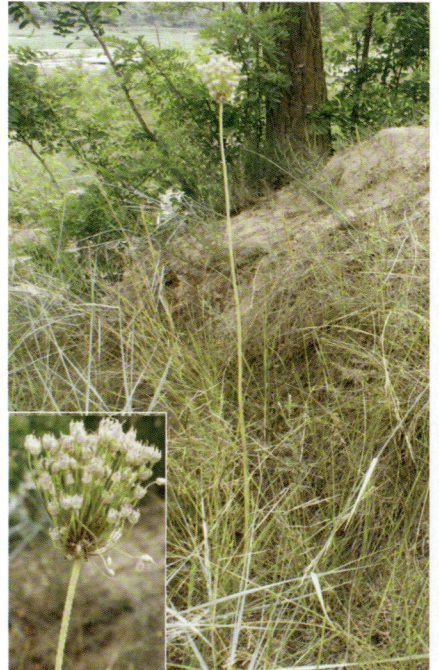

图 2.420 野蒜（陕西吴起金佛坪）

细叶韭 *Allium tenuissimum* L.（图 2.421）[中国高等植物图鉴]

细叶韭亦称线叶韭，多年生草本。具根状茎。鳞茎狭圆锥状柱形，簇生；鳞茎外皮紫褐色至黑褐色，膜质，破裂。花葶纤细，具细纵棱，高 15～35cm，粗约 1mm。叶基生，半圆柱形，与花葶近等长，宽 0.3～1mm；总苞单侧开裂，宿存；伞形花序半球形，松散；花梗近等长，为花被的 1.5～3 倍长，无苞片；花淡红色；花被片 6 枚，长 3～45mm，外轮的卵状矩圆形至宽椭圆形，内轮的楔形，顶端截平；花丝长为花被片的 2/3，基部合生并与花被贴生，内轮的基部扩大，外轮基部稍宽，呈钻状；花柱与子房近等长，不伸出花被。花期 8 月，果期 9 月。

本区分布于神木、榆阳、横山、靖边、定边、吴起、志丹、环县、会宁、同心、盐池、海原、中卫及贺兰山等地；国内分布于黑龙江、辽宁、吉林、河北、山东、山西、湖北、陕西、甘肃、宁夏等省区；蒙古、俄罗斯（亚洲部分）也有分布。生于海拔 2 000m 以下的山坡草地、坝地、沟谷、田边等。目前已由人工引种栽培，常用于日常食物调味。

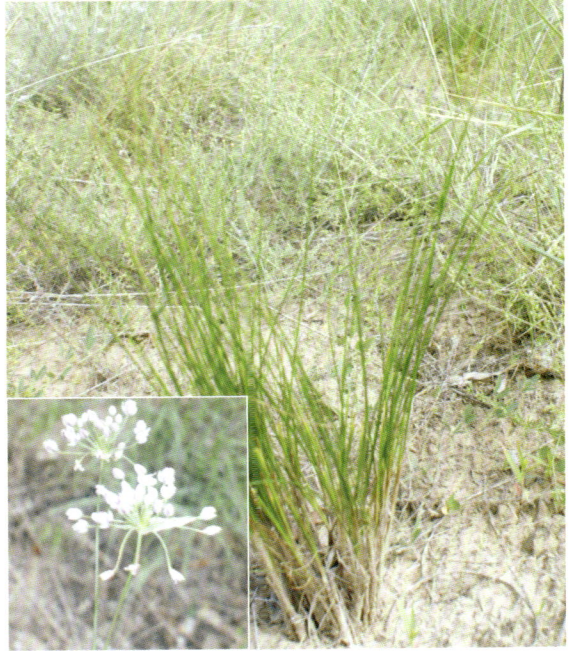

图 2.421　细叶韭（陕西吴起长城）

野韭菜 *Allium ramosum* L.（图 2.422）[中国高等植物图鉴]

多年生草本，具根状茎。鳞茎狭圆锥形，簇生；鳞茎外皮黄褐色，网状纤维质。花葶圆柱形，高 20～50cm。叶基生，三棱形，长 15～30cm，宽 2～7mm。总苞 2 裂，比花序短，宿存；伞形花序簇生状或球状，多花；花梗为花被的 2～4 倍长，具苞片；花白色或微带红色；花被片 6 枚，狭卵形至矩圆状披针形，长 7～11mm；花丝基部合生并与花被贴生，长为花被片的 1/2，狭三角状锥形；子房外壁具细的疣状突起。蒴果瓣近圆形。花果期 8～9 月。

本区分布于榆阳、横山、靖边、定边、吴起、志丹、环县、会宁、原州、西吉、海原、同心等地；国内广布于北部各省区。常生于平

图 2.422　野韭菜（陕西吴起长城）

313

缓的山坡、崆顶及农田等。可补肾益胃，充肺气，散瘀行滞，安五脏，行气血，止汗固涩，干呃逆；主治阳痿、早泄、遗精、多尿、腹中冷痛、胃中虚热、泄泻、白浊、经闭、白带、腰膝痛和产后出血等症。

攀援天门冬 *Asparagus brachyphyllus* Turcz. (图 2.423)[中国高等植物图鉴]

攀援天门冬亦称海滨天冬，为攀援植物，块根肉质，肥厚，近圆柱形，粗 7 ～ 12mm。茎长 20 ～ 60cm，分枝具纵凸纹，常有软骨质齿。叶状枝每 4 ～ 10 枚成簇，近扁圆柱形，略具数条棱，长 4 ～ 12mm，粗约 0.5mm，密生或疏生软骨质齿；鳞片状叶膜质，卵形或披针形，基部具长 1 ～ 1.5mm 的刺状距。花通常 2 朵腋生，花梗稍粗壮，长 3 ～ 6mm，中部稍上处具关节；雄花花被片长 5 ～ 7mm；花丝长约 2.5mm，中部以下贴生于花被片上，花药黄色。长椭圆形，长约 1.2mm。浆果球形，直径 6 ～ 7mm，成熟时红色，通常具 4 ～ 5 粒种子。花期 5 ～ 6 月，果期 7 ～ 9 月。

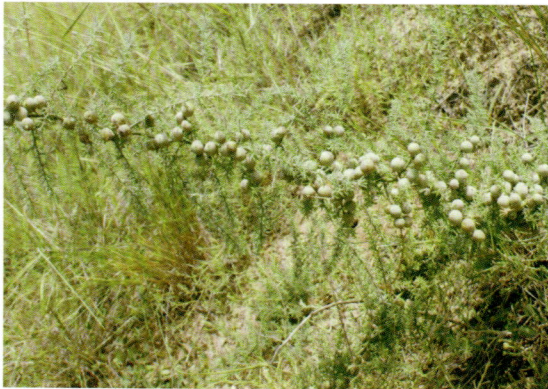

本区分布于榆阳、横山、靖边、定边、吴起、志丹、环县、会宁、原州、同心、贺兰山等地；国内分布于吉林、辽宁、河北、山西、陕西、宁夏等省区；朝鲜、前苏联也有分布。生于海拔 800 ～ 2 000m 的山坡、田边或草丛中。具养阴润燥、清肺生津之效；用于肺燥干咳、顿咳痰黏、咽干口渴和肠燥便秘。

图 2.423　攀援天门冬（陕西吴起长城）

曲枝天门冬 *Asparagus trichophyllus* Bunge（图 2.424）[中国高等植物图鉴]

近直立草本，高 40 ～ 90cm；根稍肉质，粗 2 ～ 3mm。茎上部回折状，分枝基部先下弯后上升，强烈弧形，呈半圆形，小枝或多或少具软骨质齿。叶状枝通常 5 ～ 8 枚成簇，稠密，刚毛状，长 5 ～ 15mm，直径 0.2 ～ 0.4mm，具棱，棱上具软骨质齿；鳞片状叶三角状披针形，长 2 ～ 3mm，基部具长 1 ～ 2mm 的刺状距，分枝上的距不明显，极少成为破刺。花 1 ～ 2 朵腋生，黄绿色而稍带紫色；花梗长 12 ～ 16mm；雄花，花被片 6 枚，长 6 ～ 8mm；花丝中部以下贴生于花被片上；花药矩圆形，长 1.5mm；雌花较小，花被长 2.5 ～ 3.5mm。浆果红色，直径 6 ～ 8mm，具 3 ～ 5 粒种子。花期 6 月，果期 7 ～ 8 月。

本区分布于神木、榆阳、横山、靖边、定边、吴起、志丹、环县、会宁、原州、同心、海原、贺兰山等地；国内分布于内蒙古、辽宁、河北、山西、陕西等省区。生于海

图 2.424　曲枝天门冬（陕西吴起长城）

拔 2 100m 以下的山地、路旁、田边及荒坡上，为常见草本。可治风湿性腰腿痛、局部浮肿；外用治瘙痒性、渗出性皮肤病和各种疮疖红肿。

黄花 *Hemerocallis citrina* Baroni（图 2.425）[中国高等植物图鉴]

多年生草本，具短的根状茎和肉质、肥大的纺锤状块根。叶基生，排成两列，条形，长 60 ~ 90cm，宽 1.5 ~ 2.5cm，背面呈龙骨状突起。花葶高 85 ~ 110cm，蜗壳状聚伞花序复组成圆锥形，多花，有时多达 30 朵；花序下部的苞片狭三角形，长渐尖，长达 4cm 或更长；花柠檬黄色，具淡的清香味，具很短的花梗；花被长 13 ~ 16cm，下部 3 ~ 5cm 合生成花被筒，裂片 6 片，具平行脉，外轮的倒披针形，宽 1 ~ 1.5cm，内轮的长短圆形，宽 1.5 ~ 2cm，盛开时裂片略外弯，雄蕊伸出，上弯，比花被裂片约短 3cm；花柱伸出，上弯，比雄蕊略长。

本区分布于神木、榆阳、横山、靖边、定边、吴起、志丹、环县、会宁等地；国内分布于山东、河北、河南、陕西、甘肃、湖北、四川等省区；生于山坡、草地，现广泛栽培。黄花花蕾味鲜质嫩、营养丰富、性味甘凉，有止血、消炎、清热、利湿、消食、明目、安神等功效，对吐血、大便带血、小便不通、失眠和乳汁不下等有疗效，可作为病后或产后的调补品。

图 2.425　黄花（陕西吴起长城）

小黄花 *Hemerocallis minor* Mill.（图 2.426）[中国高等植物图鉴]

多年生草本。具短的根状茎和绳索状须根，根的末端稀膨大成纺锤状，肉质。叶基生，线条形，长 30 ~ 50cm，宽 5 ~ 10mm。花葶纤细，长 30 ~ 40cm，具 2 ~ 4 朵花，有时单花；花黄色，芳香，具短花梗或几无梗；花被长 7 ~ 9cm，下部 1 ~ 2cm 合生成花被筒，裂片 6 片，具平行脉，外轮的长短圆形，宽 9 ~ 15mm，内轮的短圆形，宽 15 ~ 24mm，盛开时裂片反曲，花直径最大可达 7.2cm；雄蕊短于花被，伸出，上弯；花柱伸出，上弯，比雄蕊长而略比花被裂片短。蒴果椭圆形，长 2.5 ~ 3cm。花期 6 ~ 8 月。

本区分布于神木、榆阳、横山、靖边、定边、吴起、志丹、环县、会宁、原州、西吉、海原等地；国内分布于北方各省区，已普遍栽培；朝鲜、俄罗斯（西伯利亚和远东地区）也有分布。生于山坡草地上；花可食用，为著名干菜之一。

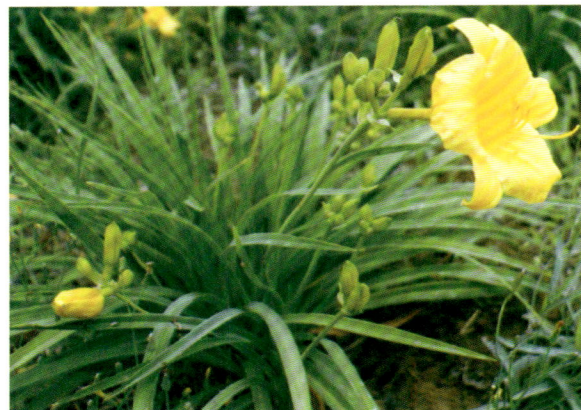

图 2.426　小黄花（陕西吴起庙沟）

山丹丹 *Lilium pumilum* DC. （图 2.427）[中国高等植物图鉴]

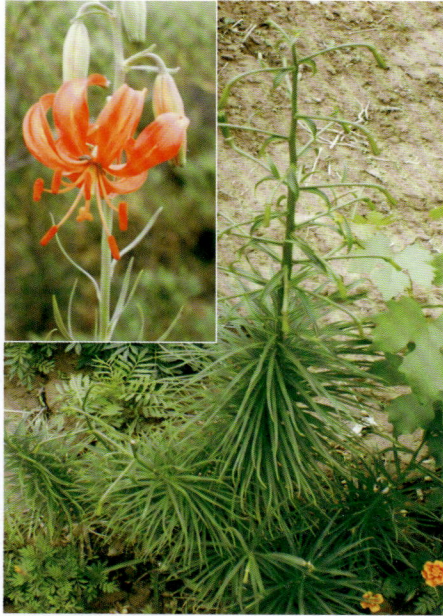

山丹丹亦称细叶百合，多年生草本。鳞茎圆锥形或长卵形，直径 1.8 ~ 3.5cm，具薄膜；鳞茎瓣矩圆形或长卵形，长 2 ~ 3.5cm，宽 7 ~ 12mm，白色；茎高 40 ~ 60cm。叶条形，长 3 ~ 10cm，宽 1 ~ 3mm，无毛；有 1 条明显的脉。花 1 至数朵，下垂，鲜红色或紫红色；花被片长 3 ~ 4.5cm，宽 5 ~ 7mm，内花被片稍宽，反卷，无斑点，或有少数斑点，蜜腺两边密被毛，有不明显的乳头状突起或无；花丝长 2.5 ~ 3cm，光滑；花药长椭圆形，长 9mm，宽 2mm，黄色，具红色花粉粒；子房圆柱形，长 9mm；花柱比子房长 1.5 ~ 2 倍。蒴果近球形，直径 1.7 ~ 2.2cm。花期 6 ~ 8 月，果期 7 ~ 9 月。

本区分布于神木、榆阳、横山、靖边、定边、吴起、志丹、环县、会宁、原州、同心、海原、中卫及贺兰山等地；国内分布于东北、内蒙古、河北、山东、河南、山西、陕西、甘肃、宁夏、青海等地。生于海拔 1 000 ~ 2 100m 的干旱阳坡、草丛、疏林下。鳞茎含淀粉，可食；观赏植物。

图 2.427　山丹丹（甘肃会宁铁木山）

麦冬 *Ophiopogon japonicus* (L. f) Ker-Gawl （图 2.428）[秦岭植物志]

多年生草本。簇生；须根多数，纤维质，块根粗厚，纺锤形；纤匐枝平伸，由粗短的根状茎繁殖新株。叶丛生于基部，狭线形，较花茎长或短，长 10 ~ 30cm，宽 2 ~ 4mm，叶宽窄因品种不同而异，具多脉。花茎直立，高 15 ~ 30cm，常略低于叶丛，稍弯垂；总状花序长达 12cm，花淡紫色，偶白色，直径 4 ~ 6mm；花被片 6 枚，两轮排列，雄蕊 6 枚，

图 2.428　麦冬（宁夏海原南华山）

子房 3 室。浆果球形，成熟时黑色。花期 7 ~ 8 月，果期 9 ~ 10 月。

　　本区分布于吴起、志丹、会宁、海原、固原等地。生于海拔 1 700m 左右的沟谷底部、灌丛林下、涧地草丛中。根入药，可养阴生津、润肺清心，用于治疗肺燥干咳、虚痨咳嗽、津伤口渴、心烦失眠、内热消渴和肠燥便秘。

2.2.4　鸢尾科 Iridaceae

　　鸢尾科植物为多年生草本，具根状茎、球茎或鳞茎。茎由根状茎、球茎或鳞茎生出。叶聚生在茎基部，常呈 2 列，多狭线形，基部具套折叶鞘。花两性，辐射状对称，具直立的花被管，或管弯而有一长圆形冠，美观并具艳丽的斑点；花瓣状花被片 6 枚，两轮，于花蕾期呈覆瓦状排列，两侧对称，干枯后久不脱落；雄蕊 3 枚，着生于外轮花被上；花药狭窄，向外纵向开裂；子房下位，3 室，中轴胎座，花柱上部 3 裂成 3 个柱头，呈花瓣状或裂为各种形状的裂片；胚珠多粒，排成两行，直立。蒴果 3 室，室背开裂。种子多数，种皮薄或革质，具胚乳。

　　我国有 2 属，主要产地为北部及西北部。本区有 1 属 2 种。

马蔺 Iris lactea Pall. var. chinensis (Fisch.) Koidz. (图 2.429)[中国高等植物图鉴]

　　多年生草本。根状茎短而粗壮，常聚集成团；须根棕褐色，长而坚硬；植株基部有红褐色、常裂成细长纤维状的枯死叶鞘残留物。叶基生，多枚，坚韧，宽条形，长达 40cm，宽 3 ~ 6mm，绿色至蓝绿色，渐尖，具两面突起的平行脉。花茎高 3 ~ 25cm；苞片 3 ~ 5 枚，草质，黄绿色，边缘膜质，白色，线状披针形，长 4 ~ 11cm，宽 8 ~ 12mm，先端长渐尖，内含 2 ~ 4 朵花；花蓝紫色，花被管长约 3mm，外轮花被裂片倒披针形，长 4 ~ 6cm，宽 8 ~ 12mm，先端钝或急尖，内轮花被片狭倒披针形，长 3.8 ~ 5.5cm，宽 6 ~ 7mm，先端钝或急尖，基部渐尖；雄蕊长约 2.5cm，花药黄色，长约 1.5cm；花柱分枝扁平，花瓣状，长 3.5 ~ 4cm，先端裂片狭三角形，长 8 ~ 10mm。蒴果长椭圆形，长 4 ~ 6cm，具纵肋 6 条，有尖喙。种子近球形，棕褐色，有不规则棱角。花期 5 ~ 6 月，果期 6 ~ 7 月。

　　本区分布于榆阳、横山、靖边、定边、吴起、志丹、环县、会宁、原州、西吉、海原、同心、盐池、灵武、中卫等地；国内分布于东北、华北、西北、华东和西藏等地；朝鲜、前苏联也有分布。生于沟边草地及草甸。叶可造纸；根可制刷子；种子可供药用。

图 2.429　马蔺（陕西吴起楼坊坪）

细叶鸢尾 *Iris tenuifolia* Pall.（图 2.430）［中国高等植物图鉴］

多年生草本。根状茎细长而坚挺，棕褐色，匍匐，有分枝，密生线状须根；植株基部有纤维状枯死叶鞘。基生叶通常向上斜生，条形，灰绿色，较茎长，长达 30cm，宽达 4mm。花茎直立，长 3～6cm；苞片 4 枚，长 5～14cm，宽 8～14mm，草质，边缘膜质，中脉明显，内含 2～3 朵花；花被管长 4.5～6cm，不伸出苞片；外轮花被裂片倒披针形，

长 4.5～5cm，宽 8～10mm，先端尖，基部渐狭，内轮花被裂片狭倒披针形，长约 5cm，宽约 5mm，直立；雄蕊长约 2cm，花药黄色，长约 1cm，先端尖；花柱分枝长约 4cm，宽 4～5mm，顶端裂片矩圆形，长约 5mm，裂片有锯齿。蒴果宽椭圆形，长约 3.5cm，直径约 2cm，红褐色。种子球形，有白色假种皮状的种脊，先端具短喙。花期 4～5 月，果期 7～8 月。

本区分布于神木、榆阳、横山、靖边、定边、吴起、志丹、环县、会宁、海原、同心、中卫、青铜峡、贺兰山等地；国内分布于黑龙江、辽宁、吉林、山西、河北、新疆、四川、云南、西藏等省区；朝鲜、前苏联也有分布。生于海拔 1 500～2 800m 的山地草坡、疏林或松林下。根、种子与花入药，可以安胎养血，治胎动血崩。

图 2.430 细叶鸢尾（陕西吴起长城）

参考文献

定边县志编纂委员会 .2003. 定边县志 [M]. 北京：方志出版社 .89 ～ 115.

府谷县志编纂委员会 .1994. 府谷县志 [M]. 陕西西安：陕西人民出版社 .73 ～ 125.

傅坤俊，傅竞秋，陈彦生 .2000. 黄土高原植物志（第一卷）[M]. 北京：科学出版社 .

傅坤俊 .1989. 黄土高原植物志（第五卷）[M]. 北京：科学技术文献出版社 .

傅坤俊 .1992. 黄土高原植物志（第二卷）[M]. 北京：中国林业出版社 .

甘肃森林编辑委员会 .1998. 甘肃森林 [M]. 甘新登 001 字总 1456 号（98）41 号 .133 ～ 187，297 ～ 315.

甘肃省土壤普查办公室 .1993. 甘肃土壤 [M]. 北京：农业出版社 .

甘肃植物志编辑委员会 .2005. 甘肃植物志（第二卷）[M]. 甘肃兰州：甘肃科学技术出版社 .

皋兰县志编纂委员会 .1999. 皋兰县志 [M]. 甘肃兰州：甘肃人民出版社 .98 ～ 158.

固原县志编纂委员会 .1993. 固原县志 [M]. 宁夏银川：宁夏人民出版社 .65 ～ 108.

郭兆元，黄自立，冯立孝，等 .1992. 陕西土壤 [M]. 北京：科学出版社 .

海原县志编纂委员会 .1999. 海原县志 [M]. 宁夏银川：宁夏人民出版社 .39 ～ 86.

横山县志编纂委员会 .1993. 横山县志 [M]. 陕西西安：陕西人民出版社 .65 ～ 103.

胡福秀，刘惠兰，马德滋 .2007. 宁夏植物志（第 2 版）（上、下卷）[M]. 宁夏银川：宁夏人民出版社 .

互助县志编纂委员会 .1984. 互助土族自治县志 [M]. 青海西宁：青海人民出版社 .61 ～ 87.

环县志编纂委员会 .1993. 环县志 [M]. 甘肃兰州：甘肃人民出版社 .143.

会宁县志编纂委员会 .1994. 会宁县志 [M]. 甘肃兰州：甘肃人民出版社 .60 ～ 127.

季蒙 .1990. 固沙先锋——沙竹 [J]. 内蒙古林业 .3：20.

佳县志编纂委员会 .2008. 佳县志 [M]. 陕西西安：陕西旅游出版社 .30 ～ 48.

靖边县志编纂委员会 .1993. 靖边县志 [M]. 陕西西安：陕西人民出版社 .41 ～ 61.

靖远县志编纂委员会 .1995. 靖远县志 [M]. 甘肃兰州：甘肃文化出版社 .

乐都县志编纂委员会 .1992. 乐都县志 [M]. 陕西西安：陕西人民出版社 .49 ～ 83.

雷明德 .1999. 陕西植被 [M]. 北京：科学出版社 .

李含英，李耀阶，张昌兴，等 .1993. 青海森林 [M]. 北京：中国林业出版社 .77 ～ 102，323 ～ 360，423 ～ 448.

灵武市志编纂委员会 .1999. 灵武市志 [M]. 宁夏银川：宁夏人民出版社 .19 ～ 68.

刘广全 .2005. 黄土高原植被构建效应 [M]. 北京：中国科学技术出版社 .1 ～ 22，44 ～ 68.

刘尚武 .1999. 青海植物志 [M]. 青海西宁：青海人民出版社 .

罗伟祥，刘广全，李嘉珏，等 .2007. 西北主要树种培育技术 [M]. 北京：中国林业出版社 .3 ～ 39.

米脂县志编纂委员会 .1993. 米脂县志 [M]. 陕西西安：陕西人民出版社 .50 ～ 84.

民和县志编纂委员会 .1993. 民和县志 [M]. 陕西西安：陕西人民出版社 .71 ～ 124.

内蒙古森林编辑委员会 .1989. 内蒙古森林 [M]. 北京：中国林业出版社 .269 ～ 295.

内蒙古植物志编辑委员会 .1985. 内蒙古植物志（第一卷）[M]. 内蒙古呼和浩特：内蒙古人民出版社 .

内蒙古植物志编辑委员会 .1989.内蒙古植物志（第三卷）[M].内蒙古呼和浩特：内蒙古人民出版社 .

内蒙古植物志编辑委员会 .1991.内蒙古植物志（第二卷）[M].内蒙古呼和浩特：内蒙古人民出版社 .

宁夏回族自治区农林局综合勘查队 .1976.宁夏土壤与改良利用 [M].银川：宁夏人民出版社 .

牛春山，马多士，王明昌，等 .2009.陕西树木志 [M].北京：中国林业出版社 .

平安县志编纂委员会 .1996.平安县志 [M].陕西西安：陕西人民出版社 .59 ~ 80，166 ~ 170.

平川区地方志编纂委员会 .2000.平川区志 [M].北京：中华书局 .150.

青海农业资源区划办公室 .1997.青海土壤 [M].北京：中国农业出版社 .

神木县志编纂委员会 .1990.神木县志 [M].陕西西安：陕西人民出版社 .38 ~ 86.

唐麓君，戴秀章，马国骅，等 .1990.宁夏森林 [M].北京：中国林业出版社 .70 ~ 171，189 ~ 211.

同心县志编纂委员会 .1995.同心县志 [M].宁夏银川：宁夏人民出版社 .14 ~ 59.

吴起县志编纂委员会 .1991.吴起县志 [M].陕西西安：三秦出版社 .72 ~ 135.

西北林学院林学系 .1980.陕西杨树 [M].陕西西安：陕西科学技术出版社 .16，28，46，70.

盐池县志编纂委员会 .1986.盐池县志 [M].宁夏银川：宁夏人民出版社 .109 ~ 134.

永登县志编纂委员会 .1997.永登县志 [M].甘肃兰州：甘肃民族出版社 .73 ~ 127.

榆林市志编纂委员会 .1996.榆林市志 [M].陕西西安：三秦出版社 .73 ~ 104.

榆中县志编纂委员会 .2001.榆中县志 [M].甘肃兰州：甘肃人民出版社 .89 ~ 139.

张仰渠，张岂凡，吴建恭，等 .1989.陕西森林 [M].陕西西安：陕西科学技术出版社；北京：中国林业出版
　社 .13，15 ~ 31，60 ~ 62，267 ~ 282.

张茵，杨孝，等 .2009.农牧交错带：交织之惑 [J].中国地理 .588：176 ~ 188.

赵哈林，赵学勇，张铜会，等 .2002.北方农牧交错带的地理界定及生态问题 [J].地球学科进展 .17（5）：
　739 ~ 747.

志丹县志编纂委员会 .1996.志丹县志 [M].陕西西安：陕西人民出版社 .70 ~ 105.

中国科学院黄土高原综合考察队 .1991.黄土高原地区土壤资源及其合理利用 [M].北京：中国科学技术出版
　社 .21 ~ 154.

中国科学院西北植物研究所 .1970.秦岭植物志 .第一卷 .种子植物（第一册）[M].北京：科学出版社 .

中国科学院西北植物研究所 .1974.秦岭植物志 .第一卷 .种子植物（第二册）[M].北京：科学出版社 .

中国科学院西北植物研究所 .1981.秦岭植物志 .第一卷 .种子植物（第三册）[M].北京：科学出版社 .

中国科学院西北植物研究所 .1983.秦岭植物志 .第一卷 .种子植物（第四册）[M].北京：科学出版社 .

中国科学院西北植物研究所 .1985.秦岭植物志 .第一卷 .种子植物（第五册）[M].北京：科学出版社 .

中国科学院植物研究所 .1972.中国高等植物图鉴（第一册）[M].北京：科学出版社 .

中国科学院植物研究所 .1972.中国高等植物图鉴（第二册）[M].北京：科学出版社 .

中国科学院植物研究所 .1974.中国高等植物图鉴（第三册）[M].北京：科学出版社 .

中国科学院植物研究所 .1975.中国高等植物图鉴（第四册）[M].北京：科学出版社 .

中国科学院植物研究所 .1976.中国高等植物图鉴（第五册）[M].北京：科学出版社 .

中国科学院植物研究所 .1982.中国高等植物图鉴（补编第一册）[M].北京：科学出版社 .

中国科学院植物研究所 .1983.中国高等植物图鉴（补编第二册）[M].北京：科学出版社 .

中国科学院中国植物志编辑委员会 .1961.中国植物志 .第十一卷 .莎草科（一）[M].北京：科学出版社 .

中国科学院中国植物志编辑委员会 .1974.中国植物志 .第三十六卷 .蔷薇科（一）绣线菊——苹果亚科 [M].

北京：科学出版社．

中国科学院中国植物志编辑委员会．1977．中国植物志．第六十六卷．唇形科（二）[M]．北京：科学出版社．

中国科学院中国植物志编辑委员会．1977．中国植物志．第六十五卷．第二册．唇形科（一）[M]．北京：科学出版社．

中国科学院中国植物志编辑委员会．1979．中国植物志．第七十五卷．菊科（二）旋覆花族—堆心菊族 [M]．北京：科学出版社．

中国科学院中国植物志编辑委员会．1980．中国植物志．第十四卷．百合科（一）[M]．北京：科学出版社．

中国科学院中国植物志编辑委员会．1982．中国植物志．第八十卷．第一分册．菊科（十）舌状花亚科–菊苣族 [M]．北京：科学出版社．

中国科学院中国植物志编辑委员会．1982．中国植物志．第七十八卷．第二分册．菊科（八）菜蓟族 [M]．北京：科学出版社．

中国科学院中国植物志编辑委员会．1985．中国植物志．第七十四卷．菊科（一）管状花亚科 [M]．北京：科学出版社．

中国科学院中国植物志编辑委员会．1985．中国植物志．第三十七卷．蔷薇科（二）蔷薇亚科 [M]．北京：科学出版社．

中国科学院中国植物志编辑委员会．1986．中国植物志．第三十八卷．蔷薇科（三）李亚科–牛栓藤科 [M]．北京：科学出版社．

中国科学院中国植物志编辑委员会．1987．中国植物志．第九卷．禾本科（三）早熟禾亚科 [M]．北京：科学出版社．

中国科学院中国植物志编辑委员会．1987．中国植物志．第七十八卷．第一分册．菊科（七）蓝刺头族．菜蓟族 [M]．北京：科学出版社．

中国科学院中国植物志编辑委员会．1988．中国植物志．第七十六卷．第一分册．菊科（三）春黄菊族（一）[M]．北京：科学出版社．

中国科学院中国植物志编辑委员会．1988．中国植物志．第三十九卷．豆科（一）[M]．北京：科学出版社．

中国科学院中国植物志编辑委员会．1989．中国植物志．第七十七卷．第二分册．菊科(四)千里光族[M]．北京：科学出版社．

中国科学院中国植物志编辑委员会．1990．中国植物志．第十卷．第一分册．禾本科（四）画眉草亚科–黍亚科 [M]．北京：科学出版社．

中国科学院中国植物志编辑委员会．1991．中国植物志．第七十六卷．第二分册．菊科（四）春黄菊族（二）[M]．北京：科学出版社．

中国科学院中国植物志编辑委员会．1993．中国植物志．第四十二卷．第一分册．豆科（四）[M]．北京：科学出版社．

中国科学院中国植物志编辑委员会．1995．中国植物志．第四十一卷．豆科（三）[M]．北京：科学出版社．

中国科学院中国植物志编辑委员会．1996．中国植物志．第二十六卷．紫茉莉科–石竹科 [M]．北京：科学出版社．

中国科学院中国植物志编辑委员会．1996．中国植物志．第七十八卷．菊科（九）帚菊木族 [M]．北京：科学出版社．

中国科学院中国植物志编辑委员会．1997．中国植物志．第十卷．第二分册．禾本科(五)[M]．北京：科学出版社．

中国科学院中国植物志编辑委员会 .1998.中国植物志 .第四十二卷 .第一分册 .豆科（五）[M].北京：科学出版社 .

中国科学院中国植物志编辑委员会 .1999.中国植物志 .第八十卷 .第二分册 .菊科（十一）菊苣族－蒲公英属 [M].北京：科学出版社 .

中国科学院中国植物志编辑委员会 .1999.中国植物志 .第七十七卷 .第一分册 .菊科（五）千里光族—金盏花族 [M].北京：科学出版社 .

中国科学院中国植物志编辑委员会 .2000.中国植物志 .第十二卷 .莎草科（二）薹草亚科 [M].北京：科学出版社 .

子洲县志编纂委员会 .1993.子洲县志 [M].陕西西安：陕西人民教育出版社 .

拉丁文索引

B

C

D

T